中国近海含油气盆地新生界沉积特征

Cenozoic Sedimentary Characteristics of Petroliferous Basins in Offshore China

于兴河　米立军　等　著

U0389265

科学出版社
北 京

内 容 简 介

本书以层序地层学、沉积学、储层地质学等地质理论为指导，针对中国近海含油气盆地新生界沉积充填模式差异、沉积体系分布不清、储层厚薄交互导致油气分布规律不明等问题，综合利用岩心、测井、地震、古生物及地球化学等资料，在充分吸收前人研究成果的基础上，融入了作者在国家"十二五"油气重大专项中的科研新成果，从构造演化、海／湖平面变化、地层发育情况、地震层序特征、盆地结构、物源分析、沉积体系空间展布等方面，分章节对中国近海六个主要新生代含油气盆地进行了系统分析，按构造成因机制将中国近海新生界沉积盆地分为陆内裂谷、陆缘裂谷、走滑拉分及弧后裂谷四大类盆地，对比分析了中国近海各盆地的内部结构特征，首次按地质年代统一汇编了中国近海全海域的新生代沉积体系分布与海陆变迁图，建立了中国近海四种不同类型盆地构造-沉积一体化充填成因模式。古新世—始新世为中国近海大多数盆地的主成盆期，以半深湖-深湖相暗色泥岩为主的优质烃源岩与有效储盖组合的发育程度决定着各盆地油气富集程度。

本书可作为海相石油地质、海域油气勘探及储层沉积学等相关领域专业人员的参考书，也可供相关高等院校的师生参考阅读。

审图号：GS（2019）5859 号

图书在版编目（CIP）数据

中国近海含油气盆地新生界沉积特征=Cenozoic Sedimentary Characteristics of Petroliferous Basins in Offshore China/ 于兴河等著 . —北京：科学出版社，2019
ISBN 978-7-03-054023-2

Ⅰ.①中… Ⅱ.①于… Ⅲ.①近海 – 新生代 – 含油气盆地 – 沉积特征 – 研究 – 中国 Ⅳ.① P618.130.2

中国版本图书馆 CIP 数据核字（2017）第 179377 号

责任编辑：刘翠娜 冯晓利 ／ 责任校对：王萌萌
责任印制：师艳茹 ／ 封面设计：无极书装

科 学 出 版 社 出版
北京东黄城根北街 16 号
邮政编码：100717
http://www.sciencep.com

三河市春园印刷有限公司印刷
科学出版社发行 各地新华书店经销
*
2019 年 9 月第 一 版 开本：880×1230 1/16
2019 年 9 月第一次印刷 印张：17 1/4
字数：580 000
定价：360.00 元
（如有印装质量问题，我社负责调换）

编委会人员名单

主　编：于兴河　米立军

参编人：谢玉洪　李胜利　吴景富　胡光义
　　　　赵志刚　李顺利　姜　平　张国华
　　　　周东红　梁建设　张敏强　李　茂
　　　　徐长贵　徐　强　张　辉　张功成
　　　　庞　雄　范廷恩　蔡　佳　李茂文
　　　　梁　卫　侯国伟　谭鹏程　宋来明

前　言

我国是一个海陆兼备的国家，同时也是世界上的海洋大国之一，有着十分广阔的海域，资源丰富，管辖的海域包括内海和领海在内总海域面积达 $472.7 \times 10^4 km^2$。海岸线总长度 $3.2 \times 10^4 km$，其中大陆海岸线 $1.8 \times 10^4 km$，岛屿海岸线 $1.4 \times 10^4 km$。在这浩瀚的蓝色海疆中，蕴藏着丰富的油气资源，并且油气储量的发现和产量的增长尚有着十分巨大的潜力。

中国近海是指沿着我国沿海岸线分布的大陆边缘海域，拥有世界上最宽的陆架，由北向南可以分为渤海、黄海、东海和南海北部四大海域，共发育了 10 个中、新生代沉积盆地，其沉积作用为全球最活跃的地区之一，储存着丰富的油气资源，也一直是中外地质学家关注的热点地区。20 世纪 50 年代以来，专家学者们在这些盆地进行了大规模的勘探研究与实践，并发现了大量的油气田，近海盆地油气分布格局也更加明朗化。经过数十年的油气勘探，业已证实近海具有工业价值的含油气盆地主要有 6 个，由南向北分别为北部湾盆地、莺歌海盆地、琼东南盆地、珠江口盆地、东海陆架盆地以及渤海湾盆地。

近些年来，关于中国近海海域的构造背景、沉积特点，已经形成了初步的认识，但是随着勘探对象越来越复杂，勘探难度和风险不断增加，这些认识已经难以满足油气勘探、开发的要求。同时，各盆地宏观构造、沉积特征研究还不够系统，全区的新生代沉积过程也缺乏系统认识，主要表现在三个方面：① 不同性质盆地的沉积充填模式缺乏，沉积演化序列、剖面沉积相展布及沉积参数平面图多以凹陷或油田为单元进行研究，缺乏以盆地为单元的研究与总结；多物源体系的研究与认识存在较大的局限性，缺乏整体性。② 中国近海新生代沉积体系缺乏系统性研究，特别是由于各个盆地间地层划分单元相差较大，导致缺乏全局性的统层单元与相应的沉积体系研究及编图，致使对整个近海海陆变迁与油气分布规律的沉积主控因素不清。③ 沉积体系与油气分布规律关系不明，中国近海新生代富烃凹陷油气富集与分布规律的研究多是从油气藏分布的角度进行，而缺乏从盆地沉积体系展布角度的规律性认识，加之储层多表现为厚薄交互砂岩，多形成复杂、低渗以及边际性油田（杂、低、边），其优质储层难以预测，技术瓶颈制约着今后的油气勘探战略，极大地限制了中海石油（中国）有限公司油气增储上产的目标。

为了系统全面地认识和掌握近海海域的沉积特征，弄清沉积体系与油气分布的关系，指导我国近海盆地的油气勘探，在国家科技重大专项大型油气田及煤层气开发"近海大中型油气田形成条件及勘探技术（二期）"项目的支持下，我们对中国近海的 6 个主要新生代的含油气盆地进行了系统沉积学分析，综合岩心、测井、地震、古生物和地球化学等资料，并结合前人研究成果，从构造演化、海/湖平面变化、地层发育情况、地震层序特征、盆地结构、沉积物源分析、沉积体系空间展布和演化、油气分布的沉积因素等方面进行详细介绍。

本书共分八个章节，第一章为绪论，从含油气盆地的构造背景和勘探现状入手，全面概述了中国近海含油气盆地新生界沉积特征。第二章到第七章分述北部湾盆地、莺歌海盆地、琼东南盆地、珠江口盆地、东海陆架盆地以及渤海湾盆地，以地震、钻井、岩心等资料为基础，以沉积背景和充填特征为核心内容，通过系统分析和总结，对比地层单元和盆地结构类型，恢复近海新生界大区域宏观沉积格局展布，进而再现海陆变迁规律并建立沉积充填与沉积成因模式，最终探讨了各盆地沉积体系与油气分布关系。第八章从沉积学的角度总结中国近海新生代富烃凹陷油气富集与分布规律，对今后中国近海地区的油气勘探提出具有战略指导意义的建议和依据。协助本书编写、校对以及修改的博士与硕士研究生有：王建忠、李晓路、庞凌云、刘蓓蓓、乔亚蓉、方竞男、吴俊、杜永慧、李伟茹、陈宏亮、胡勇、许磊、曾芳、董亦思、李慧明、张莎莎、赵磊、孙婷婷、金丽娜、田倩倩、孙乐、高阳、姜辉、付超、高明轩、陈薇同、李倩、张驰、马嫡、孙洪伟、彭子霄、冯烁、赵华、高琦等。

中国近海含油气盆地新生界的总体沉积特征与油气分布规律拙笔赋诗如下：

近海盆地裂陷期沉积特征

伸展盆地呈断超，陡岸粗砾多而小。

长轴远源粒度细，缓坡沉积大且薄。

初始拉张多扇体，裂陷充填三角洲。

拗陷背景陆海移，始渐深湖烃源优。

近海盆地拗陷期沉积特征

拗陷充填类型多，砂体展布盆岸走。

坡上河泛滨浅海，坡下块体重力流。

持续陆源三角洲，优质储层海侵造。

沿岸偶育礁灰岩，顺坡浊积多水道。

海陆变迁与油气分布规律

伸展构造早晚延，先湖后海断拗迁；内带主油外带气，四类盆地机制全。

二湾陆内富油地，珠琼陆缘结构区；东海弧后油气举，莺歌走滑主产气。

为了高质量写好此书，在我国近海6个盆地各自沉积特征系统研究、对比、总结以及撰写的过程中，不仅借鉴了大量前人的研究成果与实际盆地资料，而且经过编写组成员多次的共同讨论与研究，查阅了数百篇文献，经过近4年大家共同的努力与辛勤劳动，最终浓缩并升华成此书，力求涉及近海盆地沉积特征的诸多方面，但由于篇幅和时间的关系，难免百密一疏，望各位专家与同仁不吝批评、指正！

最后，借此书出版之际，向指导、支持以及帮助过此书出版的邓运华院士、朱伟林、陈长民、陈伟、蔡东升、刘再生、施和生、王振峰等先生与领导表示诚挚的感谢！同时，还要感谢中海石油（中国）有限公司下属四个分公司的相关领导与同仁为我们提供了大量的第一手资料与工作便利。特别要提的是参加本书撰写与出版的全体人员的家属，在本书漫长而繁忙的研究与撰写过程中，得到了他们的关爱与极大的耐心、热情、全身心的支持，在此由衷地说声谢谢！

作　者

2018 年 10 月 30 日

目　　录

第一章 绪 论

我国是世界上的海洋大国，管辖的海域面积高达 $472.7 \times 10^4 km^2$，海岸线北起鸭绿江口，南至我国与越南之间的北仑河口，总长度 $3.2 \times 10^4 km$，其中大陆海岸线 $1.8 \times 10^4 km$，岛屿海岸线 $1.4 \times 10^4 km$。而中国近海是指沿着中国海岸线分布的大陆边缘海域，从北至南包括渤海、黄海、东海以及南海北部四个海域。

渤海是一个半封闭的内海，海域面积达 $77284 km^2$，海岸线长 $2668 km$，其东面临海，北、西、南三面分别与辽宁、河北、天津和山东三省一市毗连。渤海可分为五部分，分别为北部的辽东湾、西部的渤海湾、南部的莱州湾、中央浅海盆地及渤海海峡，总体呈现出向 NW-NE 微倾的似葫芦状。渤海地处北温带，夏无酷暑，冬无严寒，常年平均气温 $10.7℃$，年降水量达 $500\sim600 mm$，平均水深 $18m$，最大水深 $85m$，海水盐度为 $30‰$。

黄海是太平洋西部沿岸的一个半封闭海湾型陆表海，位于中国大陆与朝鲜半岛之间，平均水深 $44m$，海底平缓，为东亚大陆架的一部分。其西北相通于渤海，两者界线为辽东半岛南端老铁山角与山东半岛北岸蓬莱角的连线；南部相接于东海，以中国长江口北岸的启东嘴与济州岛的西南角连线为界。黄海海域面积约为 $38 \times 10^4 km^2$，可分为北黄海和南黄海两部分，面积分别约为 $7.1 \times 10^4 km^2$ 和 $30.9 \times 10^4 km^2$，通常以海面最窄的胶东半岛成山角到朝鲜长山串之间作为南、北黄海的分界。由南向北，由海区中央到近岸，海水的温度和盐度都呈现出均匀降低。在海区东南部，其表层年平均温度为 $17℃$，盐度通常大于 $32.0‰$；而北部的鸭绿江口，表层年平均温度小于 $12℃$，盐度一般小于 $28.0‰$，为整个黄海盐度最低的区域。

东海位于太平洋西岸，是指我国东部长江口外的那一大片海域。其北部与黄海相接，南部通过台湾海峡并以台湾岛南端鹅銮鼻与广东南澳岛连线为界与中国南海相连，东部以琉球群岛分界与太平洋连通，西侧沿岸依次分布上海市、浙江省、福建省以及台湾省四个省市。东海海域面积为 $77 \times 10^4 km^2$ 左右，可以分为东西两部分，东部为大陆架，面积占 66.7%，西部为大陆坡。全海域平均水深约 $349m$，在东部的陆架平均是 $72m$，而在接近冲绳岛西侧的地方水深达到最大，大约是 $2700m$。全海的盐度为 $31‰\sim32‰$，东部盐度略大，为 $34‰$。

南海是世界第三大陆缘海，仅次于珊瑚海和阿拉伯海，面积约为 $356 \times 10^4 km^2$。其北靠中国大陆和台湾岛，东接菲律宾群岛，南邻加里曼丹岛和苏门答腊岛，西接中南半岛和马来半岛。东北部经巴士海峡、巴林塘海峡等众多海峡和水道与太平洋相沟通，东南经民都洛海峡、巴拉巴克海峡与苏禄海相接，南面经卡里马塔海峡及加斯帕海峡与爪哇海相邻，西南经马六甲海峡与印度洋相通。南海平均水深约 $1212m$，中部深海平原中最深处达 $5567m$，海水表层水温较高，从 $25℃$ 到 $28℃$，年温差 $3℃$ 到 $4℃$，盐度为 $35‰$，潮差平均 $2m$。

中国近海发育了 10 个中、新生代沉积盆地（图 1-1），自 1970 年至今，经过四十多年的油气勘探，业已证实具有工业价值的含油气盆地主要为 6 个，由此本书只涉及这 6 个盆地，由北往南它们分别是：位于渤海海域的渤海湾盆地，位于东海海域的东海陆架盆地，以及位于南海北部海域的珠江口、北部湾、琼东南及莺歌海 4 个盆地。我国近海 6 个主要含油气沉积盆地所经历的构造运动不尽相同，有着各自的演化特点与发育形成历史，因而，相同地质时期与构造演化的沉积特征也各有异同。这也就构成了不同盆地的油气资源丰度明显不同，其含油气层位也差异巨大。然而，由于油气勘探程度与构造-沉积背景的不同，加上各盆地发育的地层差异，分析中国近海新生代盆地的沉积特征就首先要从地质历史与标准年代上考虑各盆地间的构造与沉积背景特点，以便进行系统的对比，找出各自的成因与特色。

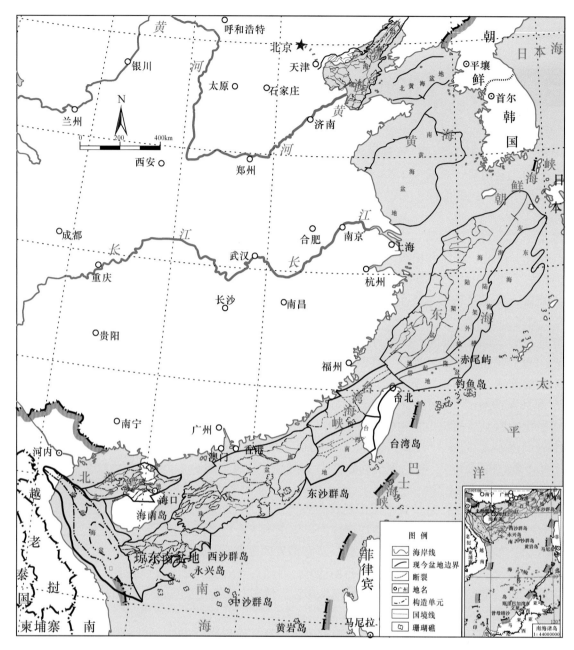

图 1-1　中国近海沉积盆地分布图（据朱伟林等，2010）

第一节　中国近海沉积盆地性质与分类

中国近海的沉积盆地按陆缘性质可以分为主动大陆边缘盆地和被动大陆边缘盆地，按盆地的动力性质又可进一步分为三大类，即张性（或伸展）、挤压及走滑型盆地。其中张性盆地分为陆内裂谷型盆地和被动陆缘型裂谷盆地，挤压盆地主要为弧后陆缘型盆地，而走滑盆地为走滑拉分型盆地（刘和甫，1993；李运振等，2010）。

一、大陆边缘类型

中国近海海域处于欧亚板块、印度板块与太平洋板块三大板块相互作用的结合部位，大地构造背景十分复杂。中国近海沉积盆地的分布范围广、数目多，其中大部分发育在大陆或者与之相邻的克拉通边缘，既发育被动大陆边缘，也存在主动大陆边缘。

（一）主动大陆边缘

主动大陆边缘也称活动边缘、非稳定大陆边缘、太平洋型边缘或聚敛型大陆边缘，通常是大洋板块俯冲于大陆板块之下所致。这种大陆边缘，以垂直板块边界的挤压作用为主。这种背景下也可发育伸展构造，尤其可形成弧后区伸展型断陷盆地。几乎所有的俯冲边缘中，都有走滑断层发育，主要与斜向聚敛有关。主动大陆边缘最关键的特征是俯冲作用产生的弧–沟体系。弧–沟系有两种基本类型，即西太平洋型［或马里亚纳型（Marianas）］和安第斯型［或科迪勒拉型（Cordillera）］。前者的火山岛弧与大陆之间有一个或多个弧后边缘海盆或小洋盆，故也称洋内弧–沟系；后者的大陆岩浆弧与大陆衔接于一体，故称为陆缘弧–沟系。板块的俯冲作用通常会导致：①地表最大的地形高差，②地球上最频繁最强烈的地震带，③超巨型和达清夫–贝尼奥夫冲断型滑动带（Wadati-Benioff zone thrust slipping belt），④重力异常突变带（gravity anomaly mutation belt），⑤最显著的热流变化带（heat flux zone），⑥强烈的岩浆活动带（magmatic belt），⑦强烈的区域变质带（regional metamorphic belt），⑧大量增生楔形地质体（accretionary wedge）。这种板块俯冲或地体聚敛实际上是一种盆山耦合作用，并伴随多种类型的沉积盆地形成、发展及消亡过程，如海沟、弧前、弧内、弧间、弧后、走滑盆地等（图1-2）。

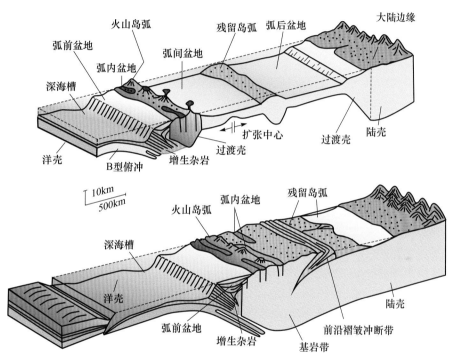

图1-2 主动大陆边缘特征（据Einsele，2000，有修改）

（二）被动大陆边缘

被动大陆边缘也称稳定大陆边缘、不活动边缘、大西洋型或离散型边缘，包括陆架、陆坡、陆隆三部分。这种边缘存在于一个板块内部，即其两侧的陆壳位于同一岩石圈板块，如北美和南美的东部边缘、欧洲西部边缘、非洲西部边缘、印度南部边缘、欧亚大陆的西缘和北美北缘等（图1-3）。被动边缘的形成与岩石圈离散活动有关，岩石圈张开经历了大陆内部裂谷阶段—原始大洋阶段—内海阶段—被动边缘阶段，每个阶段均表现出各自的层序及其叠置关系。其中，初始阶段的裂谷层序主要由张裂活动形成；红海阶段形成的层序沉积特征为发育软泥及膏盐层，而陆架上覆沉积层以碳酸盐岩和碎屑岩为主，每一个沉积层序厚度不同，主要受地动力导致的沉降幅度和沉积速度影响。依据被动大陆边缘沉积物供给情况与沉积厚度又可将其分为两种类型，补偿型与欠补偿型，前者陆架厚度可达5～12km，如北美大西洋海岸；后者陆架厚度为2～4km，如欧洲的大西洋边缘。被动边缘下沉的主要原因可归因于岩石圈的拉伸变薄变冷、陆壳的蠕变变形、沉积负荷的加重、深层变质等因素（Boillot，1981）。

二、沉积盆地的分类

中国近海新生代沉积盆地特性各异，按盆地性质可分为四类，分别是陆内裂谷、走滑拉分、被动大陆边缘（陆缘裂谷）以及弧后裂谷盆地。对应典型的含油气沉积盆地分别为：渤海湾与北部湾盆地、

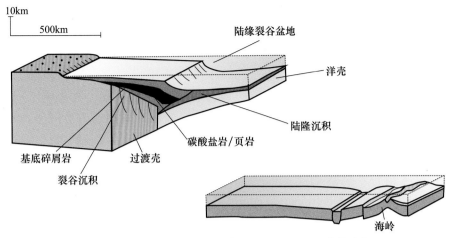

图 1-3　被动大陆边缘特征（据 Einsele，2000，有修改）

莺歌海盆地、珠江口盆地和东海陆架盆地。

（一）盆地分类方案

盆地分类是一项复杂的研究工作，这是因为控制沉积盆地特征的因素较多，诸如盆地的结构、区域构造及空间形态、盆地内沉积物类型、水动力条件等。综合国内外文献报道，研究人员主要依据其研究所需以及研究重点不同有多种分类方案，其中应用较为广泛的分类原则是按盆地赋存的大地构造位置和盆地的动力学背景。

1. 盆地赋存的大地构造位置

作为一个地壳构造单元，沉积盆地的形成和发展自然受大地构造或板块运动的影响。因此，可以遵循板块构造离散或聚敛的活动规律，根据发育在不同大地构造位置上的盆地表现不同的特征，对沉积盆地进行分类。该分类方法经历了不同的阶段，在板块构造理论流行之前，国内外学者根据槽台学说或地台活化学说来确定盆地所处的大地构造位置，进而将盆地分为活动区、稳定区及过渡区盆地；随着构造理论兴起，学术界通常依据盆地所处的板块构造位置对盆地分类，例如可将盆地分为与不同类型板块边缘有关的盆地及板块内部盆地。

1）Weeks 的盆地分类

Weeks（1952）根据盆地所处的大地构造环境，将盆地分为活动带和稳定区两大类（表 1-1）。

表 1-1　Weeks 的盆地分类（Weeks，1952）

大类	类和亚类		实例
活动带	边缘盆地或外大陆盆地	开阔边缘	湾岸区
		封闭边缘	波斯湾
	内大陆盆地		阿尔伯达
	山间盆地		落基山诸盆地 盆岭区晚期诸地堑
	中央地块盆地		潘农盆地 伊朗中部盆地
稳定区	前陆大陆架盆地		
	内部盆地 （内克拉通盆地）	近内部盆地	密歇根 / 伊利诺斯威利斯顿
		远内部盆地	巴拉那、莫斯科、澳洲大沙漠盆地
	地堑或半地堑盆地		东非、莱茵、巴西地盾上的地堑等
	稳定海岸盆地		北美大西洋海岸，非洲、澳洲浅大陆架，其他稳定海岸

2）Klein 的盆地分类

Klein（1987）提出的分类既包括了描述性参数，也包括了成因方面的参数（表 1-2），主要分类依据有：①陆缘性质，主动、被动、转换、碰撞及板内；②板块位置，内部、边缘、边缘以外；③地壳或基底性质，陆壳、洋壳、过渡壳；④构造运动，裂陷、拉伸、挠曲、挤压、伸展、平移等。

3）谯汉生和于兴河对张性裂谷盆地的分类

因盆地无论受何种构造应力所形成，均是在局部张裂背景下产生的。因此，他们按盆地所在的板块构造位置，把盆地分为稳定大陆边缘裂谷系列和活动大陆边缘裂谷系列（谯汉生和于兴河，2004）。其中：

稳定大陆边缘裂谷系列为：陆内裂谷（板内）盆地—陆缘裂谷（陆壳）盆地—边缘海裂谷（过渡壳）—原洋裂谷（包括小洋盆和洋中脊裂谷等洋壳型）盆地。

活动大陆边缘裂谷系列为：陆内裂谷（板内）盆地—弧后裂谷（陆壳）盆地—弧间裂谷（过渡壳）盆地。

表 1-2　Klein 的盆地分类（Klein，1987，1989）

大陆边缘	盆地类型	板块上或板内盆地位置	壳类型	盆地形成的地球动力学模式
板块内部	克拉通内盆地	内部	陆壳	张裂作用、拉伸和热沉降
	克拉通边缘盆地	边缘	陆壳	张裂作用、拉伸和热沉降
被动边缘	裂谷盆地	内部和边缘	陆壳、过渡壳	张裂作用和拉伸
	拗拉槽	边缘至内部	过渡壳、陆壳	张裂作用和拉伸
	挠曲盆地	边缘	陆壳	负荷作用、弹性和黏弹性挠曲
主动边缘	海沟盆地	边缘	洋壳	聚敛、挤压
	海沟斜坡盆地	边缘	洋壳或较老沉积物	挤压-拉张、褶皱
	弧前盆地	边缘以外	洋壳或较老沉积物	挤压
	弧内盆地	弧	陆壳岩浆物质	张裂作用
	弧后（弧间）盆地	内部	洋壳	张裂作用、拉伸
	弧后盆地	内部	陆壳	挤压
转换边缘	拉分盆地	转换边缘	陆壳-过渡壳或洋壳	张裂作用、平移和热沉降
	转换盆地	转换边缘	陆壳-过渡壳或洋壳	张裂作用、平移和热沉降
碰撞边缘	前陆盆地	内部	陆壳与洋壳	压性褶皱、挠区
	叠置或拼接盆地	缝合带	陆壳/过渡壳或洋壳	挤压
与边缘无关	多期盆地	内部或边缘		多重作用
	继承盆地	内部或边缘	陆壳/过渡壳或洋壳	多重作用
	再生盆地	内部或边缘		多重作用

2. 盆地形成的动力学机制

盆地的地质结构和地球动力学机制比较复杂，不同动力学环境中形成的盆地在其结构特征、沉降规律及沉积充填三大方面均有各自的特点。因此，盆地形成的地球动力学机制是划分盆地类型的一个关键标志，也是分析其构造演化和沉积充填特征的主要依据。盆地形成的地球动力学机制，一般可以归结为地壳的拉张、挤压及剪切三种主要的构造应力：

①地壳拉张论，裂谷是地幔软流圈主动上涌、形成上地幔隆起、引起地壳热扩张和产生拉张断陷的结果。这就是说，上地幔隆起是其形成的主动应力，地壳的伸展减薄和拉张断陷是上地幔隆起的被动响应，故属于主动裂谷生成模式。

②地壳挤压论，地壳受到挤压，产生地表隆起和地壳增厚；挤压应力松弛或停止，岩石圈与软流圈密度差使重力不稳，造成地幔拆沉和岩石圈减薄，从而引起地壳伸展塌陷成为裂谷。这种裂谷成因机制，也有人称其为"去山根"模式。

③地壳走滑拉分论，地壳受到不均衡挤压，常沿其薄弱部分产生大型的走滑断裂带，而沿走滑断裂带的多旋回强烈剪切活动，势必在走滑断层的端部形成拉分断陷，并引起上地幔物质和中、下地壳软流层物质沿断裂带向上涌溢，从而产生裂谷盆地。这就是说，地壳走滑拉分是其主动应力，而地幔隆起和地壳伸展减薄是强烈走滑拉分断陷的被动响应，属于比较典型的被动裂谷生成模式。

实际上许多盆地的形成，都与复杂的构造作用转换与成盆过程有关。同时，任何地质体受力到一定程度时，都会在不同的空间方向上分别产生挤压、拉张和剪切的形变，而且这些形变始终都会受到地球重力的影响。因此，许多盆地在形成过程中都不是单独的某种构造应力在起作用，而是多种作用综合的结果

（谯汉生和于兴河，2004）。通常可以依据盆地形成的动力学机制划分为引张型（伸展型或裂陷型）盆地、挤压型盆地、扭动型（走滑型）盆地以及混合型（叠合型）盆地等，当盆地形成存在多期变形和改造时，通常称为叠合型。也有将动力学机制划分为造山型和造陆型的。

1）Dickinson 的盆地分类

Dickinson（1974，1976）根据板块的开合和盆地形成的动力机制将盆地分为两大类：裂谷型和造山型，并将扭张性和扭压性盆地分别归属到两种构造环境中（表1-3）。

表 1-3　Dickinson 的盆地分类（Dickinson，1974，1976）

盆地类型			实例
裂谷型盆地	陆块未完成裂开情况下形成的盆地 陆块完成裂开情况下形成的盆地	底克拉通盆地 边缘拗拉槽盆地 原洋裂谷盆地 冒地斜棱柱体 陆堤 新生大洋盆地	北海盆地、西西伯利亚盆地 贝努埃盆地、阿德莫尔盆地 红海、加利福尼亚湾 北美大西洋沿岸 海岸地区 大西洋
	与转换断层和聚敛板块活动有关的混合型裂谷盆地	拉张性盆地 弧间盆地	加利福尼亚及其近海新生代盆地、劳盆地、日本海
造山型盆地	沿岛弧造山带、海沟一侧与消减带杂岩体发育有关盆地	海沟 斜坡盆地 弧前盆地	环太平洋海沟 加利福尼亚大谷盆地
	与造山带变形翼部毗连的克拉通边缘前陆环境中形成的盆地	周缘（前陆）盆地 弧后（前陆）盆地 破裂前陆盆地	波斯湾盆地 落基山白垩纪盆地 拉腊来带
	在岛弧造山带和碰撞造山带以外，由压缩而形成的盆地	扭压性盆地 残留大洋	加利福尼亚晚近褶皱 孟加拉湾海底扇

2）刘和甫的盆地分类

刘和甫（1986）从盆地形成的动力学系统的三种应力环境提出了三元分类图解（图1-4）：①裂陷盆地，其最大主压应力轴是垂直的；②压陷盆地，其最大主压应力轴是水平的；③走滑盆地，其最大主压应力轴与最小主压应力轴都是水平的。这种分类与板块边界的三种基本类型和盆地边界的控盆断层是一致的。

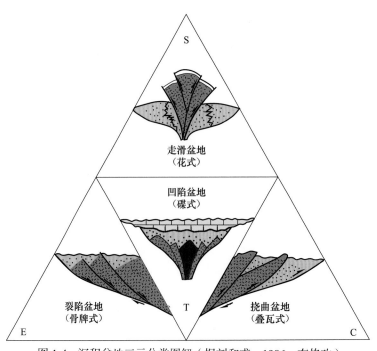

图 1-4　沉积盆地三元分类图解（据刘和甫，1986，有修改）

S-走滑；E-伸展；C-挤压；T-热陷

随后，刘和甫（1993）按地球动力学特征，将沉积盆地划分为三大序列、12 种类型，并将张、压、剪三元作为盆地地球动力学分类的三个单元，而将克拉通盆地视为可能是叠置在早期古裂谷盆地之上的缓慢热沉降盆地（表 1-4）。

表 1-4　刘和甫的盆地分类（刘和甫，1993）

盆地序列	盆地类型	实例
裂陷（伸展）盆地序列	大陆裂谷盆地 陆间海盆地 张裂陆缘盆地 边缘海–弧后盆地 拗拉谷盆地	北海盆地 红海 大西洋近海盆地 安达曼海盆地 南俄克拉荷马盆地
压陷（挤压）盆地序列	深海沟裂谷盆地 弧前盆地 残留盆地 前陆盆地 山间盆地	秘鲁–智利海沟 大谷盆地 黑海盆地 阿尔伯达盆地 费尔干纳盆地
走滑盆地序列	走滑–拉分盆地 走滑挠曲盆地	美国死谷，中国依兰–伊通盆地 百色盆地、塔西南拗陷、柴达木西北拗陷

本书综合采用 Klein 和刘和甫的分类，主要按照盆地所处板块的构造位置和动力学背景对中国近海的盆地进行分类。

（二）中国近海典型沉积盆地类型

本书结合前人的研究成果，以盆地所处的大地构造位置和盆地形成的动力学背景为分类原则，并针对中国近海沉积盆地的特点，将其划分为四大类（表 1-5）。

表 1-5　中国近海主要含油气沉积盆地类型划分

板块位置	盆地类型	模式图	盆地划分
板块内部	陆内裂谷盆地	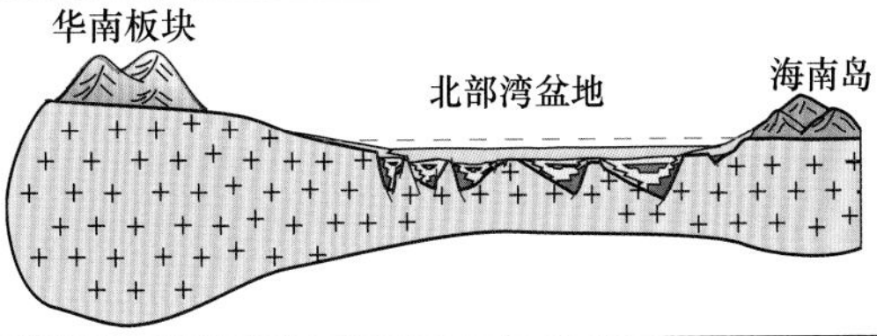	渤海湾盆地 北部湾盆地 南黄海盆地 北黄海盆地
转换陆缘	走滑拉分盆地	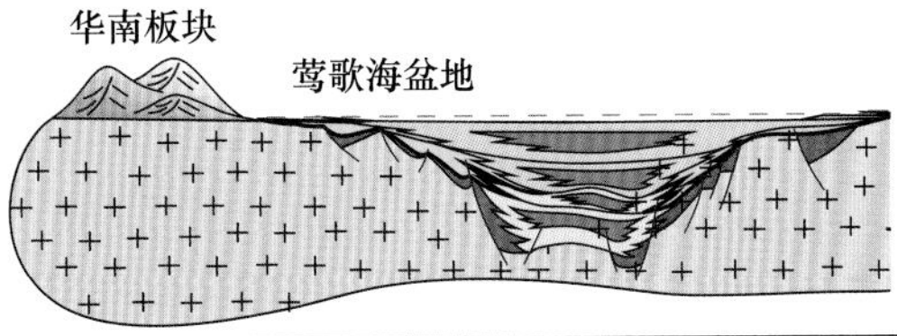	莺歌海盆地
被动陆缘	被动大陆边缘盆地（陆缘裂谷）	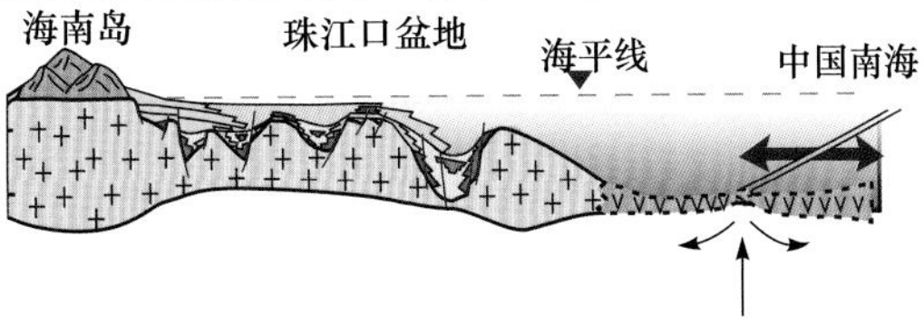	琼东南盆地 珠江口盆地
主动陆缘	弧后裂谷盆地	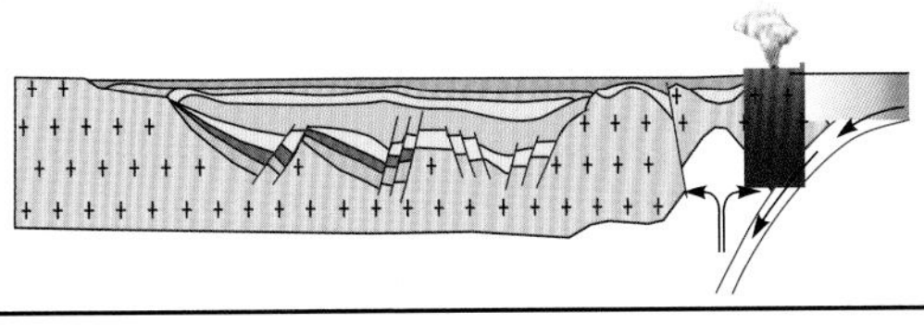	东海陆架盆地

位于陆壳内部或大陆边缘均属于拉张成因。由于太平洋板块俯冲潜没到欧亚板块的陆壳下面，产生板内破裂，导致上地幔沿着地裂带上涌，使地壳减薄和拉伸，沿着破裂带在陆内和陆缘产生一系列裂谷

盆地（图 1-5）。

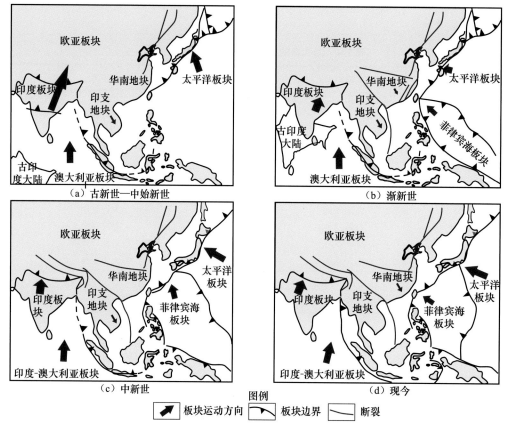

（a）古新世—中始新世

（b）渐新世

（c）中新世

（d）现今

图例

▰ 板块运动方向   ﹂ 板块边界   ＿ 断裂

图 1-5　中国近海新生代大地构造背景图（据夏庆龙等，2012a，有修改）

1. 陆内裂谷盆地

从理论上讲，大陆地壳内的裂谷盆地有两个基本因素控制着盆地的沉降历史：其一是拉张过程中发生的地壳减薄量；其二是进入地壳和上地幔的热流量及热流随深度的分布方式（Royden et al., 1987）。中国近海典型陆内裂谷盆地有两个，即渤海湾盆地（图 1-6）与北部湾盆地。

1）渤海湾盆地

渤海湾盆地是由于太平洋俯冲边缘后侧地幔隆升，导致华北地台基底之上发生裂谷而形成的双向伸展盆地（朱伟林等，2015），其演化历史经历了穹隆作用（晚白垩世—古新世）—火山作用（古新世—始新世相对强烈，渐新世次之）—裂陷伸展作用（始新世相对强烈，渐新世次之）—热沉降作用（新近纪—第四纪）（漆家福等，1995）。

古近纪，由于地幔上隆和软流圈在岩石圈底部的侧向流动导致地壳张引破裂，形成以正断层为主的基底断裂控制断陷盆地，而到新近纪岩石圈热衰减，构造活动减弱，盆地整体沉降，形成拗陷盆地。

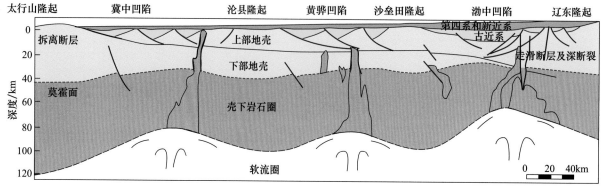

图 1-6　渤海湾盆地伸展模式（据漆家福等，1995，有修改）

2）北部湾盆地

北部湾盆地位于南海北部华南褶皱带和南部隆起之间，发育在受 NE、NW 向两组大断裂切割的中生代区域隆起基底之上；盆地演化经历了古近纪的裂陷阶段和新近纪的裂后热沉降阶段，具有明显的断拗双层结构，为典型的陆内裂谷盆地（图 1-7）。

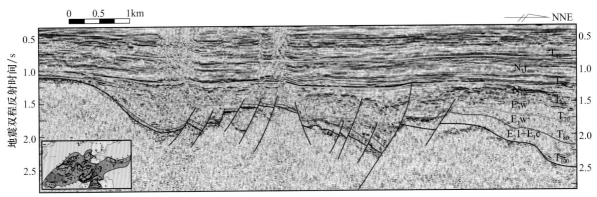

图 1-7　北部湾盆地结构

从古新世开始，太平洋板块向欧亚板块俯冲，这一俯冲作用导致弧后扩张，在华南大陆南缘形成一系列 NE 和 NEE 向断裂，对北部湾盆地的形成与发展产生了巨大的影响。早渐新世，西太平洋板块向欧亚板块持续俯冲，至渐新世印藏碰撞达到高峰，印支地块沿 SE 向顺时针旋转挤出，产生了一系列近 EW 向的断裂，渐新世末，整个北部湾盆地发生了一次构造挤压反转运动，使得盆地整体抬升，并经历了不同程度的侵蚀。然而，到了新近纪后，开始进入裂后热沉降阶段，此时，断裂基本停止活动，盆地整体下沉接受海相沉积。

2. 走滑拉分盆地

走滑拉分盆地发育在走滑断层系的局部伸展地段。莺歌海盆地发育在欧亚板块与印度板块的边界——红河缝合线上，是中国近海新生代典型的狭长走滑拉分盆地。它的形成主要受印支半岛东南部始新世—早渐新世期间顺时针旋转产生的左旋拉张作用的控制（钟志洪等，2004）。

莺歌海盆地的构造演化可分为两个具有典型特征的阶段，依次为左旋走滑-伸展裂陷阶段与裂后阶段。古新世末期至早渐新世，随着亚欧板块与印度板块的相互碰撞，印支地块向南东方向挤压，并且发育在其中的北西向断裂出现大规模的左旋走滑，与此同时在印支地块的挤出过程中进行顺时针旋转运动，因此造成莺歌海盆地裂开（孙向阳和任建业，2003）。并随之形成了上、下渐新统界面所分隔的沉降 I 幕、沉降 II 幕和被始新统与渐新统界面所分隔的沉降 III 幕。在区域上，上、下渐新统界面与南海扩张的开始相对应，同时在该界面（30Ma）之前，区域左旋走滑规模达到最大，之后，左旋走滑明显减弱。早渐新世之后，盆地进入裂后的热沉降阶段。早渐新世—中新世，印支板块向东挤出，受红河左旋走滑拉张断层控制，形成 NW 向的沉积盆地。上新世，印度板块继续向欧亚板块嵌入，华南板块向东挤出，红河断层变成右旋走滑拉张，导致盆地急剧下沉，堆积了数千米厚的海相碎屑沉积，并伴有近 SN 向的雁行断裂。在拉张与剪切的共同作用下，盆地的形成受控于两条 NW 走向的边界断层，并快速沉积。

3. 被动大陆边缘盆地

被动大陆边缘盆地是由于大洋中脊进一步伸展扩张，离散板块两侧的大陆边缘逐渐张开、裂陷而形成，因而也称陆缘裂谷，其具有宽广的大陆架、平缓的大陆坡和陆隆（刘和甫，1993）。就我国近海而言，只有珠江口和琼东南盆地可谓被动大陆边缘盆地。

1）珠江口盆地

珠江口盆地是在前燕山期花岗岩褶皱基底上形成的新生代被动大陆边缘盆地，具有下断上拗的双层结构。晚白垩世—早始新世，古南海逐渐形成，印度板块向北俯冲，但未与欧亚板块接触，且太平洋板块沿 NWW 向欧亚板块俯冲的运动速率骤然降低，产生应力松弛，引起南海北部陆缘发生裂陷，由此开始形成珠江口盆地雏形（钟建强，1994；陈建军等，2015）。始新世末期，古南海向南俯冲，太平洋板块向西运动速率持续降低，此时，珠江口盆地处于拉张状态，产生一系列 NE-NEE 向断裂。渐新世，南海海盆发生海底扩张，导致南海北部陆缘开裂分离，地壳减薄和裂谷作用强烈，由此，盆地进入裂陷扩张阶段，该阶段是盆地主要发育期。晚渐新世—早中新世，随着南海扩张减弱，构造运动进入相对平静期，盆地发生整体沉降（庞雄等，2006）。中中新世以后，盆地进入拗陷期。

2) 琼东南盆地

琼东南盆地具有与珠江口盆地相似的大地构造背景，其构造格架具有很明显的"下断上拗"的双层结构。新生代以前的构造背景主要是由欧亚板块与太平洋板块在白垩世晚期到古新世期间相互作用产生的神弧运动决定的。到了始新世至渐新世早期，在南海运动控制下，盆地的陆缘、陆壳发生裂解，同时，受欧亚与太平洋板块作用产生的北西向拉张应力场以及欧亚与印度板块作用产生的近南北向拉张应力场共同作用的影响，盆地进入由断裂控制的首次快速沉降阶段。渐新世晚期到中新世中期，盆地开始进入裂陷阶段的第二幕，具体表现为盆地的拉张中心转为中央凹陷带，主要是由于在距今 32Ma 至 17Ma 期间南海东北部海盆发生海底扩张产生的近乎南北向应力场中向南方向的拉张力作用。中新世晚期到第四纪，盆地沉降速度变快，经历了海底热沉降期间的构造运动，即东沙运动。沉降的构造动力主要来自于地幔活动，属地幔热激活产生的垂向动力系统，玄武岩火山活动较为发育（王良书等，2000a）。

4. 弧后裂谷盆地

由于大洋中脊进一步扩张，在离散板块的两侧形成的大陆边缘会出现张裂的火山活动，在岛弧或者岩浆弧位于大陆一侧的裂陷盆地称为弧后裂谷盆地。

中国近海十大沉积盆地中，学者们普遍认为东海陆架盆地属于新生代弧后裂谷盆地（陶瑞明，1994；冯晓杰等，2003；张建培等，2014）。东海陆架盆地位于钓鱼岛褶皱带（岩浆岩带）西侧，其经历了断陷—断拗—拗陷的演化过程（杨香华和李安春，2003），晚白垩世—始新世，太平洋板块向欧亚板块俯冲，中国东部处于拉张状态，产生一系列 NE 向断裂，盆地开始形成；同时，由于俯冲角度变陡，火山岛弧由浙闽东部向东跳跃，东海陆架盆地位于弧后，成为弧后盆地。渐新世—中新世，太平洋板块汇聚速率增加，印度-澳大利亚板块汇聚速率减小，东海陆架处于挤压应力场，西部拗陷处于沉降期，东部拗陷进入断拗转换期；中新世末，盆地整体进入拗陷期。

三、裂谷盆地油气成藏及其分布

裂谷盆地是否含有具商业价值的石油和天然气是研究与勘探的焦点，裂谷盆地虽然普遍含有一定的煤、岩盐、石膏、硅藻土、油页岩和含稀有元素的卤水等自然资源，但是只有当它具有了一定规模的可开采利用的石油和天然气资源量时，才可以大大提升研究和勘探开发裂谷盆地的经济价值和社会效益。

从全球范围来看，大多数裂谷盆地具有优越的油气成藏条件，包括：高沉积速率，多旋回还原环境下沉积的富含有机质的泥页岩层，多物源的三角洲砂体与浊积岩体，高温高压生成并向泄压带排驱运移的烃类，多种类型同生背斜圈团与地层岩性圈闭等（谯汉生和于兴河，2004）。因此，大多数中、新生代的裂谷盆地都含有丰富或比较丰富的油气资源，尤其是三叠纪到古近纪之间所形成的大型裂谷，其含油气总量和丰度更为可观。少数新近纪（或渐新世）以来才形成的年轻裂谷盆地，处于高温高压条件下，主要产出天然气；而且还有一些年轻的裂谷盆地，可能由于烃源岩未成熟或强烈的新构造运动，虽然经过勘探但至今尚未发现有经济价值的石油或天然气。

在含油气的裂谷盆地中，油气藏类型相当丰富多彩，可达数十种之多。常见的油气藏类型有基岩油气藏、披覆背斜油气藏、逆牵引（滚动）背斜油气藏、拱张背斜断块油气藏、盐背斜断块油气藏、挤压与逆冲背斜断块等构造油气藏；同时还存在大量的浊积砂体、河道砂体、生物礁滩、火山岩体以及变质岩体等多种类型的岩性油气藏，以及地层不整合油气藏等。在不同类型构造与沉积特征的裂谷盆地内，主要的油气藏类型常常是有区别的。

第二节　中国近海新生代构造与沉积背景

众所周知，构造控制沉积，沉积反映构造，两者之间相辅相成、相互印证。而构造的分析又离不开对其构造运动的分析，要了解中国近海新生代的构造演化，首先要从其构造运动的对比分析入手。然而，中国近海 6 个主要含油气盆地的构造运动时期及其特征各不相同（表 1-6），甚至同一运动在不同盆地发育的时间长短与影响程度也存在较大的差异，如南海运动，这与它们所处的各自海域的总体构造背景及沉积特征有关，下面分海域进行描述并分析它们各自的构造-沉积背景。

表 1-6 中国近海主要含油气沉积盆地的构造运动对比表

年龄/Ma	北部湾盆地 时代	运动时间	构造事件	莺歌海盆地 时代	运动时间	构造事件	琼东南盆地 时代	运动时间	构造事件	珠江口盆地 时代	运动时间	构造事件	东海盆地 时代	运动时间	构造事件	渤海湾盆地 时代	运动时间	构造事件
更新世 2.6 / 上新世 5.3	更新世 2.6 / 上新世 5.3		东沙运动	更新世 2.6 / 上新世 5.3		东沙运动	更新世 2.6 / 上新世 5.3		东沙运动	更新世 2.6 / 上新世 5.3		东沙运动	更新世 2.6 / 上新世 5.3		龙井运动	更新世 2.6 / 上新世 5.3		构造变革（上新世末）
中新世 23.3	中新世		南海运动	中新世		南海运动	中新世		南海运动	中新世		南海运动	中新世		花港运动	中新世		渐新世末构造变革
渐新世 32	渐新世		珠琼运动二幕	渐新世			渐新世			渐新统		珠-琼运动二幕	渐新世		玉泉运动	渐新统		
始新世 56.5	始新世		珠琼运动一幕	始新世		神狐运动	古新世		神狐运动	始新世		珠-琼运动一幕	始新统		瓯江运动	始新统		始新世末构造变革
古新世 65	古新世		神狐运动	古新世						古新世		神狐运动	古新统		雁江运动	古新统		

图例：
- ■ 红河断裂走滑时间
- □（浅灰）印度-亚欧板块碰撞时间
- ▩ 盆地拗陷期
- ▨ 盆地裂陷期

一、南海北部海域

南海北部海域四大盆地在中、新生代形成、发展的过程中经历了多期次构造运动，主要包括神狐运动、珠琼运动一幕、珠琼运动二幕、南海运动及东沙运动五大构造运动，地层之间存在多个不整合面（表 1-5）。

1. 神狐运动

白垩纪晚期，华南大陆边缘的应力环境由挤压变为伸展，南海北部开始裂陷，主要受以下构造背景的影响：①印度板块虽向北俯冲，但未接触到欧亚板块；②新几内亚板块沿南西向向印度板块俯冲；③位于赤道附近的菲律宾海板块向北漂移；④太平洋俯冲板块滚动后退；⑤同时，在加里曼与米拉塔斯地块相互碰撞以及华南陆缘造山带拆沉运动的联合作用下，古南海向南俯冲。珠江口和北部湾盆地于古新世开始初期裂陷，同时形成 NE 向延伸的控盆断层（陈建军等，2015），该运动在南海北部称之为神狐运动。

2. 珠琼运动一幕

珠琼运动一幕发生于早—中始新世，距今约 49Ma，造成珠江口盆地的抬升，与此同时，伴随发生断裂构造和岩浆活动。在盆地第二次张裂过程中形成 NE—NEE 向断陷（如珠Ⅰ及珠Ⅲ拗陷），而且随着张裂的发生，有中、酸性岩浆喷发，这是盆地最早的喷发旋回（第一期）。其中包括安山岩（57.1Ma±）、流纹质岩屑晶屑熔岩（51.6Ma±）以及凝灰岩（4Ma±）（李平鲁，1993）。珠琼运动一幕形成区域性不整合面，出现侵蚀现象，在隆起地区有地层缺失。

3. 珠琼运动二幕

珠琼运动二幕发生于晚始新世与早渐新世间（39.0～36.0Ma），该构造运动使盆地抬升遭到剥蚀，并伴有断裂和岩浆活动。珠琼运动二幕表现为强烈的水平挤压运动，在珠江口盆地珠Ⅰ拗陷表现强烈而具有区域性，导致全区始新统遭到明显的剥蚀并形成清晰的削截现象，同时地层也遭到强烈的变形；而在北部湾盆地中则表现为始新统顶部明显的削截现象。

4. 南海运动

南海运动发生在晚渐新世至早中新世（31.0～24.8Ma），由于印度板块与欧亚板块碰撞，在东亚岩石圈下的上地幔中产生了一股向东南方向的地幔流，拖曳着其上部岩石圈向东南方向运动，在南海地区产生了第二次构造运动（姚伯初，1996）。南海运动在珠Ⅰ拗陷也表现为水平构造运动，造成下渐新统明显被削截，在北部湾盆地导致渐新统明显削截，强烈变形。本次运动延续时间较长，也较为强烈，但与珠琼运动二幕相比其强度弱。

5. 东沙运动

中中新世末至晚中新世末（10.0～5.0Ma），在南海北部边缘的东部，NW 向转动的吕宋弧之北端靠近亚洲大陆，并发生碰撞，形成台湾岛，在北部陆缘东部产生 NW 向走滑运动，称做东沙运动。东沙运动在珠Ⅰ拗陷表现为区域性垂直运动，形成地层间的平行不整合。东沙运动使盆地在沉降过程中发生隆起剥蚀，并伴有断裂和频繁的岩浆活动，产生了一系列 NWW 向的断裂，它对圈闭构造的形成、油气的运移及聚集产生了极为重要的影响。

此次构造运动在北部湾盆地的海中凹陷中表现为明显的构造反转，地层遭到强烈的剥蚀，同时形成挤压背斜，反转现象由北向南、由西向东减弱，这可能与红河断裂在此时期强烈的右旋活动有关。

北部湾、莺歌海及琼东南三个盆地自北到南构造事件发生时间逐步变新趋势，而在珠江口和台西南两盆地中，则是自西向东构造事件发生时间逐步变新。

二、东海海域

东海陆架盆地在新生代经历了多期构造运动，地层之间存在多个不整合面（图 1-8），包括基隆运动、雁荡运动、瓯江运动、玉泉运动、花港运动、龙井运动及冲绳海槽运动。

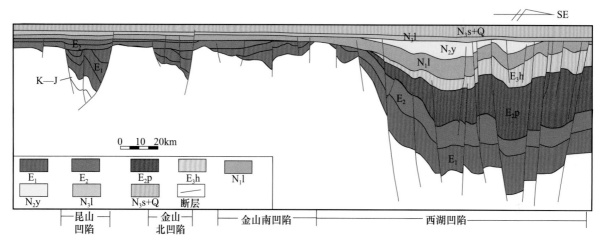

图 1-8　东海陆架盆地地质构造剖面（据张建培等，2014，有修改）

1. 基隆运动

基隆运动发生于早晚白垩世期间，此次运动造成上下白垩统的平行不整合接触。且基隆运动前，东海陆架盆地的基底以酸性花岗岩为主，而基隆运动之后，转变为安山岩为主，其次为玄武岩和英安岩。基隆运动揭开了东海陆架盆地演化的序幕（许薇龄和乐俊英，1988），奠定了新生代沉积盆地基底格架（刘金水等，2003）。东海陆架盆地新生代发育的一系列断陷盆地主要受左行走滑断裂控制（Gilder et al.，1996），具有明显东断西超、东陡西缓的箕状特征，且这些盆地具多个沉积中心，彼此分割，共同构成了现今的西部拗陷带，如钻井揭示的闽江凹陷、瓯江凹陷、福州凹陷、钱塘凹陷及海礁凸起等。物探资料分析认为晚白垩世沉积中心可能位于基隆凹陷，其沉积厚度高达 6000 余米（龚建明等，2013）；现今西部拗陷东部一系列火山岩凸起组成的中部低隆起带均形成于此次构造运动。沉积地层具有东南（钓北凹陷）为海相沉积，西北（闽江、瓯江等）为陆相沉积的特征（胡文博，2012）。

基隆运动最终以区域性抬升结束，在南部表现最为强烈，导致瓯江凹陷、丽水凹陷及台西南盆地缺失中、上侏罗系，甚至局部可能缺失下侏罗系上部（胡文博，2012）。

2. 雁荡运动

雁荡运动发育于白垩纪晚期至古近纪，具有伸展特征。这一时期，印度板块北漂速度远远大于太平洋板块北漂的速度，这导致中国东部总体受右旋力偶作用，东海陆架盆地的西部拗陷带中发育了一系列NE 向展布的左阶式断裂（赵峰梅等，2010）。盆地的地壳与岩石圈通过断裂与塑性流变而减薄，最终使整个岩石圈发生水平拉伸而减薄，而软流圈的顶部产生被动上升，引起早古新世中基性火山岩活动（薛峰，2010）。西湖凹陷上始新统之下的大套断陷沉积，就是这一构造运动的产物。

雁荡运动没有造成区域性构造不整合，除在局部地区发现古新统与上白垩统之间呈平行不整合接触。这一时期古新世的沉积范围有所扩大，部分地层已直接覆盖在基底之上，如椒江和丽西凹陷、丽东和丽南凹陷已经大都连成一片，具有半地堑、地堑的张性断陷盆地结构特征，其沉积中心均在主控断裂下降盘一侧落差最大处附近，而且沉积中心位置没有发生明显的迁移，这说明其横向伸展不是太大。然而，在长江凹陷内东断西超的箕状凹陷特征趋于明显，局部见古新统不整合覆盖在上白垩统之上，部分地区直接盖在前中生界基底之上，边界断层由早期的高角度正断层逐渐向低角度正断层转化，说明此时伸展作用在逐渐扩大。由此，西部拗陷带达到沉积高峰，盆地早期演化即断陷作用阶段完成。在空间上，伸展作用呈现出北强南弱的特点。

3. 瓯江运动

瓯江运动发生于晚古新世与早始新世之间，此时拉张应力仍然具有控制作用，但强度已大大减弱。断裂作用在西部拗陷带已不明显，取而代之出现的是褶皱作用，西部拗陷带逐渐转化为拗陷沉降。此时东部拗陷带的西湖、钓北凹陷开始接受沉积，受断裂作用控制明显，具有多个沉降中心，并正式进入断陷发展阶段（许薇龄和乐俊英，1988）。瓯江运动实际上是雁荡运动裂陷作用发生后的调整，东海陆架盆地由断陷进入热沉降拗陷阶段。

瓯江运动导致西部拗陷带产生了明显的抬升，且部分地区被剥蚀，长江拗陷中的昆山凹陷古新统地层产生了强烈的褶皱变形，而东部的金山凹陷产生了轻微构造变形，南部的丽水与椒江凹陷表现出不明显的构造反转。这些表明长江拗陷的主体部位表现为挤压反转的特点。台北凹陷古新统灵峰组与下伏地层之间发育低角度不整合。西湖凹陷无明显不整合面。因此，瓯江运动的特征是西强东弱、北强南弱，瓯江运动不仅使西部拗陷带的边界伸展断层发生继承性活动，还导致基底断层开始重新活动（薛峰，2010）。

4. 始新世明显的构造转变

西湖凹陷宝石 1 井所钻遇的宝石组与平湖组在岩性、古生物及电性等方面存在着显著的差异，平湖组与宝石组分界处为厚层灰色中砂岩，平湖组中发育大量海相沟鞭藻，电测曲线峰、谷相间，变化幅度大，箱状特征常见，而宝石组主要为深灰色砂质泥岩和泥质砂岩，以钙质超微化石为主，电测曲线为明显的平直微齿状。另外，始新世中期太平洋板块俯冲方向西偏，具有发生构造变动的背景。由此可见，宝石组与平湖组可能为不整合关系，两套地层之间存在明显的构造转变。

5. 玉泉运动

玉泉运动发生在始新世中后期，随太平洋板块运动方向突然由 NNW 变为 NWW，其对盆地的作用明显增强；与此同时，菲律宾板块也向 NWW 方向运动，且斜向俯冲到欧亚板块之下，东海陆架盆地内部 NE 走向断裂处于右旋挤压状态（赵峰梅等，2010）。盆地再次发生抬升并遭受剥蚀，区域性不整合也随之形成。这一运动对东海陆架盆地有作用，也对整个中国东部与日本等区域都有明显的作用。

6. 花港运动

花港运动发生在渐新世末期，这一阶段新生的西菲律宾海盆沿着岛弧俯冲带向盆地俯冲，由于这个海盆的浮力相对较大，其俯冲力比太平洋板块要小，且初始俯冲缺少板块拖拉力，所以俯冲带从早期的太平洋板块相对陡倾角俯冲低应力型转变为菲律宾海盆缓倾角高应力型（赵志刚等，2016）。这一时期，印度-澳大利亚板块大幅向北漂移，东海陆架盆地发生右行压扭，致使西湖凹陷东部的钓鱼岛隆褶带在晚渐新世—中新世早期产生强烈构造抬升，并伴随着剧烈的火山活动。

7. 龙井运动

龙井运动发生在中新世中后期，此时菲律宾板块运动方向从 NNW 变为 NW，伊豆-小笠原弧以及九州-帛琉海岭北部与日本南缘碰撞，使西湖凹陷产生构造反转，而由于菲律宾板块不断向西部俯冲，致使吕宋岛弧与台湾岛发生碰撞，东陆架外缘隆起发生分解裂离，最终形成现今的钓鱼岛隆起、琉球岛弧等构造。东部拗陷带发生剧烈变形，而西部拗陷带变化则不够明显（图 1-9）。

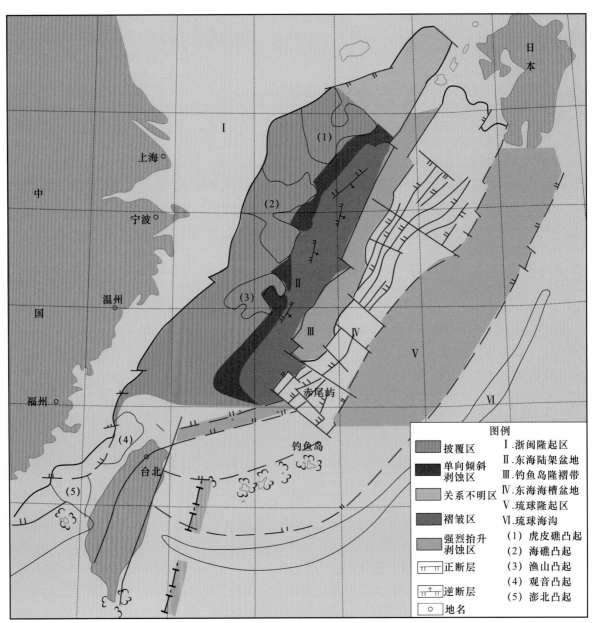

图 1-9　东海龙井运动平面示意图（据许薇龄和乐俊英，1988，有修改）

中新世末期，北冲绳海槽开始形成，钓鱼岛隆褶带隆升，并向西挤压，此时，推覆力达到最大值，使得凹陷中部地层发生强烈褶皱，东部的地层持续抬升并遭受严重剥蚀，同时在一些主断层轴部发育大量褶皱和一系列伴生的逆断层。

8. 冲绳海槽运动

冲绳海槽运动发生在新近纪末期，运动所产生的各种断裂作用集中发育在冲绳海槽，影响范围较小，因而对盆地全区演化影响较小，对前期形成的构造变形没有产生明显的影响，整个东海陆架盆地在这一时期表现为大规模向东沉降。其构造运动特征与演化迁移规律明显，主要表现在：

古新世的三大运动：①基隆运动形成盆地 NE 向的构造体系，奠定了隆-拗相间、"东西分带"的构造格局；②雁荡运动盆地是深陷扩张期的核心运动，形成了一系列箕状断陷，盆地产生东西两个沉降中心；③瓯江运动之后，西部发生较明显的抬升反转，东部凹陷成为唯一的沉降中心，同时整个东海陆架盆地进入拗陷阶段。

始新世—渐新世的两大运动：①玉泉运动导致渐新统在东海陆架盆地西部的缺失，仅在东部拗陷带发育粗粒的河湖相沉积；②花港运动是东海陆架盆地动力学背景的分水岭，花港运动前以发育 NE/NNE 向断层为特征，反转构造呈现"西强东弱、北强南弱"，花港运动后，盆地受太平洋和菲律宾板块的俯冲控制，发育 EW 向断裂，构造反转具有"东强西弱、北强南弱"的特点。花港运动导致大规模岩浆活动并抬升，使西湖凹陷边界定型。

新近纪的两大运动：①龙井运动造成西湖凹陷的大规模反转，在此阶段，西湖凹陷的二级构造带最终形成。且其沉积中心向北迁移，而整个东海陆架盆地的沉积中心已经向东迁移至冲绳海槽位置；②冲绳海槽运动对东海陆架盆地整体影响较小。

三、渤海海域

渤海湾盆地在新生代演化过程中经历了多旋回断陷作用，盆地在新生代的每个地质历史过程中均发生了构造运动，其表现是在始新世早期、早始新世末、渐新世末及上新世末期均发育区域性或局部性角度/微角度不整合面（图 1-10），这些不整合面所代表的构造运动在表现形式和对盆地演化的影响程度上各不相同。对渤海湾盆地各凹陷的构造演化特征综合分析可知，早始新世和渐新世末的两期构造变革后盆地地貌、构造格局与沉积格局均发生了明显的变化。因而这两期构造变革是盆地演化中的两次重要构造转折期；此外，渐新世末的构造变革在渤海湾盆地也广泛发育，该期构造变动发生在盆地形成之后，对油气圈闭的形成与定型以及油气的聚集成藏有决定性的作用。因此，它也是盆地演化过程中极为重要的一次构造事件。

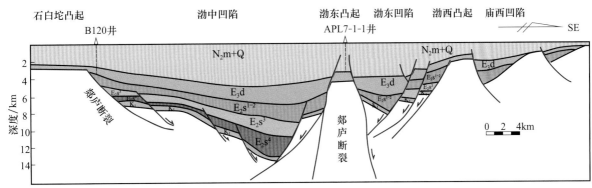

图 1-10 渤海湾盆地典型地质结构剖面图

1. 始新世末构造变革

沙河街组三段沉积期末不整合界面显示受挤压而形成的缩短变形特征，代表一次区域性挤压构造事件。渤海湾盆地在沙三段顶部广泛发育一角度不整合面，从对渤海地区构造演化的综合分析来看，该不整合并不只是简单的构造抬升或断块升降形成的削蚀界面。这一点不仅在不整合面本身的特征上有所反映，更关键的是从盆地演化史来看，在该期界面上、下，盆地的构造格局、构造属性均发生了明显的变化。

从盆地演化角度来看，自早始新世末期盆地的构造格局发生明显变革，使得前后盆地面貌发生较大改观。这在不同的凹陷又有着不同的表现形式，其中最明显的就是在各凹陷内部发生了明显的构造反转，形成凹中隆构造，而使先前的凹陷分割为较小的几个次洼，这一特点在渤海湾盆地各凹陷最为普遍。

从现有勘探资料来看，渤中凹陷与渤东凹陷在始新世中期（沙三期之前）可能也属于同一拗陷（即渤中拗陷），后期郯庐断裂的走滑活动使其一分为二成为两个相对独立的凹陷。渤海油气勘探资料显示，渤东与渤中两个凹陷烃源岩的发育演化具有极大的相似性（何仕斌等，2001；何文祥等，2005），这也预示了两个凹陷早期的统一性。

从该盆地的富烃凹陷演化变迁来看，在断陷期，凹陷赖以发育的湖盆面积要比现今我们直观所看到的更为广阔。而这些富烃凹陷中，主要烃源岩即位于沙四、沙三段内，这就意味着，在烃源岩发育期，始新统的有效烃源岩有着更广阔的发育空间，这一点为凹陷成为富烃凹陷创造一定的必要条件。而早始新世末期的构造变革在某种程度上改造了盆地内烃源岩的分布格局，对后期油气二次运移并聚集成藏起到重要作用，这也是该期构造变革对盆地演化影响的重要意义所在。

2. 渐新世末构造变革事件

渤海湾盆地在渐新世末期发生的构造运动形成的不整合面在所有构造抬升事件中表现最明显，具体体现在此界面以下的地层年龄在凹陷区新，凸起区老，而凹陷区内部的不整合基本为馆陶组平行不整合于其下伏的东营组地层，由此可以得出此次构造变革是整个盆地的整体抬升事件。

此次构造事件主要形成了新近系和古近系之间的不整合，即渐新统顶部。同时越靠近盆地边缘或凸起部位，古近系的剥蚀越严重，反映构造变动对盆地具有削高补齐的作用以及由内到外侵蚀逐渐增强。

经过这次构造变动，盆地从裂陷期进入裂后拗陷期，而且此不整合面上下的地层特征和沉积充填也表现出显著的差异，即古近系沉积为盆地裂陷伸展、断块翘倾及箕状断陷充填；而新近系整体呈现出向海域渤中凹陷中心厚度逐渐增加的倾斜式展布。通过该期构造运动的抬升、削平和补齐，整个盆地转变为以渤中凹陷为中心的整体拗陷阶段，并且新近纪的沉积已经不受前期形成的古近系的隆洼关系控制。

盆地内大部分区域基本上以此不整合面为界，在古近系和新近系内发育两套不同的断裂系统。渤海海域的新近系中，除辽东湾以外的地区，均发育多条新生断层，而这些断裂并不是在古近纪断层的基础上发展起来的，其向下延伸大多只到东营组顶部，因此新近纪和古近纪所处的应力环境并不相同。这些新生断层也组成了渤海浅层部位分布密集的断裂系统，在平面上表现出在靠近东部郯庐断裂带附近，而且这些浅层断层大多是郯庐断裂带右旋走滑作用形成的伴生断层。因此，郯庐断裂带在新近纪具有重要的作用，此时期其右旋走滑活动强烈。

3. 上新世末构造变革事件

上新世末期，盆地先是全区域基本都受到了 NW-SE 向挤压变形，发生构造反转，随后地层回倾遭受剥蚀。新近纪盆地内形成了走向为北东向的反转背斜，而上新世末期构造事件形成的角度不整合多体现在第四系对此背斜轴部的强烈侵蚀。不整合面为明化镇组与其上覆第四系地层之间的界面。

由于此次构造变动是在盆地形成之后发育的，因此主要是对盆地后期的改造，同时其对油气运移的影响主要表现在两方面：①形成良好的油气聚集场所，即该期构造在凹陷内部形成许多反转背斜圈闭；②该期构造运动对盆地原有的压力场、流体场进行直接改造，其结果是使油气重新运移分配并聚集成藏，例如目前渤海发现的许多油气田都是 5Ma 以来超晚期成藏形成的。

第二章 北部湾盆地

北部湾盆地是一个中、新生代形成的断陷沉积盆地。构造上位于粤桂古生代褶皱带和海南褶皱带之间，以海南隆起和琼东南盆地相隔，盆地的外部轮廓近东西向，主体部分在北部湾海域之中，向东延伸到海南岛北部和雷州半岛，面积约 $3.5 \times 10^4 km^2$ （翟光明和王善书，1992）。盆地内油气资源较为丰富，是我国南海北部陆架之上的一个重要的油气生产区。油气发现多集中在涠西南凹陷，已有十几个油田投入开发，在乌石凹陷、海中凹陷、迈陈凹陷以及位于海南岛西北侧的福山凹陷等也有油气发现（朱伟林等，2010）。涠西南凹陷油气资源比较丰富，是北部湾盆地内油气勘探程度相对较高的构造单元，也是整个盆地最重要的含油气构造之一。主要油气资源集中在古近系的陆相地层——流沙港组和涠洲组。

第一节 区域地质背景

北部湾盆地位于南海北部，构造较为复杂，既有东部太平洋构造域的特征，也有特提斯–喜马拉雅构造域的特点（黄汲清和任纪舜，1980）。盆地前新生界的基底与沿岸陆地的出露较为相似，主要为上古生界的变质岩、中生代的花岗岩及白垩系的红色砂砾岩（张启明和苏厚熙，1989）。同时盆地东部、西部均受早期的深大断裂影响，其构造格局及地质演化与粤桂及印支陆地的地质事件有着千丝万缕的联系。北部湾盆地古近系继承了前新生界的基底特征，高低起伏，凸凹相间。

一、构造单元划分

根据传统的构造单元划分原则，尤其是盆内控制古近纪新产生的断裂和基底大断裂分布规律及地层超覆线、尖灭线或剥蚀区的发育特征，可将该盆地分为 5 个一级构造区带，即南部、北部、东部三个拗陷及徐闻和企西两个隆起。其中，北部拗陷主要包括涠西南和海中两个凹陷；南部拗陷则包括 5 个凹陷，即乌石、迈陈、纪家、昌化、海头北凹陷；而东部拗陷由雷东和福山两个凹陷组成（图 2-1）。

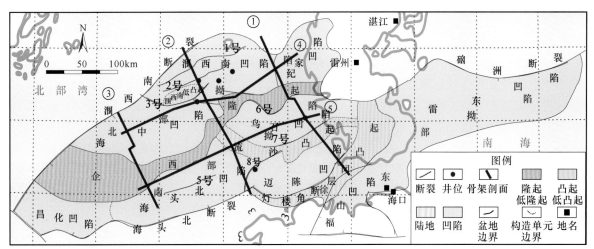

图 2-1 北部湾盆地构造单元划分

（一）涠西南凹陷

涠西南凹陷位于盆地的北部拗陷北部，其西北以涠西南大断裂为边界，东南边缘为企西隆起，其西南面以涠西南低凸起为隔挡，与海中凹陷相连，面积约 3000km²（郭飞飞等，2009）。涠西南凹陷属于典型的断陷湖盆，早期为内陆湖泊沉积充填，晚期为半封闭海湾沉积，岩性由下而上为粗细交互（朱伟林和江文荣，1998）。凹陷内发育3条NE—SW走向的正断层，这3条断层控制了整个涠西南凹陷的构造格局，形成明显的箕状断陷构造样式。凹陷西北面为陡坡，东南部为缓坡（董贵能和李俊良，2010）。

（二）海中凹陷

海中凹陷位于盆地西部，该凹陷为北断南超的箕状断陷，其北部与涠西南凹陷相连，东部与南部被企西隆起所环绕，西部以涠西南大断裂为边界，面积约3700km²（刘志峰等，2009）。凹陷内古近系与上覆新近系呈不整合接触关系，钻遇的地层有涠洲组及流沙港组（罗威等，2013）。海中凹陷是北部湾盆地中最大的凹陷，但是勘探程度相对较低。

（三）乌石凹陷

乌石凹陷位于南部拗陷的东北部地区，其西部及西南部以流沙凸起与海头北凹陷和迈陈凹陷相隔，北部边界为企西隆起南缘，东南部与流沙凸起相邻，面积约为2600km²。受7号和6号断层控制，乌石凹陷可分为东、西两个洼陷。东洼为典型箕状断陷，呈南断北超特征，从北至南可分为缓坡带、中央背斜带、洼陷带和陡坡带等几个构造区带。其中西部洼陷也是箕状断陷，呈北断南超结构，但不发育中央背斜带（杨海长等，2009）。

（四）迈陈凹陷

迈陈凹陷地处北部湾盆地东北部，北临流沙凸起，南靠徐闻隆起，是在古新世神狐运动晚期发育起来的"南断北超"的箕状断陷，凹陷总体呈NE向展布，面积约1200km²（曹强等，2009）。北部湾盆地内油气勘探程度相对较低的构造单元包括东1洼、东2洼、东3洼和西洼（陈亮等，2002）。

（五）福山凹陷

福山凹陷位于琼州海峡与琼北地区，为盆地东南缘的一个近NEE向展布的中新生代箕状断陷，西、北部通过临高断裂与临高凸起相连，东部通过徐闻断裂与云龙凸起相接，南部通过安定断裂与海南隆起相邻，面积约2920km²，凹陷总体呈EW向隆凹相间、北断南超、南北分带的构造格局（丁卫星等，2003；于俊吉等，2004）。福山凹陷内部的主要次级构造单元，具有典型箕状断陷的特征，主要包括北部断阶带、中部断槽带（包括和天向斜/皇桐次凹、老城向斜/白莲次凹、和海口向斜/海口次凹）、中部构造带（包括花场次凸、永安背斜、美台、金凤和博厚–朝阳等构造）和南部斜坡（李美俊等，2006）。

（六）雷东凹陷

雷东凹陷位于北部湾盆地的最东端。其北部为粤桂隆起，东南为海南隆起，西南为福山凹陷，西部为徐闻隆起。雷东凹陷可以进一步分为东、西两个次凹。其中东次凹为NEE向、西次凹为NW向（徐建永，2010）。凹陷形态受NE和NW两组方向展布的断裂控制，多呈北断南超的箕状，整个凹陷的面积约7500km²（梁修权和温宁，1994）。

二、构造演化特征

北部湾盆地是在中生代区域隆起背景下形成的新生代断陷型盆地。受新生代南海扩张的影响，盆地经历了古近纪张裂（裂陷）和新近纪裂后热沉降（拗陷）两个阶段，断、拗双层结构特征明显（图2-2）。裂陷期以陆相断陷湖盆沉积为主，而拗陷期以海相沉积为主（胡望水等，2011）。其中裂陷期又可划分出3个期次：裂陷一幕发生于古新世，为初始张裂期，盆地雏形开始形成；始新世为裂陷二幕，强裂拉张明显；而渐新世为裂陷三幕，张裂活动开始减弱（表2-1）。从古新世到渐新世，断裂活动强度呈现出弱—强—弱变化的规律，湖盆也经历了形成到发展再到衰亡的过程。进入新近纪后，盆地发生整体沉降，开始接受海相沉积（张启明和苏厚熙，1989；徐建永等，2011；张智武等，2013）。

古新世，太平洋板块开始向欧亚板块俯冲，导致弧后扩张，在亚洲大陆东部边缘产生NW向拉张应力，致使整个亚洲东缘发生伸展，形成大规模的裂谷盆地；其中华南大陆南缘形成一系列NE和NEE向的断裂。作为华南大陆南缘的一部分，北部湾盆地在近NW向的区域拉张应力作用下，发生初始张裂，形成一系列NE向的大断裂，例如涠西南断裂、乌石凹陷的7号断裂、迈陈凹陷的9号断裂和灯楼角断裂等（图2-3）。盆地雏形阶段，全区发育数个狭窄的半地堑，断块体上升盘剥蚀的碎屑物质在各凹陷中迅速沉积，组成了长流组的红色砂砾岩夹杂色泥岩沉积，其分布较局限，除海中凹陷和涠西南凹陷连片外，各沉积单元之间呈相互独立的特征。

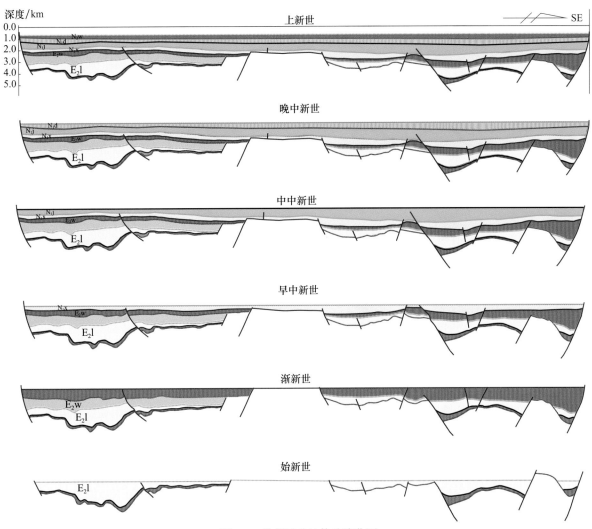

图 2-2 北部湾盆地构造演化图

　　始新世，印支板块向欧亚板块碰撞作用逐渐增强，地幔热作用因此增强，构造应力顺时针旋转，北部湾盆地在拉张应力作用下产生强烈断陷作用，形成了一系列的 NEE 向断裂，如涠西南凹陷中的 1 号断裂、乌石凹陷中的 6 号断裂、海中凹陷中的 3 号断裂及迈陈凹陷中的灯楼角断裂等（图 2-3），断裂活动逐渐增强并发展成为主控断裂，控制了流沙港组的沉积。盆地沉降中心总体呈 NE 走向特征。此外，早期形成的边界主控断裂再次活动，但活动强度逐渐减弱，这对流沙港组沉积厚度的变化具有重要影响。张裂活动的持续过程，导致湖盆逐渐加深并扩大，形成了流沙港组滨浅湖-中深湖相沉积。

　　早渐新世，受西太平洋板块持续俯冲影响，印度板块和欧亚板块碰撞达到高峰，印支地块沿 SE 向顺时针旋转挤出。在两者共同作用下，北部湾盆地区域应力场继续向东顺时针旋转，在近 SN 向的拉张应力作用下发生第三次张裂，形成了涠西南凹陷中的一系列近 EW 向的断裂，如控制了涠洲组沉积的 2 号断裂；在海中凹陷，涠西南断裂和 3 号断裂持续活

表 2-1　北部湾盆地构造事件表

时代		时间/Ma	盆地演化阶段		主要构造事件
第四纪			凹陷阶段		东部再次张性断裂活动 大规模玄武岩喷发 西部轻微挤压
上新世					
中新世	晚	10			珠江口盆地张性断裂活动、形成古近系断层东强西弱
	中				
	早	20		西	西部张裂停止 全区转入热沉降
渐新世	晚	30	东	第三期	东部张裂停止，转入热沉降，南侵开始
	早		断		
始新世	晚	40	陷	第二期	第三期张裂开始，形成近东西向裂陷，基性岩浆活动开始
	中	50	阶		
	早		段		第二期张裂开始，形成NE-NEE向裂陷
古新世	晚	60		第一期	
	早				
白垩纪	晚	70			第一期张裂开始，形成NEE-NE向裂陷

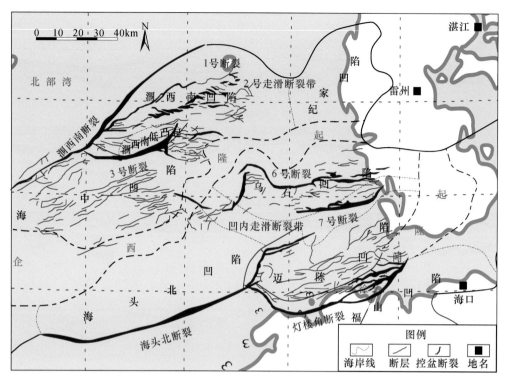

图 2-3 北部湾盆地断裂分布图（据李春荣等，2012，有修改）

动，其中 3 号断裂是主控断裂并控制渐新统沉积；而在乌石凹陷形成了一系列近 EW 向的断裂，其中 6 号断裂为主控断裂，控制着涠洲组的沉积；在迈陈凹陷也产生一系列近 EW 向的断裂，同样控制涠洲组沉积。中晚渐新世，应力场发生右旋扭动，改造了前期构造，涠西南和乌石凹陷产生了负花状构造；而海中、迈陈凹陷的扭动特征不明显。此时，从板块边界传递到板块内部的应力对盆地的形成及演化的控制作用越来越明显。渐新世末，整个北部湾盆地经历了一次构造挤压反转，导致盆地整体发生抬升，并遭受不同程度的剥蚀。

新近纪，北部湾盆地整体进入裂后热沉降阶段，断裂基本停止活动，整体下沉接受海相沉积。中新世末，北部湾盆地又经历了挤压反转构造运动，不同区域的反转强度有所不同，挤压作用在海中凹陷表现最为强烈，早期沉降和沉积中心抬升成为高点，相应的沉降和沉积中心向企西隆起迁移；而反转运动在其他几个凹陷则较弱，仅有部分地层发生了轻微褶皱变形，形成低幅度宽缓背斜（胡望水等，2011；李春荣等，2012）。

三、地层发育与分布

根据已钻探井及有关物探资料，认为盆地内新近系为海相地层，古近系为陆相地层，基底地层包括古生界及中生界，新近系有孔虫化石丰富，而古近系孢粉特征明显（张启明和苏厚熙，1989）。北部湾盆地古近纪发育的地层自下而上是长流组、流沙港组和涠洲组；新近纪发育的地层自下而上是下洋组、角尾组、灯楼角组和望楼港组（图 2-4）。

（一）地层发育

1. 古新统长流组

古新统长流组下部为灰黑色泥岩与棕红色泥岩不等厚互层，上部为棕红色泥岩夹粉-细砂岩。具有明显的"双红"特征，即泥岩是红色，砂砾岩也是红色，泥岩含砂，砂砾岩也含泥质。多为坡积-洪积相沉积。

2. 始新统流沙港组

本组为深灰色、褐灰色泥页岩与灰白色砂岩、砂砾岩，从凹陷中心向凸起方向厚度减薄，岩性变粗，一般厚度为 1000m，最大厚度大于 4400m，是北部湾盆地的主要生油岩和重要的储层之一，自上而下可分为明显的粗—细—粗三个岩性段。

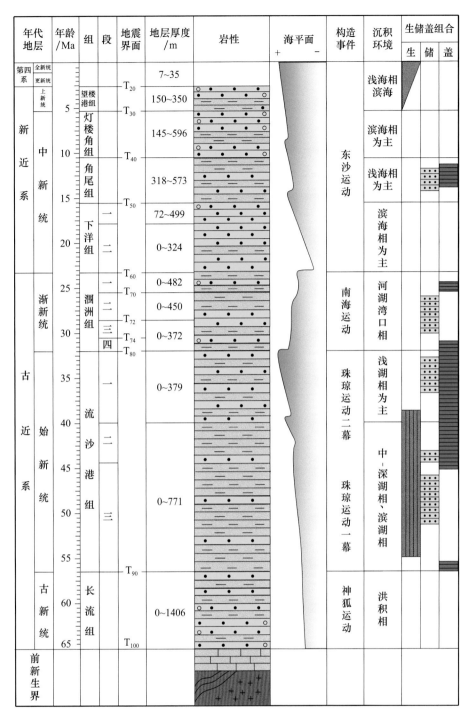

图 2-4　北部湾盆地地层柱状图

1）流沙港组一段

流一段总体为中深湖沉积，涠西南凹陷北部和海中凹陷东部是沉积中心。流一段以出现深灰色的泥岩，且具有砂泥互层为主要识别特征。流一段下部为砂砾岩、浅灰-灰白色含砾砂岩、细砂岩及深灰色泥页岩不等厚互层的岩性组合。中部与上部除部分隆起中地层缺失外，其余为滨浅湖沉积，为深灰色泥页岩夹浅灰-灰白色粉砂岩的组合；在涠西南凹陷西部，以灰白色砂砾岩，含砾砂岩-灰色泥岩不等厚互层组合为主；在乌石凹陷，中部为浅湖沉积，多为粉砂质泥岩与粗砂岩互层特征，地层厚度向流沙港凸起方向减薄；而在凸起上，该段缺失。

2）流沙港组二段

流二段主要出现在凹陷内部，以泥岩沉积为主。岩性和地层厚度的变化与隆起、凸起的分布相关。在涠西南凹陷与海中凹陷内有两个中深湖沉积区，一个位于涠西南凹陷的西北部，而另一个在海中凹陷的中部，分布面积很大。岩性组合主要为深灰、褐灰色泥页岩夹薄层粉、细砂岩，局部可见菱铁矿层，地层厚度多大于 300m，最厚可达 1800m 以上。涠西南凹陷南部、海中凹陷南部主要发育滨浅湖沉积，岩性为泥页岩和砂岩互层，中央为煤层。在乌石凹陷中部，厚度大于 1500m，下部与上部以深灰色泥页岩为主，中部为深灰色泥页岩与浅灰色粉-细砂岩、含砾砂岩互层，往北、西方向，地层厚度逐渐减薄，岩性颗粒也更粗，为浅灰色含砾不等粒砂岩、含砾砂岩与泥岩互层，地层厚度小于 600m。其中迈陈凹陷的北部，岩性为灰白色砂岩与深灰色泥、页岩互层，中部发育薄煤层，地层厚度大于 890m，应为滨浅湖沉积，再往北至流沙港凸起一带，缺失本段，往西至迈陈凹陷和海头北凹陷交界处，厚度减薄至 300m，岩性为浅灰色中-粗粒砂岩、砂砾岩与灰-深灰色泥岩互层，夹灰黄色砂岩。流二段顶界为大套泥岩段或以泥岩为主的泥质粉砂岩层。

3）流沙港组三段

流三段也主要分布在凹陷内部，其中在涠西南与海中凹陷，均为滨浅湖相砂岩，地层厚度为 300m 左右。岩石粒度垂向上表现出下粗上细的特点，下部为灰白色砾质砂岩与深灰、棕红色泥岩的不等厚互层结构；而上部为深灰色含砾砂岩、灰白色细砂岩、泥质粉砂岩、粉砂质泥岩与泥岩互层；该段底部常可见暗紫红色、棕红色泥岩，但互层中的砂岩不是红色。

3. 渐新统涠洲组

涠洲组沉积以河流沼泽相及浅湖相为主，紫红色、杂色泥岩与石灰岩、灰白色砂岩、砂砾岩互层发育，海中凹陷东北部及乌石凹陷西部薄煤层或煤线、炭质泥岩等含煤岩系较发育。涠洲组上部以泥岩为主，下部以砂岩、砂砾岩为主。砂岩单层厚度向下变大，最厚可达 27m。涠洲组厚度变化很大，0～1115m，在断块高部位或隆起较高地区缺失；而在凹陷较深地区，厚度很大。涠洲组与下伏始新统流沙港组呈不整合接触。

4. 下中新统下洋组

下洋组在凹陷、凸起上均有分布，因受古地形影响，其下部有不同程度缺失，以海中凹陷东南部发育较全，为滨海相沉积。按岩性粗细变化，从上到下分三段，下部为浅灰、灰黄色砂砾岩，局部见棕红色泥岩，厚度一般在 600m 以上，见介形虫、钙质超微、有孔虫化石。上部岩性为浅灰色、灰白色泥质砂岩，中细砂岩夹浅灰色泥岩。有些区域在下部见薄层碳酸盐岩层。在涠西南凹陷北部和海中凹陷北部隆起区，仅存一段，岩性以砂砾岩为主，厚度小于 400m。

5. 中中新统角尾组

角尾组在盆地中分布广泛，地层厚度一般小于 400m，在乌石凹陷中部和海中凹陷西南部比较发育，为浅海沉积。下部为灰色、绿灰色泥岩与灰绿色粉砂岩，细砂岩和中砂岩呈不等厚（泥厚通常比砂厚要大）互层；上部为浅灰色、绿灰色泥岩夹灰绿色粉砂质泥岩、泥质粉砂岩、粉砂岩和细砂岩，本段浮游有孔虫、钙质超微化石富集；角尾组顶部为一套厚层状灰色泥岩。

6. 上中新统灯楼角组

该地层组在凹陷、凸起上分布广泛，沉积中心在盆地的中部地区，地层厚度大约为 300m。下部以浅灰色含砾砂岩、砂砾岩为主，并夹灰色泥岩。中部以浅灰色、绿灰色砂质泥岩、泥岩为主，夹浅灰黄色砂岩。上部为灰黄色、浅灰色不等粒砂岩、含砾砂岩夹浅灰色粉砂质泥岩、泥岩。浮游有孔虫、钙质超微化石富集，为浅海沉积。

7. 上新统望楼港组

该地层组在凹陷、凸起上均有钻遇。沉积中心在北部湾盆地的西部，地层厚度大于 300m，为一套砂泥岩，底部为灰黄色含砾砂岩夹泥岩的组合，为浅海沉积；中部与下部主要为浅灰、灰色泥岩、粉砂质泥岩组合，夹粉-细砂岩；中部与上部为浅灰、灰色泥岩夹浅灰色含砾砂岩。往北、东、南方向地层厚度减薄，岩性逐渐变粗；向乌石凹陷的西部、海中凹陷的东部及迈陈凹陷的西部逐渐变为滨海沉积，发育浅灰、灰黄色砂砾岩，地层厚度为 200～300m。双壳、珊瑚、腹足、有孔虫、海胆、钙质超微化石及介形虫碎屑等均较富集。

8. 第四系

上部为灰黄、浅灰色含砾砂岩、砂砾岩，砂砾岩与浅灰色泥岩不等厚互层。下部为浅灰色泥岩、粉砂质泥岩夹浅灰黄色砂岩，成岩性较差，富含生物化石碎屑。

（二）沉积地层及平面展布特征

1. 流沙港组

始新世，盆地整体地层厚度较大。北部拗陷以涠西南和海中凹陷为主，最大厚度达 4600m；南部拗陷的迈陈凹陷和乌石凹陷在该时期地层厚度较大，其中迈陈凹陷的地层厚度也达到 4400m。该时期强烈的断裂活动促使湖盆逐渐加深扩大，加之隆起抬升，物源供给量增大，多个凹陷沉积厚度较大。地层分布范围较为局限，多集中在凹陷内部，沉降中心多为凹陷中心位置，凹陷的边缘部位和低凸起地层较薄（图 2-5）。

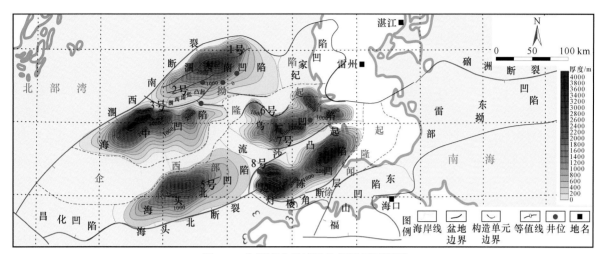

图 2-5　北部湾盆地流沙港组地层厚度图

2. 涠洲组

涠洲组下段沉积时期，北部拗陷的海中凹陷厚度较大，厚度达 4800m，涠西南凹陷的地层厚度相对偏薄；南部拗陷地层最厚的区域位于乌石凹陷，厚度为 3000m。涠洲组上段沉积时期较前期整体沉积厚度减薄，沉积厚度为 1000m 左右。受到区域构造的影响，该时期海中凹陷内部③号断裂和乌石凹陷内的⑥号断裂，逐渐发展为主控断裂，凹陷内物源供给充足。相比始新世，地层整体厚度减薄，地层分布范围大致相同。但盆地的沉降中心发生了转移，沉降的速率减缓。地层厚度的变化与断裂带的活动密不可分，说明该时期断裂活动强度减弱，处于盆地断陷末期（图 2-6 和图 2-7）。

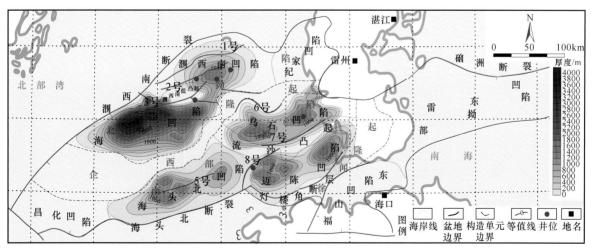

图 2-6　北部湾盆地涠洲组下段地层厚度图

3. 下洋组

下洋组沉积时期，北部拗陷的海中凹陷厚度相对较大，涠西南凹陷的地层厚度相对偏薄；南部拗陷地层最厚的区域仍位于乌石凹陷。盆地沉积中心的沉积厚度在 1000m 左右（图 2-8）。

4. 角尾组

角尾组沉积时期，北部拗陷的沉积中心在海中凹陷，沉积厚度 1200m，南部拗陷地层最厚的区域位于迈陈凹陷，厚度1600m。盆地的沉积中心与上一时期相比发生了转移，沉积中心由西北部的海中凹陷转移至南部的乌石凹陷，但盆地沉积范围与上一时期下洋组沉积时类似（图2-9）。

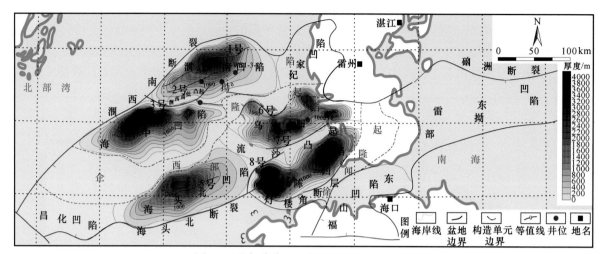

图2-7　北部湾盆地涠洲组上段地层厚度图

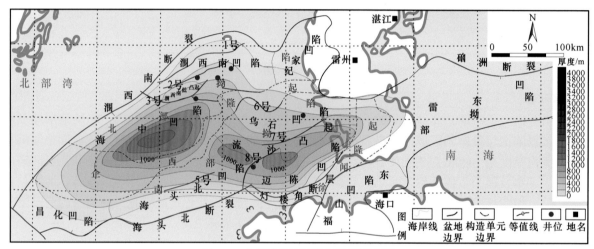

图2-8　北部湾盆地下洋组地层厚度图

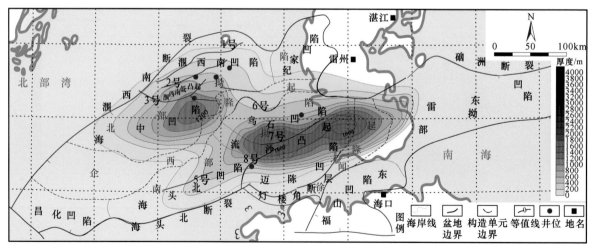

图2-9　北部湾盆地中中新统角尾组地层厚度图

5. 灯楼角组

灯楼角组沉积时期，北部拗陷的海中凹陷厚度较大，厚度达1400m，涠西南凹陷的地层厚度相对上一时期增厚；南部拗陷地层最厚的区域仍旧位于乌石凹陷。盆地沉积范围相较上一时期变大（图2-10）。

6. 望楼港组

上新世时期，地层是在中新世的基础上继续发育的，沉积中心基本一致，主要受海平面变化的影响，随着海侵范围的增加，地层发育的范围也不断加大。地层厚度变化速率较小，主要是此时构造运动与物源供给相对较为稳定所致（图2-11）。

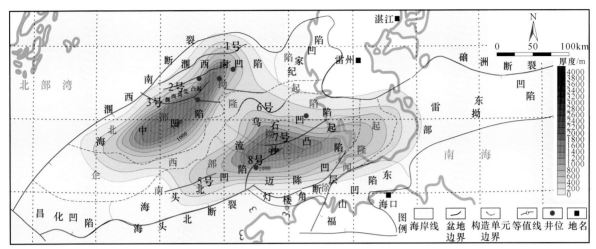

图 2-10　北部湾盆地上中新统灯楼角组地层厚度图

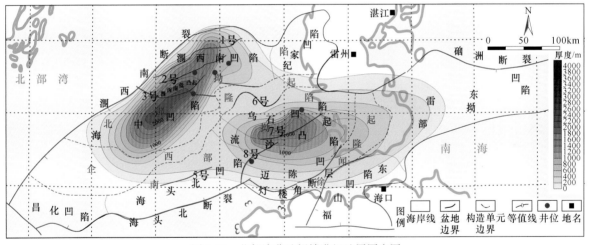

图 2-11　北部湾盆地望楼港组地层厚度图

第二节　层序地层与地震层序地层

北部湾盆地是新生代断陷盆地，可划分为古近纪的断陷期和新近纪的拗陷期。盆地新生代经历多次区域构造运动，发育多个区域性不整合面；同时受到早期湖平面变化及后期海侵的影响，构成了不同级次的层序界面。在层序地层学理论指导下，借助地震及测井资料对古近系流沙港组及涠洲组的层序进行识别，建立区内层序地层格架。

一、地震层序划分

采用多种方法对层序界面和层序地层单元进行识别，主要包括地震反射特征识别和钻测井识别，而单井层序划分则是在层序界面识别的基础上，通过对地震层位追踪结果进行对比，结合盆地各凹陷构造区带的特征，进行连井层序对比，最终建立井震层序地层格架。

（一）层序界面识别

对钻井层序基准面旋回分析及对比，进行井–震标定，并对工区目的层段展开追踪，共解释出8个三级层序/体系域界面，分别为T_{60}、T_{70}、T_{72}、T_{74}、T_{80}、T_{83}、T_{86}、T_{90}（图2-12）：

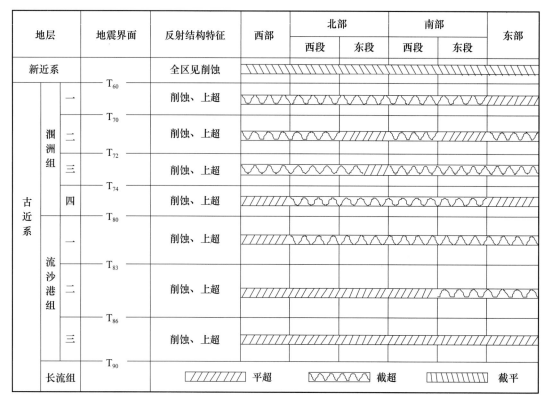

图 2-12　地震层序界面识别

T$_{90}$ 界面为流沙港组的底，界面反射较弱，其下的地层与 T$_{90}$ 界面斜交，在一些地方可以看到明显的削截。在凹陷的东部和南部，此界面上超到基底之上。

T$_{86}$ 界面相当于流三段顶界，是个区域标志层，T$_{86}$ 之下常出现一级强反射，其上是明显的弱反射。在凹陷边缘，T$_{86}$ 上超于基底之上。

T$_{83}$ 界面相当于流二段顶界，反射中—强，连续性好，上超现象明显，局部见削蚀现象。界面上反射波组明显变强，也是个很好的区域标志层。在凹陷边缘，T$_{83}$ 被 T$_{80}$ 削蚀。

T$_{80}$ 相当于流沙港组顶界。在凹陷西南部表现为大套前积层的顶界，T$_{80}$ 分布广；在凹陷边缘，界面上的上超现象和界面下的削蚀现象都比较明显，但最终被 T$_{60}$ 所削截。

T$_{74}$ 相当于涠四段的顶界，中振幅，中连续，界面上可见削蚀和上超，往凹陷四周上超于 T$_{80}$ 之上。

T$_{72}$ 相当于涠三段的顶界，中振幅，中连续。在凹陷中心是一套强振幅反射的顶界，有明显的上超现象。

T$_{70}$ 相当于涠二段的顶界，中—强振幅，连续性好。在凹陷中心，T$_{70}$ 之下是一组稳定强反射波组，可见上超、削蚀。

T$_{60}$ 相当于涠一段的顶界，是个明显的破裂不整合面；在凹陷东北角和西区，都见到明显的角度不整合现象。其上已进入盆地的拗陷阶段，可见很多断层在此界面上终止。

（二）层序划分方案

在以上层序界面识别的基础上，结合北部湾盆地的相对湖平面变化、构造演化等进行层序划分。由于地层厚度、地层的叠加样式和沉积环境等不同，再结合相对湖平面的升降，将流沙港组划分为一个长期旋回和三个中期旋回，由下至上对应的层序界面分别为 T$_{90}$、T$_{86}$、T$_{83}$（图 2-13）。将涠洲组划分为一个长期旋回和四个中期旋回，由下至上对应的层序界面分别为 T$_{80}$、T$_{74}$、T$_{72}$、T$_{70}$（图 2-14）。

二、重点凹陷的层序结构

通过覆盖盆地主要构造单元的 5 条骨架剖面（图 2-1），来说明北部湾盆地各凹陷的宏观结构特点，并展现其层序地层格架。以 3 条 NW 向和 2 条 NE 向层序地层剖面为例，分述各生烃凹陷层序地层格架的特点。

（一）涠西南凹陷

北部湾盆地②号剖面（图 2-15），自北向南依次贯穿涠西南凹陷、企西隆起、乌石凹陷、流沙凸起、

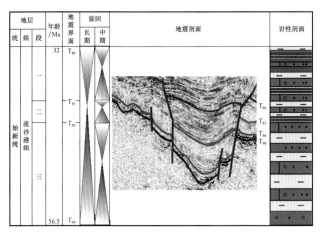

图 2-13　流沙港组层序划分方案

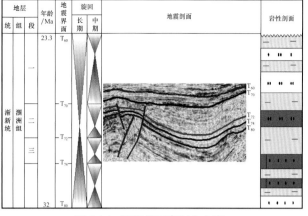

图 2-14　涠洲组层序划分方案

海头北凹陷和迈陈凹陷的骨干剖面。涠西南凹陷位于海中凹陷与纪家凹陷之间，属于北部湾盆地北部拗陷，北侧以涠西南断裂为界，断裂以北有地层缺失的现象。涠西南凹陷内地层发育齐全，地层倾角较缓。古近纪沉积的地层较厚，古新统长流组向南逐渐减薄消失，厚度小于始新统流沙港组；流沙港组分布局限于凹陷深部位，厚度较大；渐新统涠洲组在凹陷内呈北厚南薄，且新近纪沉积的地层较薄。

北部湾盆地④号剖面经过海中凹陷和涠西南凹陷。海中凹陷是一个深陷凹陷，而由于剖面穿过涠西南凹陷的边缘（图 2-16），该地震剖面上显示的涠西南凹陷并不深。海中凹陷在东西走向上呈明显的"东断西超"。

（二）海中凹陷

③号剖面自北向南依次经过海中凹陷、企西隆起和海头北凹陷（图 2-17）。海中凹陷是一典型的"北断南超"的箕状断陷，多级大型阶梯断层控制凹陷结构。凹陷属于北部湾盆地北部拗陷，其北部以涠西南断裂为界，南部为企西隆起，涠西南低凸起将其与涠西南凹陷分隔开。地层呈北断南超、北厚南薄的特征，古近系向北呈发散状上超于涠西南断裂上，向南上超于下伏地层。始新统流沙港组厚度远远大于渐新统涠洲组和新近系，但受凹陷边界断层控制仅在凹陷内发育。涠洲组沉积已不受边界断层控制，沉积范围超出了凹陷，在南部企西隆起也有发育，呈现中间厚两边薄的特点。盆地古近纪沉积地层厚度远远大于新近纪沉积地层，呈现典型陆内裂谷特征。

（三）乌石凹陷

北部湾盆地①号剖面（图 2-18）主要反映了乌石凹陷和迈陈凹陷在近南北方向的结构，两个凹陷被流沙凸起分割。乌石凹陷位于北部湾盆地南部拗陷东北部，为"南断北超"的断陷。其北部为企西隆起，南部为流沙凸起。地层总体南深北浅，南厚北薄，向北超覆。古近纪沉积地层呈明显的楔状，向北逐渐减薄，反映了企西隆起较为强烈的抬升运动；始新统流沙港组厚度远远大于渐新统涠洲组和新近系，受凹陷边界断层控制仅在地堑内发育；涠洲组沉积已不受边界断层控制，沉积范围超出了凹陷，在邻近的流沙凸起也有发育，呈现中间厚向南北两侧减薄的特点。新近纪沉积的地层较薄，且厚度变化不剧烈。在一定时期内，乌石凹陷的内部发生局部隆起，可以形成凹陷内部的短期局部物源。⑤号剖面表明乌石凹陷内地层东西向均发生超覆（图 2-19）。

（四）迈陈凹陷

迈陈凹陷位于北部湾盆地东北部，属于南部拗陷，其北临流沙凸起，南靠徐闻隆起。沉降中心受凹陷南部大断裂的控制，古近纪沉积地层向北逐渐减薄，在地震剖面上显示上超的地震反射结构，从而形成典型的"南断北超"的箕状断陷（图 2-18）。在迈陈凹陷的陡坡和缓坡都有同向和背向的次一级断裂，使得其结构非常复杂。

（五）小结

通过对跨盆长地震剖面凹陷结构与层序界面的研究，得到呈现北部湾盆地各个凹陷主要结构相互关系的栅状图（图 2-20）。涠西南凹陷属于北部湾盆地北部拗陷，北侧以涠西南断裂为界，断裂以北有地层缺失的现象。涠西南凹陷内地层发育齐全，地层倾角较缓。海中凹陷是一典型的"北断南

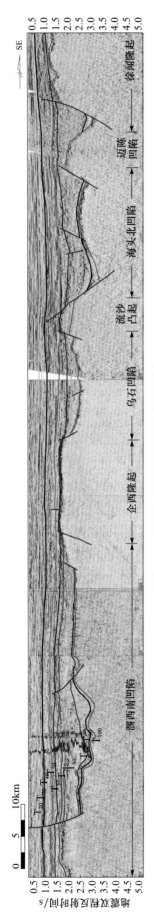

图 2-15 北部湾盆地②号剖面层序地层格架

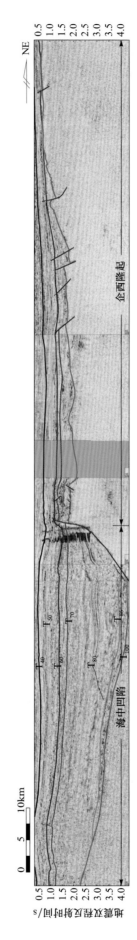

图 2-16 北部湾盆地④号剖面层序地层格架

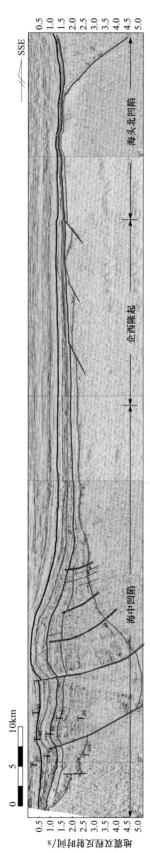

图 2-17 北部湾盆地③号剖面层序地层格架

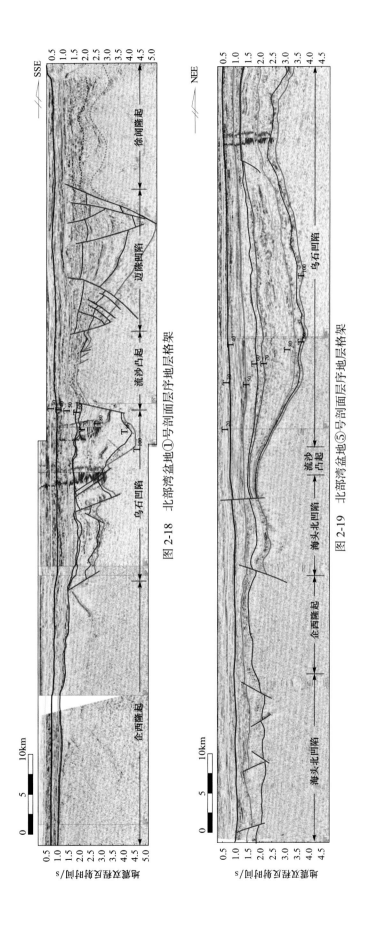

图 2-18　北部湾盆地①号剖面层序地层格架

图 2-19　北部湾盆地⑤号剖面层序地层格架

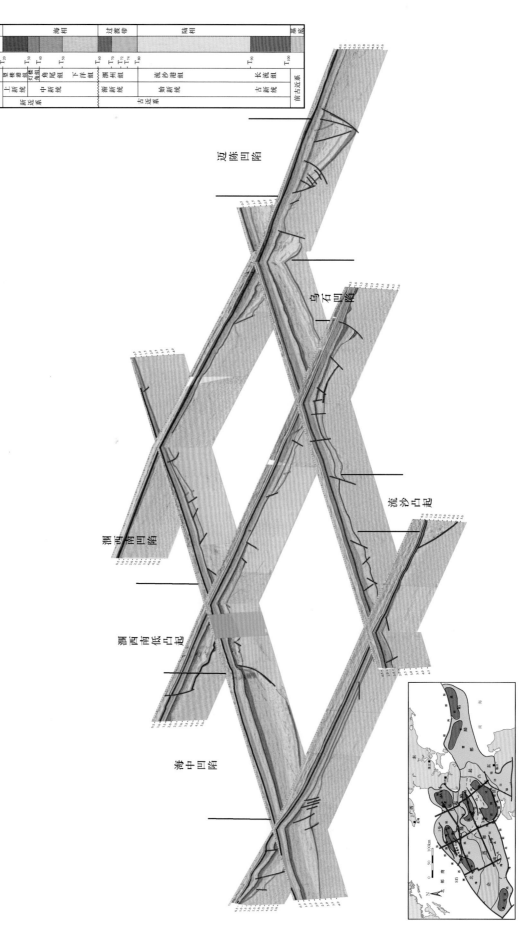

图 2-20 北部湾盆地地层结构栅状图（测线方向见图2-1）

超"的箕状断陷，多级大型阶梯断层控制凹陷结构。地层呈北断南超、北厚南薄的特征。乌石凹陷为"南断北超"的断陷，地层总体南深北浅，南厚北薄，向北超覆。迈陈凹陷的沉降中心受凹陷南部大断裂的控制，古近纪沉积地层向北逐渐减薄，在地震剖面上显示上超的地震反射结构，从而形成典型的"南断北超"的箕状断陷。

三、盆地结构特征

北部湾盆地整体呈隆拗相间的结构，企西隆起和徐闻隆起将盆地分割为北部、南部和东部三个拗陷带。盆地凹陷结构类型多样，在盆地断陷期以半地堑式凹陷为主，局部发育地堑式；半地堑式依据断层面的形态可分为平直型、铲型，又可根据后期次级断层的发育特征，细分为缓坡断阶型、复合断阶型。拗陷期分为对称型和非对称型（表2-2）。

表 2-2 北部湾盆地结构分类表

盆地结构类型		主要盆地结构模式图	构造模式实例图	地震反射实例图
断陷期	半地堑式 — 平直型		乌石凹陷	乌石凹陷
	半地堑式 — 铲型		乌石凹陷	乌石凹陷
	半地堑式 — 缓坡断阶型		海中凹陷	海中凹陷
	半地堑式 — 复合断阶型		迈陈凹陷	迈陈凹陷
	地堑式 — 非对称断阶型		涠西南凹陷	涠西南凹陷
拗陷期	大陆内凹陷 — 对称型			乌石凹陷 迈陈凹陷
	大陆内凹陷 — 不对称型		海中凹陷	海中凹陷

盆地由北向南显示出北深南浅特征。垂向上呈下断上拗的双层结构，以 T_{60} 为界，下部古近系为断陷期地层，上部新近系为拗陷期沉积，且古近系厚度远远大于新近系，呈现典型的陆内裂谷沉积特征。始新统流沙港组沉积时期为盆地强烈扩张期，受断裂控制作用明显，分布局限于孤立的凹陷之内，至渐新世涠洲期地层已经开始连片。

第三节　沉积特征分析

在建立北部湾盆地等时地层格架的基础上，应用盆地新生代各时期重矿物特征、恢复古地貌及分析地震反射特征等方法确定盆地新生代各时期物源方向，结合地质资料（岩心、录井）和地球物理数据（测井、地震等），进而综合分析北部湾盆地沉积体系的展布与演化。

一、物源分析

有关涠西南凹陷沉积物源体系的研究表明，主要的物源区为万山隆起，沉积物由涠西南大断裂向凹陷内部搬运，自西北至东南方向的大断裂为该凹陷的主要物源通道；而涠西南低凸起一般仅为局部物源区，对凹陷的沉积体系发育起到局部沉积供源作用（席敏红等，2007）。

（一）重矿物特征

本节中利用 ZTR 指数（即锆石、电气石、金红石的总数），作为重矿物组合成熟度的一个度量。由于稳定重矿物的抗风化能力较强，分布区域广，远离母岩区时，其含量相对升高；而不稳定重矿物的抗风化能力较弱，分布区域不广，远离母岩区时，其含量相对减少。通过分析稳定和不稳定重矿物组分在平面上的分布规律，进而可以恢复物源方向的母岩性质，分析河流体系的分布范围与向湖扩散方向。

1. 流沙港组

始新世时期，涠西南凹陷区域内 ZTR 值较高，成分成熟度较高，主物源距离较远，来自较远的西北大断裂。海中凹陷的 ZTR 值很低，物源较近，可能为涠西南低凸起，且稳定重矿物含量普遍较低，反映物源供给不足。乌石凹陷的锆石和白钛矿的含量较高，物源主要为其南方的流沙凸起。迈陈凹陷的重矿物含量普遍较低，说明物源供给不足，相对其他重矿物，锆石和白钛矿的含量较高，加起来接近 20%，推测迈城凹陷始新统的物源主要来自流沙凸起（图 2-21）。

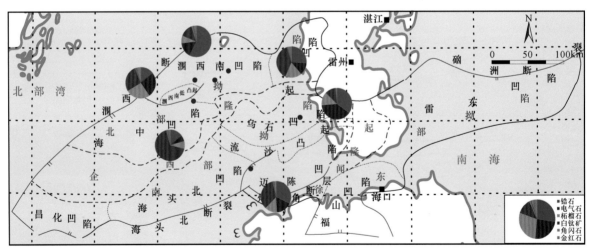

图 2-21　北部湾盆地流沙港组重矿物分布图

2. 涠洲组

渐新世时期，各井点的重矿物含量大致和始新世一致（图 2-22），仅在涠西南凹陷中，有一口井的 ZTR 值较之前明显减小，推测东南方向有小规模的物源供给出现，可能是由企西隆起提供。整体各凹陷的主要物源方向没有发生变化，说明渐新世盆地仍然处于断陷期，盆地的整体格局为凹凸相间，各自为沉积中心。

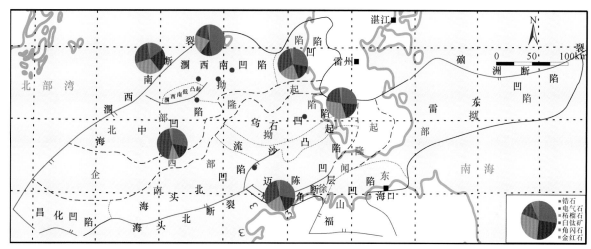

图 2-22　北部湾盆地涠洲组重矿物分布图

3. 下洋组

中新世开始，涠西南低凸起、企西隆起、流沙凸起都发生了海侵。涠西南凹陷 ZTR 值和白钛矿含量很高，重矿物的成分成熟度较高，主物源仍来自较远的西北大断裂；而海中凹陷在该时期 ZTR 值很高，物源方向发生改变，且物源供给比原来充足。乌石凹陷和迈陈凹陷的 ZTR 值比海侵之前低，且各种稳定重矿物的含量都有所下降，物源供给不足，可能来自南部的徐闻隆起与边界断层的补充（图 2-23）。

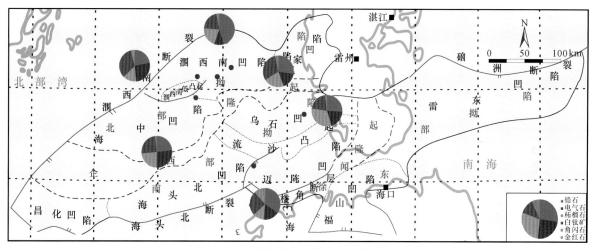

图 2-23　北部湾盆地下洋组重矿物分布图

4. 角尾组

中新世中期，涠西南凹陷 ZTR 值和白钛矿含量依然很高，重矿物的成分成熟度较高，由于海侵的影响，主物源可能来自东北的断裂带与企西隆起；同时，海中凹陷 ZTR 值变低，证实物源方向发生改变，由西北大断裂改为企西隆起。乌石凹陷和迈陈凹陷的 ZTR 值较中新世早期大致相同，且各稳定重矿物的含量有所上升，物源供给较之前充足，可能来自边界断层的补充（图 2-24）。

（二）古地貌特征

1. 始新世（流沙港期）

始新世，北部湾盆地古地貌特征十分明显，具有显著的"南北分带，东西分块"的特征。西部主要是涠西南凹陷和海中凹陷，其间被涠西南低凸起分割，海中凹陷位于涠西南的南边。东部主要是乌石凹陷和迈陈凹陷，二者之间隔着流沙凸起，此时迈陈凹陷主要由南部两个凹陷构成，两凹陷由近东西向的鞍部连接。

北部湾盆地东、西两部分被中部的一条隆起清晰地分割开来，这条长隆起就是由西南向东北方向延伸的企西隆起。该时期整体凹陷较多，并且各凹陷都很深，地貌形态比较复杂。除了涠西南凹陷的形态比较独立清晰，其他三个凹陷均由大小不等的小洼陷连接而成，高低起伏，错落有致。因此，物源供给

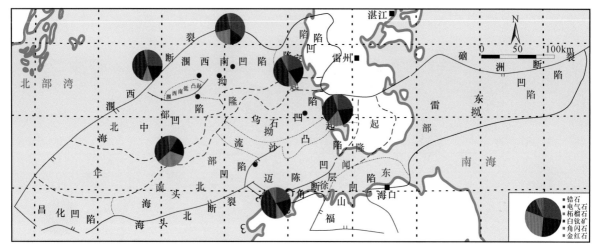

图 2-24　北部湾盆地角尾组重矿物分布图

的通道比较丰富，供给量也很充足。首先，最高的突起为西北大断裂的上盘，位于西北方向，它为海中凹陷和涠西南凹陷提供了充足的物源；其次，盆地内部的企西隆起和流沙凸起为乌石凹陷和迈陈凹陷提供了物源。

2. 早渐新世（涠洲早期）

早渐新世，同沉积期盆地各凹陷的沉降量仍比较大，但深度相对于始新世同沉积期明显减小，凹陷范围与始新世时期也相当，但凹陷最深处的位置有细微变化。该时期北部湾盆地的地貌格局保持不变，涠西南凹陷的深度骤减，与其南部的海中凹陷形成鲜明对比，海中凹陷的范围变大，深度也有所增加。乌石凹陷和迈陈凹陷也有显著变化，乌石凹陷的沉降中心较始新世向西部有所迁移，而迈陈凹陷的两个主要的小洼陷深度变浅。由此证明早渐新世，北部湾盆地的物源供给没有始新世充足，海中凹陷的局部范围扩大，是由于西北大断裂的上盘仍提供充足的物源，涠西南凹陷也有来自西北大断裂的物源支持，乌石凹陷和迈陈凹陷的物源供给来自盆地内部各凸起。

3. 晚渐新世（涠洲末期）

晚渐新世与早渐新世相比，盆地的古地貌特征只有较小的变化。海中凹陷深度减小，这是由于它的主物源西北大断裂的上盘遭受的剥蚀有所减弱，物源不再像原来那么充足，涠西南凹陷同样是依靠西北大断裂提供物源，故凹陷范围进一步缩小。东部的迈陈凹陷，深度增大，这是由于南部的徐闻隆起抬升，物源供给较为充足。

（三）地震反射特征

湖盆中的前积反射反映了沉积物沉积时的古水流方向，是分析沉积物物源供给方向的有力证据，可确定大致的沉积物供给方向。地震反射特征标志研究对大范围的物源分析是行之有效的，特别是对井网稀疏的北部湾盆地。

②号地震剖面（图 2-25），穿过涠西南凹陷，在始新世有自西北到东南向的前积特征，说明有来自西北大断裂的物源。①号地震剖面穿过海中凹陷，地层显示有从凹陷周围各凸起区逐层向凹陷中心前积下超，因此，认为海中凹陷在始新世有从北来的物源。另外，在最东边⑤号地震剖面，穿过乌石凹陷和迈陈凹陷的地震剖面，地层表现出明显的由凹陷中心向凹陷边界上超，这说明乌石凹陷有来自西北的物源，可能来自企西隆起，而迈陈凹陷有来自东南方向的物源，很可能就来自附近的徐闻隆起。

早渐新世，北部湾盆地涠西南凹陷和海中凹陷的物源来自西北部，说明涠西南凹陷的物源是西北大断裂的上升盘，海中凹陷的物源可能除了西北大断裂还有涠西南低凸起，乌石凹陷的物源是企西隆起，迈陈凹陷的物源是徐闻隆起（图 2-26）；而晚渐新统地震剖面上的地层，显示的物源与早渐新统的是一致的（图 2-27）。

新近纪，北部湾盆地内部的局部凸起都已经位于水下，不再提供近物源，只有远处的盆地边界断层的上升盘提供远物源。海中凹陷的物源为西北大断裂，迈陈凹陷的物源为徐闻隆起，徐闻隆起是一直未被淹没的盆内隆起。而涠西南凹陷和乌石凹陷都因物源供给不足，地层没有明显的沉积特征（图 2-28）。

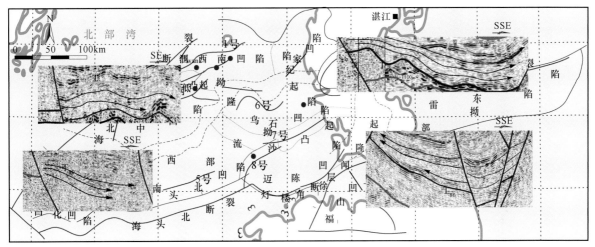

图 2-25　北部湾盆地流沙港组地震反射特征

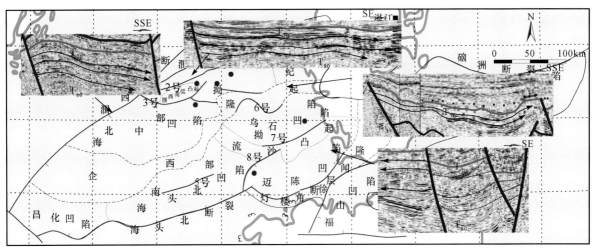

图 2-26　北部湾盆地涠洲组下段地震反射特征

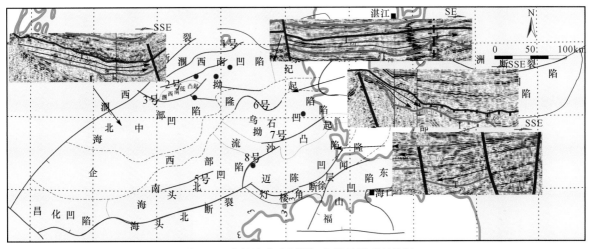

图 2-27　北部湾盆地涠洲组上段地震反射特征

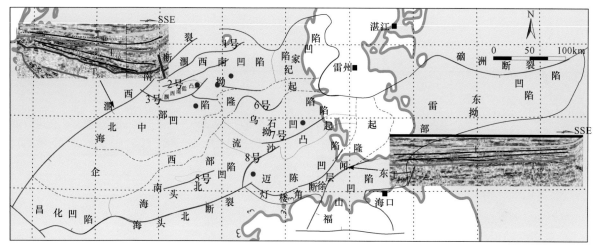

图 2-28　北部湾盆地新近系地震反射特征

二、沉积特征

盆地各个时期的沉积特征可通过对盆内取心井的岩心进行观察、描述,以及单井测井曲线进行分析得出。

(一)岩石学特征

岩心观察与分析有助于认识沉积特征,分析沉积过程,推断沉积类型。流沙港组一段,沉积构造较为丰富,主要为牵引流沉积作用,局部可见重力流变形和负载构造,整体为三角洲沉积。流沙港组二段以泥岩沉积为主,含丰富的有机质,为湖泊相沉积;流沙港组三段粒度较粗,交错层理较为发育,为辫状河三角洲沉积。

1. 流沙港组一段

岩性主要为中细砂岩、粉细砂岩和泥岩,中细砂岩以浅灰色为主,分选磨圆好,发育小型槽状交错层理、板状交错层理,含油性好;粉细砂岩颜色以浅灰色为主,分选磨圆好,发育小型流水沙纹层理、水平层理、爬升纹层,含油性差;粉砂质泥岩和泥岩,颜色以灰色和深灰色为主,分选磨圆较好,发育小型流水沙纹层理,水平层理、爬升纹层、炭质纹层、变形层理和负载构造等,局部断面可见植物茎秆,在粉砂岩和泥岩中发育菱铁矿条带,氧化后变为棕红色条带,含油性差(图 2-29)。

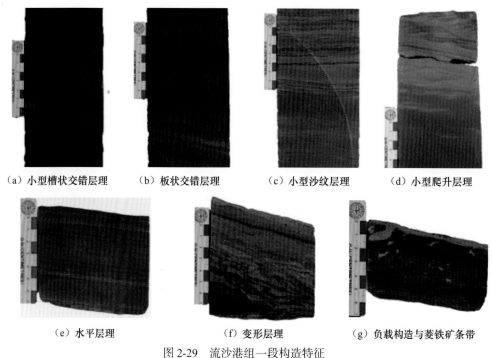

(a)小型槽状交错层理　　(b)板状交错层理　　(c)小型沙纹层理　　(d)小型爬升层理

(e)水平层理　　(f)变形层理　　(g)负载构造与菱铁矿条带

图 2-29　流沙港组一段构造特征

2. 流沙港组二段

岩性主要为灰褐色泥岩、粉砂岩，部分细砂岩夹层分布，分选磨圆好，泥岩、粉砂岩中发育水平层理，砂岩中有板状交错层理、槽状交错层理，也发育有砂泥间互的脉状、波状等复合层理等，此外偶见底冲刷构造、植物碎屑、生物扰动构造及泥质纹层等（图 2-30），该层段是主要的生油层。

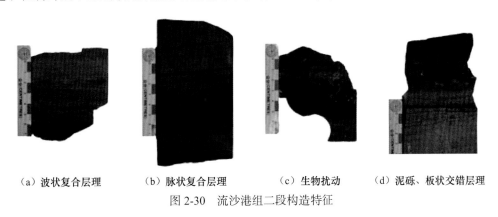

（a）波状复合层理　　（b）脉状复合层理　　（c）生物扰动　　（d）泥砾、板状交错层理

图 2-30　流沙港组二段构造特征

3. 流沙港组三段

该段的岩性相对较粗，出现粗砂岩和砾岩。砾岩以灰白色为主，分选磨圆都比较差，主要分布在研究区的西部，靠近断裂带。粗砂岩以灰白色含砾粗砂岩为主，在西部、北部和中部均发育，可见槽状交错层理与块状层理，在底部常见冲刷面。中砂岩以灰色为主，具有小型槽状交错层理，部分中砂岩含砾。粉细砂岩以灰白色为主，常见铁质结核，局部可见虫孔、生物扰动、平行层理和小型沙纹。泥岩多以粉砂质泥岩的形式存在，以灰白色和灰绿色为主，黑色和紫红色为辅，见滑脱面、铁质结核等。具有水平层理，见虫孔和植物碎屑（图 2-31）。

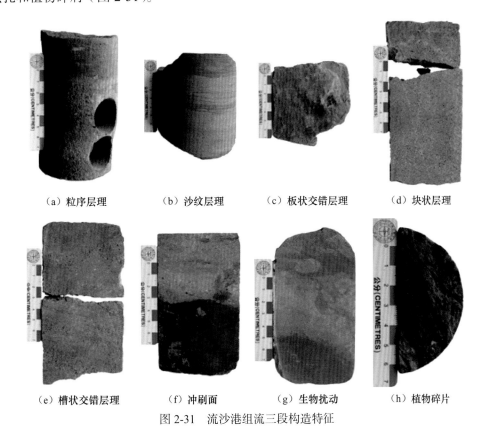

（a）粒序层理　　（b）沙纹层理　　（c）板状交错层理　　（d）块状层理

（e）槽状交错层理　　（f）冲刷面　　（g）生物扰动　　（h）植物碎片

图 2-31　流沙港组流三段构造特征

（二）垂向沉积序列

以北部湾涠洲 11 区流一段为例，发育典型的扇三角洲沉积体系（图 2-32）。研究区北部陡坡带流一段中亚段发育陡坡型扇三角洲 [图 2-32（a）]，南部的涠西南低凸起缓坡带附近的流一段下亚段发育缓

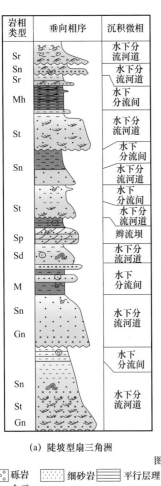

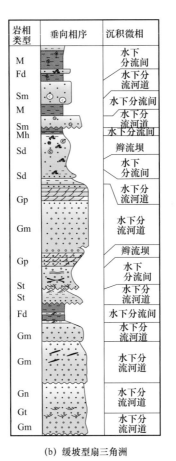

图例

砾岩	细砂岩	平行层理	脉状层理	泥砾	浪成沙纹
含砾砂岩	粉砂岩	水平层理	波状层理	冲刷面	植物碎片
粗砂岩	泥岩	虫孔	砂质条带泥质条带	生物介屑	铁质结核
中砂岩	碳屑	变形构造	泥岩撕裂屑	小型沙纹	
砂质团块	槽状交错层理		板状交错层理		

图 2-32　北部湾盆地涠州 11 区流一段单井柱状图（据李茂，2013）

坡型三角洲 [图 2-32（b）]。

北部湾盆地涠洲 11 区流一段发育陡坡型和缓坡型扇三角洲（李茂，2013）。

陡坡型扇三角洲前缘整体呈正粒序，局部可见反粒序特征。沉积微相主要是水下分流河道和水下分流间湾。该区发育大量的重力流成因砾岩，碎屑粒度较粗，为中细砾级别。沉积构造多反映快速堆积的重力流特征，块状构造、粒序层理及变形构造等比较发育，也可见槽状交错层理、板状交错层理、水平层理等反映牵引流特征的沉积构造。岩相类型主要有块状层理砾岩相（Gm）、正粒序砂砾岩相（Gn）、变形层理粉砂岩相（Fd）、板状交错层理粗砂岩相（Sp）和块状泥岩相（Md）等。其中块状层理砾岩相以浅灰色细砾岩或砂砾岩为主，颗粒支撑或杂基支撑，偶见中砾，基质多为泥和粉砂级碎屑，分选较差，次圆-次棱角状，一般发育在砂体底部，与下伏地层呈突变或冲刷接触，底部偶见反粒序层，反映了强水动力条件，多为较陡的地形梯度下高密度片流或碎屑流沉积，通常出现于水下分流河道中。变形层理粉砂岩相以灰色和浅灰色泥质粉砂岩为主，变形层理发育主要是由于重力差异压实和沉积物塑性流动形成的不同程度滑动或滑塌变形，反映了水体较深、水动力条件较弱的沉积环境，多见于扇三角洲前缘水下分流间。

缓坡型扇三角洲前缘在垂向上表现为多个正粒序的水下分流河道叠加且单期河道砂体厚度往上变小，整体表现为正旋回特征。沉积微相主要是水下分流河道、水下分流间湾和河口坝。缓坡型扇三角洲前缘的岩性砾石粒度较小，以细砾为主，少见中砾。岩相类型主要有正粒序砂砾岩相（Gn）、槽状交错层理砂岩相（St）、板状交错层理砂岩相（Sp）、沙纹层理细砂岩相（Sr）、水平层理粉砂岩相（Fh）和水平层理泥岩相（Mh）等。正粒序砂砾岩相的底部以浅灰色砂砾岩为主，颗粒支撑，基质多为泥和粉砂级碎屑，发育正粒序层理，分选磨圆均较差，一般发育在砂体中下部，常与块状砾岩共生，厚度较大，反映了高水动力条件，通常出现于水下分流河道中。槽状交错层理砂岩相与板状交错层理砂岩相反映了强水动力条件，稳定的高流态沙波底形迁移，向上能量逐渐减弱的牵引流沉积，通常出现于水下分流河道和河口坝之中。

第四节　沉积体系展布与演化

盆地的沉积展布与盆地构造演化息息相关，总体表现为断陷期以陆相沉积体系为主，断拗期与拗陷期以海相沉积体系为主。通过各主凹陷的典型剖面来分析盆地各时期的沉积充填特征，进而进行盆地沉积体系展布与演化的研究。

一、沉积充填特征

（一）典型剖面沉积充填分析

北部湾盆地中绝大部分凹陷都有陡坡带和缓坡带之分。由于坡度的不同，在陡坡和缓坡处可容纳空间也是不同的，从而导致沉积特征的差异。陡坡带可容纳空间大，所以单期沉积物厚度大，但延伸范围不大；相反，缓坡带可容纳空间小，所以单期沉积物厚度较小，但延伸范围较大。陡坡带和缓坡带的沉积差异较大（图 2-33）。

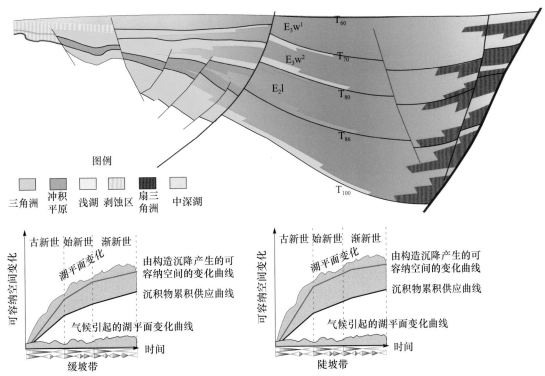

图 2-33　北部湾盆地沉积充填模式及可容纳空间变化图

（二）重点剖面沉积充填特征

1. 地震测线①剖面

①号测线剖面切过企西隆起、乌石凹陷、流沙凸起、迈陈凹陷和徐闻隆起，走向 SSE（图 2-34）。

始新世流沙港期发育水下扇-扇三角洲-三角洲-滨浅湖-半深湖-深湖沉积体系，水下扇发育在乌石凹陷和迈陈凹陷边界断层一侧，扇三角洲主要发育在乌石凹陷两边的边界断层处，三角洲发育在迈陈凹陷靠近流沙凸起的缓坡带以及乌石凹陷靠近企西隆起处，发育位置近乎相同，滨浅湖相发育在乌石凹陷和迈陈凹陷的中间部位，半深湖-深湖相发育在迈陈凹陷的深部位，向凹陷边缘变为浅湖沉积。

渐新世早期发育水下扇-扇三角洲-三角洲-冲积平原-浅湖相沉积组合，迈陈凹陷缓坡带自流沙凸起向凹陷内发育三角洲-浅海相-水下扇的组合，较流沙港期，三角洲规模增大。扇三角洲主要发育在乌石凹陷靠近流沙凸起一侧的陡坡带，滨浅湖沉积范围缩小。渐新世晚期，乌石凹陷仍以陆相的冲积平原三角洲-扇三角洲-滨浅湖沉积为主，滨浅湖沉积面积减小。

早中新世下洋期主要发育滨浅海相；中中新世角尾期海侵范围进一步增大，浅海相较下洋期来说更为发育；晚中新世到灯楼角期，海平面略有下降，以滨海相为主。

2. 地震测线④剖面

④号测线剖面切过海中凹陷、企西隆起，走向为 NE。海中凹陷为典型的北断南超、单断式箕状半地堑（图 2-35）。

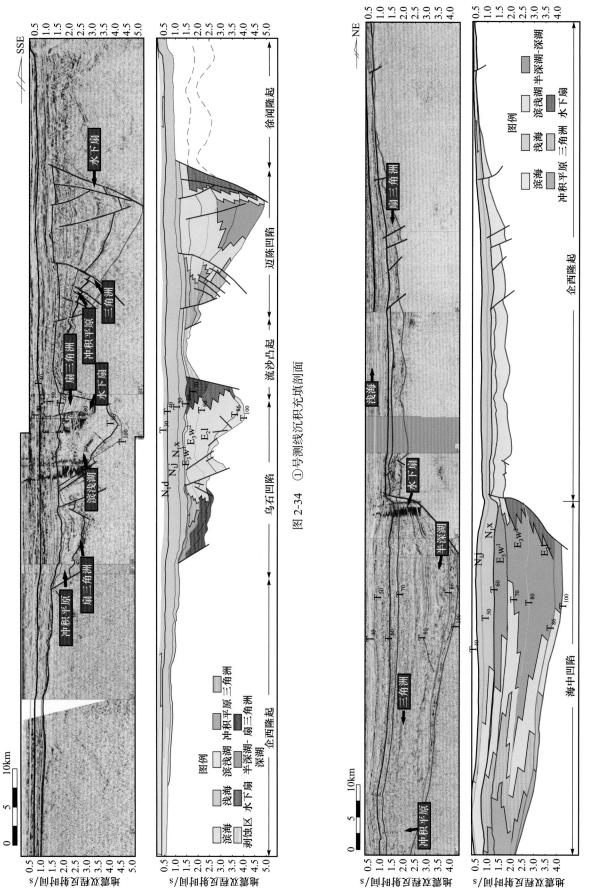

图 2-34　①号测线沉积充填剖面

图 2-35　④号测线沉积充填剖面

海中凹陷在始新世发育冲积平原–三角洲–湖泊的沉积相组合。其中，冲积平原–三角洲发育在凹陷北部缓坡带，向凹陷中心演变为滨浅湖相，在凹陷靠近边界断层的深部位发育半深湖相，在靠近企西隆起边界断层部位发育一定规模的水下扇。

海中凹陷在渐新世发育冲积平原–三角洲–湖泊的沉积相组合。较始新世，冲积平原相和三角洲相的范围增大。企西隆起在渐新世晚期接受沉积，发育滨浅湖相，向海中凹陷方向发育三角洲。

早中新世下洋期发育滨海相–浅海相，滨海相主要发育在海中凹陷的南部和涠西南凹陷的北部。至中中新世角尾期，海侵范围进一步扩大，浅海相较下洋期更为发育。

3. 地震测线⑤剖面

⑤号测线剖面切过乌石凹陷、流沙凸起、海头北凹陷和企西隆起，走向为NEE（图2-36）。乌石凹陷在始新世流沙港期发育滨浅湖–半深湖–深湖的沉积相组合。凹陷中部发育半深湖相，凹陷在渐新世涠洲期发育滨浅湖相，凹陷早期以陆相沉积为主，中新世下洋期发育滨海相–浅海相，部分地区发育扇三角洲相。至角尾期，海侵范围进一步增大，浅海相较下洋期更为发育。

二、沉积体系平面展布与演化

随着盆地由古近纪断陷期向新近纪拗陷期转变，地层的发育也由局部的凹陷内沉积向全盆范围发展。同时沉积体系的分布也由小型的陆相沉积体系向大型的海陆过渡或海相沉积转变。

（一）沉积相平面展布特征

1. 流沙港组

北部湾盆地流沙港组沉积时期主要以湖相为主，其次为冲积平原相和水下扇沉积体系（图2-37）。沉积局限于各个凹陷之中，连续性差，中深湖相多沿着控凹断层展布，主要发育于海中、乌石和迈陈凹陷。滨浅湖分布范围较广，特别是各凹陷的缓坡区。扇三角洲沉积体系主要发育于各凹陷陡坡带，并伴有滑塌的浊积扇发育。在海中凹陷，由于主物源来自西北断裂，次物源来自南部及东北断裂，所以扇三角洲成群在凹陷西北、南部及东北部陡坡带分布。

2. 涠洲组

涠洲组沉积时期，北部湾盆地持续拉张，沉积范围进一步扩大。随着全球海平面上升，北部湾盆地在古近纪末期发生海侵。扇三角洲相是在该时期发育良好，主要分布于各个凹陷陡坡带，尤其在涠西南凹陷西北处呈大面积分布（图2-38）。三角洲相在此时期也较为发育，如涠西南凹陷东北部缓坡带和海中凹陷南坡等部位均有规模较大的三角洲发育。浅湖相分布面积增大，但水体深度变浅，中—深湖相几乎消失。

3. 下洋组

下洋组沉积时期，盆地总体上已经进入拗陷沉降阶段，加上大规模的海侵作用，其沉积环境从湖相完全转化成海相。沉积范围进一步扩大，之前盆地中分隔各个凹陷的隆起或局部凸起已完全没于水下，失去了其物源的作用。由于盆地的物源完全来自盆地范围之外，因此仅在盆地边缘有沉积，沉积相以滨海和浅海为主（图2-39）。三角洲相主要分布在盆地西北缘和东南缘，沉积规模较大。

4. 角尾组

角尾组沉积时期，沉积范围进一步扩大，主要沉积相以浅海和滨海为主（图2-40）。浅海相沉积比下洋组沉积时期范围扩大。这一时期，仅在盆地周缘有三角洲发育，三角洲规模较下洋组沉积期变小，且多集中在盆地西北部和东南部。

5. 灯楼角组

灯楼角组沉积时期，海平面有略微的下降，水体变浅，浅海相范围减小，以滨海相为主（图2-41）。三角洲主要发育在盆地西北缘、东南缘和东北缘，规模较角尾组有所增大。

6. 望楼港组

望楼港组沉积时期，海平面变化范围不大，沉积相以滨海相、浅海相为主（图2-42）。三角洲主要发育在盆地西北缘、东南缘和东北缘，较角尾组来说，三角洲规模略有缩小。

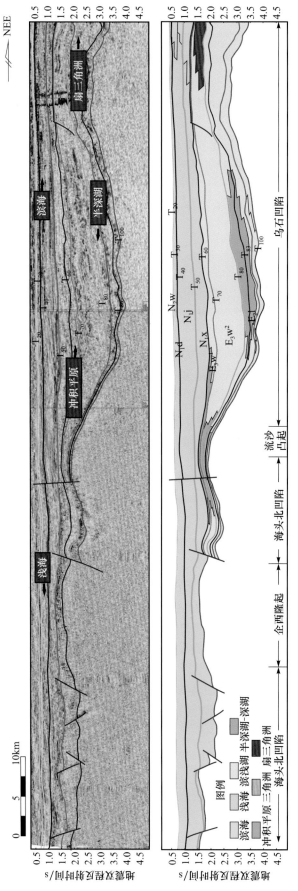

图 2-36 ⑤号测线沉积充填剖面

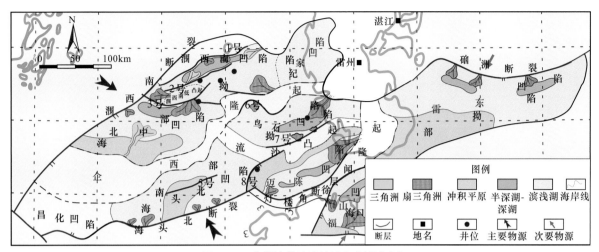

图 2-37 北部湾盆地流沙港组沉积相图

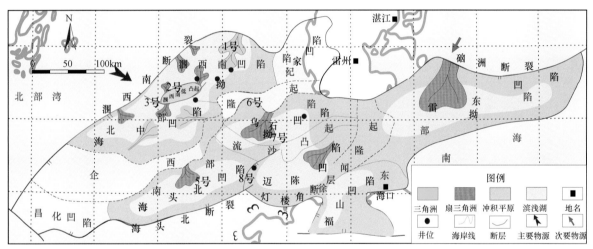

图 2-38 北部湾盆地涠洲组沉积相图

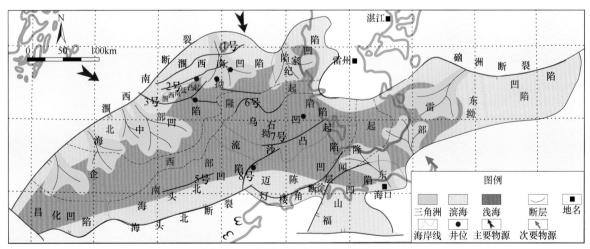

图 2-39 北部湾盆地下洋组沉积相图

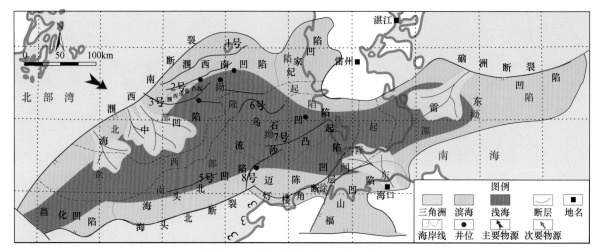

图 2-40　北部湾盆地角尾组沉积相图

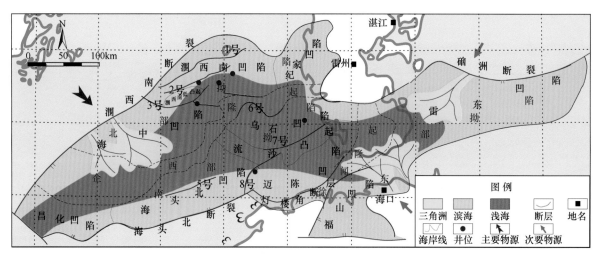

图 2-41　北部湾盆地灯楼角组沉积相图

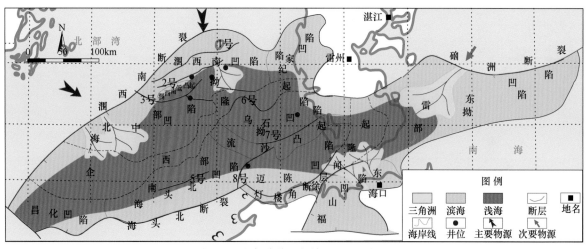

图 2-42　北部湾盆地望楼港组沉积相图

（二）沉积体系演化规律

前已述及，北部湾盆地新生代沉积地层包括古近系和新近系。古近系与新近系以 T₆₀ 地震界面为界，分为上、下两大构造层，界面之下的地层为断陷期沉积，界面之上为拗陷期沉积，它们的沉积充填样式有明显差异。整个北部湾盆地经历了从始新世陆相断陷湖盆充填阶段、渐新世海陆过渡充填阶段，到中新世以后的拗陷滨海—浅海充填阶段的沉积演化过程。

始新世时期，由于盆地为多凹、多凸的地貌格局，沉积物主要来自断陷周围的隆起剥蚀区及内部的凸起区，物源方向多，碎屑物搬运距离相对较短，所以自盆地边缘至凹陷中心发育了扇三角洲–滨浅湖或中深湖沉积体系。渐新世末期，随着全球海平面上升，海侵迅速地使盆地的沉积环境由始新世的湖泊变成了陆表海。到了晚中新世下洋期，沉积环境完全变为海相，盆地内部的凸起基本处于水下，这一时期的物源主要来自于控盆边界断层的上升盘，主要沉积相类型包括滨海、浅海和三角洲。中中新世角尾期，随着海侵作用增加，盆地范围进一步扩大，水深增加，沉积相类型依然为滨海、浅海和三角洲。

第五节　油气分布的沉积因素与有利区带

北部湾盆地属于油气资源丰富的陆内裂谷盆地，生烃条件、储盖组合及圈闭条件良好。已在涠西南、海中、乌石、迈陈、福山 5 个凹陷钻遇古近纪烃源岩。其主要的勘探开发领域位于涠西南凹陷和福山凹陷。油气藏类型包含构造型、地层岩性型和复合型，主要是断裂封堵的构造型油气藏，并沿着断裂分布。

一、油气分布的沉积主控因素

（一）北部湾盆地成藏条件

对于北部湾盆地来说，烃源岩主要位于流沙港组中下段的中深湖泥质沉积中（图 2-43）。流沙港组中—深湖相的暗色泥岩是盆地内部的主要烃源岩。这套地层厚度大（一般为 500~2000m），暗色泥岩所占的比例很大。

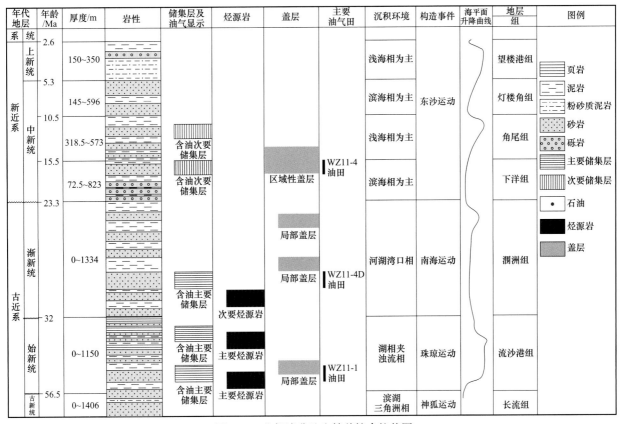

图 2-43　北部湾盆地生储盖综合柱状图

北部湾盆地主要发育始新统和渐新统两套烃源岩。勘探证实始新统流沙港组半深海相泥岩为北部湾盆地主力烃源岩。该套源岩有机质丰度高，有机地化分析表明，总有机碳（TOC）平均为 1.60%～1.95%，生烃潜量为 7.29～13.11mg/g，其生油母质类型属偏腐泥型。按照我国陆相生油岩标准，属好-优质生油岩。涠洲组是盆地裂陷衰退期的沉积产物，有机质含量普遍不高，该时期各凹陷均以河流、沼泽和滨浅湖相沉积为主，在局部地区有浅湖-半深湖相发育。涠洲组干酪根类型多为 II_2-III 型，有机质中浮游藻类含量很低，陆生植物碎屑含量很高。涠洲组在北部湾盆地海中凹陷、乌石凹陷西部发育。

北部湾盆地各个凹陷发育流一段、涠洲组、下洋组、角尾组砂岩储层，其中，流沙港组砂岩储集体和涠洲组砂岩储集体是主要的砂岩储层（图 2-43）。在流一段上部的储层多为砂砾岩，各个凹陷流沙港组沉积物均具有多物源性，砂体一般分布在控制凹陷边界断层的下降盘。涠洲组储层主要位于各凹陷内部，在隆起或凸起上变薄消失。目前发现的涠洲组油层主要位于涠三段，在边界断层的下降盘常有一系列的扇三角洲或水下扇砂体发育。

北部湾盆地发育的盖层有流沙港组泥页岩、涠洲组、下洋组和角尾组泥岩段（图 2-44）。流沙港组、涠洲组盖层在凹陷较深部位保存完好，向斜坡高部位相变、减薄。涠洲组盖层以浅—中深湖相沉积物为主，凹陷边缘相变为滨湖相砂泥岩互层。下洋组和角尾组盖层在全区分布稳定。

一般凹陷中的油气疏导通道有高渗透砂体（疏导体）、不整合面和断层。流沙港组储层紧邻或穿插于流沙港组烃源岩中，形成自生自储的生储模式，高渗透砂体是流沙港组自生自储型油藏最主要的油气流动通道。不整合面型疏导通道主要形成新生古储型的油气藏。断层型疏导通道主要形成下生上储型油气藏。涠洲组储层常位于烃源岩的上部并与之紧邻，油气可以通过断层快速发生初次运移并进入储集层，然后侧向运移到圈闭中聚集成藏，形成较为有利的源储组合；其中下洋组—角尾组储层分别位于流沙港组烃源岩以上，两者可以通过大断层或其派生的裂缝进行沟通，油气常常垂向运移到各种圈闭中聚集成藏。当然，三种疏导通道在油气运移的过程中都会发挥，只是在不同类型储层的形成过程中作用大小不同。

该类生储盖组合在垂向上主要限于始新统，平面上广泛分布。但由于水深、地层埋藏深度及成岩程度等多种因素的影响，该类组合勘探程度较低。该组合在南海北部陆架区已发现油气，其中，发现油气比较多的是北部湾盆地涠西南凹陷和乌石凹陷。流一、二段中深湖相泥岩、页岩为主要生烃层，流一段下部、流三段滨浅湖相砂体及水下扇砂为储层，流二段、流一段上部泥、页岩为盖层。在涠西南凹陷还发育了以流二、一段中深湖-浅湖相泥岩、页岩为生烃层，涠洲组下部河流相砂体为储层，涠洲组上部滨浅海相泥岩为盖层的生储盖组合。

北部湾的烃源岩主要来自流沙港组中下段的半深湖-深湖相的细粒沉积，储层主要位于流沙港组上段和涠洲组的砂岩中，在流沙港组形成自生自储的生储组合，在涠洲组形成下生上储的生储组合。在油气运移过程中，部分断层起到了良好的疏导作用。

（二）控制油气成藏的主要因素

1. 烃源岩对油气藏的控制

无论是哪种成藏组合类型，对油气成藏最为有利的条件是必须靠近有效烃源岩发育区。已发现的油田或含油气构造一般分布在生油凹陷范围内或临近的周缘地区，具有明显的环带分布特点。

2. 盖层对油气垂向上分布的影响

盖层对油气垂向分布的控制作用十分明显。在流沙港组每套盖层之下普遍见到油气藏，涠洲组及角尾组盖层相对较薄，但在其下也发现了油藏，时代最新的区域盖层角尾组之上，基本上未见油气显示。

3. 储层相带、物性差异影响油气富集程度

不同的沉积相形成的储层砂体性质有很大的不同，且沉积物成岩环境的差异导致砂岩的物性发生很大的变化。例如，流三段为浅湖-中深湖沉积环境，有砂岩与泥岩交互出现，但由于埋藏深，成岩作用强烈，其储集性能普遍较差，原生孔隙大部分已经丧失，且流三段中上部砂层厚度较薄，不利于形成规模较大的油藏。

4. 油气运移方式

油气运移的方式和途径很多，但沿断层及裂隙的垂向运移以及沿稳定砂层的侧向运移是最重要的。涠西南凹陷继承性的大断裂从古新世初至中新世早期一直有活动，因此断裂有良好的开启性，有利于油

气运移。油气运移以它源开放型成藏动力系统为主，油气运移主要沿这些大断裂及晚渐新世发育的断裂作为垂向运移通道，并在浅层砂体中聚集成藏（朱伟林和江文荣，1998）。上述运移方式形成了凹陷周围凸起带油藏少、类型单调，凹陷内油藏数量多、类型多的分布格局，在平面上油气围绕生油中心呈环带状分布。

　　油气在连通砂体中的运移主要在势能差的作用下进行，总是由高势区向低势区发生运移。一般来说，高势区主要位于凹陷中部巨厚泥岩发育区，向构造高部位特别是砂岩发育区势能逐渐减小。油气总体表现为由细粒沉积中心向四周各构造高点粗粒、高孔隙储集空间运移。

二、有利区带分析

　　综合现有勘探成果及地质认识可知，北部湾盆地的油气成藏有利区带分布于各个凹陷内部，应具备近源、输导介质发育、位于运移主通道上，并有良好的储盖组合等条件。对涠西南凹陷而言，其有利勘探区带为涠西南凹陷东北部斜坡带；对海中凹陷而言，其有利勘探区带为海中凹陷东南斜坡带；对乌石凹陷来说，其有利勘探区带为乌石凹陷南部斜坡带；对迈陈凹陷来说，其有利勘探区带为迈陈凹陷南部斜坡带（图2-43）。另外，各凹陷中的低凸起也是未来勘探值得关注的区域。

　　北部湾盆地以陆生陆储陆盖型为主，生油层为流一段—流二段中深湖相泥岩、页岩，主要分布于涠西南凹陷和乌石凹陷，流一段下部、流三段的各种三角洲、滨浅湖相砂体及水下扇砂为储层，主要发育于涠西南凹陷的陡坡带，流二段及流一段上部泥、页岩为局部盖层（图2-44）。

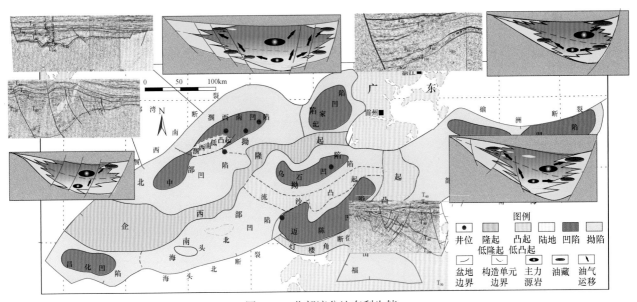

图 2-44　北部湾盆地有利生储

第三章 莺歌海盆地

　　莺歌海盆地位于我国海南岛西南海域，盆地总体走向为 NNW 方向，外廓近菱形，面积为 $12.7 \times 10^4 \mathrm{km}^2$，为转换–伸型展盆地（图 3-1），是在红河断层自始新世转换与伸展作用双重影响下形成的，盆地内新生代沉积厚度达 17000m（张启明等，1996）。截止到 2009 年，莺歌海盆地已钻探 25 个构造，发现东方 1-1、东方 25-1、乐东 15-1、乐东 22-1 等浅层气田和东方 29-1、乐东 8-1、乐东 20-1、乐东 21-1、岭头 1-1、临高 20-1 等多个含油气构造（或圈闭），显示该盆地具有良好的油气勘探前景（谢玉洪，2009）。

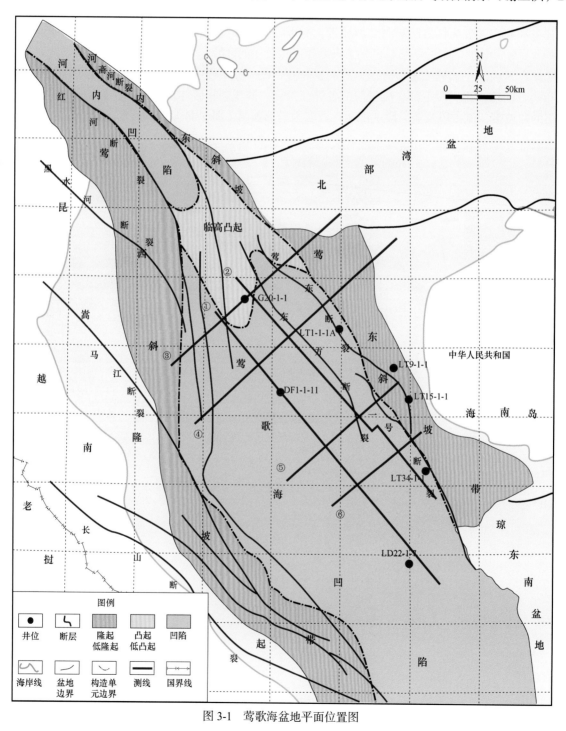

图 3-1　莺歌海盆地平面位置图

第一节　区域地质背景

莺歌海盆地是在被动大陆边缘不稳定克拉通基础上发育起来的一个新生代含油气盆地，处于古印支板块与欧亚板块拼接的地缝合带上，构造上处于哀牢山－红河断裂带的东南端延伸部位，是一个走滑拉张盆（转换－伸展）地（张启明和张泉兴，1987；孙家振等，1995）。莺歌海盆地的形成与以下活动有关：印度板块向欧亚板块俯冲消减、华南板块与印支板块不均衡运动。受红河左旋走滑拉张断层控制，渐新世—中新世印支板块向东挤出形成北西向沉积盆地。上新世印度板块继续向欧亚板块嵌入，华南板块向东挤出，红河断层变成右旋走滑拉张，导致盆地急剧下沉，堆积了数千米厚的海相碎屑沉积，并伴有近南北向的雁行断裂，在构造变动过程中，伴随塑性泥岩上拱，在盆地中心形成许多呈南北向排列的泥岩刺穿构造（Sun et al.，2003）。

一、构造单元划分

莺歌海盆地主要的断裂体系有莺东断裂、一号断裂、红河断裂、黑水河断裂、马江断裂带、长山断裂（图 3-1）。根据断裂带的组合特征，莺歌海盆地可划分出三个一级构造单元：莺东斜坡带、中央拗陷带、莺西斜坡带；其中中央拗陷带又分为河内凹陷、临高凸起、莺歌海凹陷三个二级构造单元（丁中一等，1999）。

莺歌海盆地边界和内部的断裂走向主要有四种：NW 向、NNW 向、近 SN 向和 NE 向。NW 向断裂主要是红河断裂、一号断裂等，在构造演化过程中占据主导地位；NNW 向断裂主要位于盆地的东南部；近 SN 向断裂控制了盆地的西部边界范围，并且部分构成了临高凸起的边界；NE 向断裂主要分布在临高凸起南部，没有发生明显的控盆活动。孙珍等（2005）对莺歌海盆地基底断裂的形成进行了物理模拟实验，实验结果证实了：①莺歌海盆地的发育受控于 SSE 向顺时针的张应力作用；②莺歌海盆地内，NW 向断裂和近 SN 向断裂的组合控制了莺歌海盆地的发育，NE 向断裂未发生明显的控盆活动，证实了盆地的发育与红河断裂带走滑有关。

（一）莺东斜坡带

莺东斜坡带也称莺东构造带或一号断裂带，包括了一号断裂的上升盘和下降盘的斜坡部分，该构造带为坡度较平缓的单斜地层，面积约 $1.5 \times 10^4 km^2$。该构造带发育的主要断裂体系有东方断裂、莺东断裂、一号断裂，共同构成盆地裂陷期的盆缘断裂，并在断裂后期对沉积体系的分布及地层厚度起着重要的控制作用。

东方断裂在平面上呈宽展的"S"形形态，其平面走向在南段和北段呈 NNW 向（图 3-1），而中段呈 NW 向。该断裂一般未切穿上、下渐新统的界面（30Ma），并表现为明显的正向滑移特征。

莺东断裂在平面上同样呈宽展的"S"形形态，其平面走向在南段和北段呈 NNW 向，中段呈 NW 向（图 3-1）。该断裂北段一般不刺穿中、下中新统的界面（15.5Ma），在下降盘内，地层向断裂附近明显加厚，呈楔形，时代可能为晚白垩世到古近纪，为盆地裂陷演化阶段的控盆边界断裂之一。

一号断裂结构比较复杂，且具有幕式活动特点，根据断裂的发育特征可分为北、中、南三段（图 3-1）。北段表现为向 SW 倾斜的多台阶式结构，平面上呈雁列式断裂组合；中段倾角最大，平面上表现为直线状贯通式单条断裂；南段的倾角介于北段和中段之间，在中新统与渐新统的层序界面发育之前为雁列式断裂组合，下中新统到中中新统之间为贯通式，中中新统之后又变为雁列式组合（谢玉洪，2009）。

（二）中央拗陷带

中央拗陷带包括了河内凹陷、临高凸起、莺歌海凹陷三个二级构造单元，构成莺歌海盆地的主体，其中临高凸起和莺歌海凹陷的泥底辟是该构造单元内的重要构造。临高凸起位于盆地北部，走向为近南北向。该构造带的形态表现为比较完整和典型的背斜构造：东侧为多条东倾的陡倾断层系，西侧为西倾的断层系，将盆地明显分为东、西两带（图 3-1）。

莺歌海盆地中央凹陷带自盆地裂陷初期便开始发育，随盆地的演化而扩大，自新近纪开始，凹陷带南部开始发育泥底辟构造，泥底辟多来自三亚组和梅山组的泥岩层。临高凸起从早渐新世开始凸起，至渐新世末期发育结束，凹陷带断层不够发育。

　　泥底辟构造带是莺歌海盆地最主要的构造特征，位于中央拗陷带，其特征主要有以下几点：①泥底辟刺穿层位多、高度大，但围岩变形甚弱；②泥底辟体顶部没有典型的地堑断裂体系，仅在极个别泥底辟顶部发育小规模的地堑断裂，且泥丘顶部地层变形很弱；③泥底辟体周围中中新统多向泥丘体滑塌，在泥底辟体侧翼形成背斜或鼻状构造；④泥底辟体具有层速度低，密度低、视电阻率低，流体压力高的特点（何家雄等，1994）。

（三）莺西斜坡带

　　莺西斜坡带位于中央拗陷带和越南海岸线之间，可进一步分为北部的莺西断裂和中南部的马江断裂带。莺西断裂带呈近南北方向延伸，向东倾斜，局部见西倾的小断层。莺西断裂带主要的活动期在30Ma以前，呈近南北方向延伸，倾向为东倾，局部出现西倾的小型断层。构造面貌比较简单，为继承性发育、坡度较平缓的单斜，控制了陵水组以下的地层，陵水组覆盖在断裂带之上，因此，莺西断裂带构成了30Ma以前的盆地边界。由于资料原因，马江断裂带的具体结构形态尚不清楚（谢玉洪，2009）。

二、构造演化特征

　　虽然该盆地发育在红河大型走滑断裂之上，但该盆地明显表现出伸展型盆地特征，主要证据如下：一是地震剖面上看大多数是正断层；二是盆地内发育有巨厚的裂后充填地层。盆地内有局部的、多幕构造反转，盆地中央带可见热流体泥底辟构造。整体来看，从盆地形成过程中应力方式的转变来定义的话，该盆地类型为转换–伸展盆地，盆地运动方式为沉陷；盆地应力类型主要是拉张应力，盆地性质为走滑–拉张。

　　在综合分析莺歌海盆地及其周缘区域大地构造事件的基础上，通过对莺歌海盆地充填序列内重要的构造事件界面识别和盆地构造分析，将莺歌海盆地构造演化划分出两个具有典型特征的发育阶段（表3-1），即，左旋走滑–伸展裂陷阶段与裂后阶段。裂后阶段又可分为中下地壳韧性伸展—热沉降期和加速沉降期（谢玉洪，2009）。

表 3-1　莺歌海盆地构造演化序列

构造演化	左旋走滑-伸展裂陷阶段			裂后阶段	
	Ⅰ幕	Ⅱ幕	Ⅲ幕	中下地壳韧性伸展—热沉降期	加速沉降期
构造变形	左旋走滑伸展裂陷	左旋规模最大	左旋走滑减小	热沉降	泥底辟隆起
变形时期	始新统	下渐新统	上渐新统	下中新统—中中新统	上中新统
主要变形层序	T_{100}—T_{80}	T_{80}—T_{70}	T_{70}—T_{60}	T_{60}—T_{40}	T_{40}—T_{20}
主应力方向	NW-SE 向拉张	近 SN 向拉张		热沉降	地幔垂向动力及右旋走滑
断裂发育情况	NNW-NW、近 SE 向断裂发育	近 SN 向断裂发育		隐伏断裂，活动性不强	
变形期次	Ⅰ期	Ⅱ期		Ⅲ期	Ⅳ期
动力学背景	印度、欧亚板块碰撞，印支地块 NW 向挤出，产生 NW 向张应力，同时顺时针旋转走滑	南海海底扩张产生近 SN 方向的拉张应力场		热沉降差异压实、重力滑塌	地下软流体上隆，形成泥底辟

（一）左旋走滑–伸展裂陷阶段

　　该盆地在古近纪处于左旋走滑–伸展裂陷阶段。古新世末期，由于印度板块与欧亚板块相碰撞，印支地块向东南方向挤出，同时伴有顺时针旋转，导致盆地裂开。印支地块内部和边界的北西向断裂大规模的左旋走滑。盆地在这一阶段的拉伸过程具有幕式演化特点，通过对该区沉降速率、沉积旋回、层序界面和火山活动等，可以划分出三个主要的沉降幕。区域上 T_{70} 界面与南海扩张的开始相对应，同时 T_{70} 界面（30Ma）之前，是区域左旋走滑规模最大的时期；之后，左旋走滑明显地减小。从沉降Ⅰ幕到沉降Ⅱ幕，盆地沉降中心由盆地的西北地区向南迁移到 DF1-1 并附近。

目前，普遍认为中新统与渐新统的界面（T_{60}）为裂后不整合面，实际上，断陷作用在盆地北部的上渐新统中表现比较弱。在始新世发育有盆地西部的断层和莺西断裂内正断层，这些断层活动强烈，控制了 T_{70} 以前盆地西北部的沉降中心。莺歌海盆地的海相地层发育于晚渐新世，明显能看出沉积中心发生迁移。在盆地形成过程中，盆地东南端具有伸展性质，因而形成一些地堑及地垒构造。在盆地的南部绝大多数断裂被 T_{60} 界面（23.3Ma）覆盖；中新世，盆地充填地层普遍向边缘上超，形成牛头状构造（谢玉洪，2009）。

（二）裂后阶段（拗陷期）

左旋之后进入拗陷阶段，是该盆地重要的演化阶段。区域性走滑断裂的位移距离明显减小以至停止，是该阶段总的动力学背景。23.3Ma（T_{60}）时，南海的洋脊向南跃迁，到 15.5Ma 年时（T_{50}），南海的扩张停止，到 5.5Ma（T_{30}）时，红河断裂转变为右旋。这些事件都对莺歌海盆地的演化产生了一定影响，并形成了相应的构造界面（图 3-2）。

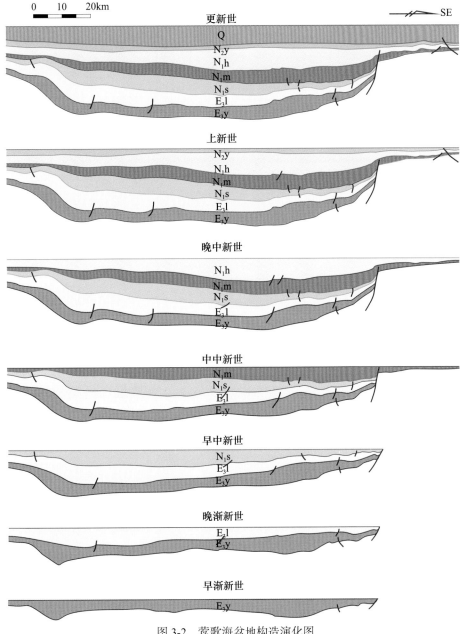

图 3-2　莺歌海盆地构造演化图

三、海/湖平面变化

莺歌海盆地海平面变化总体表现为一级海平面上升旋回，其中包含了三个完整的二级海平面变化旋

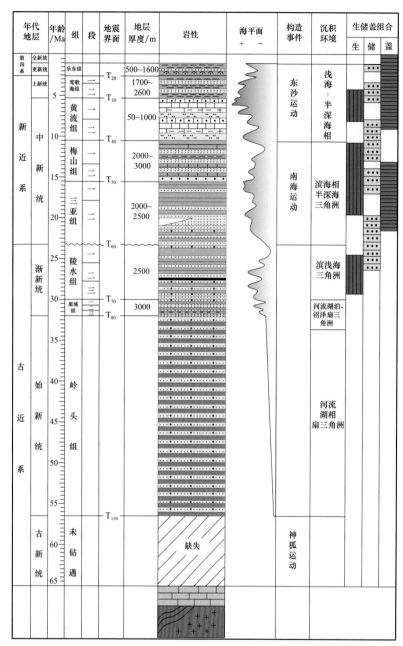

图 3-3　莺歌海盆地综合柱状图

回（图 3-3）。

第一个二级旋回时间距今 33.9～23.3Ma（渐新世）。此时盆地处于拗陷沉积阶段，随着海侵的不断扩大，滨、浅海范围有所增加，盆地内广泛发育了扇三角洲、海岸平原及滨浅海相沉积。粗碎屑扇三角洲的广泛发育是本期最主要的特征（郝诒纯等，2000）。

早中新世到中新世中期，即距今 23.3～11.7Ma 形成第二个二级旋回。海水在晚渐新世基本退出，到了早中新世中期，海平面又上升，盆地内新一轮的海侵开始，初期主要是滨海范围逐渐减小，浅海范围逐渐扩大，在 11.7Ma 前后，水体上升到最大，海侵范围达到最大，随后海平面稳定一段时间，直到 14.9Ma 左右，海平面开始下降，海水自西北向东南逐步退缩，11.7Ma 前后第二次海侵基本结束。该次海侵形成了盆地中的重要生油岩，并以其上覆的三角洲砂岩体系作为区域性的储油层（谯汉生，1980）。

第三个二级旋回时间距今 11.7～2.5Ma（晚中新世—上新世）。晚中新世早期，莺歌海盆地开始了新一轮的海侵及快速海进过程，此时盆地内大部分区域处于浅海环境中。距今 5.2Ma 左右，整个陆架水体深度最大，海侵范围最广（谢金有等，2012）。晚中新世早期发育海退阶段的碎屑岩，后期为浅海相的碎屑岩或碳酸盐岩建造，这个旋回是南海古近纪海侵的尾声。

四、地层发育与分布

莺歌海盆地新生代沉积的基底为印支地块东北部（越南北部）前寒武纪至晚古生代地层在海区的延伸，盆地西南边缘的基底由印支地块北部的早古生代大陆边缘褶皱带组成，古生代的印支地块陆核是昆嵩地区的前寒武纪结晶基底，岩性包括太古宙和元古宙的辉石片麻岩、基性变粒岩、紫苏花岗闪长岩、紫苏花岗岩、紫苏辉石岩、角闪石-黑云母片麻岩、角闪石混合岩等（谢锦龙等，2010）。盆地新生界由老到新沉积的地层有始新统岭头组、下渐新统崖城组、上渐新统陵水组、下中新统三亚组、中中新统梅山组、上中新统黄流组及上新统莺歌海组（图 3-3）。

（一）地层发育

1. 前新生界

莺歌海盆地前新生代基底是印支地块与华南地块之间印支期碰撞拼合的哀牢山-红河断裂带（朱伟林，2015）。基底在东、西斜坡带和河内凹陷有少量钻孔钻遇，大部分地区依靠地球物理资料和区域地质特征进行推断。在河内凹陷钻遇了上白垩统沉积，莺西斜坡带钻遇印支期花岗岩，莺东斜坡带钻遇上白垩统红色砂砾岩、凝灰质砂岩以及下古生界千枚岩、片岩等变质岩。另外盆地的某些地段覆盖有侏罗至白垩系红层沉积和火山岩[①]。

2. 古近系

古近系主要包括始新统岭头组、下渐新统崖城组、上渐新统陵水组。

1）始新统岭头组

该套地层在地震剖面上对应的界面是 T_{100}—T_{80}。首次发现始新统的是 LT1-1-1 井和 LT9-1-1 井，与下部前古近系基底呈不整合接触。其岩性特征为浅灰、浅棕红色含砾砂岩与浅棕红色泥质砂岩、砂质泥岩互层。本组生物为 *Quercoidites microhenrici-Ulmipollenites* sp. 组合。地震相位特征表现为强振幅，连续–较连续的底界面。界面之上呈平行、亚平行反射波组，上超现象十分明显，界面之下呈杂乱或近空白反射。

2）下渐新统崖城组

该套地层总的沉积厚度约 3000m，在地震剖面上对应的界面是 T_{80}—T_{70}，与下伏地层呈不整合接触，根据岩性特征可分为三套：下部为灰白色、棕红色砂岩与深灰色泥岩互层，夹煤层；中部为深灰色厚层状泥岩夹薄层灰白色砂岩；上部为灰白色砾状砂岩、含砾砂岩、砂岩，与深灰色泥岩互层，夹煤层或炭屑。古生物含 *Trilobapollis ellipticus-Alnipollenites* spp.-*Verrucatosporites usmensis* 孢粉组合，不含海相化石[①]。本组地震相表现为中–强振幅，连续–较连续相位，界面上下可见上超、下削现象。

3）上渐新统陵水组

该套地层总的沉积厚度约 2500m，在地震剖面上对应的界面是 T_{70}—T_{60}，与下伏的下渐新统呈不整合接触。其岩性特征表现为：下部灰白–浅灰色砾状砂岩、含砾砂岩，中–粗砂岩夹深灰色泥岩，局部见生物灰岩；中部为灰色–深灰色泥岩，夹浅灰色薄层砂岩；上部为浅灰色砾状砂岩、砂岩，中–粗砂岩与灰–深灰色泥岩不等厚互层。可见 *Dictyococcites bisectus*、*Zygrhablithus bijugatus*、*Sphenolithus ciperoensis* 等超微化石[①]。地震相表现为中–强振幅，连续–不连续相位，界面上超覆现象十分明显，界面下削蚀现象也十分明显。

3. 新近系

新近系主要包括下中新统三亚组、中中新统梅山组、上中新统黄流组、上新统莺歌海组。

1）下中新统三亚组

该套地层总的沉积厚度为 2000～2500m，在地震剖面上对应的界面是 T_{60}—T_{50}，与下伏的上渐新统呈不整合接触。其岩性特征表现为：下部灰–深灰色泥岩，砂质泥岩与灰白色砂岩，砂砾岩互层，夹煤层局部可见灰岩；上部灰色泥岩与灰白色砂岩互层，顶部为块状泥岩。含 *Helicosphaera euphratis* 等超微化石[①]。

2）中中新统梅山组

该套地层总的沉积厚度为 2000～3000m，在地震剖面上对应的界面是 T_{50}—T_{40}，与下中新统呈不整合接触。岩性特征表现为：下部褐色、浅灰色粉、细砂岩，灰质、白云质砂岩与灰岩及深灰色泥岩不等厚互层；上部为浅灰色泥岩夹薄层粉、细砂岩、可含钙质。该组可见 *Globorotalia mayeri*、*Globorotalia siakensis*、*Praeorbulina glomerosa*、*Globorotalia peripheroronda*、*Praeorbulina curva*、*Orbulina suturalis* 等有孔虫化石，以及 *Sphenolithus heteromorphus* 等超微化石[①]。地震相表现为中–强振幅，连续–较连续相位。

3）上中新统黄流组

该套地层沉积厚度为 50～1000m，在地震剖面上对应的界面是 T_{40}—T_{30}，与下伏中中新统呈不整合接触。岩性特征表现为浅灰色砂岩、灰质砂岩、生物灰岩、白云质砂岩、灰质泥岩不等厚互层。可见 *Discoaster quiqueramus*、*Discoaster berggernii*、*Discoaster bollii*、*Catinaster caolitus*、*Discoaster hamatus* 等标志化石[①]。地震相表现为连续的强振幅，往盆地方向渐变为较连续的中–强振幅，在盆地的北部和西北部，为波状或丘状反射。本界面为区域性大海退的剥蚀面，界面上的侵蚀和剥蚀、上超现象非常

_____

① 中国科学院南海海洋研究所，中海油勘探开发研究中心. 1998. 莺歌海盆地深部构造及盆地演化（合作报告）.

清楚。

4）上新统莺歌海组

该套地层沉积厚度为 1700～2600m，在地震剖面上对应的界面是 T_{30}—T_{20}，与下伏的上中新统为整合接触。岩性为大套浅灰色、深灰色厚层块状泥岩、夹薄层浅灰色粉砂岩、泥质砂岩、盆地中部夹厚层块状细砂岩，总体表现为下细上粗的反旋回。可见 *Globorotalia menardii* 右旋到左旋变化面、*Globorotalia multicamerata*、*Globoquadrina altispira* 等孔虫化石、*Discoaster pentaradiatus*、*Discoaster surculus* 等超微化石[1]。地震反射层表现为中−强振幅，中等连续的地震反射界面。地震反射轴呈明显的"S"型前积，坡度较陡，内部反射相对较弱。

4. 第四系

第四系地层与下伏上新统呈整合接触，在地震剖面上对应着 T_{20} 之上。岩性以浅灰 - 灰绿色黏土为主，夹薄层粉砂、细砂，含生物碎屑，未成岩。可见 *Pulleniatina*、*Globigerinoides exeremus* 等孔虫化石和 *Pseudoemilliania lacunosa* 等超微化石[1]。

（二）地层厚度分布特征

1. 始新统岭头组（T_{80}—T_{100}）

莺歌海盆地始新统岭头组沉积时期，北起临高隆起，南至莺歌海拗陷中部，整体厚度较小。此时盆地的沉积中心位于临高凸起南部，最大厚度可达 1600m（图 3-4）。

2. 下渐新统崖城组（T_{70}—T_{80}）

莺歌海盆地下渐新统崖城组沉积时期，第一次海侵开始，盆地沉积范围向外扩张，主要表现为盆地南部沉积地层扩张到莺歌海中央拗陷中南部，沉积地层厚度较始新统稍大，最大可达 2000m 以上，并出现两个沉积中心：一个位于临高凸起南部，另一个位于莺歌海中央拗陷带的北部（图 3-5）。

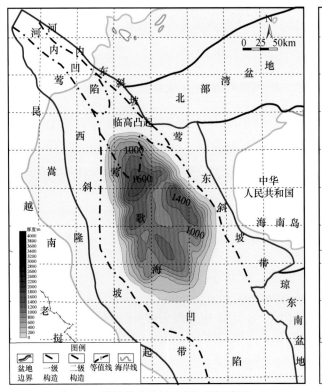

图 3-4　莺歌海盆地岭头组地层厚度图

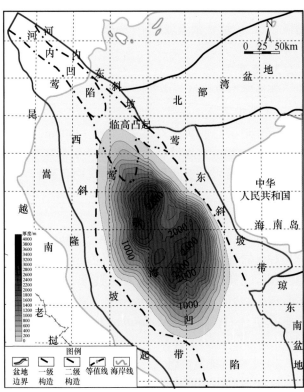

图 3-5　莺歌海盆地崖城组地层厚度图

3. 上渐新统陵水组（T_{60}—T_{70}）

莺歌海盆地上渐新统陵水组沉积时期，随着海侵的加大，盆地大部分地区都接受沉积，盆地内沉积地层覆盖临高凸起和中央拗陷带，最大沉积达 3200m 以上，沉积中心位置改变，由临高凸起转移到莺歌

---

① 中国科学院南海海洋研究所，中海油勘探开发研究中心. 1998. 莺歌海盆地深部构造及盆地演化（合作报告）.

海中央拗陷带（图 3-6）。

4. 下中新统三亚组（T$_{50}$—T$_{60}$）

莺歌海盆地下中新统三亚组沉积时期，开始第二轮的海侵，盆地内沉积主要分布在中央拗陷带，沉积范围明显缩小，向南迁移至中央拗陷带南部，最大沉积厚度在 3000m 以上。临高凸起区沉积范围变小，厚度减薄，临高凸起的隆升始于此时（图 3-7）。

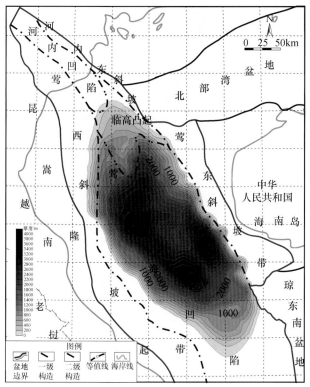

图 3-6　莺歌海盆地陵水组地层厚度图

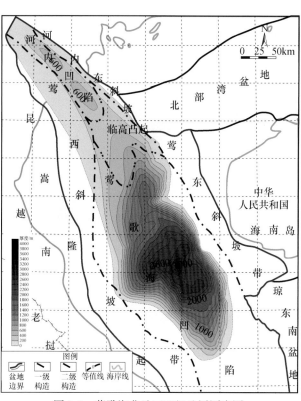

图 3-7　莺歌海盆地三亚组地层厚度图

5. 中中新统梅山组（T$_{40}$—T$_{50}$）

莺歌海盆地中中新统梅山组沉积时期，随着海侵的加大，盆地沉积范围扩大。沉积范围包括中央拗陷带大部分地区，临高区发育滨海相和三角洲沉积地层，地层较薄，地层厚度一般小于 1000m；沉积中心仍位于中央拗陷带，位置向北偏移，莺东斜坡带开始沉积（图 3-8）。

6. 上中新统黄流组（T$_{30}$—T$_{40}$）

莺歌海盆地上中新统黄流组沉积时期，第三轮的海侵开始，盆地内沉积地层主要分布在中央拗陷带和莺东斜坡带的北部，沉积中心再次向南偏移，厚度在 2400m 左右。T$_{40}$ 为区域性的不整合界面，与 10.5Ma 的全球海面下降事件有关，形成了区域性大海退的剥蚀面，界面之下的侵蚀、剥蚀和界面之上的上超现象清晰（图 3-9）。

7. 上新统莺歌海组（T$_{20}$—T$_{30}$）

莺歌海盆地上新统莺歌海组沉积时期，海平面持续上升，全盆开始接受沉积。此时沉积中心位于中央拗陷带中部，厚度达 4000m。盆地总体呈现北高南低的趋势，盆地西（北）部陆坡推进较快，陆

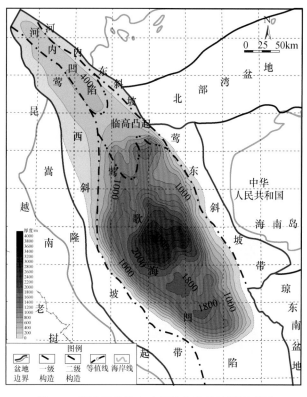

图 3-8　莺歌海盆地中中新统梅山组地层厚度图

架宽广；东部推进缓慢，呈加积式，陆架较窄（图3-10）[①]。

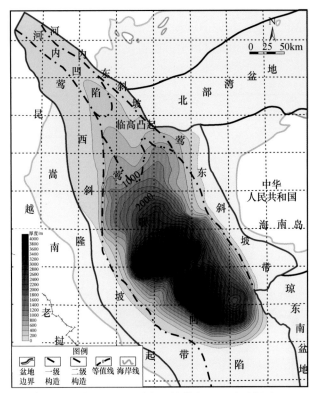
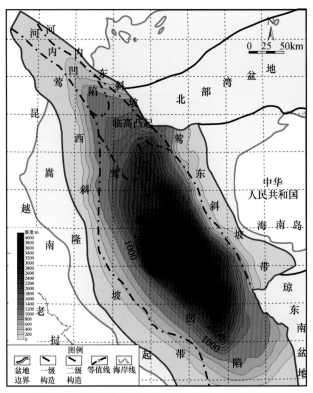

图3-9　莺歌海盆地上中新统黄流组地层厚度图　　　　　图3-10　莺歌海盆地上新统莺歌海组地层厚度图

第二节　地震层序地层与盆地结构

莺歌海盆地发育断陷型和拗陷型两大类盆地结构类型，以拗陷型盆地结构为主，且新近纪和古近纪盆地结构存在明显的差异。在漫长的地质历史演化过程中，莺歌海盆地发育了多个区域性沉积间断面，它们共同构成了盆地内不同级别的层序界面，通过确定这些层序界面在地震剖面上的特征，建立地震层序界面的识别标志，然后进行全区的界面追踪和闭合，建立的等时地层格架，由此清晰地再现该盆地各凹陷的结构特征。

一、地震层序划分

在莺歌海盆地中，各个界面附近可见出顶超［图3-11（a）］、削蚀［图3-11（b）］、上超［图3-11（c）］、下超［图3-11（d）］等现象，它们是识别层序界面的重要标志。

莺歌海盆地不仅有较厚的新生代沉积，而且构造活动的幅度也较大，自新生代形成以来，经历了三大区域性构造事件（神狐运动、南海运动、东沙运动），形成了三个与古构造运动有关的区域性不整合面（T_{100}界面、T_{60}界面、T_{40}界面），在区域海平面的配合下，还形成了多个不整合面（T_{80}界面、T_{70}界面、T_{50}界面、T_{30}界面、T_{20}界面）。现将各层序界面的特征总结如下。

T_{100}界面：为中生代、新生代的分界，莺歌海盆地的基底顶面，代表盆地新生代演化的开始，全区该界面下的削蚀和界面上的地层上超现象明显，部分剖面识别不出完整的界面。

T_{80}界面：对应裂陷Ⅰ幕末期，是始新统岭头组顶界面、下渐新统崖城组底界面。界面上上超现象明显，表现为向斜坡的高部位或凸起上超尖灭，界面下可见削截，其下地层厚度侧向变化大；为陆相湖盆到半封闭浅海–海岸平原相的转换面，代表着海陆沉积环境的重大变化。

① 中国科学院南海海洋研究所，中国海洋石油总公司勘探开发研究中心. 1998. 莺歌海盆地深部构造及盆地演化（合作报告）.

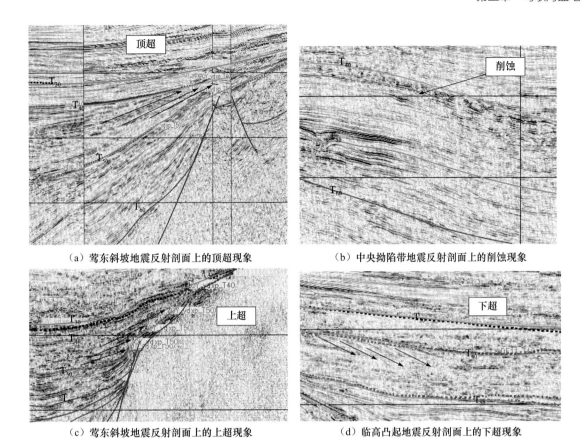

（a）莺东斜坡地震反射剖面上的顶超现象　　　　　　（b）中央拗陷带地震反射剖面上的削蚀现象

（c）莺东斜坡地震反射剖面上的上超现象　　　　　　（d）临高凸起地震反射剖面上的下超现象

图 3-11　莺歌海盆地层序界面识别标志

T$_{70}$界面：对应裂陷 II 幕末期，是下渐新统崖城组顶界面、上渐新统陵水组底界面。海平面下降幅度仅次于 T$_{60}$界面和 T$_{40}$界面（大于 50m），该层序界面为一区域不整合界面，界面上超、下削现象明显，其分布范围大于 T$_{80}$界面，上超到 T$_{100}$界面之上。

T$_{60}$界面：对应裂陷 III 幕末期，是古近系和新近系（断、拗）的分界，也是上渐新统陵水组顶界面、下中新统三亚组底界面。该层序界面表现为明显的破裂不整合面特征，为典型的强振幅连续反射，是莺歌海盆地的断（陷）拗（陷）转换面。同时界面上、下地层具明显的地层倾角和地震相差异。

T$_{50}$界面：下中新统三亚组顶界面、中中新统梅山组底界面。此时盆地处于拗陷阶段，海平面缓慢上升。该界面为拗陷期内部的区域不整合面，界面之上为强振幅反射，界面之下为弱振幅反射，可见明显的削截现象，表明界面上、下沉积相为不连续变化。

T$_{40}$界面：中中新统梅山组顶界面、上中新统黄流组底界面。该界面特征不太明显，主要根据界面上、下地震相的变化来划分，界面之下是一套强反射特征的地层，局部地方可见削截现象。在陆架、陆坡区常表现为中等连续的强反射。

T$_{30}$界面：上中新统黄流组顶界面、上新统莺歌海组底界面。该界面在陆架、陆坡区为中等连续、中等振幅的反射特征，向陆方向上超于 T$_{40}$之上。

T$_{20}$界面：上新统莺歌海组顶界面、第四系底界面。海平面缓慢下降。该界面在全区均表现为高连续、强振幅反射特征。

二、重点凹陷的层序结构

通过基本覆盖盆地主要构造单元的 6 条骨干剖面来说明该盆地的结构特征并展现其层序地层格架（图 3-1）。

（一）①号测线层序结构

该剖面为莺歌海盆地长轴方向，纵穿莺歌海凹陷中部，测线北起于临高凸起边缘，南至乐东构造区（图 3-1），盆地整体表现出北高南低的地形特征。其中，北部地层较为平缓、厚度较薄，南部地层厚度较大（图 3-12）。该剖面仅反映了新近纪沉积地层，为拗陷期沉积，无断陷期沉积显示。

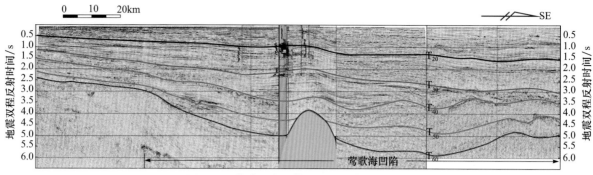

图 3-12　莺歌海盆地①号测线层序地层格架

（二）②号测线层序结构

该剖面同样为莺歌海盆地长轴方向，纵穿莺歌海凹陷中部，位于①号测线东部且与之近于平行，测线北起于临高凸起南部，南至莺东斜坡带边缘（图 3-1）。盆地整体地形简单而平缓，呈现出拗陷的盆地结构（图 3-13），剖面显示古近纪至新近纪沉积的较完整地层（始新统岭头组—上新统莺歌海组均有发育）。拗陷期沉积地层的范围明显大于断陷期沉积地层，并且沉积中心由北向南进行迁移，可看出盆地北部拗陷期和断陷期沉积厚度相差不多，但南部拗陷期沉积厚度明显大于断陷期。沉积背景以海相为主，剖面上整体表现为退积，但相对海平面变化局部显示先海进、后海退的特征，自始新世至中中新世一直为海进，之后至上新世缓慢海退。

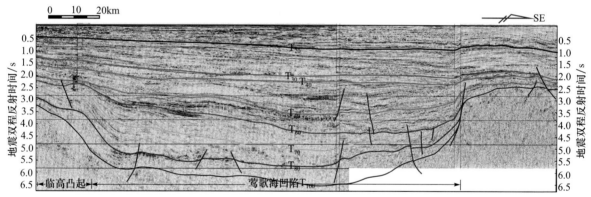

图 3-13　莺歌海盆地②号测线层序地层格架

（三）③号测线层序结构

该剖面位于盆地的北部，自 SW 向 NE 依次穿过莺西斜坡、莺歌海凹陷、临高凸起、莺东斜坡（图 3-1）。盆地整体呈现反翘型断拗双层结构，盆地断层的主要活动期从始新世末至早渐新世，之后断层逐渐减少，并以拗陷结构为主（图 3-14）。

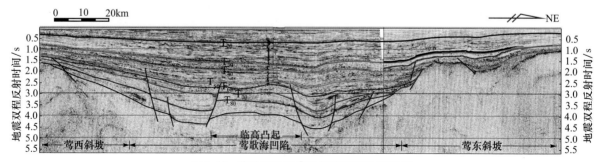

图 3-14　莺歌海盆地③号测线层序地层格架

该剖面地层发育完整，整个盆地以平行或亚平行的反射特征为主，连续性较好，有两个沉降中心，拗陷期沉积的地层厚度远大于断陷期沉积，从中中新统（T_{50}）开始，沉积范围逐渐扩大。盆地 SW 向莺西斜坡地层发育完整，NE 向的莺东斜坡带则缺少中中新统及以下（T_{40} 以下）的地层。莺西斜坡和莺东斜坡上可见明显的前积反射和楔状反射，而临高凸起附近，会见一些杂乱的楔状反射和前积反射结构，水深呈逐渐增大的趋势，并在中中新世和上中新世局部海退。

（四）④号测线层序结构

该剖面位于③号测线南部，且与之近于平行，自 SW 向 NE 经过莺歌海凹陷、莺东斜坡（图 3-1）。该测线地层沉积范围逐渐扩大，至上新世（T_{30}）沉积范围已扩张到莺东斜坡（图 3-15），拗陷期沉积地层厚度远大于断陷期。由于资料有限，该剖面没有显示完整的盆地结构，但该测线地震反射特征较丰富：中强振幅均可见，但连续性相对较差，尤其盆地边缘更明显；多见丘状反射和楔状反射；可见前积反射结构，同时陡坡处多见杂乱反射，这些特征表明沉积体系类型较为丰富。

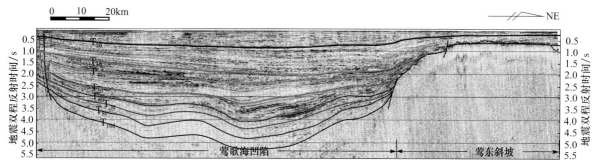

图 3-15 莺歌海盆地④号测线层序地层格架

（五）⑤号测线层序结构

该测线位于④号测线南部，横穿莺歌海凹陷中部向东至莺东斜坡带（图 3-1），新近纪相对海平面大体呈现出深—浅—深的变化趋势，仅在莺东斜坡带处有部分古近纪断陷期沉积，新近纪拗陷期沉积以浅海和半深海沉积为主（图 3-16）。在盆地东部的莺东斜坡上，可见 S 型前积反射构型，连续性较弱，振幅较高，为三角洲和扇三角洲沉积体特征。向盆地方向，主要为浅海和半深海环境，局部可见一些丘状和透镜状的反射特征，推测为浊积体沉积。与北部地震测线相比，东部斜坡带上扇三角洲和三角洲发育更广，显示有部分来自莺东斜坡带的物源。

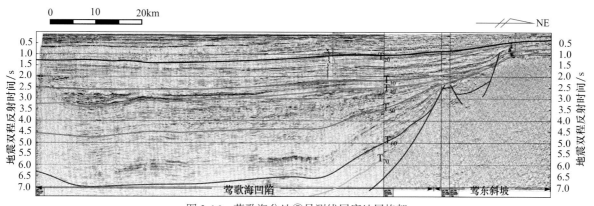

图 3-16 莺歌海盆地⑤号测线层序地层格架

（六）⑥号测线层序结构

该测线位于⑤号测线南部，横穿莺歌海凹陷中部向东至莺东斜坡带（图 3-1）。该剖面显示新近纪沉积地层和不完整的古近纪沉积地层（图 3-17）。莺东斜坡带上，可见明显的 S 型前积反射结构，连续性较弱，振幅较高，为三角洲和扇三角洲沉积体。向盆地方向，主要为浅海和半深海-深海环境，局部可见一些丘状和透镜状的反射结构，为浊积体沉积。由于该剖面与⑤号测线剖面近于平行且均横穿莺歌海凹陷向东至莺东斜坡带，故反射特征与之相似。

综上所述，通过对莺歌海盆地内 6 条剖面的解释，可以得到莺歌海盆地地层栅状图（图 3-18），盆地整体呈碟形，地层发育完整，厚度大。自下而上，盆地的沉积中心与沉降中心接近一致。盆地内海相沉积厚度明显大于陆相沉积厚度，表现为早期古近系缓慢浅埋，后期新近系晚期快速深埋的特点，因此而导致地层异常高压的发育与分布，从而影响后期油气的生成、运移和聚集（陈红汉等，1994）。

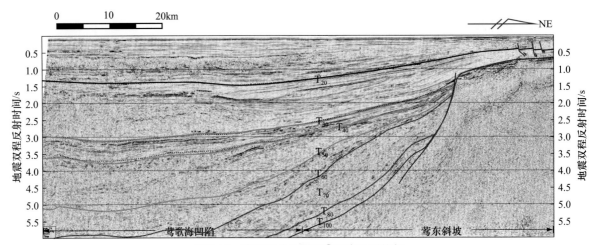

图 3-17　莺歌海盆地测线⑥层序地层格架

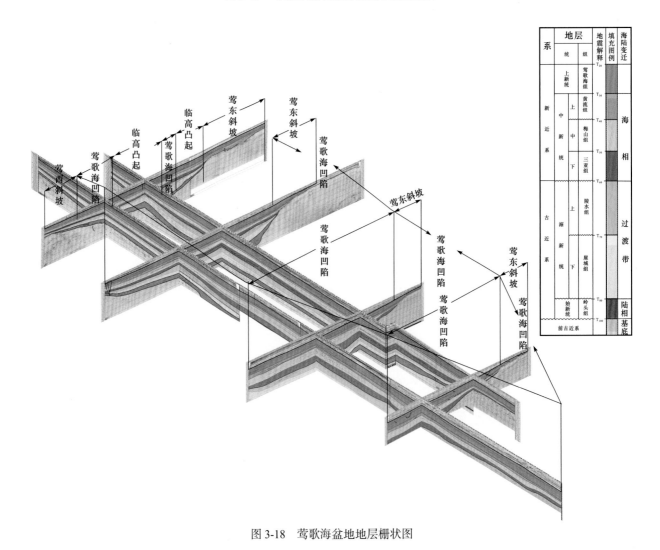

图 3-18　莺歌海盆地地层栅状图

三、盆地结构特征

（一）盆地北部构造特征

盆地北部发育一个小的凸起，即临高凸起；东侧为一个宽缓的斜坡带，断层极少发育；盆地中部地层则表现出均匀沉降的特征，地形简单而平缓。从下到上，地形发育越来越平缓，盆地的沉降中心呈现出向南迁移的趋势。古近纪盆地断层发育，主要大断层有莺东断裂，东方断裂，组成了盆地的控边断层，表现出断陷盆地的特征。根据断层的倾向和组合特点及其分布，在斜坡带上主要表现为单断特征，在临高凸起和斜坡之间的凹陷发育双断结构。

新近系盆地断层发育程度明显降低，表现出坳陷的特征，地层的发育特征表现为双超型的凹叠层序，整体盆地构造简单，地形平缓，边缘斜坡宽缓。早期临高凸起发育，并导致两侧发育了较厚地层；到晚期，凸起逐渐衰亡，使得沉积中心与沉降中心保持一致，接近盆地中心。总体而言，莺歌海盆地结构简单，古近纪盆地北部表现为明显的断陷特征，新近纪则呈现出典型的碟型坳陷的特征（表3-2）。

表 3-2　莺歌海盆地结构分类表

盆地结构类型		盆地结构模式图	构造模式实例	发育位置	实例
凹陷型	对称型	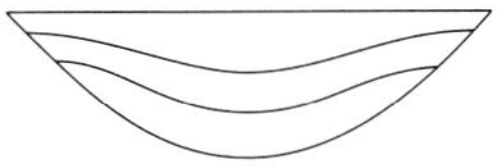	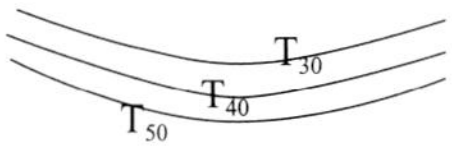	莺歌海凹陷东南部	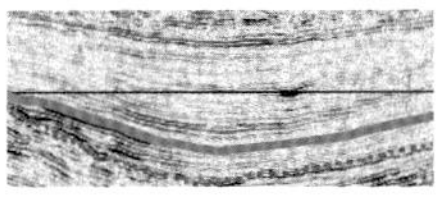 莺歌海凹陷
凹陷型	非对称型	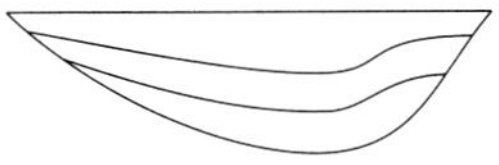	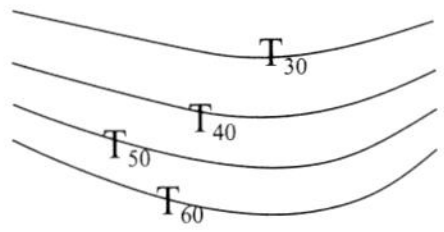	莺歌海凹陷东南部	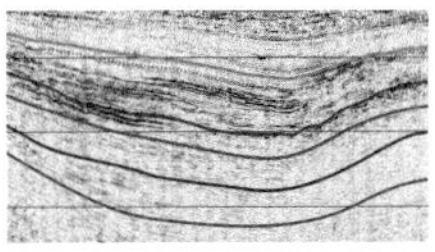 临高凸起
半地堑型	简单型 铲型	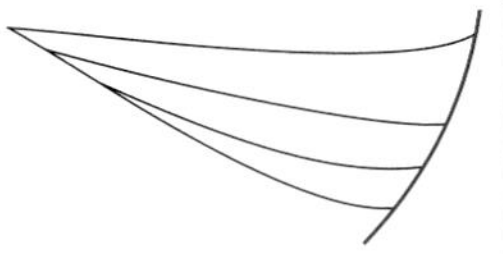	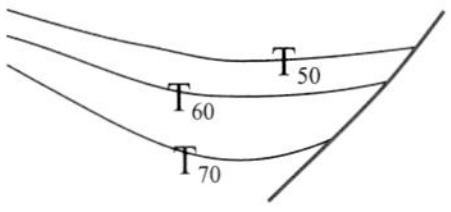	莺西斜坡 临高凸起	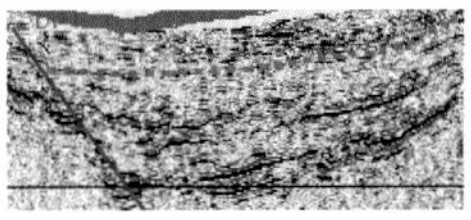 莺西斜坡
半地堑型	复杂型 缓坡断阶型	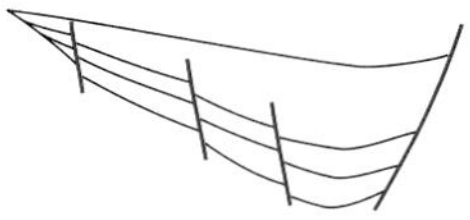	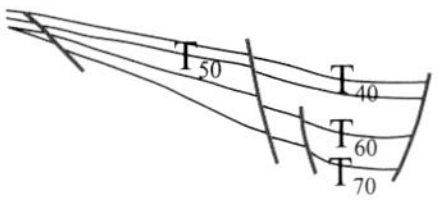	莺东斜坡 莺西斜坡	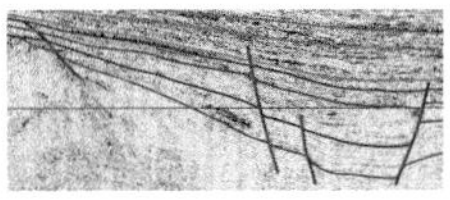 莺西斜坡
地堑型				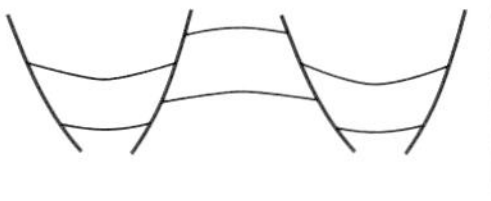  临高凸起	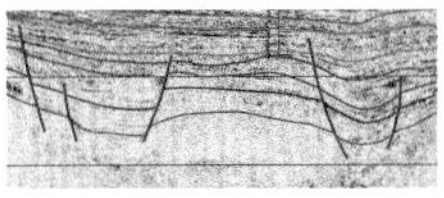 临高凸起

（二）盆地中部构造特征

古近系盆地东部斜坡带上发育莺东断裂带，中部地形平缓简单，边缘斜坡宽缓。新近纪断层不发育，盆地地形表现为整体下坳的特征，并且在盆地中部无中央凸起的发育。从盆地地层发育情况来看，地层从下到上，沉积厚度逐渐减小，盆地地形也越来越平缓。

第三节　沉积特征分析

在建立莺歌海盆地等时地层格架的基础上，通过恢复莺歌海盆地古地貌、分析地震反射特征等方法，分析确定莺歌海盆地新生代各时期物源方向，结合地质数据（岩心、录井）和地球物理数据（测井、地震等），进而综合分析莺歌海盆地沉积体系展布与演化。

一、物源分析

沉积体系的形成演化主要受控于相对海平面变化、构造活动和物源供给。莺歌海盆地自23.3Ma以来，已进入裂后热沉降阶段和加速沉降阶段，尤其是10.5Ma以后构造活动更是逐渐减弱，稳定沉降。因此物源供给体系就成了控制地层发育和沉积演化的重要因素。莺歌海盆地地理上位于海南岛与越南之间，其可能性物源有三个方向，即海南岛方向、红河方向、越南方向（图3-1）。

（一）古地貌特征

1. 岭头组底界面（T_{100}）

盆地开始形成，地势起伏较大，表明当时沉降速率较大，盆地处于初始裂陷期。盆地中部若干低洼陷带，大致呈东西分带、南北分块的构造格局。受1号断层的影响，莺东区此时有明显的构造坡折带发育，使得地势在此突然变陡。有些低凸起可通过鞍部与莺东斜坡上的构造脊相连。盆地北部以东有一凹槽，向北开口，成为红河的入海通道，但是相对于下中新统而言，红河口变小。

2. 崖城组底界面（T_{80}）

盆地西北部坡缓，有小的脊槽地貌发育；东南部坡同样缓，为宽缓的斜坡；东北部由于1号断层的影响，坡度较陡，并且受水系的下切作用，出现沟脊相间的格局。盆地中有若干水下低隆起发育。渐新统盆地仍处于裂陷期，盆地范围较小。盆地西北部有一个较窄的喇叭形海湾，可与红河口连通。两岸坡陡，可能与潮流冲刷作用有关，盆地沉降中心趋于南移。

3. 陵水组底界面（T_{70}）

盆地西北部地势较低，低于海南岛；北部仍有个喇叭形开口海湾与红河相通；东部仍受1号断裂和莺东断层的影响，坡度较陡；盆地的沉积中心由崖城组分散型的四个沉积中心演变为一个沉积中心。两岸高低不同，可能与板块沉降有关，盆地沉降中心趋于不变。

4. 三亚组底界面（T_{60}）

盆地东部坡缓，有小的脊槽地貌发育；西北部陡缓相间，呈台阶状；盆地中有若干水下高地发育，可能与底辟活动有关。早期海南岛西南延伸脊范围大，晚期缩小；西北部也有较大延伸脊伸入盆地中心，盆地北部有一个较窄的喇叭形海湾，向北变浅，中晚期可与红河口连通。两岸坡陡，可能与潮流冲刷作用有关，盆地沉降中心趋于南移。

5. 梅山组底界面（T_{50}）

盆地地势起伏增大，水体普遍加深。盆地中部若干低凸起或水下高地使盆地大致呈东西分带、南北分块的构造格局。受1号断层的影响，莺东区此时有明显的构造坡折带发育，使地势在此突然变陡。盆底有些低凸起可通过鞍部，与莺东斜坡上的构造脊相连。盆地北部临高凸起呈SN向展布，可能是由左旋走滑运动所派生的东西向挤压应力所致。此凸起以东仍有一凹槽向北开口，成为红河的入海通道，但是相对于下中新统而言，红河口变小。

6. 黄流组底界面（T_{40}）

盆地地势起伏减小，沉积范围也减小，沉降中心偏西，仍可见南北分块的地貌特征。几条北东东向的隆起或构造脊在盆底分隔出若干小凹陷，并在斜坡上形成脊-槽相间的构造格局。盆地北部抬升、西部下沉，红河被袭夺，流量减少，更加促进了红河三角洲向西改道，使DF1-1构造及附近区域此时变为半封闭的海湾。

7. 莺歌海组底界面（T_{30}）

上新世古地貌与现代莺歌海盆地相似，沉积范围较大，盆地地形相对平缓，地势北高南低。这时期，盆地水深最大，沉积范围也大，接近现代海南岛的边界。由于水深大，沉积物供应不足，盆地普遍有沉积型坡折发育，且陆坡较陡，与盆地地形高差较大。尤其是西北部红河口附近坡度更陡，滑塌体发育。此时盆地地势最低处的轴线主要环海南岛分布，可发育盆底中央水道及密集段沉积。盆底亦有小的凹陷呈串珠状排列，莺东区陆坡上有小的脊槽地貌，可帮助追踪盆地浊流沉积体系的位置。

（二）盆地周边水系

莺歌海盆地周边发育多条河流（图3-1），最大的属西北部的红河，现发源于云南省巍山县，自西北流向东南，在河口转入越南境内入海，整个流域处于潮湿亚热带，年降水量为1282mm，平均地势高差420m，总流域面积达$11.9×10^4km^2$，年输沙量为$1300×10^4t$。海南岛方向对莺歌海盆地影响较大的是昌化江水系，发源于海拔1867m的五指山区，先向西南流至乐东，转而流向西北，在岛的西北部入海，全长约

220km。据 1950～1979 年资料统计，集水面积为 4634km²，年水量为 38.2×10⁸m³，平均流量 121m³/s，平均含沙量 0.22kg/m³，年均输沙量 83.9×10⁴t。另外，岛周围还有多条独流入海的短河流，各河流的丰枯水期、水位、流量变化较大，越南方向也有马江、蓝江、宋河、贤良河等近岸短河流，性质与海南岛类似。

（三）重矿物分布

重矿物进行物源分析的基本原理是基于稳定矿物在搬运过程中其百分含量变化不大，与母岩具有一定的相似性和继承关系。海南岛古生代基本处在海相环境，志留纪末期的加里东运动使其中地层发生强烈褶皱变形并不断抬升，同时有轻度变质现象，局部可达到超变质，到了中生代，印支运动导致全区抬升，此时，海南岛的形状大致出现，开始进入以断裂活动为主的构造发育阶段。后期喜马拉雅运动导致南部抬升，使得早期形成的沉积岩在晚期全部出露水面遭受剥蚀。

海南岛现在出露的岩石主要包括岩浆岩、沉积岩及混合岩三类（图 3-19），其中岩浆岩分布范围最广，占全岛面积的一半以上，沉积岩次之（18.6%），混合岩最少。海南岛的西南部的岩性以中生界的花岗岩和海陆相碎屑岩为主，并有少量的变质岩类（表 3-3）。岩石的重矿物分析结果表明，海南岛岩浆岩的重矿物以锆石、白钛矿为主，其次为磁铁矿、黄铁矿，微量的石榴子石、磷灰石、红柱石；轻度变质岩则以锆石、磷灰石、榍石为主。越南南部则以岩浆岩为主，从前元古代以来各个时代的岩浆岩、沉积岩、变质岩均有，其中古生代以前的地层约占一半。岩性主要为片岩、片麻岩、角闪岩、石英岩及大理岩。下古近系的碎屑岩主要分布在越南沿岸（姜涛，2005）。

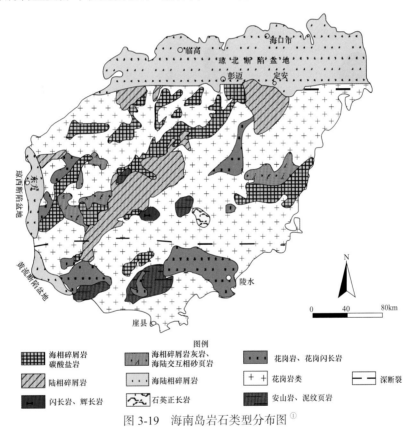

图 3-19　海南岛岩石类型分布图[①]

表 3-3　莺歌海盆地重矿物及岩石类型与物源区的配置关系

岩石/重矿物类型	海南岛	红河	越南
主要岩石类型	岩浆岩、沉积岩、混合岩	沉积岩	岩浆岩、变质岩、沉积岩
主要重矿物类型	磁铁矿、石榴石含量低；锆石、白钛矿含量高	锆石、电气石较少；白钛矿、石榴子石、绿帘石、磁铁矿	锆石、白钛矿含量低；磁铁矿、石榴石、绿帘石类含量高

---

① 中国科学院南海海洋研究所，中海油勘探开发研究中心. 1998. 莺歌海盆地深部构造及盆地演化（合作报告）.

我国云南省出露的岩石主要为元古代以来各个时代的沉积岩，约占全省面积的 75%，其中中生界的陆相碎屑岩、海陆交互相的含煤碎屑岩分布最广，沿哀牢山深断裂（红河大断裂）两侧广泛分布；以碳酸盐建造为主的上古生界在滇西北也有较大面积出露。深变质岩不多，仅在哀牢山和滇西等地有下元古界深变质岩系。在滇西北发育有古生界的超基性、基性和酸性岩侵入岩，滇西发育中生界的花岗岩，其中临沧花岗岩面积可达 800km²。

越南物源区的重矿组合一般具有磁铁矿、石榴石、绿帘石类含量高，锆石、白钛矿含量低的特征；海南岛物源区的重矿组合一般具有锆石、白钛矿含量高，磁铁矿、石榴石含量低的特征；红河物源区与海南岛类似，也应有较多的锆石和白钛矿。

本书以地层组为单元，对重矿物资料进行统计编图，结果显示主要含有的重矿物类型包括锆石、电气石、石榴子石、磁铁矿、赤褐铁矿、白钛矿、锐钛矿、黄铁矿、重晶石和帘石类等 10 多种，这些矿物组合基本可以指示的母岩类型包括变质岩、再造沉积岩、酸性火山岩和基性火山岩等。

在高温、高压井的钻探过程中，为防止气窜、井喷，在泥浆中加入赤褐铁矿添加剂以增加泥浆比重，结果使重矿样品数据中赤褐铁矿的含量异常增大，不能反映地层真实情况。如东方、乐东构造区黄流组和梅山组样品中的赤褐铁矿含量异常高，大于 90%。另外孔渗较高的气层受钻井液影响，也造成赤褐铁矿含量异常高，如乐东构造区。针对这些地区赤褐铁矿含量异常高的情况，对高赤褐铁矿样品进行了辨析和校正。因显微镜下难以区分外来与真正地层中所含的赤褐铁矿，本书尝试用同构造、同层段未受污染的相邻井的重矿组合变化趋势来进行校正。根据吕明等（1998）的研究成果，用 5% 的校正值校正以后，主要重矿组合变化趋势与未受污染的相邻井段基本一致。

1. 陵水组重矿物特征

陵水组仅有临高、岭头两个构造区的重矿物资料。其中临高低凸起区白钛矿含量最高（40.07%），赤褐铁矿、锆石、磁铁矿次之。岭头区除部分井表现为高含电气石特征外，其余各井赤褐铁矿的含量很高（图 3-20）。岩石类型分布显示，此时临高区和岭头区的岩石都是以沉积岩为主，其次为岩浆岩，变质岩含量最少，这说明此时岭头区的主要物源是红河和海南岛（图 3-21）。

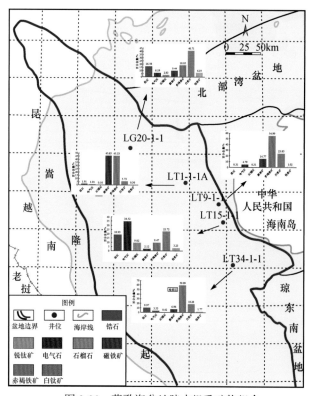

图 3-20   莺歌海盆地陵水组重矿物组合

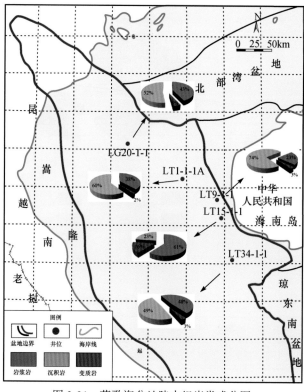

图 3-21   莺歌海盆地陵水组岩类成分图

临高区和岭头区的重矿物特征差异明显，来自不同的物源区无疑，很可能分属于红河和海南岛的近物源。海南岛物源区以高锆石为特征，但岭头区各井（LT15-1-1 井除外）无显示，相反，临高区却锆石较多。对此解释如下。

（1）海南岛上局部有铁矿分布，如石碌铁矿，就在岛上离临高区不远处，可能会使该区含铁矿物增多。

（2）临高区锆石的增多应该与红河上游的改道有关，因为在我国滇西高原也有不少花岗岩和中生界沉积岩分布，若当时青藏高原的金沙江等河流是由红河入海，大量的水流会把一定量的锆石运移至此。由于盆地中部的钻井多未钻至该地层，尚不能确定此时红河对莺歌海盆地的影响范围。

2. 三亚组重矿物特征

三亚组仅有临高、岭头区的重矿物与岩石资料（图3-22、图3-23）。

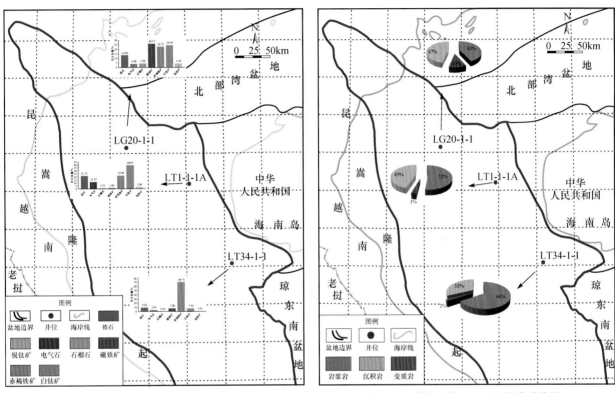

图 3-22　莺歌海盆地三亚组重矿物组合　　　　图 3-23　莺歌海盆地三亚组岩类成分图

岭头区以白钛矿为主，锆石、赤褐铁矿次之（含铁矿物的异常可能受岛上铁矿区的影响）。除此之外的其他重矿组合均反映是以岩浆岩、沉积岩为主，变质岩少见的母岩特征，与上倾方向海南岛所出露的岩性相符。与陵水组不同的是，岭头区北部赤褐铁矿含量减少而白钛矿含量大增，南部赤褐铁矿含量增大（59.09%～69.71%），而白钛矿减少（18.28%～7.51%），推测应与河流特别是昌化江的改道有关。临高区重矿物特点指示物源仍为红河。

盆地北部的喇叭形海湾，与红河口连通，正好为临高区块提供物源；西北部，陡缓相间，呈台阶状，成为越南北物源流经东方区块的通道；东部脊槽相间发育，为海南岛物源入海提供通道。

3. 梅山组重矿物特征

盆地内一般都含较多的白钛矿。根据重矿组合关系可分为几类：①锆石含量特高（岭头区南部）；②电气石含量较高，可超过锆石（岭头区中部）；③白钛矿、石榴石含量较高（岭头区北部）；④赤褐铁矿高（临高区）（图3-24）。

临高区重矿物组合特征明显与岭头区不同，锆石含量低，磁铁矿、石榴石、白钛矿含量高的组合特征反映了红河物源的特点；岭头区南部锆石的绝对优势是东北方向海南岛大片花岗岩剥蚀的产物，北部的白钛矿、石榴石较多源于海南岛上碳酸盐岩和沉积岩区（图3-25），中部电气石优势可能与区域混合岩有关。莺东斜坡上构造坡折带极其发育，使得盆地中间的低凸起可以通过鞍部与莺东斜坡上的构造脊相连，从而为海南岛物源入海，途径岭头、东方和临高地区；另外临高区有一凹槽向北开口，成为红河物源通往临高区的通道。

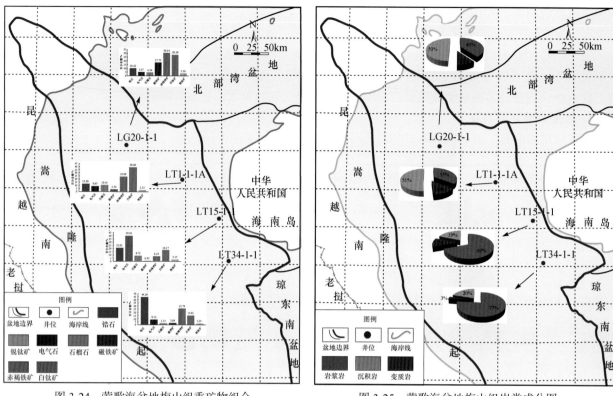

图 3-24　莺歌海盆地梅山组重矿物组合 　　　　　图 3-25　莺歌海盆地梅山组岩类成分图

4. 黄流组重矿物特征

岭头区、莺东斜坡带锆石含量高，白钛矿、石榴石含量较高，指示物源来自于海南岛上的花岗岩、碳酸盐岩分布区；临高区锆石含量低，石榴石、磁铁矿、白钛矿含量较高，指示物源来自于红河流域；东方构造区锆石、石榴石、磁铁矿含量都比较低，是越南和海南岛两个物源共同作用的结果（图 3-26、图 3-27）。

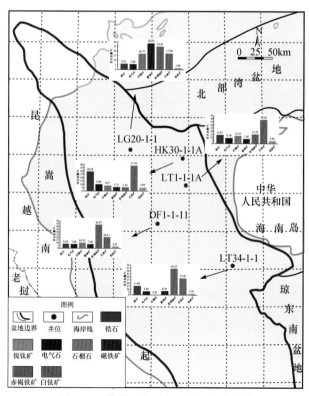

图 3-26　莺歌海盆地黄流组重矿物组合

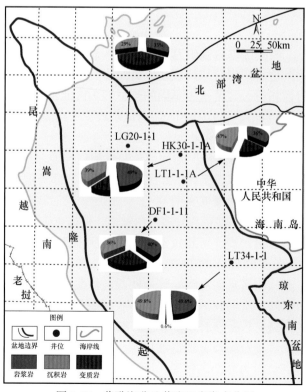

图 3-27　莺歌海盆地黄流组岩类成分图

莺东斜坡带诸井在晚中新世的重矿物组合和母岩成分基本上继承了上一时期的特点，反映了莺歌海盆地的物源变化不大。LT1-1-1A井、HK30-1-1A井、LT33-1-1井，都与下伏层几乎一致。但LG20-1-1井变化很大，与下伏层的组合差异明显。锆石减少，石榴石、磁铁矿增多，成为上游河流袭夺的证据。从黄流组开始，红河在源头区被长江袭夺，使红河沉积物输入量减少，导致红河口附近发育泥质较多的海湾沉积。莺东斜坡上脊槽相间发育，成为海南岛物源的入海通道。

5. 莺歌海组重矿物特征

莺东斜坡带LT1-1-1A井、LT15-1-1井、LT34-1-1井均以富含锆石、白钛矿为特征，只是酸性岩浆岩和沉积岩的重矿物组合，与海南岛母岩区一致。LG20-1-1井则表现出含锆石低，而石榴石、磁铁矿含量较高，是以高级变质岩为主的重矿物组合，其碎屑物应来自红河流域。DF1-1构造及周边诸井的重矿物以赤褐铁矿最高，白钛矿次之，显然与多数以海南岛为物源钻井的重矿物特征不同，也与LG20-1-1井不同，推测是受西部越南与海南岛近物源的双重影响。

对比海南岛地质特征，乐东区的母岩成分主要为岩浆岩和沉积岩，岩浆岩占30%～46.4%，沉积岩占20%～57.2%，而变质岩成分不到30%，其中重矿物成分主要为锆石（4%～25%）、白钛矿（7%～56%）、赤褐铁矿以及电气石，来自变质岩的石榴石含量相应也低，均小于7.4%，从而证明乐东区的主要物源区仍然是海南岛，西部物源只对局部构造（LD22-1)有一定影响（图3-28、图3-29）。

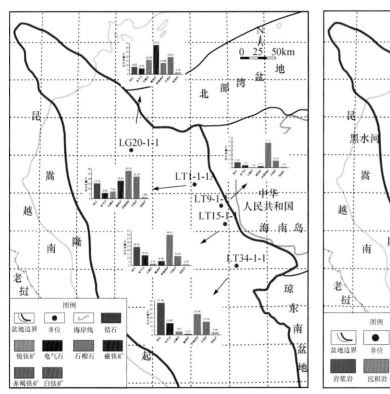

图3-28　莺歌海盆地莺歌海组重矿物组合

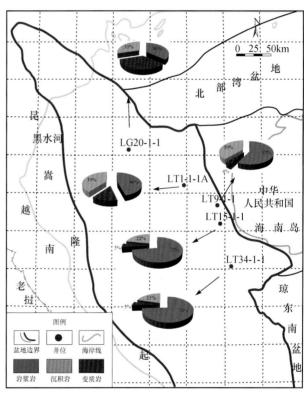

图3-29　莺歌海盆地莺歌海组岩类成分图

盆地中央的低凸起明显将盆地分为南、北两个部分，盆地北部以越南方向的物源占优势，充填了DF1-1构造区的大片区域，也有少量物源来自海南岛变质岩母岩区；而南部则以海南岛方向物源为主。

综上研究，莺歌海重矿物特征表现为以下几个方面。

（1）三亚组和梅山组表现为白钛矿含量高、锆石含量较高、石榴子石含量低的特征。

（2）黄流组和莺歌海组则表现为石榴子石含量高、锆石含量较低、白钛矿含量低的特征。

（3）从母岩成分来看，地层从下到上，越南方向的变质岩母岩成分越来越多，但是海南岛岩浆岩母岩区始终为莺歌海盆地的主要物源区。

（四）地震反射特征

地震反射标志研究对大范围的物源分析是行之有效的，并可对重矿物等分析起到相互印证的作用。

前积下超方向，切谷、水道走向，地层厚度等均可指示沉积物的来源及填充方向，而且这些证据要比重矿物组合更有说服力，减少多解性。

1. 长轴方向地震反射特征

在早中新世，临高区附近有明显的从南往北的前积现象，并且前积体厚而长，说明临高区物源主要来自于越南方向，并且物源充足（图3-30）。到中中新世，南北方向都有明显的下超现象，但是南部的物源与北部物源相比似乎更有优势，且相对于下中新世而言，该时期盆地沉积中心往南迁移。综合考虑前面谈到的古地貌和重矿物特征，下中新世到中中新世，盆地的沉降中心趋于南移。同时，下中新统的重矿物显示，临高区物源来自北部的红河，到中中新世，临高附近由红河和海南岛共同提供物源，而且海南岛方向物源充足。地震剖面的反射特征正好与古地貌和重矿物相互印证。

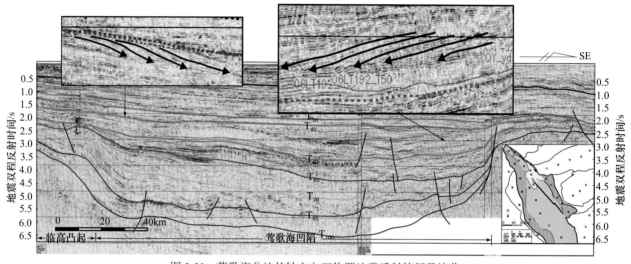

图 3-30　莺歌海盆地长轴方向双物源地震反射特征及演化

2. 短轴方向地震反射特征

莺歌海凹陷具明显的双向下超和前积体的特征，反映了莺西方向和海南岛方向双物源的特征。早中新世以海南岛方向物源占优势（图3-31）；中中新世，莺西方向物源明显增加；到晚中新世，地震反射轴明显，且呈下超特征，说明此时莺西方向物源充足；而上新世，盆地西部地震反射轴呈平行或亚平行特征，连续性好，且振幅较强，为滨浅海沉积特征，而盆地东部见明显的前积体和下超特征，反映了海南岛方向强物源的特征。盆地东南部晚期也反映了海南岛方向的物源充足，同时盆地东北方向的下切谷反映了红河方向的物源，与前述重矿物分布相符。

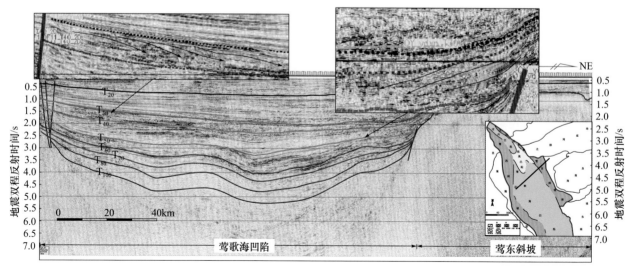

图 3-31　莺歌海盆地短轴方向双物源表现特征及演化

二、沉积特征

盆地各个时期的沉积特征可依据对盆内钻井岩心进行观察、描述和沉积解释,对单井测井曲线进行解释分析。

由于现今莺歌海盆地位于海上,取心难度较大,因此岩心资料比较稀缺。收集到的岩心资料主要分布在乐东、东方构造区。乐东区的岩心资料主要分布在乐东组三段和莺歌海组一段的Ⅱ、Ⅲ气组,东方区的岩心资料主要分布在莺二段的Ⅰ、Ⅱ、Ⅲ层组。综合岩心的观察与描述,得出对研究区沉积特征的初步认识:构造区内水体较深,水体环境相对较弱,沉积相主要为滨浅海相。

1. 乐东区

乐东区主要为滨浅海相沉积,外陆架深水区岩性以粉砂岩、细砂岩、泥岩为主,沉积构造发育,具有块状层理、水平层理、平行层理、小型浪成沙纹、复合层理、变形构造等物理成因的沉积构造和生物遗迹、生物扰动等生物成因的沉积构造(图3-32)。

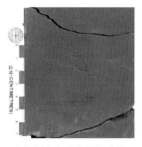   

（a）深灰色块状粉细砂岩,　（b）褐灰色泥质粉砂岩,　（c）褐灰色粉砂质泥岩夹白灰　（d）灰色泥质粉砂岩,发育
夹泥质条带,底部见侵蚀面　　水平层理与复合层理　　　色粉细砂岩,平行层理　　生物扰动现象、粉砂质条带,
　　　　　　　　　　　　　　　　　　　　　　　　　　　　　　　　　　　　　　见小型浪成沙纹

（e）褐灰色泥质粉砂岩,发育　（f）深灰色粉细砂岩,强烈　（g）褐灰色泥质粉砂岩,　（h）灰色泥质粉砂岩,块状
水平层理和复合层理,底部　　生物扰动,水虫孔发育,　　水平层理与复合层理,　　层理,见水平虫孔,发育较强
夹粉砂质条带　　　　　顶部见包卷变形构造,底部　　　见物遗迹构造　　　　　　的生物扰动现象
　　　　　　　　　　　　见小型浪成砂纹

图3-32　莺歌海盆地乐东区岩性与沉积构造特征

2. 东方区

东方区各气组底部均为深灰色块状泥岩或深灰色具生物扰动的粉砂质泥岩,反映其安静的陆架沉积背景;气组内部主要为波浪作用下的小型浪成沙纹层理粉-细砂岩和强烈生物扰动构造。沉积构造发育,具有块状层理、水平层理、平行层理、小型浪成沙纹层理、复合层理、变形构造等物理成因的沉积构造和生物遗迹构造、生物扰动构造等生物成因的沉积构造(图3-33)。

莺歌海盆地新近系上新统莺歌海组莺二段发育典型的无障壁海岸沉积体系(图3-34)。可将其分为滨外和临滨两个亚相区,进一步又可分为泥流冲沟和临滨沙坝两个微相区。

通过对东方1-1气田已钻遇沟谷的岩心与测井特征分析表明:该区泥流沟谷以泥岩充填为主,砂岩次之且呈薄层状,呈正韵律,厚度中等;测井曲线GR呈线形,接近泥岩基线,电阻率RILD均匀且为低值,底部多为突变,往往切割其下部的砂岩;垂向相序上表现为泥流沟谷之下多为临滨或滨外的砂坝与滩砂,其上多为滨外泥沉积。

（a）灰色块状泥质粉砂岩，
见竹叶状泥砾和断续的
波状砂质条带

（b）深灰色粉砂质泥岩，
以水平层理为主，下部略
显微波状纹层，夹薄层砂
质纹层

（c）灰色含泥细砂岩，下部
平行层理为主，见微小型沙
纹层理，含泥质条带和泥质
纹层

（d）灰色泥质粉砂岩，具浪
成沙纹层理，虫孔鲜见，
上部见色斑

（e）灰褐色-褐红色粉砂泥
夹灰绿色粉砂条带，具复
合层理

（f）绿色灰泥质粉砂岩，
见波状纹层。生物扰动较
弱，中部泄水构造和变形
构造发育

（g）灰色泥质粉砂岩，略显反
韵律，上部见变形构造，虫孔
普遍发育，中部见管状遗迹化
石藻管迹

（h）灰绿色含钙细砂岩，
中部生物扰动强烈，虫孔
普遍发育

图 3-33　莺歌海盆地东方区岩性与沉积构造特征

GR/API	深度	岩性剖面	RILD/(Ω·m)	代码	微相	亚相
40　80　120	/m		0.1　1　10			
	1282			M		滨外
	1284			Mh	泥流冲沟	
	1286			Fh		
	1288			Sbd		
				Sm		
	1290			Sbd		
	1292				临滨砂坝	临滨
	1294			Sc		
	1296			Sbd		

泥流冲沟岩相组合：Fh — Mh — M
临滨砂坝岩相组合：Sbd — Sc — Sm — Sbd

细砂岩　泥质粉砂岩　泥岩　泥砾　虫孔　生物扰动　沥青质残片

图 3-34　莺歌海盆地新近系上新统莺歌海组莺二段垂向沉积序列（据李胜利，2010）

第四节　沉积体系展布与演化

在建立莺歌海盆地等时地层格架的基础上，通过恢复莺歌海古地貌、分析地震反射特征等方法，分析确定莺歌海盆地新生代各时期物源方向，结合地质资料（岩心、录井）和地球物理数据（测井、地震等），进而综合分析莺歌海盆地沉积体系的展布与演化。

一、沉积充填特征

（一）LG20-1 构造区沉积充填特征

LG20-1 构造区中中新统（T_{40}—T_{50}）地震剖面上，可见一套自北向南推进的斜交型前积反射，其下部是一套近 300m 的大套细砂岩，上部为大套泥质粉砂岩，如此便形成了前积，但粒度却呈向上变细的特殊现象，这种组构用一般的沉积相模式很难解释。但是从前述的古地貌研究中得知，从中中新世开始，红河逐渐被袭夺，流量也慢慢减少，早期还能以砂为主，但是到晚期，泥质含量逐渐增多，直至上中新统，LG20-1 区便形成了一个半封闭的泥质海湾。考虑到正遇中中新世全球性的大海退，因此剖面上表现出来的仍为前积的形态。因此看来，LG20-1 构造区的下中新统和中中新统为三角洲沉积，上中新统为滨浅海沉积。

该地区早中新世海退，LG20-1 构造区露出地表，在其周围坡折以下发育滨海相，地震上表现为强辐射，并向上倾方向尖灭，LG20-1 构造区以东地震反射特征为平行和亚平行的中振幅，说明沉积环境为水下稳定环境，且泥质含量较多，为滨浅海相；到中中新世，临高西部有小部分杂乱的地震反射，应该是来自莺西方向的物源，往东呈平行或亚平行的中强地震反射，为滨浅海相，到 LG20-1 构造区附近，受红河三角洲的影响，出现透镜状的杂乱反射；晚中新世，莺西斜坡则为滨浅海相，往东受红河三角洲的影响，呈现出透镜状的杂乱反射特征；上新世，主要为滨浅海相，但是在 LG20-1 构造附近出现滑塌体（图 3-35）。

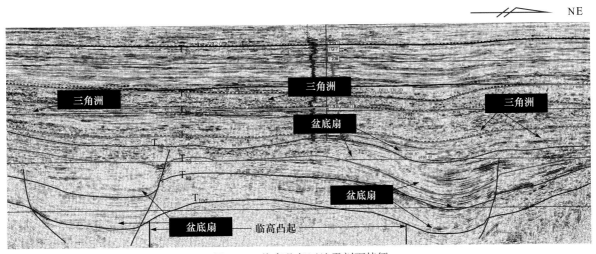

图 3-35　临高凸起区地震剖面特征

（二）DF1-1 构造区沉积充填特征

DF1-1 构造区以滨浅海和半深海为主，其中还伴随有重力流和三角洲沉积。总体的演化特征为：早中新世，以滨浅海为主；中中新世，以滨浅海和半深海为沉积背景，坡折处具有浊积体，往南有重力流沉积；晚中新世早期有滑塌重力流和三角洲沉积，晚期则主要为滨浅海沉积，以泥岩为主；上新世，在 DF1-1-14 井以北具有大面积的滑塌体沉积，以南则主要为滨浅海沉积。

早中新世，DF1-1 构造以西以滨浅海为主，以东有三角洲前积体出现；中中新世以半深海为主，东部斜坡带发育有扇三角洲，沿斜坡往下发育重力流沉积；晚中新世莺西方向的物源出现，往东沿坡折带发育浊积体；上新世莺西方向的物源越来越占优势，坡折带处可见浊积。东部斜坡带则发育扇三角洲沉积，并在坡度较大处发生滑塌，形成重力流沉积（图 3-36）。

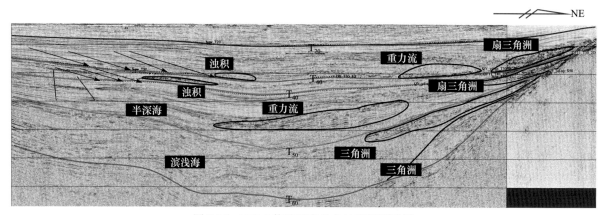

图 3-36　DF1-1 构造区东北向地震剖面特征

（三）典型剖面沉积充填特征

1. ①号测线地震剖面沉积相分析

①号测线位于盆地西部（图 3-1），盆地地形整体表现出北高南低的特征，与南部地层相比，北部地层较平缓，主要原因是南部地层多发育一些泥丘构造带，使得泥丘两侧地形有所变形。

沉积环境整体为海相背景，自北而南发育滨海、浅海、半深海-深海。北部受红河影响，地震上表现出明显的前积体特征，反映北部发育三角洲，并且走向为 SE 方向；往盆地中心，发育大量的浊积体沉积体系，尤其在晚中新世和上新世，可见发育多期的浊积体叠置，以北部和东部斜坡带上的三角洲为物源；往盆地南部，泥丘构造带较发育，其中夹杂着零星分布的浊积体沉积体系，主要是以东部斜坡带上的三角洲沉积体系为物源（图 3-37）。

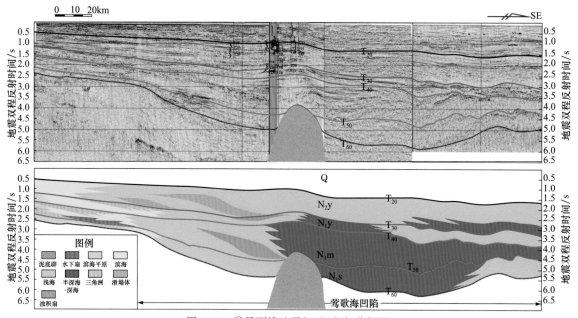

图 3-37　①号测线地震相–沉积相分析图

2. ②号测线地震剖面沉积相分析

②号测线位于盆地东部（图 3-1），盆地地形简单而平缓，呈现出拗陷的盆地结构。沉积背景以海相环境为主，北部为滨海沉积环境，往中部逐渐演变为浅海或深海沉积环境，再往南，则为滨浅海环境。从沉积物源来看，北部主要以红河为物源，物源走向为 SE 向，在地震上可见一系列前积现象，发育长轴三角洲；而南部则以海南岛物源为主，物源走向为 SW 向，主要发育三角洲沉积体系，中部为盆地沉降中心，以南、北两个方向的三角洲为物源，在此处发育浊积体，中新世盆地沉降大，浊积体以大而厚为特征；到上新世，盆地地形较平缓，浊积体以呈现多期发育的特征，呈现广而薄的主体形态（图 3-38）。

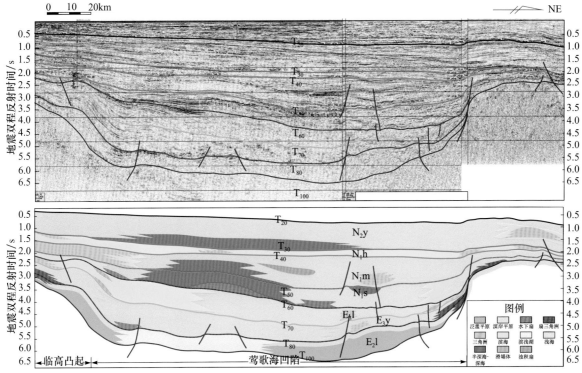

图 3-38　②号测线地震相-沉积相分析图

3. ③号测线地震剖面沉积相分析

③号测线位于盆地北部（图 3-1），整个盆地以平行或亚平行的反射特征为主，连续性较好，表现为滨浅海的特征。但是在临高凸起附近，见一些杂乱的楔状反射和前积反射结构，表现出三角洲和重力流沉积特征。因此该测线整个新近系以滨浅海沉积为主，临高凸起附近则发育三角洲沉积。垂向上三角洲的发育特征表现为：下中新统东部断裂带下盘三角洲沉积体系的反射特征明显，而临高和西部斜坡带主要为滨浅海反射特征；中中新统西部斜坡带和临高凸起均有明显的三角洲反射特征；直至上中新统，三角洲更加发育，并且表现为前积特征和楔状反射，说明该时期有莺西方向物源，也有红河方向的物源；而上新统，表现为广阔的滨浅海地震特征，只是偶有杂乱反射的滑塌体出现（图 3-39）。从沉积相剖面图看出，早中新世—上新世，水深呈逐渐增大的趋势，在中中新世和晚中新世，物源最充足。

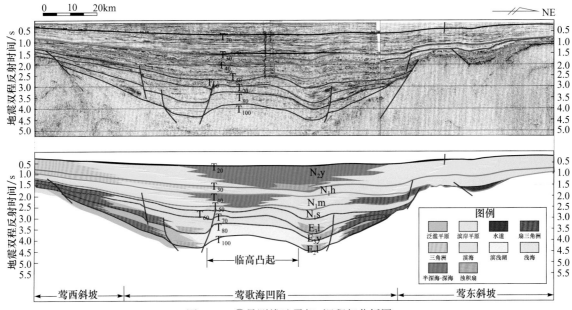

图 3-39　③号测线地震相-沉积相分析图

4. ④测线地震剖面沉积相分析

④号测线水深呈逐渐增大的趋势，以浅海沉积为主，在上新世，水体明显加深，盆地表现为较大面积的半深海。该测线地震形态较丰富：中强振幅均可见，但连续性相对较差，尤其盆地边缘；丘状反射和楔状反射特征多见；可见前积构造，同时陡坡处多见杂乱反射。丰富的地震形态表明沉积体系类型较为丰富：扇三角洲和三角洲相较发育，并沿着（扇）三角洲前缘方向，在盆地斜坡和盆底可见浊流沉积（图3-40）。

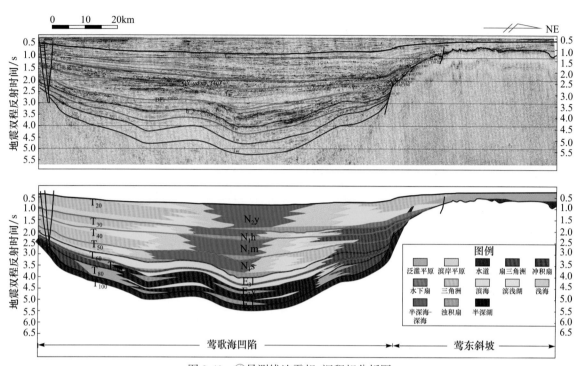

图3-40　④号测线地震相–沉积相分析图

5. ⑤号测线地震剖面沉积相分析

⑤号测线的剖面垂向上水体呈现出深—浅—深的变化趋势，以浅海和半深海沉积为主。在盆地东部斜坡上可见S型前积，连续性较弱，振幅较高，为三角洲和扇三角洲沉积体特征。往盆地中心方向，可见一些丘状和透镜状的反射特征，为浊积体沉积。在剖面西部，可见到一块空白反射，使得地震剖面表现为同相轴突然中断，上中新统以下地层无反射，但是两侧反射同相轴不变形，与泥底辟挤入，造成两侧地层变形的特点不符，所以我们规定其为异常体。与北部地震测线相比，东部斜坡带上扇三角洲和三角洲发育更广（图3-41）。

沉积充填特征可总结为：自下而上，水深演化总的趋势是逐渐增大。盆地的沉降中心与沉积中心接近一致：盆地边缘发育滨浅海沉积体系；滨岸处发育较窄的滨岸平原、三角洲或扇三角洲过渡相沉积体系；盆地中部逐渐演化为半深海-深海沉积体系，以盆地边缘的过渡相为物源，以古沟谷、脊槽等为物源通道，在中部发育多期浊积体相互叠置。

（四）连井沉积相对比分析

通过综合岩心、测井、地震等各方面的资料，对LG20-1-2井、LT1-1-1A井、DF1-1-14井、LD22-1-7井进行连井沉积相分析。在分析过程中突出了测井相分析方法，对这4口井的测井曲线形态特征及其组合特点进行分析，在此基础上进行沉积相及各类亚相类型的识别与划分。

断陷期主要沉积扇三角洲、三角洲、浊积扇、滨浅海相、海岸平原；拗陷期主要沉积滨浅海相、三角洲、浊积扇、滑塌体，以及半深海-深海、海岸平原（图3-42）。

二、沉积体系平面展布与演化

根据沉积体系证据，结合古地貌特征和物源体系分布特征以及地层等厚图，结合现代沉积模式，分别研究了始新统岭头组（T_{80}—T_{100}）、下渐新统崖城组（T_{70}—T_{80}）、上渐新统陵水组（T_{60}—T_{70}）、下中新统

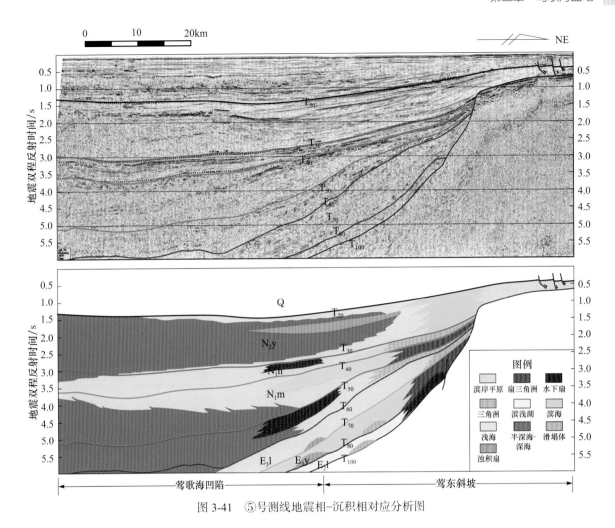

图 3-41 ⑤号测线地震相-沉积相对应分析图

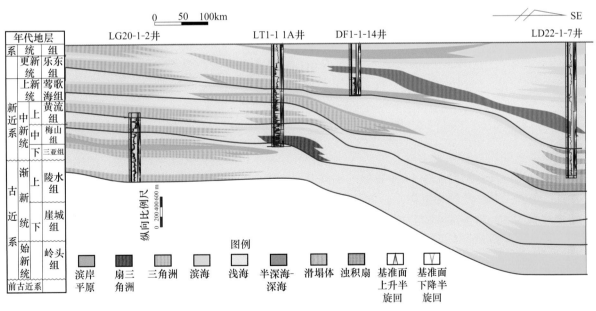

图 3-42 莺歌海盆地沉积相连井对比剖面图

三亚组（T_{50}—T_{60}）、中中新统梅山组（T_{40}—T_{50}）、上中新统黄流组（T_{30}—T_{40}）和上新统莺歌海组（T_{20}—T_{30}）的沉积体系平面展布特征，以便分析整个莺歌海盆地新生代地层的沉积演化特征。

（一）沉积相平面展布特征

1. 岭头组

莺歌海盆地始新世沉积环境为湖相沉积。沉积相平面图上，莺东斜坡带为扇三角洲-滨浅湖-中深湖-

滑塌体相结合，发育两个扇三角洲，扇体从东北方向注入盆地，物源来自海南岛，在两个扇三角洲前缘各自都发育滑塌体；北部及西北部发育三角洲-滨浅湖-中深湖相组合，发育两个三角洲，分别从北部和西北部注入盆地，物源来自红河和莺西（图3-43）。

2. 崖城组

此时莺歌海盆地尚未出现海相地层沉积。海侵迅速使始新世的琼东南湖泊变成了陆表海，但是莺歌海盆地此时应处于湖泊沉积环境中。该时期沉积相类型主要有滨湖、浅湖、扇三角洲及辫状河三角洲沉积，沉积类型较多（图3-44）。浅湖相主要继承始新世滨浅湖的位置，主要分布在盆地中部；滨湖相呈窄带状，主要分布在莺东斜坡、1号断层下降盘和临高凸起等区；莺东斜坡和临高凸起处发育三角洲沉积。扇三角洲主要分布于莺东、临高和越南东岸地区，分布面积逐渐减小，莺东地区扇体面积大大减小，表面由于该时期湖平面上升导致物源供应不充足，来自北部红河物源的辫状三角洲越过临高凸起，向盆地中部延伸较远。

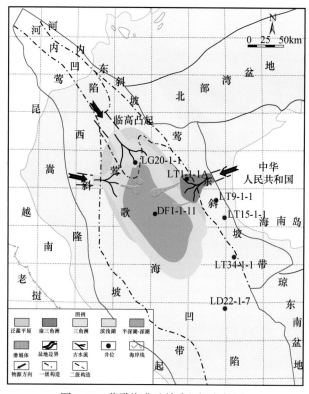

图3-43　莺歌海盆地岭头组沉积相图

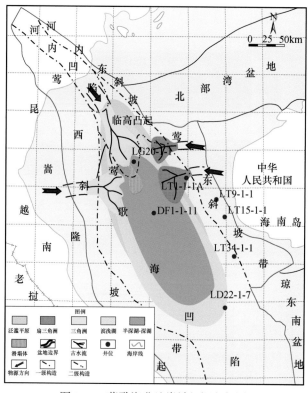

图3-44　莺歌海盆地崖城组沉积相图

晚渐新世末期莺东斜坡带为扇三角洲-滨湖-浅湖滑塌体相组合。发育扇三角洲，扇体从东北注入盆地，物源来自海南岛，南部LT1-1-1A井处的扇体规模较大，在扇三角洲前缘发育一个小滑塌体；北部及西部发育三角洲-滨湖-浅湖相组合，三角洲继承性发育。

3. 陵水组

此时由于全球海平面上升，莺歌海盆地出现海相沉积。海侵迅速使渐新世的湖泊变成了陆表海。

莺歌海盆地东南部沉积相组合为扇三角洲-滨海-浅海（图3-45）。浅海亚相主要分布于盆地中部，滨海相主要紧靠1号断层和莺东断层下降盘的狭长地带，发育代表了盆地边缘浅水沉积环境。发育扇体，位于LT1-1-1A井和LT34-1-1井处的扇体不断向南迁移，扇端发育浊积体，1号断层的下降盘亦发育一个扇体，物源来自海南岛。来自海南岛的物源在莺东断层与1号断层的转换带处，是非常有利的物源通道，物源供给充足。莺北地区发育海岸平原-滨海-浅海和三角洲-滨海-浅海-浊积体的沉积相组合。前者主要发育在莺北地区的东部，海岸平原、滨海和浅海各沉积相带平行于莺东断裂发育。走向为NW向，海岸平原位于凹陷边缘较平坦的斜坡上，后者主要发育在莺北地区的中部及东部，发育大型三角洲。三角洲面积逐步扩大，物源分别来自红河和莺西，红河物源的供给量较大，大型三角洲沿莺歌海盆地长轴向前推进较远，在该三角洲前缘发育一个滑塌体沉积，临高凸起西部发育一个来自越南方向的三角洲沉积，该三角洲与红河三角洲前缘相接。该区滨海和浅海相带平行，走向为NE向，在中央凹陷浅海环境中还发育若干个浊积体。

4. 三亚组

本套地层在沉积前古地貌总体特征是：沉降中心在盆地的中部偏东，盆地西北部抬升，成为大片地势平坦的地区，在临高构造带以东有一窄长的通道向北开口，推测与红河相通。海南岛有两个延伸脊，分别往NW和SW伸入盆地，其上有较大的浅水区，两者之间则相对深水。

盆地的西北部，包括LG20-1构造区在内，均出露地表，并在其周缘坡折以下发育较窄的滨海相，在地震上表现为强反射，向上倾方向尖灭。但局部也可见一定的下超，反映受近源三角洲的影响。通过对LG20-1构造区沉积相的分析，得知该区以三角洲和滨浅海相沉积为主。盆地东北和东南部地势平坦，滨海和海岸平原较宽，可能有潮坪沉积，泥岩较多；而东部岸坡较陡，滨海较窄，以波浪作用为主，砂岩较多。沿一号断裂带下降盘有若干近源三角洲发育，在其下方可追踪到剖面呈透镜状的浊积体，

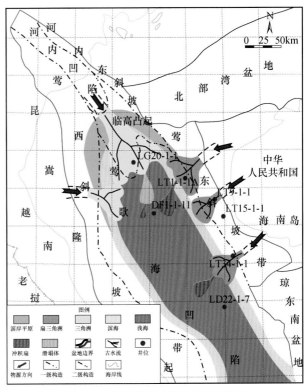

图 3-45 莺歌海盆地陵水组沉积相图

均为强振幅地震反射，具斜层和下超现象。盆地中部为大片浅海相，在东方和乐东区块之间为半深海相（图3-46）。

该沉积时期是在中新世（T_{60}）海退、准平原化的大背景下开始的，海侵逐渐扩大，而且地势起伏不大，一般以滨海和浅海为主，在沉降中心则为深海–半深海相。

5. 梅山组

该组沉积地层以地形起伏大、岩相厚度大、变化大为特征。相对于下中新统而言，该组沉降中心略向北移，盆地中地形起伏大，形成隆、凹陷相间的格局，使得深水和浅水沉积共存，加之该时期水体普遍加深，使得沉积范围也扩大。

盆地北部出现了大范围的S型沉积和下超，可见大型宽缓三角洲沉积；北部坡折发育，红河三角洲前缘发育至坡折处则形成滑塌，在地震上表现为杂乱反射。根据物源分析，该时期盆地北部受红河物源的供给充足，加之河道摆动频繁，形成大范围的红河三角洲相带。再往盆地中心，可见到地震上杂乱反射，沉积相主要为滑塌体和浅海、半深海沉积；盆地东南部可见两个扇三角洲沉积，三角洲前缘伴随着滑塌体发育（图3-47）。

盆地东部，南、北段坡缓、水浅，中段坡陡、水深，因此南北坡滨浅海相范围较大，中段滑塌重力流沉积较多，半深海相沉积范围也变大。

6. 黄流组

中中新世（T_{40}）之后，海平面相对下降，沉积范围相应变小，并且沉积中心向南偏移。地势北高南低，整个盆地北部发育滨海相，南部以浅海相为主，半深海位于盆地西南方向。该时期盆地西北部有一个构造脊向东南方向伸入，与从海南岛方向伸入的构造脊一起构成了"障壁岛"，使其后方的DF1-1构造成为一个半封闭的海湾（图3-48）。

盆地北部主要发育红河三角洲，并由西北方向注入盆地。受构造脊的影响，沉积物具有向南推进的趋势。同时，由于构造脊较陡，在三角洲下方的斜坡上容易形成水下扇和深水重力流沉积。地震上可见明显的三角洲前积体，越过构造脊，即可见到杂乱反射的滑塌体。

莺东斜坡带地势较陡，宜发育较窄的滨海相带和近源三角洲。一号断裂带下盘由于构造脊的存在，将其分为几个小的凹陷，导致近源三角洲沿着构造脊发育水下扇和深水重力流沉积。地震上三角洲呈强反射的前积特征，往盆地方向可见杂乱反射的滑塌体。

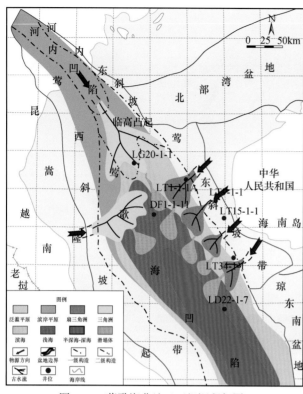

图 3-46　莺歌海盆地三亚组沉积相图

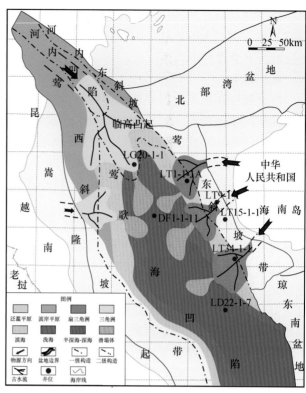

图 3-47　莺歌海盆地梅山组沉积相图

7. 莺歌海组

据古构造分析得知，该时期盆地地形仍为北高南低，但地形起伏已经减小。由于海平面快速上升，各物源的沉积物供应不足，使得全盆的相对水深变大。就盆地整体而言，滨海相、浅海相和半深海–深海相都很发育，其中盆地西北部主要发育较宽的滨海相，LG20-1 构造开始就以浅海沉积为主，其南部开始便发育半深海沉积。此时主要受红河和海南岛两大物源的影响，红河物源量大，但是以细粒沉积为主；海南岛物源量虽不如红河大，但沉积物颗粒相对要粗。因此北部滨海相沉积范围要比南部的宽，三角洲规模也不如南部的大。再往盆地方向是大片的浅海相，半深海相内存在较多的滑塌体（图 3-49）。

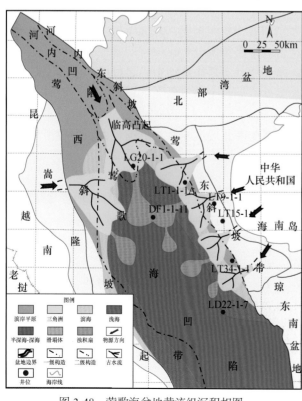

图 3-48　莺歌海盆地黄流组沉积相图

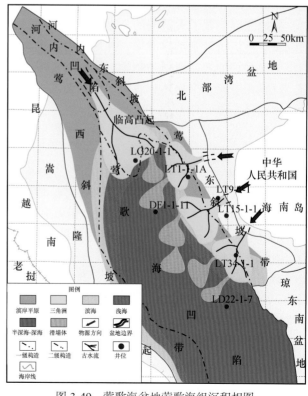

图 3-49　莺歌海盆地莺歌海组沉积相图

综上所述，莺歌海盆地新近系自早中新世到上新世，沉积范围整体呈扩大的趋势。这与莺歌海盆地水深变化有关系。该盆地在 T_{60} 之后，水深呈逐渐增大的趋势，T_{40} 时期表现为海退，然后水深又逐渐增大。因此盆地沉积范围逐渐增大之后，到晚中新世开始减小，之后的上新世，沉积范围再次增大。海南岛方向物源充足，盆地东部近源三角洲相沉积范围也逐渐增大。北部红河三角洲受物源和可容纳空间的共同作用：早期北部可容纳空间小，红河三角洲物源相对不足，因此在北部形成小三角洲；随着海平面的上升，加之红河物源越来越充足以及红河口的摆动，使得中中新世和晚中新世盆地北部形成了大而广的红河三角洲相带；到上新世，海平面快速上升，红河方向物源供给不足，加之盆地北部坡折带发育较宽，因此该时期盆地北部主要发育宽阔的滨海相。同时三角洲及坡折带的发育，导致盆地浊积体也越来越发育。

（二）沉积演化规律

莺歌海盆地新生代地层包括古近系（T_{100}—T_{60}）和新近系（T_{60}—T_{20}）地层，其中古近系包括始新统、下渐新统崖城组和上渐新统陵水组，新近系包括下中新统三亚组、中中新统梅山组、上中新统黄流组和上新统莺歌海组，古近系与新近系以 T_{60} 为界，分为上、下两大构造层，界面之下的地层为断陷期地层，界面之上为拗陷期地层，它们的沉积样式有明显差异。整个莺歌海盆地随着不断的海侵，水体不断加深，经历了从始新世、早渐新世崖城组陆相断陷湖盆充填阶段、晚渐新世海陆过渡断拗转换充填阶段，再到早中新世三亚组以后的拗陷浅海—半深海充填阶段的沉积演化过程。

始新统、上渐新统崖城组沉积时期，由于盆地为多凹的地貌格局，沉积物多来自于断陷周围的隆起剥蚀区及内部的凸起区，多以多向、近源为特征，所以自盆地边缘至凹陷中心发育了扇三角洲-滨浅湖或中深湖沉积体系。下渐新统陵水组沉积时期，随着全球海平面上升，海侵迅速地使盆地的沉积环境由湖泊变成了陆表海，发育陆相到海相沉积。早期仍以凹陷周边近物源为主，晚期转为盆地周边。这一时期主要沉积相类型包括海岸平原、扇三角洲、滨海、浅海等。下中新统三亚组和中中新统梅山组沉积时期，水深继续加深，沉积范围进一步扩大，几乎覆盖了整个莺歌海凹陷带，这一时期的物源主要来自红河、海南岛和越南，沉积相类型主要为三角洲、扇三角洲、海岸平原、滨海、浅海和半深海相等。上中新统黄流组发生海退，水体总体变浅，物源为继承性物源；上新统莺歌海组沉积时期海侵，水深又加深，形成陆架陆坡-深海平原环境，这一时期仍然为红河、海南岛和越南，主要沉积相为三角洲、滑塌体、半深海、深海和滨海等，扇三角洲不是很发育。

综上所述，莺歌海盆地由老至新自始新世、早渐新世陆相断陷湖盆充填开始，到陵水组海陆过渡断拗浅海充填阶段，再到三亚组以后的拗陷浅海-半深海充填阶段，其总体为一渐进的海进过程，主体表现为水体逐渐加深，盆缘和盆内古隆起区或滨岸湖泊逐渐被海侵淹没。随着海侵作用的增强，沉积环境逐步由陆向海转变。

第五节　油气分布的沉积因素与有利区带

莺歌海盆地中央拗陷带底辟背斜面积大，分布广，为莺歌海盆地天然气勘探的主要领域，到目前为止，莺歌海盆地已发现东方 1-1、东方 13-1、乐东 15-1、乐东 22-1 等大中型气田，形成了莺歌海盆地气田群带分布的格局。莺歌海盆地内多为底辟背斜气藏，其成因机制主要是盆地快速、大幅度沉降，巨厚的欠压实泥岩和泥岩排出的高热流体的底辟刺穿作用（李国玉等，2002；邓运华等，2013）。

一、油气分布的沉积主控因素

（一）莺歌海盆地成藏条件

莺歌海盆地具有良好的生烃能力，至少发育两套主要的烃源岩：渐新统半封闭浅海滨海沼泽含煤地层和中新统半封闭浅海-半深海相泥岩沉积（图 3-3）。而始新统在盆地中的厚度和范围尚不明确，但钻井证实北部湾和珠江口盆地与之相当层位的地层为湖相优质烃源岩，因此我们推测莺歌海盆地的始新统也具有良好的生烃能力；盆地中央的莺歌海组下部半深海相泥岩也有一部分已进入生烃门限。渐新统烃源岩的生油母质主要为腐殖型（II_2-III 型），有机碳平均值为 0.5%～1.0%，中新统的有机质以生气的 II_2-III 型为主，有机碳平均值最高可达 1.45%，已达到中等-好的烃源岩级别（表 3-4），而且均已达到生烃门限。在储集层方面，主要是分布广泛的三角洲砂、滨岸砂、浅海砂、浊积砂等碎屑岩储集层。该区的盖层主要为中新统及之上的浅海–半深海相的泥岩（图 3-3），上新统是本区可靠的区域盖层，中新统则只可作为局部盖层。

表 3-4 中国陆相生油层评价标准

有机碳含量 /%	3.5～1.0	1.0～0.6	0.6～0.4	< 0.4
生油级别	好	中等	差	非生油层

（二）油气分布的沉积因素

莺歌海盆地的基底为印支板块印支褶皱带。盆地的地层沉积始于白垩纪，在河内凹陷钻遇古新统和始新统，岩性为一套红色碎屑岩，属于氧化环境下的山麓–河流碎屑岩相，为裂谷沉积。渐新统以砂岩、页岩和砂砾岩为主，晚渐新世开始海侵。新近系主要为灰色泥岩、粉砂质泥岩和砂岩，含灰质，为滨海、浅海、半深海和深海相沉积。中新统的海相泥岩多为莺歌海盆地的烃源岩。

莺歌海盆地 1 号断层附近，晚中新世—上新世自下而上发育海底水道砂岩体、海底扇、大规模纵向远源非扇浊积岩，这种变迁是构造、物源供给及水深变化等诸因素造成的。这些大型的砂体是良好的岩性圈闭，更为沉积中心的泥底辟构造提供了良好的储集层。浊积岩是莺歌海盆地的重要找油气区域。

此时快速堆积的巨厚泥质岩在上覆沉积层的重力作用以及泥源岩内部有机质热演化生烃等诸因素的影响下，泥底辟较发育。盆地中心部位的数据表明，泥底辟的根部发育在早中新世，泥底辟与甲烷气苗的共生现象很普遍，因此泥底辟可作为烃类运移的通道。泥底辟表明莺歌海盆地中心深部埋藏着潜力巨大的以泥质为主的烃源岩，泥岩刺穿又为深部烃类物质的垂向运移提供了特殊的通道，同时深层泥岩向上刺穿的过程中又形成了一系列与之有关的背斜，成为良好的构造圈闭。泥底辟对莺歌海盆地内烃类的生成、运移和聚集都起到了重要的作用。

中新统的生物礁灰岩是东南亚的重要产油层，也是南海北部大陆架的重要储集层。莺歌海盆地的莺东斜坡带附近也钻遇生物礁灰岩。在 1 号断层上升盘一侧距南海隆起太近，多泥砂，不利于造礁生物的繁衍，而在 1 号断层下降盘，距南海物源区较远的地带，造礁生物大量繁殖，可存在碳酸盐岩台地。莺东斜坡带的梅山组，岩性为灰岩、泥质钙质砂岩，灰岩占一半以上，顶部有气显示，底部有油显示，并通过钻井资料已证实了梅山组生物碎屑灰岩具有含油气性。所以三亚组—梅山组的生物礁灰岩是莺歌海盆地又一重要的储层。

二、储盖组合与分布

（一）储盖组合评价

莺歌海盆地在沉积演化进程中经历了多次海平面升降以及基底构造活动，导致不同沉积相带在纵向上发生叠置，因此自下而上盆地中发育多套不同的储盖组合（图 3-50）。

第一组合：推测 LD11-1 构造区及岭头潜山区发育第一套储盖组合，该套组合以古新世—始新世的基岩潜山风化壳为储层，上生下储，盖层则为下渐新统崖城组—上渐新统陵水组湖相和滨浅海相泥岩。

第二组合：推测第二组合分布在 LT33-4、LD11-1 等构造区。该组合储层为渐新统崖城组—陵水组以及陵三段扇三角洲、滨海相砂岩，而盖层为其中的滨海–浅海相泥岩，当地层剥蚀严重时，盖层将转为中新统下部甚至中新统中部梅山组泥岩或致密含钙砂岩。

第三组合：推测 LG20-1 和 1 号断层的下降盘具有第三套储盖组合。该套组合以中新统下部的三亚组和梅山组的滨海或扇三角洲相砂岩为储层，局部以三亚组中上部以及其上部的浅海–半深海相泥岩为盖层。

第四组合：这是莺歌海盆地中分布最广泛的一套储盖组合，是以中新统上部黄流组及其相邻层段的滨海、扇三角洲和浊积砂为储层，盖层为上新统莺歌海组的浅海–半深海相泥岩，该组合的典型代表为 LT1-1 上倾尖灭型岩性油气藏。而现阶段莺歌海盆地中深层勘探的主要目标就是分布在中央泥底辟带的该组合与泥底辟带构造结合起来的部位，此处满足大型油气田形成的条件。

第五组合：该套组合同样在盆地内分布范围大，是以上新统莺歌海组及更新统乐山组的低位扇、水道浊积砂和浅海席状砂为储层，其上部的高位浅海、半深海相的泥岩为盖层。

莺歌海盆地的五个储盖组合中，以第三和第四组合为最佳，其埋藏深度为 2000～4500m，储、盖层的配置以砂泥岩互层为主。第三组合在临高背斜带比较发育，由于该背斜规模较大，物源供给充足，对形成油气藏极为有利。第一和第二组合次之。这两个组合主要分布在莺东斜坡的古隆起上。如果埋深浅且油气运移通畅，也是比较有利的勘探目标。第五组合主要分布在中央泥底辟带的浅层气田。总体来说其储盖条件较差，储层岩性粒度偏细，盖层条件也不好，但是由于其在生烃拗陷中，油气供应充足，也可形成工业型气藏。

（二）圈闭带评价

根据圈闭类型及油气聚集条件可划分出 3 个圈闭带，即泥底辟圈闭带、断层圈闭带以及分布于两者之间的岩性圈闭带（图 3-51）。

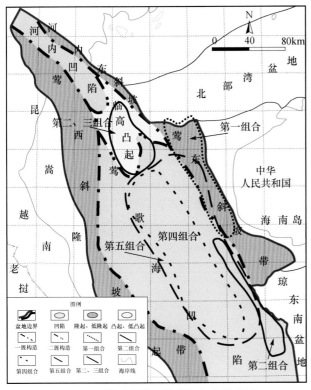

图 3-50　莺歌海盆地储盖组组合分布图

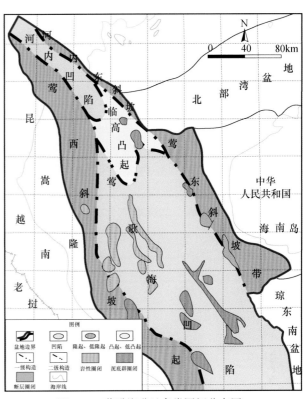

图 3-51　莺歌海盆地各类圈闭分布图

1. 泥底辟圈闭带

泥底辟圈闭带集中了研究区内的主要背斜构造，圈闭类型好，与莺歌海组—黄流组下部广泛分布的浊积砂岩配合，形成良好的构造-岩性圈闭。由于处于生油区，可就近获得油气。泥底辟作为垂向运移的通道，沟通了深层烃源岩与浅层圈闭。此类圈闭盖层优越，保存条件好。此带内现已发现背斜 8 个，半背斜 1 个，构造圈闭总面积为 434.9km²，为重点勘探区带。

2. 断层圈闭带

1 号断层两侧有断块圈闭，断层上升盘断裂附近有生物礁成带分布，往隆起区方向有大面积地层超覆圈闭，下降盘基底之下有潜山圈闭。本圈闭带虽然处于生油区外，但是由于长期处于地层上倾部位，盆地内生成的油气可以源源不断运移上来，莺歌海海岸附近丰富的油气田就是证明。该带的主要目的层为梅山组生物礁灰岩及三亚组砂岩，因近物源区，砂岩发育，储集条件较好；莺歌海组—黄流组是区域盖层，圈闭面积大，埋深适中，但对侧向条件要求高。下降盘以断层遮挡的圈闭好坏由两侧的岩性接触条件决定；上升盘的圈闭在上倾方向有足够的泥岩封堵是决定此类圈闭是否有油气聚集的一个重要因素。该类圈闭的总面积约为 466.9km²。

3. 岩性圈闭

在上述两个圈闭带之间的广阔地区分布着多种类型的岩性圈闭，生物礁、大型浊积砂体、海底扇砂体、海底峡谷砂体，已初步确定的岩性圈闭面积可达 671.6km²，这些礁和砂体被泥岩所包围，生储条件配套，是富有前景的油气富集新领域，但目前的勘探程度不高。

第四章 琼东南盆地

琼东南盆地是位于我国南海北部边缘盆地的一个重要含油气区,是我国大型近海富油气盆地之一。自1957年琼东南盆地开始进行油气勘探工作以来,距今已有近60年的勘探历史,在盆地内陆架地区陆续勘探发现了一批油气田,油气产量连续十年超千万立方米。按照油气发展过程,相应的勘探历程可划分为五个不同阶段:初探阶段、正规自营勘探阶段、中外合作勘探阶段、全面开展油气勘探阶段及加快隐蔽油气藏勘探阶段(邱中建和龚再升,1999;蔡佳,2009)。

第一节 盆地基本特征

琼东南盆地是指海南岛与西沙群岛之间的一片海域,位于南海北部大陆边缘西北部,经纬度范围在109°10′E～113°38′E,15°37′N～19°00′N,属于热带-亚热带海洋性气候,温暖潮湿,年平均气温25.7°。盆地走向近NE且平行于南海盆地主要构造线(图4-1),盆地总面积为$6×10^4km^2$,其西侧以红河走滑断裂在海域的延伸为界,与莺歌海盆地分开(孙珍等,2003);东北侧与神狐隆起和珠三拗陷相邻;北侧为海南隆起;南侧与永乐隆起相接。海水由西北向东南逐渐变深,陆架区的水深变化较小,为90～200m,然而在陆坡区至西沙北海槽水体开始急剧加深,从200m迅速加深到2000m左右。

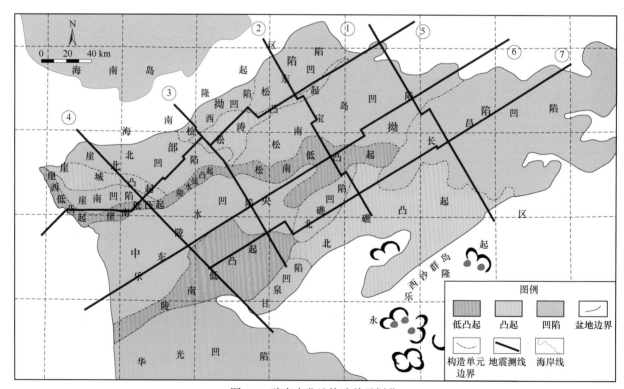

图4-1 琼东南盆地构造单元划分

一、构造单元划分

琼东南盆地是在古华南地台和古南海地台结合部,现今南海西北部陆架上发育的新生代北东向伸展盆地(李绪宣和朱光辉,2005;朱伟林等,2010),处于太平洋板块、欧亚板块和印度板块相互作用区,其形成是由印度板块与欧亚大陆板块强烈碰撞造成的,与南海持续强烈扩张密切相关,经历了复杂的构造演化史，属于被动大陆边缘离散型盆地。由于琼东南盆地相比一般被动大陆边缘盆地有更多来自地幔的岩浆活动，因而发生在 5.5Ma 和 3.0Ma 的强烈构造运动在盆地内部产生了大量 NWW 向断层，这与典型被动陆缘盆地有明显区别。

琼东南盆地具有南断北超特点，构造区划在平面上呈菱形，具有明显的"南北分带、东西分块""大坳陷、小隆起"的特征，表现为"三坳两隆"的构造格局，可分为北部坳陷区、北部隆起区、中央坳陷区、南部坳陷区和南部隆起区五个一级构造单元（图 4-1）。每一个一级构造单元又可进一步划分为 20 多个二级构造单元，如北部坳陷区可分为崖北凹陷、松西凹陷、松东凹陷，中央坳陷区可以分为崖南凹陷、乐东凹陷、陵水凹陷、松南凹陷、宝岛凹陷，南部坳陷区可以分为长昌凹陷、北礁凹陷、华光凹陷。

二、构造演化特征

琼东南盆地位于南海北部大陆边缘的西北部，受南海北部大陆边缘的区域地球动力学背景控制，致使其演化具有"早期断陷、后期坳陷"的特点。

琼东南盆地构造由早期裂陷和晚期坳陷两个期次组成，早期裂陷是一个多幕多旋回的过程，通常由多层次、多级别断裂活动组成一个序列。盆地内的构造格局非常复杂，是由于其基底断裂方向多样化，主要以 NE、NW 向为主，同时又存在 NW 和 NNE 向断层，这些断层基本是在古近纪发育的，其中，规模最大的断裂带发育在盆地中部的 2 号断裂带，该断裂带是盆地南北构造单元的分界线，据此划分为北部陆架浅水区和南部陆坡深水区，同时在盆地南部深水区也发育多条规模较大的断层。在琼东南盆地陵水凹陷和松南凹陷之间，存在一条由一系列近 NWW 向断裂带组成的 NW-SE 向构造带，该构造带将盆地划分为两个伸展区——东部伸展区和西部伸展区。经研究表明，盆地两侧构造发生变化，因此该"堑垒带"具有构造转换带的性质。同时琼东南盆地断裂体系有由东向西、由南向北和由早到晚的发育趋势，使该盆地在古近纪形成了"南北分带、东西分块"的主体构造格局（张敏强等，2000）（图 4-1、图 4-2）。

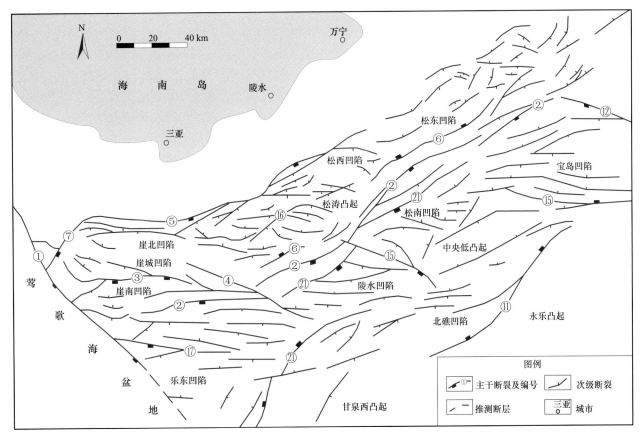

图 4-2　琼东南盆地基底断裂分布图（据张敏强等，2000，有修改）

琼东南盆地的早期裂陷和晚期坳陷两大演化阶段可进一步细分为四个阶段：早期裂陷期的始新世—

早渐新世断陷期和晚渐新世断拗期，晚期拗陷期的早中新世—中中新世拗陷期和晚中新世—第四纪热激活期（李绪宣，2004；蔡佳，2009）。根据断层剖面及平面展布特征，可以将琼东南盆地的断裂活动分为两期四幕，其中早期裂陷期两幕，晚期拗陷期两幕（表4-1）。

表 4-1   琼东南盆地构造演化序列（据姜涛，2005，有修改）

构造演化	裂陷阶段		拗陷阶段	
	裂陷 I 幕	裂陷 II 幕	拗陷 I 幕	拗陷 II 幕
构造变形	断陷期	断拗期	拗陷期（热沉降）	快速沉降期（再活动）
变形开始时间	始新世早期	晚渐新世早期	早中新世早期	晚中新世早期
主变形层序	T_{100}—T_{70}	T_{70}—T_{60}	T_{60}—T_{40}	T_{40}—Q
主应力方向	NW-SE 向拉张及近 SN 向拉张	SN 向拉张	热沉降	地幔垂向动力及 NW 向左旋平移动力
断裂发育情况	NNE-NE、近 EW 向断裂发育及部分 NW-NWW 断裂发育	近 EW 向断裂活动强烈，其他两组断裂继承性改造	发展成隐伏断裂，活动性不强	NWW-NW 向断裂发育和其他断裂继承性活动
变形期次	第 1 期	第 2 期	第 3 期	
动力学背景	太平洋-欧板块相互作用产生的 NW 向拉张应力场及印支-欧亚板块相互作用产生的近 SN 向拉张应力场	南海海底扩张产生近 SN 方向的拉张应力场	热沉降时的差异压实和重力滑塌	地幔活动及菲律宾海板块逆时针转动，碰撞亚洲大陆所产生的 NW 向运动

（一）早期裂陷阶段

1. 始新世—早渐新世断陷期动力环境

在始新世—早渐新世时期，欧亚-太平洋板块相互作用产生了 NW 向拉张应力场，印度-欧亚板块相互作用产生了近 SN 向拉张应力场。崖城地区及琼东南全盆地，由于受到了该联合应力场的作用，经历了受断裂控制的首次快速沉降过程，该过程被称为第 1 期断裂活动（裂陷 I 幕）（姜涛，2005；蔡佳，2009）。盆地不同地区受应力场的控制或影响作用有所不同。东部地区受欧亚-太平洋板块相互作用影响较大，主要表现为太平洋板块向欧亚板块的 NW 向俯冲造成了古近纪部分 NE 向断裂复活，这些断裂的活动强度总体表现为北强南弱。而中、西部（如崖城区）地区则明显受控于印度-欧亚板块碰撞作用产生的左行扭张应力场，并产生近 EW 向和 NW-NWW 向断裂；同时，位于盆地西部的断块在莺歌海盆地左行扭张作用下发生顺时针旋转。例如，在断陷期 5 号与 3 号断裂带所夹持的崖北断块发生了顺时针旋转，使崖北凹陷发生自东向西的沉降，最终造成崖北凹陷东部发育始新统—渐新统沉积而西部仅发育渐新统崖城组的楔状沉积（王良书等，2000b）。随着断层的活动，断块的旋转可能使得复活的 NE 向断裂带转为近 EW 向（蔡佳，2009）。复杂的断裂体系与应力分布，导致盆地总体上表现出"东西分块"的构造格局（图 4-3）。

2. 晚渐新世断拗期动力环境

南海的海底扩张作用是控制晚渐新世琼东南盆地演化的主要动力，其造成了盆地演化的第 2 期（裂陷 II 幕）。在向南的拉张力作用下，盆地的拉张中心转变为中央拗陷带。拗陷带西侧的乐东凹陷和东侧的宝岛凹陷呈阶梯式状态，并因西沙隆起朝南运动而产生近 EW 向的裂陷。拗陷带中部 NE 走向的陵水凹陷等发生右旋扭张运动。此外，来自莺歌海盆地方向的左行应力场也促进了盆地 NW—NWW 向断裂带的扭张运动。在渐新世末期，琼东南盆地的近 SN 走向拉张应力场逐渐减弱，南海东北部海盆停止扩张，随着海底扩张脊的向南跃迁，西南海盆开始扩张。在陵水组沉积早期，盆地的中央拗陷带因处于拉张中心而地壳厚度最薄。南海东北部海盆扩张之后，地幔热流快速减弱，由于热冷却作用和下地壳或上地幔岩石圈的岩石相变等作用，盆地中央拗陷带发生了快速的沉降作用。这种沉降作用表现为从中央拗陷带开始，沉降幅度向北和向南逐渐减小，大致与地壳减薄厚度成正比（王良书等，2000b；蔡佳，2009）。这些横贯盆地的差异沉降作用导致盆地 NE 向和近 EW 向的断裂发生倾滑运动。

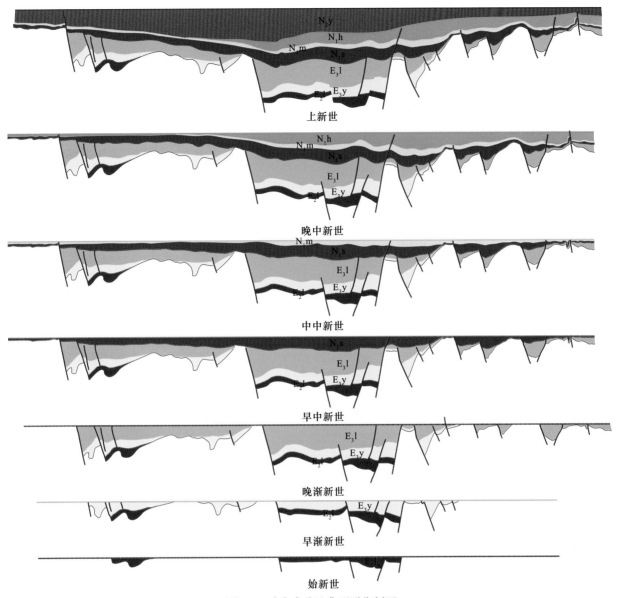

图 4-3　琼东南盆地典型平衡剖面

（二）晚期拗陷阶段

1. 早中新世—中中新世拗陷期动力环境

中新世早期，随着南海东北部海盆地停止扩张，琼东南盆地开始进入典型的拗陷期，盆地沉降速度较慢，热沉降背景下的差异压实和重力滑塌作用成为控制其发展演化的关键因素，基本不再发育新的断裂，同时早期主要断裂的活动性也发生减弱甚至停止，部分发展成为间接控制地层厚度变化的隐伏断裂（蔡佳，2009）。

2. 晚中新世—第四纪热激活期动力环境

中新世晚期—第四纪，盆地开始转为快沉降阶段，主要受地幔热激活产生的垂向动力活动影响，这一时期玄武岩火山活动较发育（王良书等，2000b；姜涛，2005）。

三、海平面变化

琼东南盆地新生代以来，经历了从始新世陆相断陷湖盆充填阶段，到早渐新世断拗海陆过渡充填阶段，再到早中新世以后的拗陷浅海充填阶段的沉积演化过程。

自新生代以来，琼东南盆地在断陷期经历了四次明显的海平面变化，在断拗海陆过渡期经历了两次明显的海平面变化，随后拗陷的浅海充填期，海平面波动十分剧烈，整体为一个海侵过程。其中，在始新世盆地裂陷阶段，出现长周期的海平面变化一次，短周期变化三次。盆地热沉降阶段，仅有两个短周期海平面变化。到盆地新构造阶段，多个次级旋回海平面上升幅度逐次降低。因此，在琼东南盆地整个的构造演化过程中，海侵作用迅速，海退作用缓慢。

四、地层发育情况

琼东南盆地是在岩石圈减薄的华南地块基础上发育的新生代沉积盆地，钻遇前新生代地层的钻井资料揭示盆地内发育中元古代—晚元古代变质岩、早古生代海相碎屑岩和碳酸盐岩，以及晚古生代—中生代陆相碎屑岩基底（于鹏等，1999；雷超，2012）。琼东南盆地新生代地层由老到新依次发育始新统岭头组、下渐新统崖城组、上渐新统陵水组、下中新统三亚组、中中新统梅山组、上中新统黄流组、上新统莺歌海组和第四系乐东组。其中始新统岭头组尚未在琼东南盆地内钻遇，但通过与相邻钻遇始新世地层盆地对比，琼东南盆地始新世地层地震反射特征十分相似（图4-4，表4-2）。

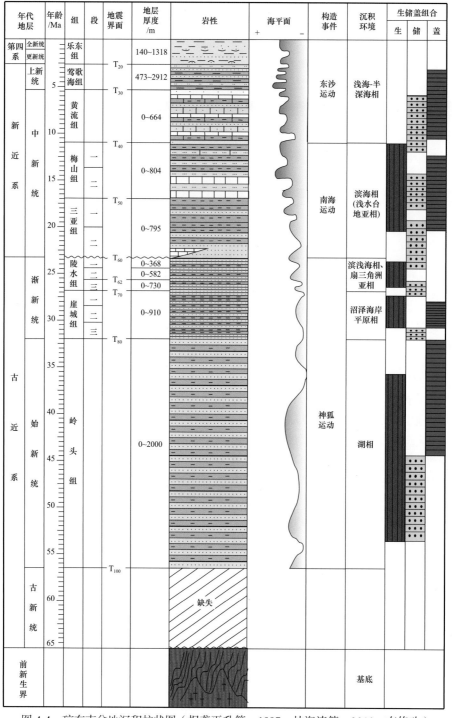

图 4-4　琼东南盆地沉积柱状图（据龚再升等，1997；林海涛等，2010，有修改）

表 4-2　琼东南盆地新生代地层特征表

组	海陆相	厚度/m	岩性	分布特点
岭头组	陆相	0～2000	下部为白色砂岩、砂砾岩为主，向上变为深色泥岩	分布在深凹的地堑和半地堑中
崖城组	陆相、海陆过渡相	0～910	底部为灰白色砂岩、砾状砂岩、砂岩与灰褐色泥岩、砂质泥岩的互层；中部以深灰色厚层泥岩为主；向上过渡为棕红色砂砾岩	北厚南薄
陵水组	海陆过渡相	0～816	底部为灰白色-浅灰色粗粒沉积，中部以深灰色-灰色泥岩为主，上部为浅色砂砾岩、中粗砂岩与灰-深灰色泥岩不等互层	北厚南薄
三亚组	海相	0～795	底部深灰色泥岩、砂质泥岩与白色砂岩、砂砾岩互层，向上颜色变深，粒度变小	西北厚，东南薄
梅山组	海相	0～804	底部褐色、灰白色砂岩、钙质砂岩及钙质、白垩质砂岩与灰岩及深灰色泥岩不等厚互层；向上为浅灰色-灰色泥岩，夹薄层浅灰色粉砂岩、细砂岩及泥质砂岩	北东厚，向南减薄
黄流组	海相	0～644	底部为浅灰色、灰白色细砂岩，泥质粉砂岩夹薄层灰色、深灰色泥岩；向上为浅灰色、灰色砂质灰岩，灰黄色生物灰岩与灰色、深灰色泥岩，浅灰色粉砂岩不等厚互层	全盆均匀分布
莺歌海组	海相	473～2912	浅灰色、深灰色厚层块状泥岩	全盆巨厚沉积

（一）地层发育

1. 前古近系

前古近系岩性主要为火山岩、变质岩和沉积岩，包括古生代变质岩、白云岩，白垩纪中性花岗岩、闪长岩和火山碎屑岩等。

2. 古近系

古近系主要包括始新统岭头组、下渐新统崖城组和上渐新统陵水组。

1）始新统岭头组

受早期断裂格架控制，盆地呈现多凹多凸的特点，且凹凸间相互独立，隆起区物源四处扩散，具有多物源特征。岭头组属于非海相沉积，为断陷早期的产物，地层主要分布于深凹部位的地堑或者半地堑内，以粗碎屑沉积为主。该套地层顶、底部均有白色砂岩、砂砾岩，中间地层以深灰色、褐灰色泥岩为主，有机地球化学研究表明为良好烃源岩（雷超，2012），主要为河流-湖泊-扇三角洲-滨浅湖-中深湖沉积体系产物（姜涛，2005；李绪宣等，2007）。

2）下渐新统崖城组

崖城组是盆地断陷晚期沉积产物，在全区域不均匀分布，厚度为0～910m，在盆地的西部最大厚度达2500m，总体呈现北厚南薄的趋势。崖城组沉积时期盆地仍具有多水系、多凹陷、多凸起、沉积中心零散分布的特点，隆凹格局仍然比较明显，多物源现象仍然存在，物质从隆起区向不同的方向扩散，发育多种沉积体系（吕明，2000；姜涛，2005）。该组沉积早期仍有海陆过渡环境存在，而到中、晚期已完全变为海相环境。由于沉积环境的变化，可将崖城组三分，由下向上依次为崖三段、崖二段及崖一段。崖三段底部为棕红色砂砾岩，夹深灰色薄层泥岩；中上部为灰白色砂岩与深灰色泥岩不等互层，夹黑色煤层及煤层。崖二段以深灰色厚层泥岩为主，底部夹灰白色薄层砂岩。崖一段为灰白色砂岩、砾状砂岩、砂岩与深灰色泥岩、砂质泥岩的互层状沉积，夹煤层和炭质泥岩。崖城组沉积时期，盆地以海陆过渡相沉积环境为主，主要为碎屑滨岸（含沼泽）沉积体系的产物，同样是盆地重要的烃源岩层段（魏魁生等，1999）。

3）上渐新统陵水组

陵水组属于盆地断拗转换阶段沉积产物，厚度范围为0～816m，同样具有北厚南薄的特点。陵水组下部为海陆过渡相沉积，中上部以海相沉积为主，局部地区甚至出现了局限半深海沉积。与崖城组类似，同样将陵水组地层分为三段，由下向上发育陵三段、陵二段及陵一段。陵三段主要由灰白色-浅灰色砾岩、砾状砂岩、含砾砂岩、中粗粒砂岩组成，夹深灰色泥岩，局部见生物灰岩。陵二段以深灰色-灰色泥岩为主，夹浅色薄层砂岩。陵一段为浅色砂砾岩、中粗砂岩与灰-深灰色泥岩不等互层。陵水组以滨岸碎屑沉积体系和半封闭浅海沉积体系为主，其中陵三段是琼东南盆地重要产气层（蔡佳，2009）。

3. 新近系

新近系主要包括下中新统三亚组、中中新统梅山组、上中新统黄流组和上新统莺歌海组。

1）下中新统三亚组

三亚组属于断拗转换—拗陷早期阶段，即盆地裂后充填初期的沉积产物，厚度范围为0～795m。三亚组物源具有海相单方向的特征，水系不发育，前期多凹、多凸、相间分布的古地理背景已经消失，但陆架坡折不太明显，盆地的性质可能与末端陡倾的缓坡类似，这一时期的物源方向主要为NW向（姜涛，2005）。三亚组沉积早期主要发育滨岸碎屑岩沉积体系，随后水体加深，深海-半深海范围扩大，逐步形成了滨浅海-半深海环境的沉积物。三亚组可以分为两段，下部岩性为灰色-深灰色泥岩、砂质泥岩与灰白色砂岩、砂砾岩互层，向上粒度变细，颜色变浅，为灰白色-浅灰色钙质粉砂岩。从整体来看，三亚组沉积时期水体较早期有所加深（吕福亮等，2008）。

2）中中新统梅山组

梅山组属于拗陷期沉积产物，区域构造相对稳定，地层厚度为0～804m。该时期物源方向明显变为NE东向，同时在盆地中部偏东出现了横贯全区的海底峡谷（林畅松等，2001）。梅山组沉积环境主要为滨浅海相、半深海相和三角洲相沉积，这一时期为重要的灰岩发育期。梅山组由下至上可分为梅二段、梅一段。梅二段为褐色、灰白色砂岩、钙质砂岩及钙质、白垩质砂岩与灰岩及深灰色泥岩不等厚互层沉积；梅一段为浅灰色-灰色泥岩，夹薄层浅灰色粉砂岩、细砂岩及泥质砂岩。综上分析可知，梅山组总体上为浅海-半深海沉积体系，尤其以深水沉积为主（姜涛，2005）。

3）上中新统黄流组

黄流组同属于拗陷阶段沉积产物，沉积厚度为0～644m，局部地区有沉积缺失。这一时期琼东南盆地内海底峡谷规模进一步扩大，且在南西方向向广海伸展。黄流组沉积时期沉积环境以滨浅海-半深海沉积体系为主，沉积物粒度偏细，以泥岩为主，是盆地内主要的超压区域盖层（雷超，2012）。将黄流组二分，由下至上分为黄二段、黄一段。黄二段主要为浅灰色、灰白色细砂岩，泥质粉砂岩夹薄层灰色、深灰色泥岩；黄一段主要为浅灰色、灰色砂质灰岩，灰黄色生物灰岩与灰色、深灰色泥岩，浅灰色粉砂岩不等厚互层（蔡佳，2009）。黄流组沉积期，琼东南盆地真正属于被动大陆边缘盆地环境，陆架坡折容易识别。

4）上新统莺歌海组

莺歌海组沉积时期沉积环境也以滨浅海和半深海环境为主，沉积厚度范围为473～2912m，物源方向主要为NW向，整体上为一套以巨厚泥岩为主的浅海-半深海相沉积。该组地层主要由大套浅灰色、深灰色厚层块状泥岩组成，夹薄层浅灰色粉砂岩、泥质砂岩，盆地中部夹厚层块状细砂岩组成（魏魁生等，1999）。同时横贯全区的海底峡谷渐趋扩大，在SW方向分叉为两条路径伸入广海，前积楔-斜坡扇非常发育。

4. 第四系

第四系主要包括乐东组，主要以滨海-浅海相沉积为主，厚度范围为140～1318m。该组以浅灰色、绿灰色黏土（岩）为主，夹薄层粉砂、细砂，富含生物屑，未成岩。

（二）沉积地层及平面展布特征

以地震层位追踪为基础，以盆地新生代的沉积环境及沉积规律为指导，结合前人研究成果，绘制琼东南盆地地层等厚图。

1. 崖城组

琼东南盆地崖城组沉积时期，盆地内地层沉积厚度整体较小，其中乐东凹陷、陵水凹陷与长昌凹陷湖盆开阔，为该时期的沉积中心，发育的地层较厚，局部达3200m左右。其他凹陷沉积地层厚度略薄（图4-5）。

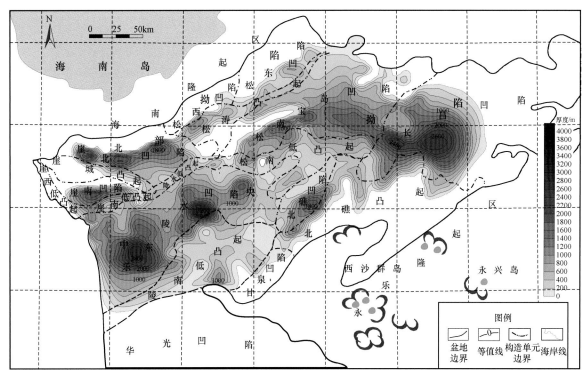

图4-5 琼东南盆地崖城组地层厚度图

2. 陵水组

琼东南盆地陵水组沉积时期，随着海侵规模的加大，总体水深加大，沉积范围进一步扩大，盆地大部分地区都接受沉积，盆地内最大沉积厚度达3800m，其中沉积中心由长昌凹陷转移到松南凹陷、宝岛凹陷，此时盆地中部沉积大面积的滨浅海相地层（图4-6）。

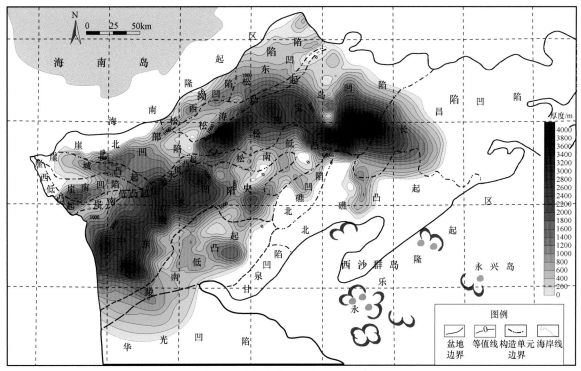

图4-6 琼东南盆地陵水组地层厚度图

3. 三亚组

琼东南盆地三亚组沉积时期，相对于陵水组来说，沉积范围进一步扩大，几乎覆盖了整个南部隆起带。盆地内沉积主要分布在盆地中部，但是沉积中心范围减小，最大沉积厚度 2000m 左右，总体沉积厚度减薄，由于盆地南部和北部物源供应能力不对称，使该时期盆地南、北的沉积特征也明显不同，盆地在该时期的沉积主要以滨海和浅海为主（图 4-7）。

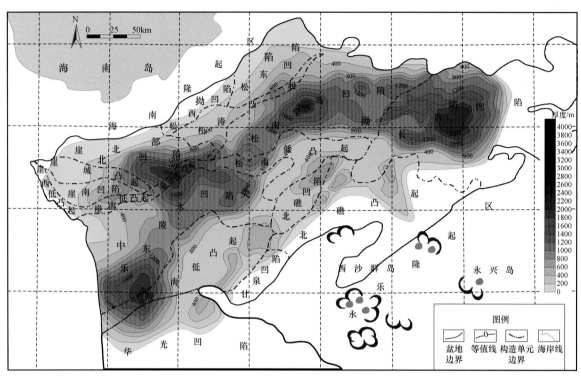

图 4-7　琼东南盆地三亚组地层厚度图

4. 梅山组

琼东南盆地梅山组沉积时期，随着海水的回退，沉积范围缩小，盆地整体沉积厚度较小，为 1000m 左右，盆地大部分地区发育浅海和滨海相（图 4-8）。

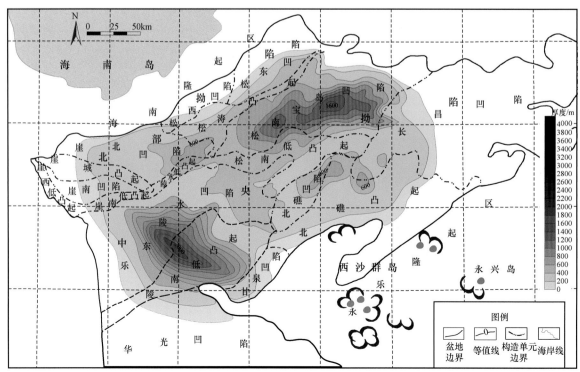

图 4-8　琼东南盆地梅山组地层厚度图

5. 黄流组

琼东南盆地黄流组沉积时期，第三轮海侵开始，水深相对于梅山组时期进一步增大，沉积范围相对于上一时期没有大的变化，但是沉积格局发生了非常明显的变化，盆地西部开始大规模沉降，盆地沉积中心转移到乐东陵水凹陷，最大沉积厚度3800m，其他地方有部分沉积（图4-9）。

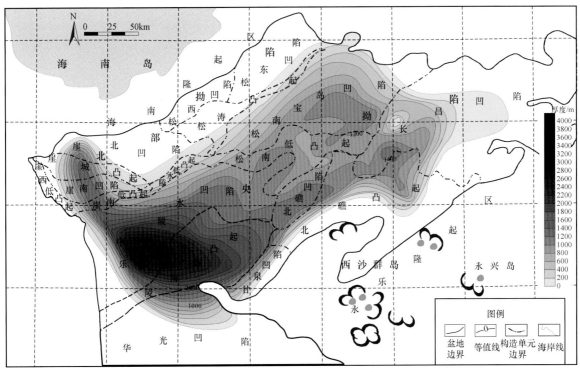

图4-9　琼东南盆地黄流组地层厚度图

6. 莺歌海组

琼东南盆地莺歌海组沉积时期，海平面持续上升，此时沉积中心仍旧位于乐东陵水凹陷，厚度达4000m。盆地总体呈现西低东高的趋势，盆地西部北部边缘沉积相对较薄，盆地中南部地层厚度较大（图4-10）。

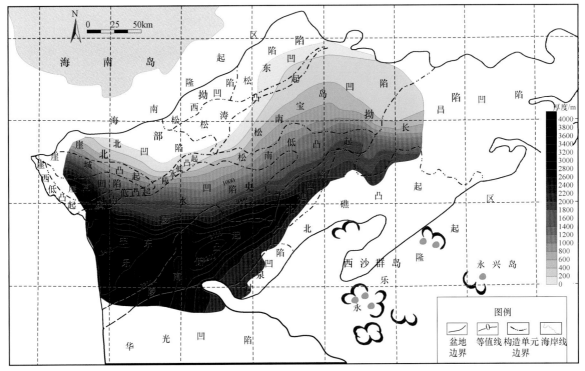

图4-10　琼东南盆地莺歌海组地层厚度图

第二节 地震层序特征及盆地结构

经过多年的勘探开发实践，琼东南盆地各区块都进行过层序地层学研究，但缺少全盆地地层形成演化的统一认识，未对盆地建立统一的层序地层格架。

在漫长的地质演化过程中，琼东南盆地发育多个区域性的沉积间断面，它们共同构成了盆地内不同级别的层序界面，通过确定这些层序界面在地震剖面上的反映特征，建立研究区地震层序界面的识别标志，然后进行全区的界面追踪和闭合，建立研究区的等时地层格架，可以清晰地再现该盆地不同拗陷与凹陷的结构特点。

一、地震层序划分

（一）层序界面识别标志

1. 削蚀（削截、侵蚀）现象

地震剖面上削蚀反射反映地层被剥蚀产生不整合，是层序顶部的反射终止方式。它既可以是下伏倾斜地层顶部与水平或倾斜地层的反射终止，也可以是水平地层顶部与上覆地层沉积初期因水道下切而造成的下伏地层的反射终止方式。削蚀是识别层序界面最直接可靠的标志和证据。在琼东南盆地中，由于神狐运动的强裂作用，T_{70}界面在凸起处可见明显的削截现象（图4-11）。

2. 上超现象

上超现象表现为层序的底部逆原始倾斜面逐层终止，它表示在水域不断扩大情况下逐层超覆的沉积现象。这是老的层序结束后新的层序开始发育的标志，也是层序界面的可靠标志（图4-11）。

3. 下超现象

下超现象是层序的底部顺原始倾斜面，向下倾方向终止的方式。下超表示一股携带沉积物的水流在一定方向上的前积作用，需要注意的是，下超经常不指示不整合现象，实际上是一种整合面（图4-11）。另外在层序界面上下地震相可能存在明显的差异，表现在连续性、振幅的不同，反映了沉积环境的突变，层序之间的沉积体系的差别，这些都可以作为识别层序界面的依据。

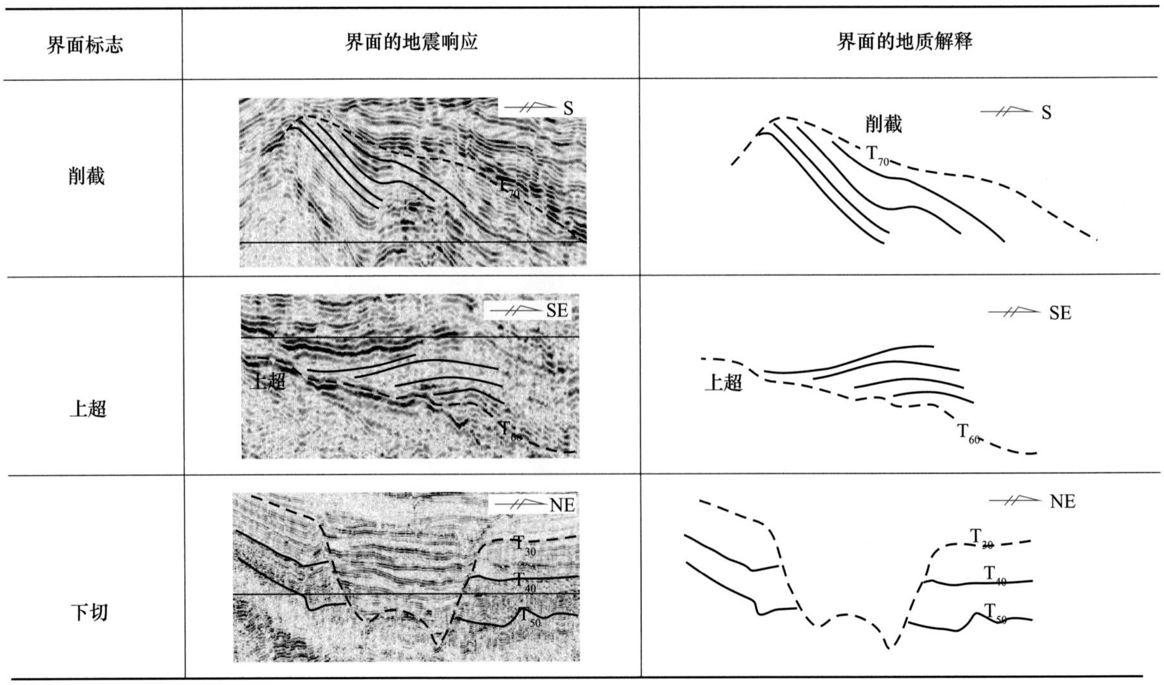

界面标志	界面的地震响应	界面的地质解释
削截		
上超		
下切		

图4-11 琼东南盆地层序界面识别标志

（二）层序界面地震特征

层序的发育受古地貌、构造沉降、相对海平面变化、物源供给等多因素影响。琼东南盆地不仅有较厚的新生代沉积，而且构造活动的幅度也较大，自新生代形成以来经历了三大区域性构造事件（神狐运动、南海运动、东沙运动），这就形成了三个与古构造运动有关的区域性不整合面（T_{100} 界面、T_{60} 界面、T_{40} 界面），在全球区域海平面的配合下，还形成了多个不整合面（T_{70} 界面、T_{50} 界面、T_{30} 界面、T_{20} 界面）。不同的地质时期这些因素的影响程度不同，所以形成的层序界面特征也有所不同（表4-3），现将各层序界面的特征总结如下。

表 4-3　琼东南盆地层序界面特征

阶段	地层	层序	界面	反射特征	构造运动
拗陷期	莺歌海组	S7	T_{30}	下切，中等振幅，中等连续性	东沙运动
	黄流组	S6	T_{40}	上超下截，反射特征不明显	
	梅山组	S5	T_{50}	削截，强振幅，高连续	南海运动
	三亚组	S4	T_{60}	强振幅，高连续性	
断陷期	陵水组	S3	T_{70}	上超下截，强振幅、平行、连续或不连续	神狐运动
	崖城组	S2	T_{80}	上超，强振幅低频，连续性好	
	岭头组	S1	T_{100}	上超，强振幅	

T_{100} 界面：琼东南盆地的基底初始破裂面，亦即始新统底，该时期神狐运动发生，南海北部陆缘新生代盆地开始发育（Ru and Pigott，1986；龚再升和王国纯，1997；龚再升，2004）。神狐运动产生了一系列 NE 向断陷，是南海北部陆缘上新生代沉积盆地的基底。这次运动开始发生区域抬升，产生了一个强烈的不整合面，前古近系顶界面、始新统底界面，即 T_{100}，为张裂不整合。该层序界面以下为琼东南盆地的基底，地层主要由火山岩、变质岩和沉积岩，包括古生代变质岩、白云岩、白垩纪中性花岗岩、闪长岩和火山碎屑岩。根据地层岩性的差异，基底反射特征一般有三种表现形式：①界面光滑连续的强反射，其下为弱反射或无反射。主要分布在凸起区的高部位，主要反映了基底为岩浆岩或变质岩的情况；②界面反射振幅和连续性可变，界面平直，有时高低起伏，其下常常可以见到有一定成层性的强反射，主要分布在崖北凹陷和崖城、松涛、中央凸起以及南部隆起区内部次级断陷中，主要反映了前古近系残凹中的沉积岩的基底特征；③无明显反射界面或反射仅较上覆层略强，但是可见地层的成层性向下突然变差，一般表现为由强反射突变为弱反射。主要分布于中央拗陷带内，目前很难确定其岩性特征。

T_{80} 界面：发生在晚始新世与早渐新世之间，为始新统顶界面、下渐新统崖城组底界面，该时期，在琼东南盆地发生了一次大规模的构造运动——珠琼运动二幕（王家豪等，2011）。该层序界面分布范围一般较小，多限于各凹陷内，向斜坡的高部位或凸起上超尖灭，其下伏地层厚度变化大，表现出断陷充填特征。该界面在不同的凹陷其反射特征也不大相同，横向变化较大。总体表现为强振幅低频，连续性较好的反射特征，界面上部地层上超，并削蚀下部地层，同时在盆地中央凹陷带表现为区域性上超，其下多为弱振幅、杂乱反射。

T_{70} 界面：主要发育在下渐新统崖城组顶界面和上渐新统陵水组底界面。此界面覆盖整个琼东南盆地，范围广、规模大且表现为区域性分布，为区域不整合界面。该界面为一套强振幅、平行或亚平行，连续或不连续的波阻反射体的顶界面，上超、下削现象明显，在很多凹陷中都表现为连续性好的、光滑的强振幅反射特征，其分布范围大于 T_{80}，上超到 T_{100} 之上。同时盆地的构造格局和断裂规模在 T_{30} 界面上下差异明显，该界面之下发育了大量的 NE 向展布的断层，这些断层也对孤立的断裂盆地系统起控制作用。

盆地的结构样式，由早期的小型断陷盆地转变为规模较大的呈东西向的断陷盆地。根据控盆边界断层的走向和断层性质判断，T_{70} 界面发育前后，盆地区域构造应力场发生过显著的由 NW-SE 向拉伸到近 SN 向拉伸的变化，因此 T_{70} 界面具有构造变革意义（雷超等，2011）。以此界面为界，将琼东南盆地的断陷阶段进一步分为早期的断陷幕和晚期的断拗幕两个构造演化阶段。其形成于南海运动阶段，代表大陆的分离构造发育阶段。

T_{60} 界面：上渐新统陵水组顶界面、下中新统三亚组底界面，也为古近系和新近系的分界面。该界面是在盆地断陷期与凹陷期转换期间形成的，属于裂后不整合面，特征明显，在全区均可追踪到典型的强振幅连续反射，同时在凹陷区也可根据削截现象识别出该界面。该界面还可将盆地划分为上、下两大构造层，分别产生于裂陷作用和裂后凹陷作用，上部构造层统一表现为拗陷，断裂不发育，沉积地层以整合和假整合接触，而下部构造层断裂发育，次级构造明显，沉积地层则多以角度不整合接触。

T_{60}界面不但是琼东南盆地在新生代沉积地层中发育的重要构造变革界面，是盆地由断陷阶段向拗陷阶段转变的控制阶段，还是区域性海平面大规模下降的界面。T_{60}界面形成是"南海运动"持续运动的结果。这次运动造成盆地内区域抬升，并发生 NEE—EW 向张性断裂，使琼东南盆地从断陷盆地转为拗陷盆地。

T_{50}界面：下中新统三亚组顶界面、中中新统梅山组底界面。该界面为拗陷期内部的区域不整合面，其界面特征在整个盆地中并不一致，中西部陆架区为强振幅高连续反射特征，东部陆架区为中等振幅连续反射特征，陆架上可以看到明显的削截现象。该界面之上为强振幅反射，界面之下为弱振幅反射，表明上下沉积相为不连续变化。

T_{40}界面：为盆地断裂后期演化热沉降幕和裂后加速沉降幕开始的界面，同时也是中中新统梅山组顶界面和上中新统黄流组底界面。中中新世末期和上中新世初期，琼东南盆地经历东沙运动，深部地幔对流向 SE 运动，使该地区岩石圈强烈减薄，盆地沉积和沉降速率发生了明显变化，琼东南盆地进入加速沉降阶段（Wheeler and White，2002；Xie et al.，2006；崔涛等，2008；佟殿君等，2009）。该界面具有明显的角度不整合特征，"下削上超"现象明显，但地震反射特征不太明显，主要根据界面上、下地震相的变化来划分，界面之下是一套强反射特征的地层，这主要与中中新世石灰岩或含灰质沉积的出现有关，其上即出现大套的弱反射。在陆架陆坡区常表现为中等连续的强反射，局部地方可见剥蚀现象，在该界面之上的陡坡及较深水区发育大量的下切谷和海底峡谷。这一时期断层不发育且活动性差，盆地进入加速沉降阶段。因而反映出琼东南盆地的沉降并不仅仅是一个简单的热沉降过程，而是受构造背景影响的过程，这一时期地幔塑性流动与岩石圈深部动力学变形起到了重要作用。

T_{30}界面：上中新统黄流组顶界面、上新统莺歌海组底界面。该界面在陆架陆坡区为中等连续中等振幅的反射特征，向陆方向上超于 T_{40} 之上，此外 T_{30} 界面还发育大量的下切谷。该界面在深水区振幅变弱。

T_{20}界面：上新统莺歌海组顶界面、第四系底界面。位于一套中振幅、连续、平行反射波阻的底部，一套弱振幅、连续、平行反射波阻的顶部。地震反射具有同向轴平直光滑，平行或近平行。该界面在全区陆架陆坡区均为高连续强振幅反射特征，上超、下超等现象明显，下切特征发育。这一时期，整个南海没有大型构造运动发生，整体稳定。

二、重点凹陷的层序结构

在工区内选择 7 条测线作为骨干剖面进行详细的分析，建立骨干地震测线网，作为研究层序地层格架的基础。选择的 7 条骨干剖面中，SE 向剖面 4 条，NE 向剖面 3 条，基本上覆盖了整个琼东南盆地各个构造单元（图 4-1）。整个琼东南盆地被分隔为 10 个凹陷，此处将以 SE 和 NW 向的地震层序地层格架剖面为例，分凹陷说明研究区的层序地层格架及凹陷结构特点。

（一）崖北凹陷

崖北凹陷位于北部拗陷的西部，该崖北凹陷为一典型的"北断南超"的箕状断陷（图 4-12、图 4-13）。凹陷位于海南隆起与崖城凸起之间，北侧以 5 号断裂为界。凹陷内 T_{100}—T_{60} 地层发育齐全并全部北倾，呈发散状上超于北部 5 号断裂之上，而 T_{60}—T_{20} 则略向南倾。

（二）崖南凹陷

北部拗陷的崖南凹陷在崖城凸起和崖南低凸起之间。此凹陷在剖面上与崖北凹陷相似（图 4-12、图 4-13），也是一典型的"北断南超"的箕状断陷。凹陷北部以南倾的 3 号断裂为界，南部为崖南低凸起。凹陷内 T_{100}—T_{60} 地层全部北倾，呈发散状上超于北部 3 号断裂上，而 T_{60}—T_{20} 则略向南倾。北侧崖城凸起缺失 T_{100}—T_{70} 地层，凹陷内部缺失 T_{100}—T_{80} 地层，T_{70}—T_{60} 地层上超于东南侧的崖南低凸起之上，并被 T_{60} 削蚀。

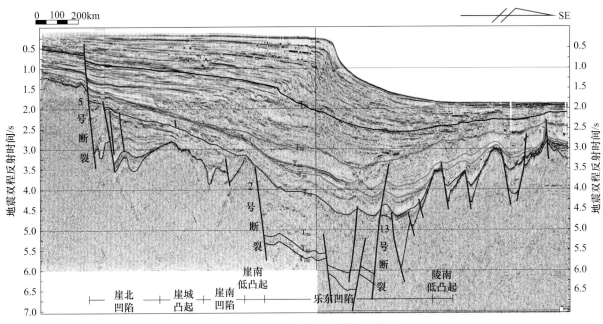

图 4-12　琼东南盆地测线④地层格架

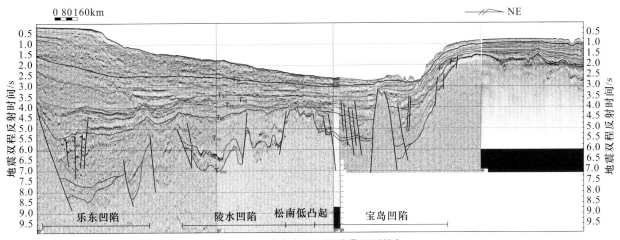

图 4-13　琼东南盆地测线⑥地层格架

（三）乐东凹陷

目前，乐东凹陷是中央拗陷主要产油区之一，北边是崖南低凸起，南边以陵南低凸起为界。这一凹陷受南、北控凹断裂控制，大致表现为双断式地堑（图 4-12）。凹陷北部为崖南低凸起，以 2 号断裂为界，南部为陵南低凸起，以 13 号断裂为界。凹陷内 T_{100}—T_{60} 地层发育齐全并全部向南倾，同时 T_{60}—T_{20} 地层也略向南倾。

（四）松西凹陷

松西凹陷位于盆地北边，属于北部拗陷，在海南隆起区以南，松涛凸起以北，该凹陷为一典型的"北断南超"的箕状断陷。凹陷北部为海南隆起，以 5 号断裂为界，南部为松涛凸起。T_{100}—T_{80} 地层厚度呈明显的楔状，向断层处加厚，反映此时 5 号断裂活动强烈。T_{80}—T_{60} 的厚度明显增大，而且又呈北厚南薄的楔状，说明此时 5 号断裂再次强烈活动，沉积范围也扩大到松涛凸起之上。

（五）陵水凹陷

陵水凹陷西边与乐东凹陷相连，同属于中央拗陷，位于陵水、松南低凸起和陵南低凸起之间，此凹陷表现为"北断南超"的箕状断陷（图 4-13）。凹陷北部为陵水低凸起，以 2 号断裂为界，南部为陵南低凸起。凹陷整体向西北方向倾斜，北深南浅，在凹陷北部沉积了巨厚的古近系，地层向南上超于南部陵南低凸起。

（六）宝岛凹陷

宝岛凹陷分布于中央拗陷，北西边是松涛凸起，南部为松南低凸起，南东与长昌凹陷相接，此凹陷表现为"南断北超"的箕状断陷（图4-14）。凹陷地层发育齐全并都向南倾，南部的地层厚度大于北部，与长昌凹陷由一凸起相分隔。

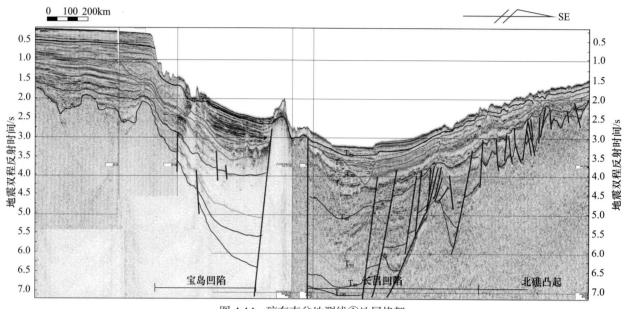

图4-14　琼东南盆地测线①地层格架

（七）长昌凹陷

长昌凹陷在盆地的东北角，属于中央拗陷，南部是北礁凸起。此凹陷为一近对称的地堑，总体上为NW-SE向的狭长凹陷，地层向两边地层上超，古近系的崖城组和陵水组沉积厚度都很大（图4-14）。

综上所述，通过对跨盆长地震剖面凹陷结构与层序界面的研究，得到琼东南盆地凹陷结构栅状图。盆地各凹陷的总体展布格局与相互间关系得到了真实的再现（图4-15）。

三、层序地层发育特征

（一）断陷期层序发育特征

根据构造活动特征，琼东南盆地断陷期构造活动又可划分断陷期和断拗转换期。断陷期发生于始新世—早渐新世崖城期，而晚渐新世陵水期为断拗转换期。在断陷期，盆地的地质特征主要受到构造和气候的影响，盆地类型和结构复杂、水域小、多物源且距离近、水平面升降变化频繁，所以海平面升降变化对这一时期琼东南盆地层序发育无控制作用（解习农等，1996；崔永刚等，2007），控制盆地充填及层序发育的主要因素是构造活动（Galloway，1989）。进入断拗转换期，由于海水侵入，构造活动和全球海平面相对变化共同控制了盆地内层序发育，其中，海平面变化成为主要影响因素。

1. 层序 S1（T_{100}—T_{80}）

该层序以 T_{100} 为底界，T_{80} 为顶界，同时底界也是盆地中沉积物开始充填的界面。其形成于断陷初期的始新世构造裂陷幕。在这一时期，盆地内部凹隆相间，因而，表现为高差大、连通性差，近物源以及多物源（杜同军，2013）。

2. 层序 S2（T_{80}—T_{70}）

这一时期断裂作用强烈，各沉积单元进一步扩张，形成范围更大，但分隔性强的湖盆。层序下部粒度向上变细，并发育多套薄煤层。由于受多期小的构造活动影响，成煤作用不稳定，煤层表现出层数多、单层厚度小及横向变速快的特点（米立军等，2010）。

随着海水逐渐入侵，基准面不断上升，成煤环境逐渐向岸迁移，同时陆源碎屑物源供给相对减少，使得层序中部主要沉积滨海相泥岩。而聚煤作用主要发生在潮上坪和潮间坪环境，成煤环境相对比较

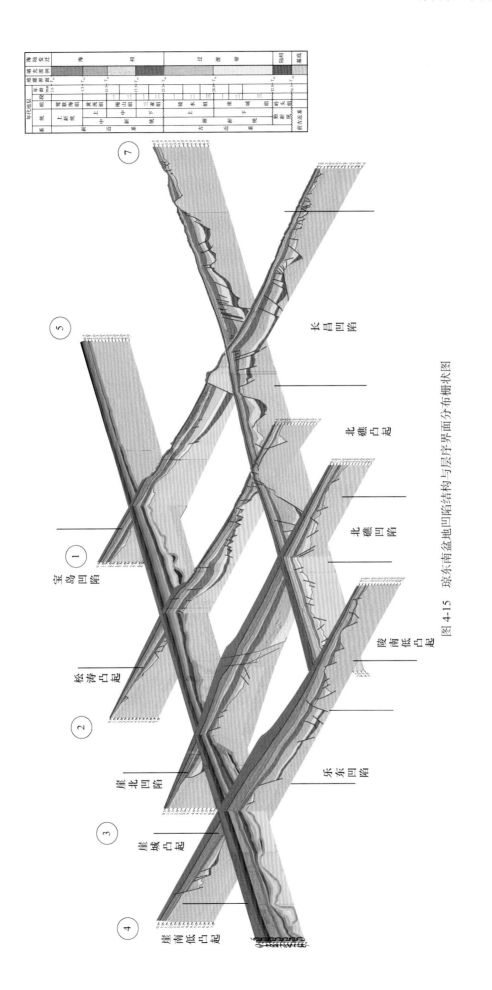

图 4-15　琼东南盆地凹陷结构与层序界面分布栅状图

稳定，层序中部煤层层数少，厚度相对大一些。

由于断陷作用的衰弱，层序顶界为明显不整合剥蚀面，强烈的剥蚀作用使层序上部保存不完整。这一时期海平面相对层序中段有明显的下降，沉积作用继承了早期多水系、凹隆相间的特点，但凹陷面积进一步扩大。在层序上部粒度呈现出由粗变细再变粗的特征，成煤作用主要发生在海侵期，主要发育两层典型煤层。

3. 层序 S3（T_{70}—T_{60}）

地震反射波质量由中等至好过渡到差，界面同向轴连续性由好向上变差、平行或亚平行，振幅中等或强。地层缺失程度不一，厚度变化大，南部凹陷内岩性粒度小于北部凹陷。层序 S3 形成于裂陷晚期到断拗转换期，这一时期海平面变化成为控制层序发育的主要因素，但盆缘断裂活动对层序发育仍有一定的影响。盆地内部仍为凹凸相间特点，但整个盆地内部水体基本相通。盆地基底从断裂控制的局部断陷沉降向区域挠曲沉降转变，盆地沉积范围进一步扩大，层序内沉积物粒度由下向上逐渐变大。

（二）拗陷期层序地层发育特征

新近纪，琼东南盆地开始由拉张断陷转为裂后热沉降形成的拗陷，整个盆地接受非均匀性沉降。随着海水入侵和热沉降，沉积范围进一步扩大，凹陷区和隆起带连为一体。中央凹陷区由于受主动热事件的影响，沉降幅度最大，形成半深海–深海沉积。2 号断层带以北地区沉降幅度较小，形成浅水陆架区。海平面变化成为影响层序发育的主要因素，这一时期层序发育具有被动大陆边缘特征。

1. 层序 S4（T_{60}—T_{50}）

琼东南盆地进入凹陷沉积阶段，断裂活动趋于减弱。但在层序 S4 发育早期仍在一定程度上受到断层的控制，整体为细粒沉积，仅在断层附近发育有粗粒沉积。地震特征具有分区特点，在 2 号断层以北地震反射具有不连续–较连续、中振幅特点；2 号断层以南地震反射特征为亚平行、较连续、中振幅。层序底部低位体系域以粗碎屑岩沉积为主，主要发育在 2 号断层以南的盆底扇。海进体系域和高位体系域以细粒沉积为主，主要发育扇三角洲、冲积扇和滨岸平原等沉积体系。层序中部沉积特征为典型陆表海沉积，以 2 号断层为界，南部为浅海沉积。

2. 层序 S5（T_{50}—T_{40}）

这一时期琼东南盆地海侵范围增大，海岸线推至 5 号断层以北地区，形成了北部海南古隆起区—滨海—盆地中央浅海—南部古隆起区沉积体系。此时，低位体系域表现为大型盆底扇沉积，海进体系域和高位体系域发育三角洲体系和海岸平原体系沉积，在盆地西北部发育浅水碳酸盐岩台地沉积。在层序 S5 形成之后，曾发生大规模的区域性海退，层序顶部受到了不同程度的侵蚀。

3. 层序 S6（T_{40}—T_{30}）

由于该层序早期发生大规模海退，层序底部界面侵蚀、切割特征明显，削蚀范围很大。在琼东南盆地西北部浅水区，"上削下超"特征明显，同时在盆地东部陆架区，发生小规模海侵。层序下部低位体系域主要为陆坡下的斜坡扇和盆底扇为主的粗粒沉积；海进体系域和高位体系域主要为三角洲和滨岸平原沉积体系的细粒沉积。

4. 层序 S7（T_{30}—T_{20}）

自 T_{30} 之后，盆地内陆架和陆坡体系完全发育，陆坡坡度明显增加，沉积体向南迅速前积。低位体系域以斜坡扇和盆底扇沉积为主，并见侵蚀谷；海进体系域和高位体系域仍以三角洲体系和滨岸平原体系沉积为主；在盆地西南部和东南部的局部隆起地区发育浅水碳酸盐台礁沉积。

四、盆地结构特征

琼东南盆地新生代的主要凹陷结构可以分为两大类（表 4-4）：①断陷型，这类盆地结构类型又可以分为地堑式和半地堑式，地堑式凹陷与相邻构造以断层接触为主，该类型在琼东南盆地只发育非对称断阶型凹陷结构和复合断阶型凹陷结构，在盆地的长昌凹陷和宝岛凹陷可见，半地堑式凹陷可分为简单型、缓坡断阶型和复合断阶型，盆地内崖南凹陷、松东凹陷和陵水凹陷可见半地堑式；②拗陷型，盆地内主要发育非对称型凹陷结构，如松南凹陷东部。

表 4-4　琼东南盆地拗陷结构类型图

盆地结构类型		主要盆地结构模式图	盆地结构实例图	地震反射实例图
断陷型	半地堑式 简单型		 崖南凹陷（东部）	
	半地堑式 缓坡断阶型		 松东凹陷（东部）	
	半地堑式 复合断阶型		 陵水凹陷（东部）	
	地堑式 非对称断阶型		 宝岛凹陷（中心）	
	地堑式 复合断阶型		 长昌凹陷（东部）	
拗陷型	非对称型		 松南凹陷（东部）	

第三节　沉积特征分析

在建立等时地层格架的基础上，通过恢复古地貌、分析地震反射特征等方法分析确定琼东南盆地新生代各时期物源方向，结合地质资料（岩心、录井）和地球物理数据（测井、地震等），进而综合分析琼东南盆地沉积体系展布与演化。

一、物源分析

（一）古地貌特征

1. 始新世（岭头期）

此时期古地貌形态复杂，隆凹格局明显。琼东南盆地各凹陷分割性很强，具有明显的"南北分带，东西分块"的特征。中央拗陷带占据了琼东南盆地凹陷面积的绝大部分，陵水凹陷和松南凹陷之间的凸起将中央拗陷带分为东西两部分，呈雁行状排列，其中西部的乐东与陵水凹陷相连成为一个断陷主体，并通过一鞍部与 NE 向的北礁凹陷相连，东部的松南凹陷、宝岛凹陷和长昌凹陷相连成为另一断陷主体。此时的崖城凸起和松涛凸起面积较大，崖城凸起上的崖南凹陷还没有形成。北部拗陷带西部的崖北凹陷和松西凹陷基本是连通的，东部的松东凹陷呈窄条状与松涛凸起的东部大致平行。这一时期琼东南盆地最深处位于宝岛凹陷，其次为长昌凹陷和陵水凹陷，盆地主要的隆起区域为盆地的北部隆起带、中部隆起带、盆缘的南部隆起带及东部的神狐隆起，此时期各凹陷的物源就主要来自于南北隆起及凹陷内部的凸起，北部隆起带及中部隆起带物源通道较为发育，主要呈 NW 向注入北部拗陷带及中央拗陷带，南部物源通道较少，但规模较大。

2. 早渐新世（崖城期）

崖城组同沉积期盆地中央拗陷区沉降量仍大，地形起伏程度相对于始新世同沉积期明显减小，凹陷范围与始新世相比也有所扩大。崖南凹陷开始形成且深度较大，形成了一个三面高地环绕，仅南部与乐东凹陷相通的半封闭地形。乐东凹陷和陵水凹陷之间由崖城凸起伸出的一个突起分隔开来。松南凹陷、宝岛凹陷以及长昌凹陷基本上处于连通状态，松南凹陷和陵水凹陷之间的凸起仍然存在，但隆起幅度显著减小。崖北凹陷和松西凹陷之间依然连通，松东凹陷较浅。盆地南部的北礁凹陷范围扩大，但深度比始新世要小。南部隆起带上也出现了一些小的凹陷，盆地东北部的神狐隆起上也发育一些小型的凹陷。该时期盆地的隆起区继承性发育，但发育范围和隆起幅度都显著减小，中部隆起带由于陵水低凸起的消失而变为西部的崖城凸起和东部的松涛凸起两部分。南部隆起带由于北礁凹陷的存在而与其北部的松南低凸起分隔开。该时期各凹陷的物源与始新统一样，主要来自于南北隆起及凹陷内部的凸起，物源通道集中发育在北部隆起带，中部隆起带的供源能力已经大大减弱且主要在松涛凸起，神狐隆起与中央凹陷带之间、南部隆起带与北礁凹陷之间也发育少量物源通道。

3. 晚渐新世（陵水期）

陵水组同沉积期古地形更趋于平缓，各凹陷的沉降范围扩大，但凹陷的深度大大减小，隆凹格局变得模糊。中央拗陷带的沉降量依然最大，东西部之间（即陵水凹陷和松南凹陷之间）存在一个很低的凸起，西部的乐东凹陷和陵水凹陷的沉降深度大于东部的松南凹陷、宝岛凹陷和长昌凹陷，乐东凹陷和陵水凹陷之间存在一个凸起带。北部拗陷带的崖北凹陷、松西凹陷和松东凹陷基本连通，其中，松东凹陷的范围大大减小。北礁凹陷的沉降深度也相对于崖城组同沉积时期小。此时期琼东南盆地的隆起区隆起幅度大大减小，中部隆起带已经不明显，陵水低凸起已经很微弱。南部隆起带由于发育一些小的凹陷，而使隆起区变得分散。由于海侵使内部凸起大大减小，这一时期的物源主要来自于南北隆起。

4. 早中新世（三亚期）

三亚组同沉积期古地形起伏继续变缓，沟谷发育特征不明显，由于盆地刚刚进入裂后期，盆地形态基本保持了裂陷期的隆凹格局，地貌总体上依然呈现"南北分带"的格局，但是"东西分块"的特征不是很清晰。西北部和东南部地形高，而中间地形低，中央拗陷带、北部隆起带和南部隆起带分带性明显，而且中央拗陷带的北坡比南坡缓。这一时期，中央拗陷带可分为五个凹陷，最深处在陵水凹陷，陵水凹陷和乐东凹陷基本上是连通的，局部由崖城凸起分隔，这两个凹陷整体上呈 NE-SW 向，松南凹陷，宝岛凹陷和长昌凹陷基本上连成一片，大致呈 EW 向展布，这五个凹陷都呈相对狭长的形态，并相互串连呈窄而深的海槽，此"海槽"向西可与莺歌海盆地相连，成为其与外海水体交换的通道。这一时期的物源同样主要来自于南北隆起。

5. 中中新世（梅山期）

梅山组同沉积期古地形起伏不大，古大陆架与深海平原之间的过渡比较平缓，基本上不受或很少受古近系断裂的影响，大陆架坡折带走向明显，但坡度较小，基本上呈 NNW 走向，与三亚组底界面（T_{60}）上大陆斜坡的走向相近。盆地最低点位于宝岛凹陷，崖南凹陷是盆地西部的地势低点，是盆地西部的主要可容纳空间。这一时期，基本上南部隆起已经位于水下，所以物源主要来自于北部隆起。

6. 晚中新世（黄流期）

从黄流组沉积期开始，盆地演化进入快速热沉降阶段，该时期由于区域构造应力场的作用，盆地南部隆起区快速沉降，北部隆升剥蚀，这基本奠定了盆地现今的地形地貌特征。黄流组同沉积期明显不受古近系断裂的影响，主要是受同沉积期的古地形影响，地形特征较下伏地层发生了很大变化，沉降中心已发生东西分异，主要沉降中心西移，而且沉降量巨大，在盆地西部形成了很深的拗陷。这一时期物源主要来自于北部隆起。

7. 上新世（莺歌海期）

莺歌海组同沉积期陆架–陆坡体系已经发育成熟，尤其是盆地西部崖南凹陷开始快速沉降，构造沉降量总体大于700m，使得该地区陆坡开始发育，而且也在此时，中央拗陷带也才真正东西贯通。盆地北部有明显的地形坡折，盆地南部基本是一个缓倾的大斜坡。这一时期物源主要来自于北部隆起——海南岛物源区。

（二）重矿物分析

1. 崖城组

琼东南盆地西北部崖南低凸起北部和崖南凹陷崖城组地层中锆石和白钛矿含量较高，说明它们的成分成熟度较高，并且物源相似，据推测应该来自较远的崖城凸起的物源。崖南低凸起南部却富含磁铁矿而锆石含量较低，说明成熟度较低，物源应该来自其附近的崖南低凸起。崖北凹陷北部都富含锆石，说明他们成熟度都较高，但是YC8-2-1井同时富含白钛矿，与YC19-1-1井等四口井相似，而YC8-1-1井同时富含石榴石，说明两者物源有一定的差别，据推测YC8-1-1井物源主要来自海南岛，而YC8-2-1井主要来自崖城凸起。BD20-1-1井富含磁铁矿，其他重矿物含量非常低，说明应该来自附近的松涛凸起的物源，或者西边的神狐隆起。而ST24-1-1井重矿物含量都很低，说明物源供给不足（图4-16）。

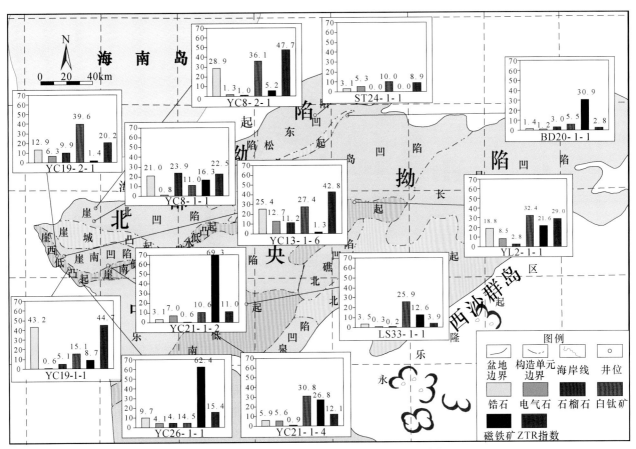

图4-16　琼东南盆地崖城组（T_{70}—T_{80}）重矿物分布图

2. 陵水组

崖南凹陷西部富含锆石和白钛矿，这一组合指示酸性岩浆岩和沉积岩的重矿物组合，与海南岛母岩区一致，由此说明沉积物源来源于海南岛，而崖南凹陷南部在富含锆石和白钛矿同时，还富含磁铁矿，这反映了物源的差别。崖北凹陷西部以及崖城凸起也是在富含锆石和白钛矿同时，也含较丰富的磁铁矿，说明这些富含磁铁矿的井物源受附近没有淹没的崖城凸起的影响。YC8-2-1井在富含锆石和白钛矿同时，还富含石榴石，据推测可能来源于海南岛物源。松涛凸起上的ST32-3-1井只富含白钛矿，这与松涛凸起及宝岛凹陷富含锆石、电气石、白钛矿特征不同，说明物源不同，据推测LS2-1-1井、ST29-2-1井和BD19-2-2井可能来源于海南岛物源。松南凹陷西南部以富含磁铁矿为特征，说明成熟度较低，物源应该来自其附近的松涛凸起。ST24-1-1井、BD19-2-3井、BD20-1-1井的锆石含量都偏低，而白钛矿含量中等，说明它们来源于同一个物源，同时BD19-2-2井的锆石含量是其他三口井的两倍以上，这就正好说明BD19-2-2井距物源区更远，成熟度更高。BD15-3-1井的锆石含量非常高，同时富含白钛矿，成熟度非常高，这说明其隔物源很远，据推测其物源可能来自于海南岛（图4-17）。

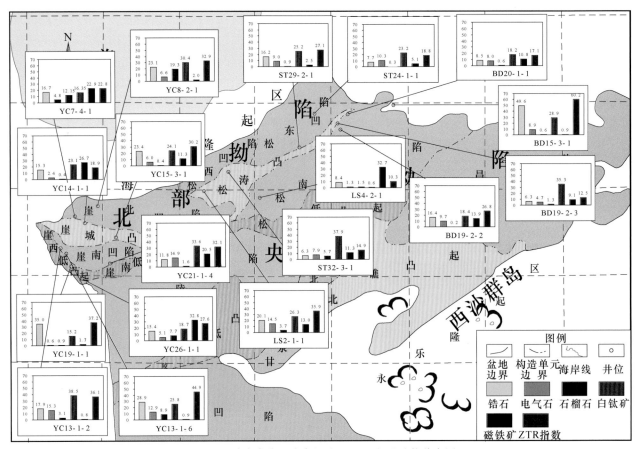

图4-17　琼东南盆地陵水组（T60—T70）重矿物分布图

3. 三亚组

从琼东南盆地三亚组重矿物分布图（图4-18）上可以看出，三亚组沉积时期，琼东南盆地的主要物源来自于海南岛，海南岛以出露花岗岩为主，重矿分析表明其锆石相对含量较高，因此虽然尚不清楚神狐隆起基岩分布情况，仅依据锆石含量就可以大致判别海南岛和神狐隆起的物源供给边界大致在BD15-3-1井附近，因为BD15-3-1井以西的YC7-4-1井、YC8-1-1井、YC13-1-8井、LS2-1-1井、ST32-3-1井、BD19-2-2井都富含锆石和白钛矿，包括BD15-3-1井，而其东的CC1-1-1井、CC4-1-1井、CC12-1-1井、CC2-1-1井锆石含量相当低。而海南岛的物源向南供给边界到YC21-1-1井附近，因为该井的锆石含量非常的低，其他重矿物含量也很低，说明物源供给不足。

4. 梅山组

从琼东南盆地梅山组重矿物分布图（图4-19）上可以看出，该时期重矿物分布基本继承了三亚组沉积时期的特征，来自于海南岛方向的物源以较高的锆石含量为特征，如YC7-4-1井、YC13-1-8井和LS2-1-1井，其向南供给范围大概到YC21-1-1井、LS13-1-1井和ST36-1-1井，因为这些井的锆石含量都相当的低，特别是ST36-1-1井，含量只有1.3%。而来自于神狐隆起的物源则具有较低锆石含量，较高白钛矿，如CC1-1-1井、CC4-1-1井和CC2-1-1井。

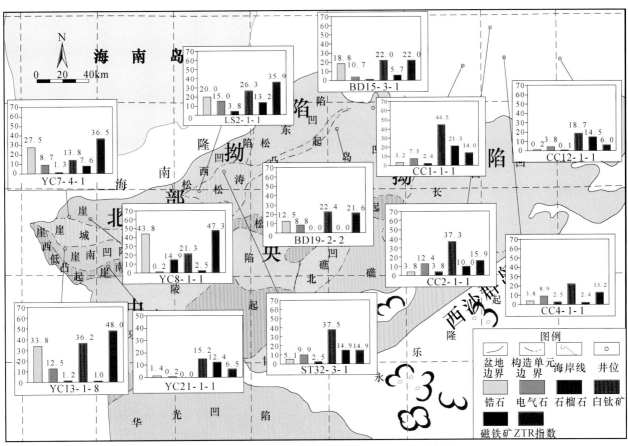

图 4-18 琼东南盆地三亚组（T_{50}—T_{60}）重矿物分布图

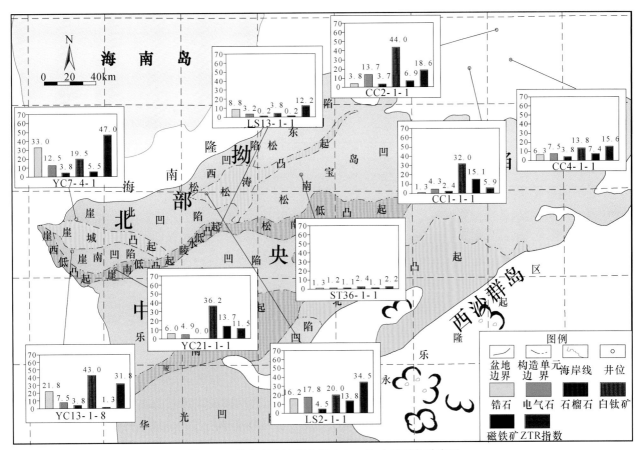

图 4-19 琼东南盆地梅山组（T_{40}—T_{50}）重矿物分布图

5. 黄流组

从琼东南盆地黄流组重矿物分布图（图4-20）上可以看出，该时期重矿物分布基本继承了梅山组沉积时期的特征，来自于海南岛方向的物源以较高的锆石含量为特征，如ST32-3-1井、LS2-1-1井和LS13-1-1井，总体上ST32-3-1井以西地区物源应该主要来自于海南岛，而且从不稳定矿物磁铁矿的含量来看，沿着物源方向，从海南岛向深水区不稳定矿物逐渐减少。来自东部神狐隆起的物源锆石含量很低，不稳定矿物磁铁矿含量相对较高。YC35-1-2井位于深水区，其锆石、电气石、白钛矿含量较高，其特征与物源来自于海南岛的ST32-3-1井、LS2-1-1井和LS13-1-1井有明显差异，说明该井区物源不是海南岛，据推测可能来自于西部的轴向物源。

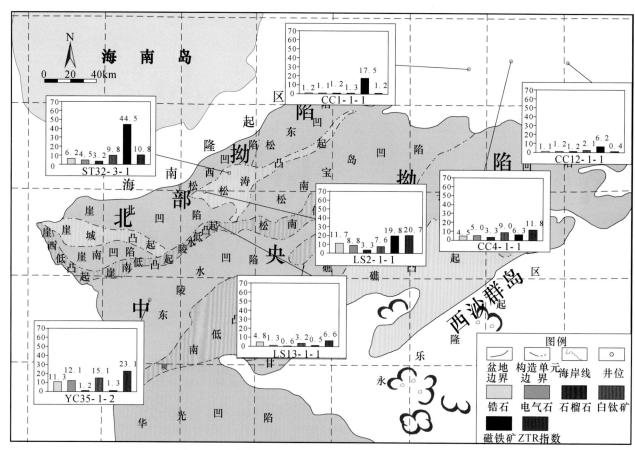

图4-20　琼东南盆地黄流组（T_{30}—T_{40}）重矿物分布图

（三）地震反射特征

始新世，琼东南盆地主要发育扇三角洲-滨浅湖-中深湖沉积体系，扇三角洲发育于陵水凹陷南部陵南低凸起缓坡区，地震反射振幅较强，杂乱反射。中深湖发育在陵水凹陷和松西凹陷的深水区，以弱振幅或杂乱反射的地震特征为主，滨浅湖发育在陵水凹陷南部缓坡区和松西凹陷南部缓坡区，滨浅湖的振幅和连续性有所增强，分布在中深湖向斜坡部位（图4-21）。

崖城组沉积时期，随着海平面上升，沉积范围扩大，沉积环境演化为海相沉积，主要发育扇三角洲-滨海-浅海沉积体系。扇三角洲发育在松西凹陷北部5号断层的下降盘，以杂乱反射为特征，这一时期陵南低凸起的供源能力减弱，扇三角洲不发育。滨海范围较小，主要发育在陵水凹陷南部陵南低凸起缓坡区、陵水低凸起之上以及松西凹陷南部缓坡区，地震反射以中等振幅和中等连续为特征。浅海主要发育在陵水和崖北凹陷，以中-弱振幅较连续反射为主（图4-21）。

陵水组沉积时期，沉积范围进一步扩大，松涛凸起、陵南低凸起和陵水低凸起也开始接受沉积，主要发育扇三角洲-滨海-浅海-半深海沉积体系。滨海主要发育在陵南低凸起和陵水低凸起之上，其地震反射特征与崖城组相似。半深海发育于陵水凹陷中部，以中振幅较连续反射特征为主（图4-22）。

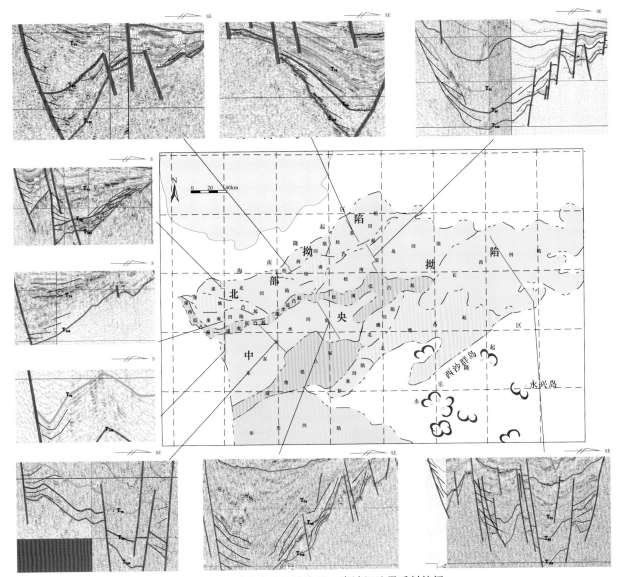

图 4-21　琼东南盆地岭头组 + 崖城组地震反射特征

　　三亚组沉积时期,沉积范围进一步扩大,主要发育扇三角洲-滨海-浅海-半深海沉积体系。扇三角洲在松西凹陷和松涛凸起区域大面积发育,其前端还发育浊积扇,在地震剖面上可见明显的前积反射特征。滨海主要发育在陵南低凸起部位,以强振幅较连续的反射特征为主。半深海主要发育于陵水凹陷和陵水低凸起之上,以中振幅连续反射特征为主(图 4-22)。

　　梅山组沉积时期,虽然沉积范围进一步扩大,但是该时期地层厚度较薄,沉积体系发育情况继承三亚组时期发育特征,主要发育扇三角洲-滨海 - 浅海-半深海沉积体系(图 4-23)。

　　黄流组沉积时期,这一时期扇三角洲不发育,仅在松西凹陷发育,在地震剖面上可见明显的前积反射特征。主要发育滨海-浅海-半深海沉积体系,在陵水凹陷中部发育大型的下切水道(图 4-23)。

　　莺歌海沉积时期,主要发育扇三角洲-浅海-半深海沉积体系。扇三角洲在松西凹陷和松涛凸起区域大面积发育,可见明显的前积反射特征。在陵水凹陷南部可见大型下切水道(图 4-23)。

二、沉积特征

(一)岩石学特征

1. 崖城组

　　崖城组整体以沼泽海岸平原相为主,河流发育,岩性以砂岩和泥岩为主,见少量细砾岩,槽状交错层理及板状交错层理发育,表明河道下切和迁移,局部可见煤层(图 4-24)。

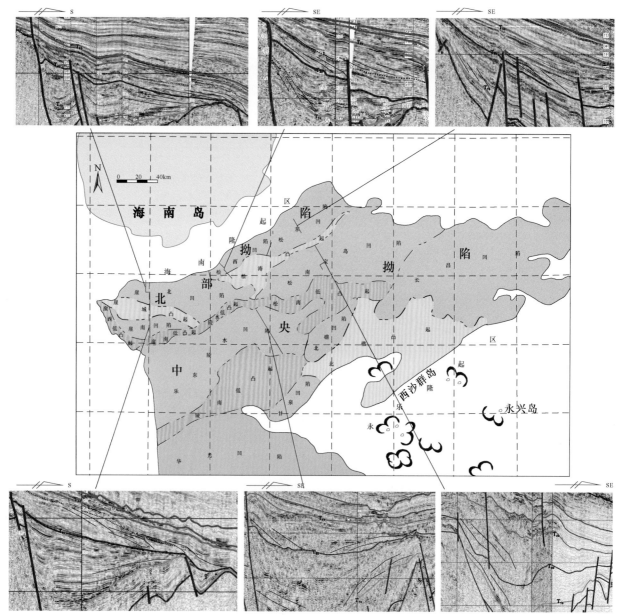

图 4-22　琼东南盆地陵水组 + 三亚组地震反射特征

2. 陵水组

陵三段以河流和潮汐共控三角洲为主,岩性以中细砂岩为主,沉积构造发育,具槽状交错层理、板状交错层理、平行层理、滑塌构造、虫孔构造及浪成沙纹(图 4-25)。

陵二段为潮坪相,总体岩性较细,沉积构造见水平层理、复合层理及浪成沙纹,局部见液化流及变形构造(图 4-26)。

3. 三亚组

三亚组为滨浅海相,取心井 Y13-1-A8 井钻遇的地层岩性较粗,属障壁砂坝沉积,沉积构造见冲洗交错层理及板状交错层理(图 4-27)。

4. 梅山组

梅山组为海相沉积,岩性普遍偏细,以泥岩为主,色深质纯。沉积构造见复合层理,局部见生物扰动,海绿石比较富集,属典型海相环境(图 4-28)。

(二)垂向沉积序列

以崖城 13-1 地区崖城组和陵水组为例,崖城组发育有辫状河沉积,陵三段为一套完整的辫状河三角洲相沉积,陵二段为潮坪沉积。

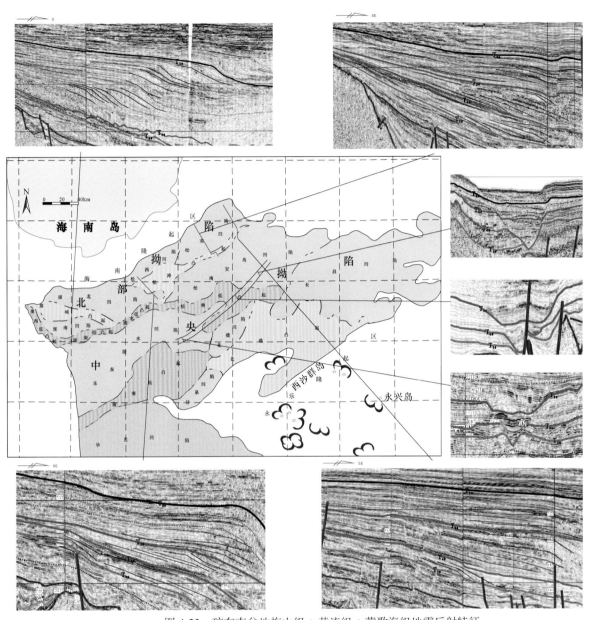

图 4-23 琼东南盆地梅山组 + 黄流组 + 莺歌海组地震反射特征

(a) 板状交错层理　　(b) 中砾岩，大小混杂　　(c) 槽状交错层理　　(d) 植物茎和煤层

图 4-24 崖城组岩性与沉积构造特征

(a) 板状交错层理　　(b) 槽状交错层理　　(c) 平行层理　　(d) 羽状（不同方向）交错层理　　(e) 复合层理

(f) 滑塌变形构造　　(g) 冲刷泥砾　　(h) 小型流水沙纹　　(i) 垂直/斜交虫孔　　(j) 泛滥平原泥及薄煤层

图 4-25　陵三段岩性与沉积构造特征

(a) 变形层理，液化流　　(b) 水平虫孔　　(c) 水平层理　　(d) 小型浪成沙纹　　(e) 复合层理

图 4-26　陵二段岩性与沉积构造特征

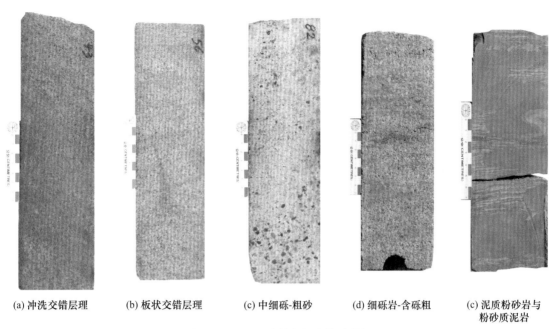

(a) 冲洗交错层理　　(b) 板状交错层理　　(c) 中细砾-粗砂　　(d) 细砾岩-含砾粗　　(c) 泥质粉砂岩与粉砂质泥岩

图 4-27　三亚组岩性与沉积构造特征

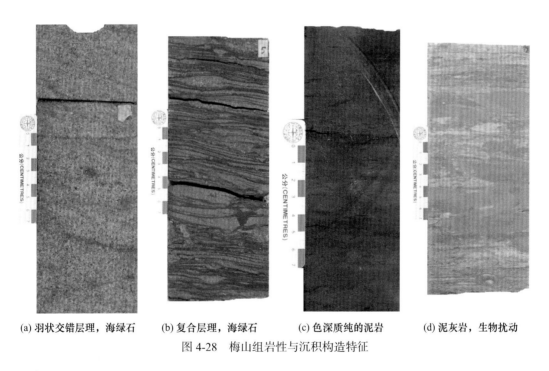

(a) 羽状交错层理，海绿石　　(b) 复合层理，海绿石　　(c) 色深质纯的泥岩　　(d) 泥灰岩，生物扰动

图 4-28　梅山组岩性与沉积构造特征

1. 曲流河

崖城组曲流河沉积微相主要由分流河道、漫溢砂、天然堤和泛滥平原组成。岩性主要为中细砂岩、粉砂岩及泥岩。沉积构造见槽状交错层理、板状交错层理、复合层理、块状层理及虫孔构造。其岩相组合主要有槽状交错层理砂岩相（St）、板状交错层理砂岩相（Sp）、块状层理砂岩相（Sm）、复合层理粉砂岩相（Fc）、块状层理粉砂岩相（Fm）和虫孔构造泥岩相（Mb）及泥岩相（M）（图 4-29）。

2. 辫状河

崖城组辫状河沉积微相主要由河道、漫溢砂及泛滥平原组成。岩性主要为含砾粗砂岩、中细砂岩、泥质粉砂岩、泥岩及煤层。沉积构造见槽状交错层理、板状交错层理及块状层理。其岩相组合主要有槽状交错层理砂岩相（St）、板状交错层理砂岩相（Sp）、块状层理砂岩相（Sm）、块状层理粉砂岩相（Fm）、泥岩相（M）及煤层（Coal）（图 4-29）。

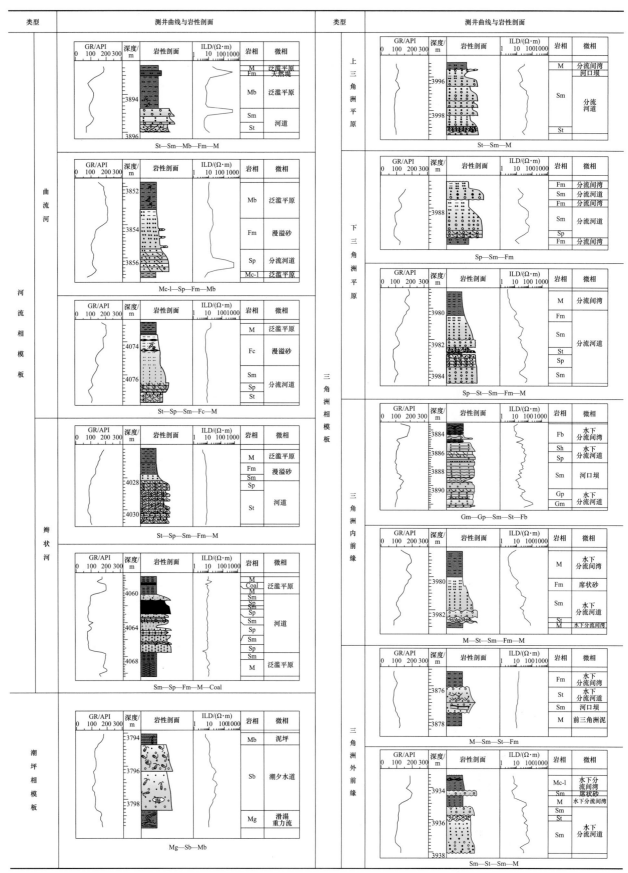

图 4-29　各类沉积相岩性剖面在测井曲线上的区别特征表

3. 上三角洲平原

上三角洲平原主要由分流河道、河口坝及分流间湾组成，岩性主要为含砾粗砂岩，具槽状交错层理。其岩相组合主要有槽状交错层理砂岩相（St）、块状层理砂岩相（Sm）及泥岩相（M）（图4-29）。

4. 下三角洲平原

下三角洲平原主要由分流河道和分流间湾组成，岩性主要为含砾粗砂岩、中细砂岩及泥岩，含砾粗砂岩具槽状交错层理和板状交错层理。其岩相组合主要有槽状交错层理砂岩相（St）、板状交错层理砂岩相（Sp）、块状层理砂岩相（Sm）、块状层理粉砂岩相（Fm）及泥岩相（M）（图4-29）。

5. 三角洲内前缘

三角洲内前缘主要由水下分流河道、水下分流间湾、河口坝及席状砂组成，岩性主要为砾岩、含砾粗砂岩，粉砂岩及泥岩，具槽状交错层理、板状交错层理、波状层理及虫孔构造。其岩相组合主要有块状层理砾岩相（Gm）、板状交错层理砾岩相（Gp）、槽状交错层理砂岩相（St）、块状层理砂岩相（Sm）、块状层理粉砂岩相（Fm）、虫孔构造粉砂岩相（Fb）及泥岩相（M）（图4-29）。

6. 三角洲外前缘

三角洲外前缘主要由水下分流河道、水下分流间湾、席状砂、河口坝及前三角洲泥组成，岩性主要为含砾粗砂岩和泥岩，局部砂岩具槽状交错层理。其岩相组合主要有槽状交错层理砂岩相（St）、块状层理砂岩相（Sm）、块状层理粉砂岩相（Fm）和泥岩相（M）（图4-29）。

7. 潮坪

潮坪沉积通常发育砂坪、混合坪、泥坪、潮汐水道及重力流沉积，由于取心的序列不完整，故以较典型的Ya13-1-A2井陵二段为例（图4-29），其岩相组合以Mb、Sb及Mg的组合为主。

第四节 沉积体系展布与演化

琼东南盆地为陆缘裂谷盆地，早期发育陆相沉积，中后期海侵，沉积海相地层。在已建立的层序格架基础上，结合地质数据（岩心、录井）和地球物理数据（测井、地震等），详细分析琼东南盆地各时期的沉积体系展布与沉积演化。

一、沉积充填特征

根据岩心、测井、地震相等沉积体系证据，结合古地貌特征和物源体系分布特征，以及地层等厚图，结合现代沉积模式，分别对始新统岭头组（T_{80}—T_{100}）、下渐新统崖城组（T_{70}—T_{80}）、上渐新统陵水组（T_{60}—T_{70}）、下中新统三亚组（T_{50}—T_{60}）、中中新统梅山组（T_{40}—T_{50}）、上中新统黄流组组（T_{30}—T_{40}）和上新统莺歌海组（T_{20}—T_{30}）的沉积体系平面展布特征进行研究，进而明确整个琼东南盆地新生代地层的沉积演化特征。

以测线④地震剖面、测线③地震剖面、测线①地震剖面和测线⑥地震剖面为例（图4-1），介绍琼东南盆地新生代垂向沉积展布规律。

1. 地震测线④剖面

测线④剖面横切崖北凹陷—崖城凸起—崖南凹陷—崖南低凸起—乐东凹陷—陵南低凸起，走向SE，控沉积的断层主要是乐东凹陷南缘的2号断裂和乐东凹陷北缘的13号断裂。崖北凹陷和乐东凹陷为典型的北断南超、单断式箕状半地堑。在断裂下降盘普遍发育扇三角洲沉积，但是在2号断裂下降盘，乐东凹陷不发育扇三角洲沉积。各时期发育的沉积相组合依次如下。

始新世，发育扇三角洲-滨浅湖-中深湖沉积体系，扇三角洲发育于崖北凹陷，地震反射振幅较强，杂乱反射。中深湖发育在乐东凹陷的深水区，以弱振幅或杂乱反射的地震特征为主，滨浅湖发育在崖北凹陷，滨浅湖的振幅和连续性有所增强。

崖城组沉积时期，随着海平面上升，沉积范围扩大，沉积环境演化为海相沉积，主要发育扇三角洲-滨海-浅海沉积体系。扇三角洲发育在陵南低凸起，以杂乱反射为特征。滨海范围较小，主要发育在乐东凹陷北部断盘下降区,地震反射以中等振幅和中等连续为特征。浅海主要发育在乐东凹陷和崖南凹陷,反射特征以中-弱振幅较连续为主。

陵水组沉积时期,沉积范围进一步扩大,松涛凸起、陵南低凸起和陵水低凸起也开始接受沉积,主要发育扇三角洲-滨海-浅海-半深海沉积体系。滨海主要发育在陵南低凸起和陵水低凸起之上,其地震反射特征与崖城组相似。半深海发育于陵水凹陷中部,以反射特征中振幅较连续为主。

三亚组沉积时期,沉积范围进一步扩大,主要发育扇三角洲-海岸平原-滨海-浅海—半深海沉积体系。扇三角洲在崖北凹陷和崖城凸起区域大面积发育,在地震剖面上可见明显的前积反射特征。滨海主要发育在崖南凹陷和乐东凹陷,以强振幅较连续的反射特征为主。半深海主要发育于乐东凹陷,反射特征以中振幅连续为主。

梅山组沉积时期,虽然沉积范围进一步扩大,但是该时期地层厚度较薄,沉积体系发育情况继承三亚组时期,主要发育扇三角洲-滨海-浅海-半深海沉积体系,在崖城凸起和崖南凹陷发育浅水台地。

黄流组沉积时期,扇三角洲基本不发育,主要发育海岸平原-滨海-浅海-半深海沉积体系。

莺歌海沉积时期,主要发育海岸平原-滨海-浅海-半深海沉积体系(图 4-30)。

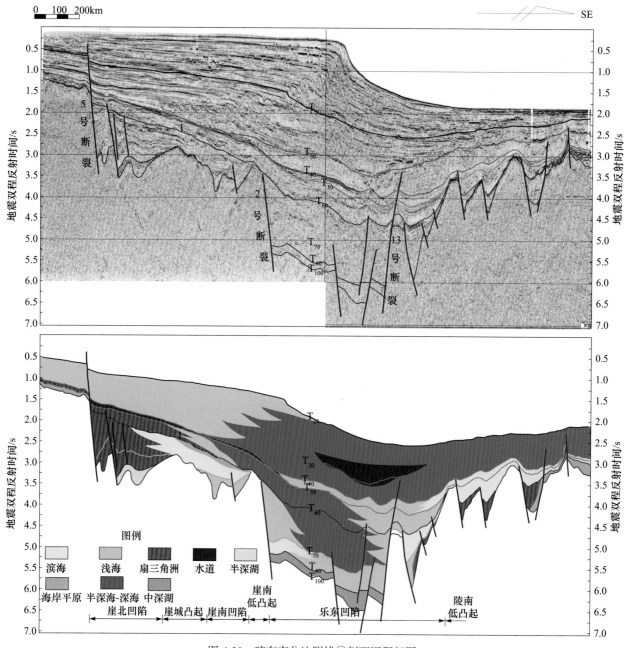

图 4-30 琼东南盆地测线④剖面沉积相图

2. 地震测线③剖面

测线③剖面横切松西凹陷—松涛凸起—崖北凹陷—陵水低凸起—陵水凹陷—陵南低凸起,走向 SE,控沉积的断层主要是陵水凹陷北缘的 2 号断裂以及松西凹陷北缘的 5 号断裂。松西凹陷和陵水凹陷为典型的北断南超、单断式箕状半地堑,崖北凹陷为南断北超、单断式箕状半地堑。在断裂下降盘普遍发育扇三角洲沉积,但是在 2 号断裂下降盘,始新统沉积以后,由于陵水凹陷处于中央拗陷带,物源供给不足,不发育扇三角洲沉积。各时期发育的沉积相组合依次如下。

始新世,发育扇三角洲-滨浅湖-中深湖沉积体系,扇三角洲发育于陵水凹陷南部陵南低凸起缓坡区,地震反射振幅较强,杂乱反射。中-深湖发育在陵水凹陷和松西凹陷的深水区,以弱振幅或杂乱反射的地震特征为主,滨浅湖发育在陵水凹陷南部缓坡区和松西凹陷南部缓坡区,滨浅湖的振幅和连续性有所增强,分布在中深湖相斜坡部位。

崖城组沉积时期,随着海平面上升,沉积范围扩大,沉积环境演化为海相沉积,主要发育扇三角洲-滨海-浅海沉积体系。扇三角洲发育在松西凹陷北部 5 号断层的下降盘,以杂乱反射为特征,这一时期陵南低凸起的供源能力减弱,扇三角洲不发育。滨海范围较小,主要发育在陵水凹陷南部陵南低凸起缓坡区、陵水低凸起之上以及松西凹陷南部缓坡区,地震反射以中等振幅和中等连续为特征。浅海主要发育在陵水和崖北凹陷,以中-弱振幅较连续反射为主。

陵水组沉积时期,沉积范围进一步扩大,松涛凸起、陵南低凸起和陵水低凸起也开始接受沉积,主要发育扇三角洲-滨海-浅海-半深海沉积体系。滨海主要发育在陵南低凸起和陵水低凸起之上,其地震反射特征与崖城组相似。半深海发育于陵水凹陷中部,以中振幅较连续反射特征为主。

三亚组沉积时期,沉积范围进一步扩大,主要发育扇三角洲-滨海-浅海-半深海沉积体系。扇三角洲在松西凹陷和松涛凸起区域大面积发育,其前端还发育浊积扇,在地震剖面上可见明显的前积反射特征。滨海主要发育在陵南低凸起部位,以强振幅、较连续的反射特征为主。半深海主要发育于陵水凹陷和陵水低凸起之上,以中振幅、连续反射特征为主。

梅山组沉积时期,虽然沉积范围进一步扩大,但是该时期地层厚度较薄,沉积体系发育情况继承三亚组时期,主要发育扇三角洲-滨海-浅海-半深海沉积体系。

黄流组沉积时期,扇三角洲基本不发育,仅在松西凹陷发育一点,在地震剖面上可见明显的前积反射特征。主要发育滨海-浅海-半深海沉积体系,在陵水凹陷中部发育大型的下切水道。

莺歌海沉积时期,主要发育扇三角洲-浅海-半深海沉积体系。扇三角洲在松西凹陷和松涛凸起区域大面积发育,可见明显的前积反射特征。在陵水凹陷南部可见大型下切水道(图 4-31)。

3. 地震测线①剖面

测线①剖面横切宝岛凹陷-长昌凹陷,走向 SE。宝岛凹陷为典型的非对称断阶型地堑,长昌凹陷为

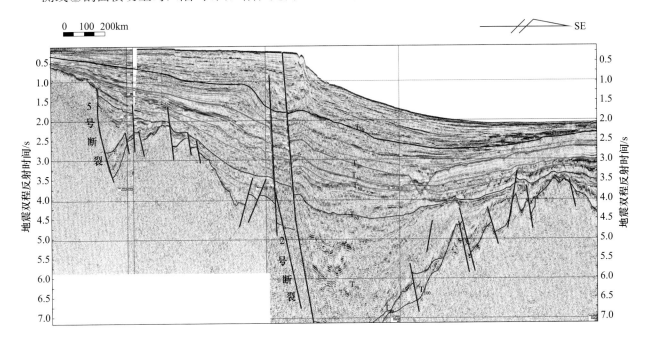

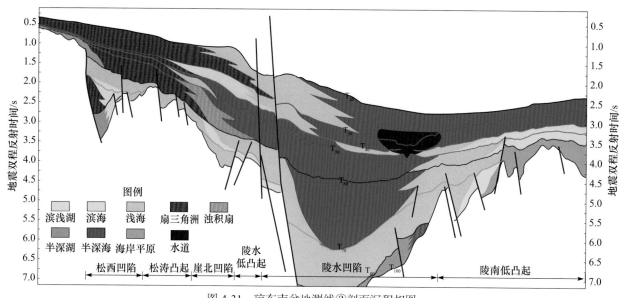

图 4-31　琼东南盆地测线③剖面沉积相图

复合断阶型地堑。凹陷不发育扇三角洲沉积。各时期发育的沉积相组合依次如下。

始新世，发育冲积平原-滨浅湖-中深湖沉积体系，中深湖发育在长昌凹陷和宝岛凹陷的深水区，以弱振幅或杂乱反射的地震特征为主，滨浅湖发育在长昌凹陷缓坡区和宝岛凹陷边缘，滨浅湖的振幅和连续性有所增强，分布在中深湖相斜坡部位。

崖城组沉积时期，随着海平面上升，沉积范围扩大，沉积环境演化为海相沉积，主要发育滨海-浅海沉积体系。滨海主要发育在长昌凹陷缓坡区和宝岛凹陷边缘，地震反射以中等振幅和中等连续为特征。浅海主要发育在长昌凹陷和宝岛凹陷的中心，以中-弱振幅较连续反射为主。

陵水组沉积时期，沉积范围进一步扩大，主要发育浊积扇-滨海-浅海-半深海沉积体系。滨海主要发育在长昌凹陷缓坡区，其地震反射特征与崖城组相似。半深海普遍发育于宝岛长昌凹陷，以中振幅较连续反射特征为主。

三亚组沉积时期，沉积范围进一步扩大，主要发育浊积扇-滨海-浅海-半深海沉积体系。

梅山组沉积时期，虽然沉积范围进一步扩大，但是该时期地层厚度较薄，沉积体系发育情况继承三亚组时期，主要发育滨海-浅海-半深海沉积体系。

黄流组沉积时期，主要发育滨海-浅海-半深海沉积体系，在长昌凹陷中部发育大型的下切水道。

莺歌海沉积时期，主要发育浅海-半深海沉积体系，在长昌凹陷南部可见大型下切水道（图 4-32）。

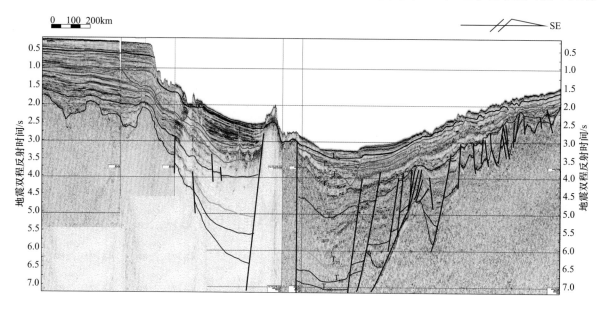

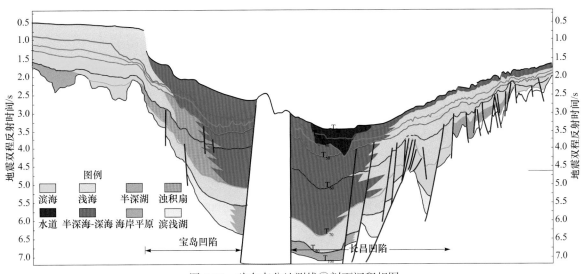

图 4-32 琼东南盆地测线①剖面沉积相图

4. 地震测线⑥剖面

测线⑥剖面横切乐东凹陷—陵水凹陷—松南低凸起—宝岛凹陷，走向 NE。陵水凹陷为典型的北断南超、单断式箕状半地堑。各时期发育的沉积相组合依次如下。

始新世，发育扇三角洲-滨浅湖-中深湖沉积体系，扇三角洲发育于陵水凹陷南部陵南低凸起缓坡区，地震反射振幅较强，杂乱反射。中深湖发育在乐东凹陷和宝岛凹陷的深水区，以弱振幅或杂乱反射的地震特征为主，滨浅湖的振幅和连续性有所增强，分布在中深湖相斜坡部位。

崖城组沉积时期，随着海平面上升，沉积范围扩大，沉积环境演化为海相沉积，主要发育扇三角洲-滨海-浅海沉积体系。扇三角洲发育在宝岛凹陷陡坡，以杂乱反射为特征。滨海范围较小，主要发育在松南低凸起缓坡区，地震反射以中等振幅和中等连续为特征。浅海主要发育在陵水和乐东凹陷和宝岛凹陷，以中-弱振幅较连续反射为主。

陵水组沉积时期，沉积范围进一步扩大，主要发育滨海-浅海-半深海沉积体系。滨海主要发育在松南低凸起，其地震反射特征与崖城组相似。半深海发育于乐东凹陷和陵水凹陷中部，以中振幅较连续反射特征为主。

三亚组沉积时期，沉积范围进一步扩大，主要发育扇三角洲-滨海-浅海-半深海沉积体系。扇三角洲在宝岛凹陷，在地震剖面上可见明显的前积反射特征。滨海主要发育在乐东凹陷和陵水凹陷，以强振幅较连续的反射特征为主。半深海主要发育于宝岛凹陷，以中振幅连续反射特征为主。

梅山组沉积时期，虽然沉积范围进一步扩大，但是该时期地层厚度较薄，沉积体系发育情况继承三亚组时期，主要发育扇三角洲-滨海-浅海-半深海沉积体系。

黄流组沉积时期，主要发育浅海-半深海沉积体系，在陵水凹陷中部和宝岛凹陷发育大型的下切水道。

莺歌海沉积时期，主要发育浅海-半深海沉积体系。在松南低凸起中部可见大型下切水道（图 4-33）。

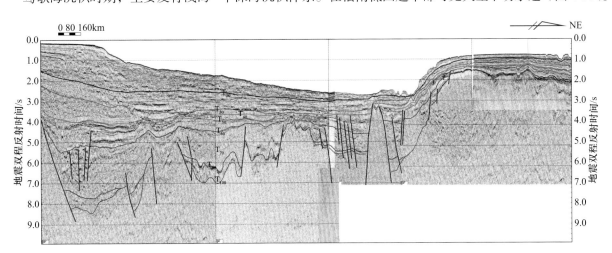

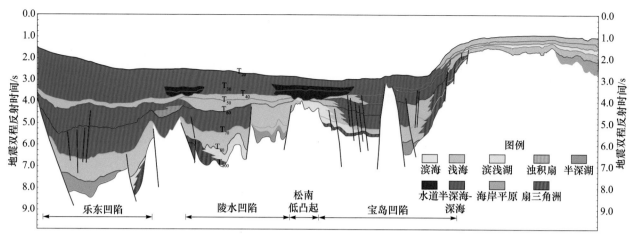

图 4-33　琼东南盆地⑥剖面沉积相图

二、沉积体系平面展布特征与演化

（一）沉积相平面展布特征

1. 岭头组

琼东南盆地岭头组沉积相主要以中深湖相为主，其次为滨浅湖相和扇三角洲沉积体系。受构造格局的控制，中深湖相多呈 NE 向展布，主要发育于中央拗陷带内的乐东、陵水、松南及宝岛凹陷，北部拗陷带内各凹陷较深部位也有小范围分布，如崖北、松西和松东凹陷，南部拗陷带内的各凹陷也有分布，如北礁凹陷和长昌凹陷。中央拗陷带的陵水和松南凹陷之间发育有一凸起，将中央拗陷带的中深湖分为东西两部分，西部的乐东与陵水凹陷相连，并可与西边的莺歌海盆地相连，东部的陵水和宝岛凹陷相连，而且还与长昌凹陷相连。滨浅湖分布范围较小，主要分布于各凹陷的缓坡区，神狐隆起之上的一些小型凹陷内也发育滨浅湖。扇三角洲沉积体系主要发育于各凹陷边缘。北部隆起——海南岛物源区、南部隆起物源区、东北部的神狐隆起物源区和盆地内孤立古隆起物源区（如崖城凸起、松涛凸起、崖城 21-1 低凸起、中央低凸起等）构成了琼东南盆地这一时期的四大物源体系，其中，南部隆起物源区和神狐隆起物源区上物源通道少，形成的扇体少，但扇体规模较大。北部隆起物源区和盆地内孤立古隆起物源区提供的物源小而多，从而形成数量较多，但规模较小的扇体（图 4-34）。

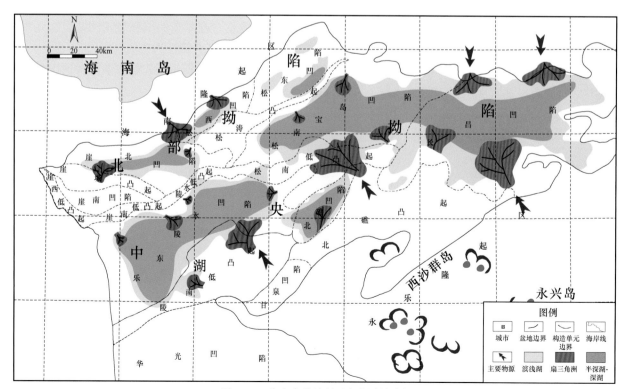

图 4-34　琼东南盆地岭头组沉积相图

2. 崖城组

崖城组沉积时期,琼东南盆地持续拉张,沉积范围进一步扩大,随着全球海平面上升,迅速地海侵使始新世的湖泊变成了陆表海。前人研究认为,海水可能沿越南沿岸由盆地西南部侵入,或经西沙海槽由盆地东部侵入(李增学等,2013)。该时期沉积类型丰富,从陆相到海相均发育,早期海陆过渡相发育较多,晚期以海相为主。海岸平原是该时期较发育的沉积类型之一,主要分布于盆地周缘缓坡区,尤其在南部隆起区呈大面积分布。滨海相主要分布于盆地边缘及古岛周围、海岸平原之外,主要分布在中央凸起、南部及北部隆起区上的低洼处,如崖城凸起的东倾末端、松涛凸起的西倾末端、松东斜坡、崖南凹陷与乐东凹陷之间、陵水凹陷与松南凹陷之间等部位。由于沉积时地势较为平缓,滨海可含有较多的沼泽、潟湖和潮坪沉积。浅海相基本继承了始新世中深湖的位置,主要分布在乐东、陵水、松南、宝岛和长昌凹陷,而崖南、崖北和北礁凹陷在各自的沉降中心以半封闭浅海形式局部分布。扇三角洲主要分布于盆地北部边缘和盆地内凸起的周缘,如崖城凸起东南缘、松涛凸起周缘和北礁凹陷南坡。盆地东北部边缘也有少量以神狐隆起为物源的扇三角洲发育。崖城组沉积时期潟湖也少量发育,主要分布于南部隆起上的低洼处,范围都比较局限(图4-35)。

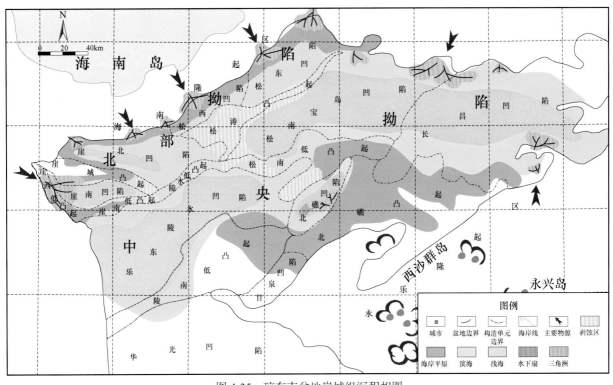

图4-35 琼东南盆地崖城组沉积相图

3. 陵水组

陵水组沉积时期,相对于崖城期,总体水深加大,沉积范围进一步扩大,主要沉积相以浅海相为主,滨海相范围扩大,海岸平原范围减少,扇三角洲发育。除崖南低凸起、松南低凸起、陵南低凸起等少数构造抬升的低凸起区外,崖城凸起和松涛古岛的面积均有所减小。这一时期,浅海相在各个凹陷中均有分布,但是崖北凹陷西部由于受南、北两个方向的扇三角洲影响,浅海相范围比较局限,但东部浅海相范围变大,并可与南部陵水凹陷相接。由于受各低凸起带的控制,在中央拗陷带与北部隆起带内各凹陷之间,有时会出现连通障碍,形成不同程度的半封闭滨海,最明显的当属松西凹陷,松涛古岛对松西凹陷的水体交换产生了一定的限制作用。在中央拗陷带的乐东、陵水、松南和宝岛凹陷中心部位还发育半深海相,分布于浅海相中心。滨海相主要呈条带状分布于崖城凸起、松涛、崖南低凸起、松南低凸起、陵南低凸起等古岛周围及盆地边缘。该区崖南古岛北缘、松涛古岛西部边缘、松南低凸起东缘、南部隆起区及盆地东北斜坡区均有较宽的滨海相发育。在受陆源碎屑物质影响小的缓坡区还发育了浅水台地亚相,如崖南低凸起西倾没端、松涛凸起的西部缓坡带。在盆地东北部斜坡区还发育海岸平原相。该时期扇三角洲范围较小，主要分布在盆地北部边缘控凹断层的下降盘，如崖北凹陷、松西凹陷和松东斜坡的扇三角洲。盆地东北部和盆地南部隆起带滨海区也有不少扇三角洲沿凸起边缘发育。盆地内古岛周围也发育以古岛为物源的扇三角洲，规模一般都较小。在扇三角洲前方还可发育与构造坡折有关的重力流沉积，如滑塌体（图4-36）。

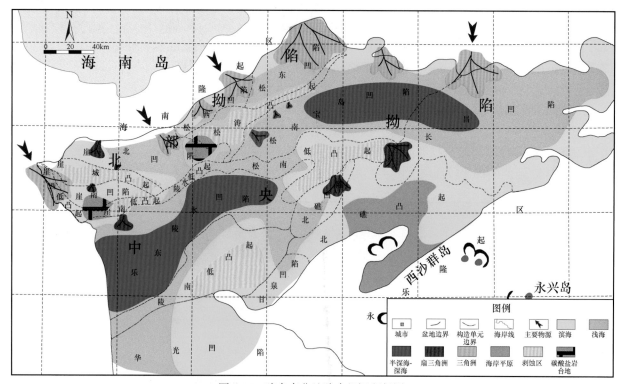

图4-36　琼东南盆地陵水组沉积相图

4. 三亚组

三亚组沉积时期，盆地总体上已经进入拗陷沉积阶段，相对于陵水组来说，水深继续加深，沉积范围进一步扩大，几乎覆盖了整个南部隆起带。由于盆地南部和北部物源供应能力不对称，使该时期盆地南、北的沉积特征也明显不同，主要以滨海和浅海为主。滨海相主要分布在南部及东北部，南部隆起带剥蚀区较陵水组减少，但仍有相当部分出露水面成为局部物源，并在其周缘形成一大片滨海。浅海相分布则范围较广，主要分布在北部陆架上，相带较宽，南部则相对较窄。扇三角洲南部及北部均有发育，南部以隆起近物源为主，北部以海南岛相对远物源为主，所以北部规模较大。另外以神狐隆起为物源的三角洲也有相当规模。这一时期的半深海相主要沿原中央拗陷带发育，在半深海中发育大量的浊积扇体，而海岸平原相仅见于盆地北部边缘（图4-37）。

5. 梅山组

梅山组沉积时期，沉积范围进一步扩大，物源主要来于海南隆起，主要沉积相以浅海和滨海为主。滨海相主要发育在盆地南部部分高隆起区域以及东北部区域，而在盆地北部也发育条带状的滨海相。在盆地西北部有范围较大的滨海浅水台地发育。浅海相呈宽缓的条带状发育在滨海相之外的广大斜坡区。半深海相发育于中央拗陷带的中东部，以及西部1号断层以下的莺歌海盆地中。盆地半深海相中发育重力流沉积——浊积扇。这一时期，由于只有海南岛提供物源，故而扇三角洲发育于盆地北部边缘，而且多集中在盆地西部，其中以盆地北缘中部及西北部的两个扇三角洲面积最大。在盆地北部边缘还发育窄小的条带状海岸平原相（图4-38）。

6. 黄流组

黄流组沉积时期，水深相对于梅山组时期进一步增大，沉积范围相对于下伏地层没有多大变化，但是沉积格局发生了非常明显的变化，以浅海-半深海相为主。盆地西部开始大规模沉降，发育大面积的半深海沉积。盆地东北部水深继续加深，浅海相范围增大，与该区地形平缓，滨海相大范围后退有关。

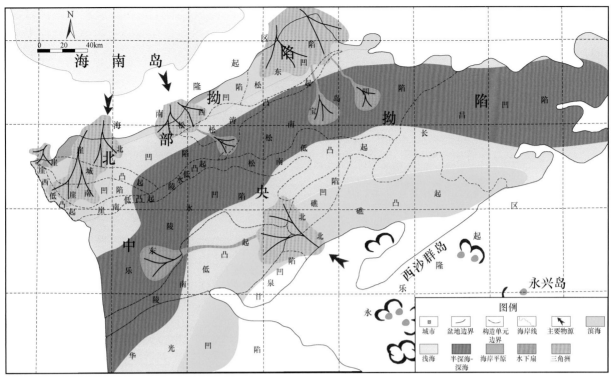

图 4-37　琼东南盆地三亚组沉积相图

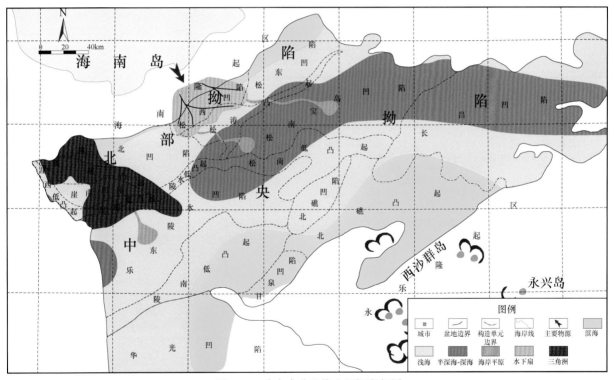

图 4-38　琼东南盆地梅山组沉积相图

原南部隆起区已全部没入水下，水深增大成为半深海，仅东南部分高隆起区变为浅海。滨海相呈条带状主要分布于盆地北部边缘，以及盆地东北部区域。海岸平原呈窄小的条带位于盆地北部边缘。扇三角洲不发育，仅在盆地北缘中部继承性发育，而且面积也在缩小。盆地中部半深海中发育大型下切水道以及其他重力流沉积——浊积扇（图 4-39）。

7. 莺歌海组

莺歌海组沉积时期，沉积范围最大，但沉积相带相对简单，以浅海-半深海为主。滨海相分布于盆地北部边缘。扇三角洲相分布于海南岛东南侧。浅海陆架相比较宽阔。半深海相在盆地中南部广泛分布。该时期还发育一条横贯东西的大型下切水道。从位置上看，该水道在盆地东部大致是在盆底中央最深部，在盆地西部向北偏移（图4-40）。

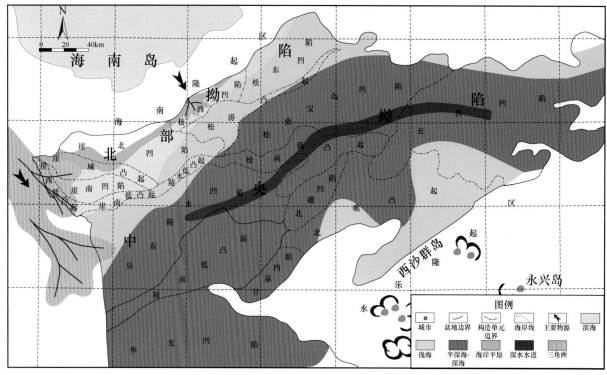

图 4-39　琼东南盆地黄流组沉积相图

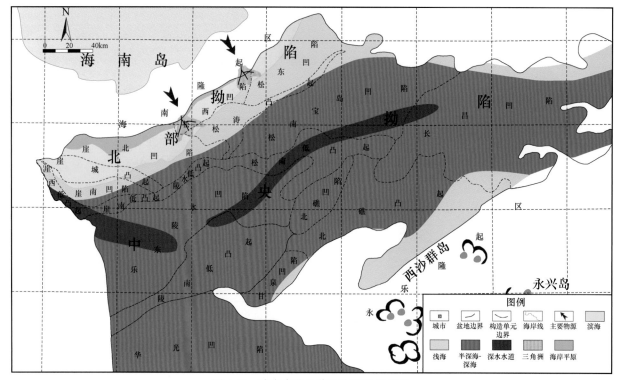

图 4-40　琼东南盆地莺歌海组沉积相图

（二）沉积体系演化规律

琼东南盆地新生代地层包括古近系（T_{100}—T_{60}）和新近系（T_{60}—T_{20}），其中古近系包括始新统、下渐新统崖城组和上渐新统陵水组，新近系包括下中新统三亚组、中中新统梅山组、上中新统黄流组和上新统莺歌海组，古近系与新近系以 T_{60} 为界，分为上下两大构造层，界面之下的地层为断陷期地层，界面之上为拗陷期地层，它们的沉积样式有明显差异。整个琼东南盆地随着不断的海侵，水体不断加深，经历了从始新世陆相断陷湖盆充填阶段、晚渐新世崖城期海陆过渡充填阶段，到早渐新世陵水期断拗浅海充填阶段，再到晚中新世三亚期以后的拗陷浅海—半深海充填阶段的沉积演化过程。

始新世，由于盆地为多凹多凸的地貌格局，沉积物多来自于断陷周围的隆起剥蚀区及内部的凸起区，以多向、近源为特征，所以自盆地边缘至凹陷中心发育了扇三角洲—滨浅湖或中深湖沉积体系。上渐新统崖城组沉积时期，随着全球海平面上升，海侵迅速地使盆地的沉积环境由始新世的湖泊变成了陆表海，发育陆相到海相沉积。早期仍以凹陷周边近物源为主，晚期转为盆地周边。这一时期主要沉积相类型包括海岸平原、扇三角洲、滨海、浅海等。下渐新统陵水组沉积时期，随着海侵作用增加，盆地范围进一步扩大，盆地内部的凸起区基本处于水下，这一时期的物源主要来自于北部隆起——海南岛物源区、南部隆起物源区和东北部的神狐隆起物源区，沉积相类型主要为海岸平原、扇三角洲、滨海、浅海、半深海等。下中新统三亚组和中中新统梅山组沉积时期，水深继续加深，沉积范围进一步扩大，几乎覆盖了整个南部隆起带，这一时期的物源主要来自北部隆起——海南岛物源以及东北部的神狐隆起物源，南部隆起物源贡献较小，沉积相类型主要为扇三角洲、海岸平原、滨海、浅海、半深海等。上中新统黄流组和上新统莺歌海组沉积时期，水深继续加深，形成陆架陆坡-深海平原环境，东北部的神狐隆起和南部隆起均被完全淹没，因此这一时期主要为北部隆起——海南岛物源，主要沉积相为半深海、浅海、滨海等，扇三角洲发育较少。

综上所述，琼东南盆地由老至新自始新世陆相断陷湖盆充填开始，到崖城组沉积时期海陆过渡充填阶段，到晚渐新世陵水期断拗浅海充填阶段，再到早中新世以后的拗陷浅海-半深海充填阶段，其总体为一渐进的海进过程。主体表现为水体逐渐加深，盆缘和盆内古隆起区或滨岸湖泊逐渐被海侵淹没，各凹陷水体连通性变好。随着海侵作用的增强，沉积相逐步由陆向海转变。

第五节　油气分布的沉积因素与生储盖组合

琼东南盆地是油气资源，特别是天然气资源十分丰富的盆地。其中，石油资源量 $21.5 \times 10^8 t$，列我国近海盆地第 4 位；天然气资源量 $3.57 \times 10^{12} m^3$，列我国近海盆地第 2 位。

一、油气分布的沉积因素

古近系盆地受属断陷时期，发育多个断陷湖盆，由于受早期断裂分布格局的控制，地层呈现出多个隆凹并存且相互独立的特点，隆起区的风化产物不断向盆地中心运移和沉积，北部湾盆地钻井显示，地层主要以深灰色、褐灰色泥岩为主，顶部发育一套砂砾岩和白色砂岩组合。

崖城组沉积时期，沉积环境由早期的海陆过渡相向中晚期的滨浅海沉积过渡，盆地进入断陷湖盆晚期阶段。崖一段主要发育海陆过渡相岩性序列，包括灰白色砂岩、深灰色泥岩、砂质页岩夹煤层和炭质泥岩等；崖二段和崖三段整体都呈现出一个向上变细的韵律组合，崖二段整体主要为深灰色厚层泥质岩类沉积，下部局部夹灰白色砂岩，属于海侵产物；而崖三段底部为红棕色砂砾岩夹深灰色薄层泥岩，向上逐渐转变为灰白色砂岩和深灰色泥岩的细粒沉积物的不等厚韵律叠加。

陵水组由下而上可以分为陵一段、陵二段和陵三段，地层呈现南薄北厚的特点，沉积环境以滨岸和半封闭的浅海沉积体系为主；陵一段岩性主要为浅灰色砂砾、中粗砂岩与灰-深灰色泥岩呈不等厚互层；陵二段主要发育灰-深灰色泥岩，局部可见浅色薄层砂岩；陵三段主要为灰白-浅灰色砾岩、砂岩，局部可见深灰色薄层泥岩和生物灰岩。

新近系三亚组主要发育浅海-深海沉积体系，由于构造运动造成多凸、多凹的地形特征逐渐消失，物源呈现出 NW 相单方向特点，岩性主要由下部的灰-深灰色泥岩、砂质泥岩与灰白色砂岩、砂砾岩互层沉积和顶部块状泥岩组成，整体呈现出向上颜色变深、粒度变细的特征。

梅山组自下而上由梅一段和梅二段组成，主要为滨海-浅海沉积产物（其中以深水沉积为主），沉积物物源主要来源于 NE 向，盆地中部出现了横贯全区的海底峡谷。梅一段主要由浅灰色泥岩，夹薄层粉砂岩、细砂岩组成，梅二段主要为褐色、灰白色砂岩，钙质砂岩及钙质、白垩质砂岩与灰岩及深灰泥岩呈不等厚互层（林畅松等，2001）。

黄流组自下而上分为黄一段和黄二段，主要为滨-浅海沉积体系的沉积物。其沉积期属于被动大陆边缘盆地环境，高频层序非常发育，陆架坡折易于识别。在盆地中部偏南方向横贯全区的海底峡谷依然存在，且在 SW 方向向广海伸展。黄一段主要为浅灰色、灰色砂质灰岩、灰黄色生物灰岩与灰色、深灰色泥岩、浅灰色粉、细砂岩呈不等厚互层；黄二段主要由深灰色泥岩、浅灰色、灰白色细砂岩、泥质粉砂岩夹薄层灰色组成。

莺歌海组整体上以浅海-半深海沉积为主，沉积物源呈现 NW 向，横贯全区的海底峡谷逐渐扩大，在 SW 方向分叉成两条路径伸入广海。高频层序样式非常典型，其重要特征是前积楔-斜坡扇非常发育。莺歌海组岩性主要为大套的浅灰色、深灰色厚层块状泥岩，夹薄层浅灰色粉砂岩、泥质砂岩，中部夹厚层块状细砂岩。

二、生储盖分析

（一）烃源岩

琼东南盆地崖城区主要存在着三套烃源岩，分别为始新统湖相烃源岩、渐新统滨浅海与沼泽（或海岸平原）相烃源岩以及中新统海相烃源岩。

始新统湖相烃源岩在琼东南盆地尚未钻遇，但从地震反射特征来看，其残留厚度有限，但应该存在。根据北部湾和珠江口盆地与其相当层位的钻探证实其应为优质烃源岩，且有机质丰度高，母质类型好。生烃潜量（S_1+S_2）平均为 7mg/g，有机碳（TOC）平均为 2%，氯仿沥青"A"及总烃（HC）平均值分别为 0.17% 和 800ppm。根据我国陆相生油层评价标准，可定为优质烃源岩。

渐新统广泛分布于琼东南盆地，已证实滨浅海和海岸平原沼泽相为崖城组盆地的主力生气层，其沉积受半地堑的控制。所含煤层单层厚度较薄，累积厚度通常小于 6m；陵水组为滨浅海砂泥岩沉积，分布范围已超过半地堑。目前，琼东南盆地钻井揭露的渐新统地层厚度平均为 1000m，其中烃源岩厚度可达 600m，尤以崖二段和陵二段泥岩发育。据研究显示，炭质泥岩的有机碳丰度平均为 8.22%；泥岩有机碳丰度为 0.4%～2%，接近好烃源岩的标准；崖城组因间夹炭质泥岩和煤层，煤的有机碳含量高达 90%，平均 55.4%，生烃潜量平均 87.4mg/g，有机质丰度变化较大，为优质烃源岩，具有很好的生气潜力（丁巍伟等，2005）。

自新近纪开始，莺-琼盆地在连通状态下形成的一套巨厚的浅海-半深海相地层的一部分即为中新统的海相烃源岩，它的范围已远远超过了崖南、崖北凹陷的范围。中新统烃源岩的有机质类型与渐新统烃源岩极其相似，为 II_2-III 型，但它们的生源构成却不尽相同。干酪根碳同位素值偏重是中新统烃源岩的又一特征标志，推测中新统成烃母质中含有陆源高等和浮游植物。正是因为两套烃源岩成烃母质有所不同，所以它们生成的天然气在成因特征上有着一定的差异。目前在琼东南盆地中已钻遇到的中新统地层大都处于滨海或滨浅海粗粒沉积相带，经分析得出，样品中的有机碳平均含量在 0.5% 左右。相比于古近系沉积，中新统的有机质丰度较低，但产烃率相差不多，由此得出中新统烃源岩的烃转化率相对较高，是一优质烃源岩。

琼东南盆地渐新统的沼泽相和滨浅海相烃源岩的品质很好，是现在的主力烃源岩，其次为中新统海相烃源岩。虽然始新统烃源岩品质也很好，但由于其分布面积有限，生烃贡献相对较小。

（二）储盖组合类型及分布

储盖组合类型及其分布往往与盆地自身的地质特点有着密切的关系。琼东南盆地属于陆缘拉张型大陆边缘裂谷-被动陆缘延变型叠合盆地。在古近纪琼东南盆地经历了独特的陆相、海陆交互相及海相的沉积过程，其中前两者发育在盆地的古近纪断陷期，后者发生在新近纪的拗陷期。这一地质特点决定了琼东南盆地古近纪发育海相储集体、陆相储集体和海陆交互相体。与此同时，这一时期可发育湖相泥岩和海相泥岩等良好的盖层。故此，琼东南盆地古近纪具有多套储盖组合（图 4-41）。

基底组合以风化壳或前古近系基岩潜山为储层，以陵水组浅海或崖城组或滨海组泥岩为盖层，主要分布在永乐古隆起斜坡和神狐古隆起接受沉积的部分。在高部位往往以新近系三亚组或梅山组的海相泥

地层	层序界面	岩性剖面	类型	储集体	盖层
黄流组	T₄₀	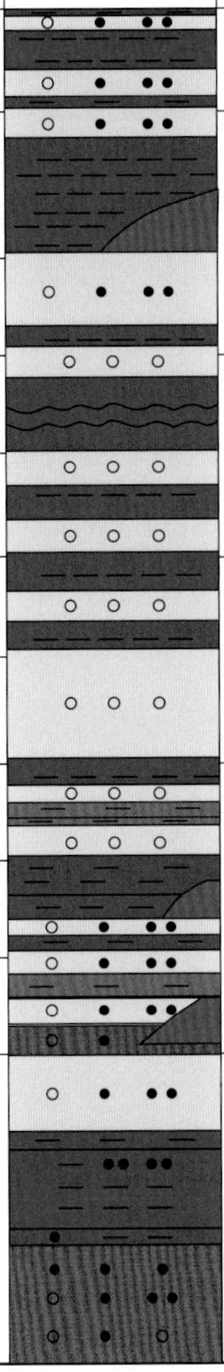	下生上储	低位砂体等	海相泥岩
梅山组	T₅₀		下生上储	滨海-三角洲砂岩低位砂体 碳酸盐岩	海相泥岩 灰质泥岩
三亚组	T₅₂				
	T₆₀		下生上储 自生自储	滨海-三角洲砂岩低位砂体	浅海泥岩
陵水组	T₆₁				
	T₆₂				浅海泥岩
	T₇₀		自生自储 下生上储	滨海-三角洲砂岩扇三角洲砂岩	浅海泥岩
崖城组	T₇₁				半封闭 浅海、 海陆交 互相泥岩
	T₇₂		自生自储 下生上储	滨海-三角洲砂岩扇三角洲砂岩 碳酸盐岩	
	T₈₀				
始新统 (岭头组)	T₁₀₀		自生自储 新生古储	冲积扇、河流、扇三角洲砂 (砾)岩；前第三系古潜山等	湖相泥岩、 页岩

图 4-41　琼东南盆地生储盖组合示意图

岩或灰质泥岩为盖层。

崖城储盖组合可分为两套：一套是崖城组下部（主要是崖城组三段）扇三角洲或滨海砂岩为储层，该组上部（崖城组二段和崖城组一组）半封闭浅海泥岩为盖层，主要分布在北部拗陷带北缘、崖城凸起周缘和松涛凸起周缘，宝岛-长昌凹陷北缘以及南部隆起带以北的松南-宝岛-长昌凹陷南缘；另一套是以崖城组三段生物礁为储层，以上部（主要是崖城组二段和崖城组一段）滨浅海相泥岩为盖层，主要分布在松南底凸起周缘、南部古隆起上的局部沉积区等。事实上，由于烃源和物源供应较充足，崖城组二段在局部地区也可出现有利的储盖组合，如松南低凸起地区。

陵水组合是滨海砂岩储层或陵水组三段扇三角洲与陵水组二段浅海泥岩盖层组合，是琼东南盆地最为重要的勘探目的层，具有区域上所谓的"黄金组合"。这一储盖组合以崖城气田为典型代表。"黄金组合"主要分布在陵南低凸起周缘、南部隆起北部的松南低凸起周缘、宝岛和长昌凹陷北缘以及崖北和松西凹陷等北部拗陷带北缘、松涛凸起周缘和盆地边部的崖城凸起周缘。同时，陵水组上部滨海-三角洲砂岩、三亚组二段低位滨海-三角洲砂岩与其上部浅海-半深海泥岩、梅山组泥岩或致密钙质砂岩可能组成有利的储盖组合，此外陵水组还发育浊积体或低位体（盆底扇、海底水道等）与上覆海相泥岩的储盖组合，主要分布在中央拗陷带深水区，如陵水凹陷、松南、宝岛及长昌凹陷等，尤其是长昌凹陷北斜坡部位。

整体上，研究区古近系储层类型多样，以扇三角洲碎屑岩和生物礁等碳酸盐岩最为有利。时间上，主要产出于渐新世，尤其是陵水组扇三角洲等储集体。空间上，北部以扇三角洲储集相带为主，辅以滨海砂岩储集体；南部以碳酸盐岩和滨海砂岩储集相带为主，较少的扇三角洲；盆地内部的部分凸起或低凸起可出现小面积展布的扇三角洲和滨海砂岩，更远或更深处则以低位扇、滑塌扇为储层。相应地，研究区古近纪发育 5～6 类储盖组合，按层位以陵水组合揭示最多（尤其是陵三段和陵二段组合），但崖城组合也较为有利，潜力不容忽视。如果进一步考虑浅水和深水勘探区域，可以预测浅水区的有利区带应集中在北部的崖城凸起周缘（尤其是其东部和南部）和松涛凸起周缘（尤其是其东北部和东南部，因为神狐隆起亦可提供部分供源）；深水区则以南部陵水凹陷南斜坡（或陵南低凸起）和松南低凸起以东、以南地区为有利勘探区带，同时，中央拗陷带的低位储层也值得进一步研究。

第五章 珠江口盆地

珠江口盆地位于南海北部、华南大陆以南、海南岛和台湾岛之间的广阔陆架和陆坡区。盆地大致呈北东向展布，长约 800km，宽约 300km，面积 $20.3 \times 10^4 km^2$（图 5-1），是我国南海北部最大的含油气盆地。

1977 年 10 月，珠江口盆地的石油钻探由勘探二号平台进行试钻，发现了西江 34-3 含油构造。至 1980 年共钻了 7 口探井。在珠二井和珠四井均见油气显示和油砂。20 世纪 90 年代以来，中国在该地区做了大量油气基础地质调查，在珠三拗陷先后发现了文昌 8-3、文昌 9-1、文昌 13-1、文昌 13-2、文昌 14-3 等油气田。2006 年，南海深水油气勘探在珠江口盆地 LW3-1-1 井获得天然气重大发现。2012 年 12 月 28 日，珠江口盆地番禺 4-2、番禺 5-1 油田、流花 4-1 油田正式投产。已有勘探成果表明，珠江口盆地是一个油气十分富集的新生代张性盆地，这与珠江口盆地新生代时期的构造 - 沉积特征密切相关。

第一节 区域地质背景

珠江口盆地位于广东大陆以南，海南岛与台湾岛之间的广阔大陆架和陆坡区之上，是在前新生代大型褶皱隆起之上发育的新生代大型张性沉积盆地。盆地东北部以东沙隆起与台西盆地和台西南盆地相隔，西南部以神狐-暗沙隆起为界，与琼东南盆地相邻。盆地基底块体的褶皱隆起活动十分强烈，在断裂作用下，盆地发生差异升降活动，部分块体急剧下降，堆积巨厚沉积物；而另一部分块体稳定上升为隆起或凸起，造成盆地南北分带、东西分块的构造格局，自北向南呈 NEE 向隆拗相间（图 5-1）。

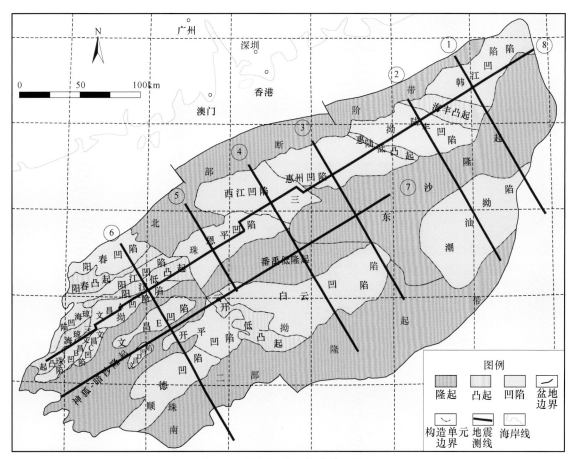

图 5-1 珠江口盆地构造单元划分

一、构造单元划分

珠江口盆地是在前燕山期花岗岩褶皱基底上形成的新生代非典型被动大陆边缘盆地，也是我国近海最大的含油气盆地之一（姚伯初，1996；李前裕等，2005）。盆地呈 NEE 向展布，由北向南可划分为北部断阶带、北部拗陷带、中央隆起带和南部裂陷带及南部隆起带 5 个一级构造单元。珠江口盆地分为东、西两个部分，西部由北部断阶带西段、珠三拗陷及神弧–暗沙隆起 3 个次一级构造单元所组成，而东部则由北部断阶带东段、珠一拗陷（韩江凹陷、陆丰凹陷、惠州凹陷、西江凹陷、恩平凹陷和南部隆起）、珠二拗陷（白云凹陷、开平凹陷、顺德凹陷）、潮汕拗陷及东沙隆起和南部隆起组成（图 5-1）。

二、构造演化特征

盆地处于欧亚、太平洋及印支板块相互作用的交汇点，受复杂的地质背景、地球动力学条件及多种地质因素的控制，形成了极具特点的盆地演化特征。珠江口盆地具有下断上拗的双层结构，以晚渐新世早期"南海运动"所形成的区域"破裂不整合面"为界，形成了上、下两套构造层及先陆后海的沉积组合（吴培康，1998；高红芳等，2006）。下构造层由分隔的断陷沉积组成，自下而上为神弧组冲积相沉积、文昌组湖相沉积和恩平组湖泊–沼泽相、河流–三角洲相沉积。上构造层由统一的海相沉积组成，表明了自晚渐新世以来海水大规模进入盆地（陈长民等，2000）（图 5-2）。

珠江口盆地的形成与演化主要受印度板块与欧亚板块的碰撞以及太平洋板块对欧亚板块 NWW 向俯冲的影响（李平鲁，1994；钟建强，1994；万天丰和朱鸿，2002），在新生代至少发生了 5 次重要的构造运动（图 5-2）从老到新分别是：①神弧运动（约 54Ma 或以前）；②珠琼运动一幕（约 49Ma）；③珠琼运动二幕（距今 39～36Ma）；④南海运动（24.8Ma）；⑤东沙运动（10～5Ma）（焦养泉等，1997；Huang et al.，2001；姚伯初等，2004；袁玉松和丁玫瑰，2008）。

珠江口盆地新生代具有三个构造演化时期：①晚白垩世—早渐新世裂陷期；②晚渐新世—早中新世后裂陷期；③中中新世以后拗陷期（图 5-2，图 5-3）。

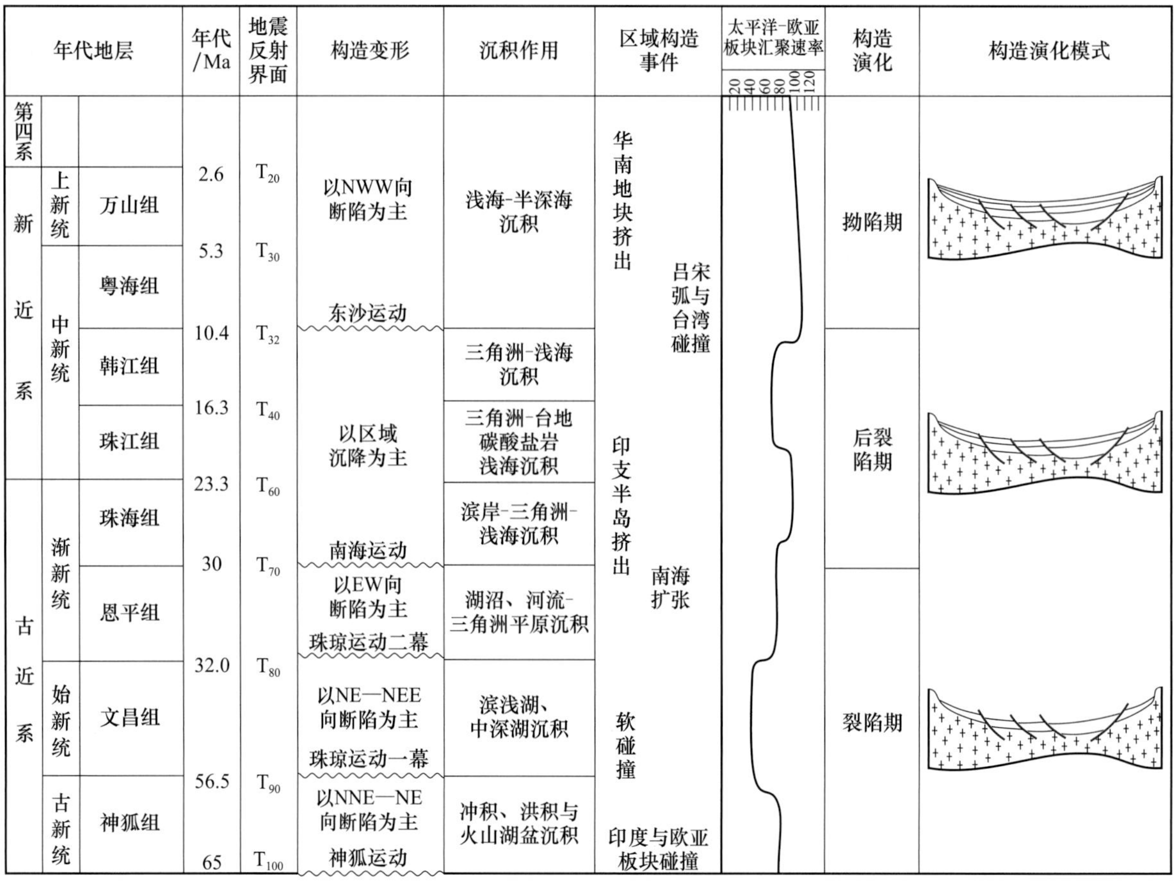

年代地层			年代/Ma	地震反射界面	构造变形	沉积作用	区域构造事件	太平洋-欧亚板块汇聚速率	构造演化	构造演化模式
第四系			2.6	T20	以NWW向断陷为主	浅海-半深海沉积	华南地块挤出		拗陷期	
新近系	上新统	万山组	5.3	T30			吕宋弧与台湾碰撞			
	中新统	粤海组	10.4	T32	东沙运动	三角洲-浅海沉积			后裂陷期	
		韩江组	16.3	T40	以区域沉降为主	三角洲-台地碳酸盐岩浅海沉积	印支半岛挤出			
		珠江组	23.3	T60		滨岸-三角洲-浅海沉积				
古近系	渐新统	珠海组	30	T70	南海运动		南海扩张			
		恩平组	32.0	T80	以EW向断陷为主 珠琼运动二幕	湖沼、河流-三角洲平原沉积			裂陷期	
	始新统	文昌组	56.5	T90	以NE—NEE向断陷为主 珠琼运动一幕	滨浅湖、中深湖沉积	软碰撞			
	古新统	神弧组	65	T100	以NNE—NE向断陷为主 神弧运动	冲积、洪积与火山湖盆沉积	印度与欧亚板块碰撞			

图 5-2　珠江口盆地构造事件

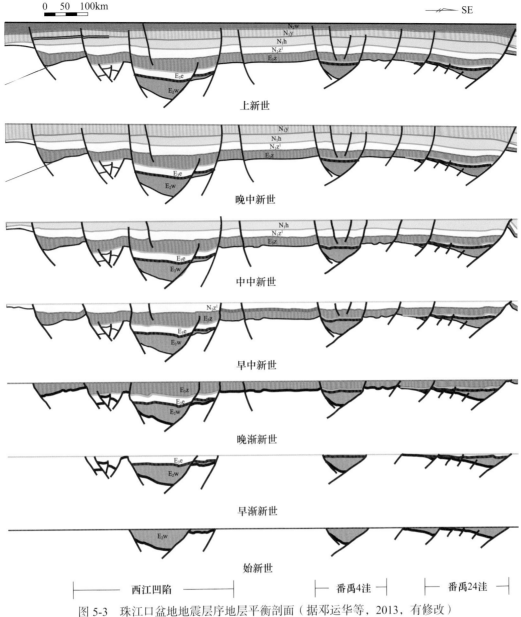

图 5-3 珠江口盆地地震层序地层平衡剖面（据邓运华等，2013，有修改）

（一）晚白垩世—早渐新世裂陷期

1. 初始裂陷期（晚白垩世—古新世）

前新生代大型褶皱隆起之后，由于神狐运动（54Ma）产生的拉伸作用，产生了一系列小型的 NNE-NE 向断陷，伴随岩浆入侵、火山喷发及变质作用，由此开始形成珠江口盆地雏形。

2. 裂陷期（始新世）

大型隆起上的构造变动相对于初始裂陷期来说要平静得多，裂陷期珠琼运动一幕造成的张裂作用使得珠江口盆地形成一系列 NE-NEE 向断陷，盆地西部由于断裂作用形成了断陷-拗陷型的珠三拗陷，盆地东部则主要表现为火山和岩浆活动。

3. 裂陷扩张期（早渐新世）

早渐新世，由于珠琼运动二幕发生，盆地进入断陷裂谷阶段裂陷扩张期，基底沉降速率进一步加大，张裂作用十分强烈，显著特点是东强西弱，东部断裂活动强，裂陷内沉积物厚。断裂作用产生了一组走向为 NEE 雁行式排列、总体走向为 60°N 的断陷和凹陷。由于褶皱层系的拉张作用，在南部拗陷带和中部隆起带产生一系列与褶皱轴向平行的断裂（龚再升，1997；陈长民等，2003）。

（二）晚渐新世—早中新世后裂陷期

受南海海底扩张过程的影响，渐新世末期发生了南海运动，海域进一步扩大，而构造运动和岩浆活动进入了相对平静期（庞雄等，2006），盆地发生整体沉降，开始进入断拗转换阶段，差异性沉积特点逐渐消失（张志杰等，2004）。彼此分隔的断陷、断拗开始连通，逐渐形成统一盆地。伴随下地壳和地幔积聚的热量逐渐衰减，盆地进入了相对稳定沉降时期。珠江口盆地作为一个整体持续沉降并接受沉积，期间发生的褶皱、挤压和火山作用非常微弱，而且此时华南大陆大规模的岩浆活动突然停止（李平鲁和梁慧娴，1994）。

（三）中中新世以后拗陷期

经历了第二次扩张作用之后的平静期，南海再次开始扩张。在其挤压作用下，珠江口盆地没有发生大规模的断裂、变质作用及岩浆活动，盆地继续稳定下沉。中中新世末期，吕宋弧与台湾地块碰撞所导致的东沙运动致使断裂作用增强，产生了一组 NWW 向小型断陷，至今仍在活动（何家雄等，2012）。

三、海平面变化

新生代以来，随着持续的海侵运动，水体不断加深，珠江口盆地经历了从始新世陆相断陷湖盆充填阶段、到晚渐新世断拗海陆过渡充填阶段，再到早中新世的拗陷浅海—三角洲充填阶段的沉积演化过程。

自新生代以来，珠江口盆地长周期、高级别的海平面变化共出现了 5 次，短周期低级别的海平面变化共 16 次，相对海平面变化的幅度为 0～150m。其中，在古新世、始新世盆地裂陷阶段，海平面出现 1 次长周期和 2 次短周期变化。盆地热沉降阶段，10 个幅度逐次增大的海平面升降旋回构成了总体海平面旋回（长周期）的快速上升部分。到盆地新构造阶段，海平面的上升幅度在 4 个次级旋回中是逐次降低的。因此，长周期都是非对称性周期变化，具体表现为海侵作用迅速，海平面变化梯度大；海退作用缓慢，海平面变化梯度小。

四、地层发育情况

珠江口盆地基底岩性包括分布于盆地西部的古生代变质岩，盆地北部珠一拗陷、珠三拗陷东部、番禺低隆起以及东沙隆起北侧的中生代侵入岩，珠二拗陷北部、东沙隆起南部的中基性岩浆岩以及潮汕拗陷和珠一拗陷东部的中生代沉积岩（王家林等，2002）。盆地新生界由老到新沉积的地层有古新统神狐组、始新统文昌组、下渐新统恩平组、上渐新统珠海组、下中新统珠江组、中中新统粤海组、上中新统韩江组及上新统万山组（图 5-4）。

（一）地层发育

1. 前新生界

珠江口盆地目前揭示的前古近系基底主要为一套酸性、中酸性侵入岩（主要为花岗岩、次为闪长岩及二长岩等）及片麻岩。同位素年龄为 70.5～130.0Ma，属于燕山晚期岩浆活动或变质作用产物。盆地亦有少数井钻遇的前古近系基底为变质石英岩、斜长安山岩和钠质粗面岩。前新生界基底的测井曲线一般具有两高一低的特点，即高自然伽马、高电阻及低声波时差的特点，因此很容易识别和判断。

2. 古近系

古近系主要包括古新统神狐组、始新统文昌组、下渐新统恩平组和上渐新统珠海组。

1）神狐组

神狐组仅在局部地区钻遇，主要是珠一凹陷的文昌、陆丰、惠州、韩江、惠陆低凸起中部及东沙隆起斜坡带。其岩性为一套粗碎屑岩沉积，以红色、杂色冲积扇砂砾岩为主，厚度 0～958m。在文昌凹陷，该组为杂色砂岩、粉砂岩与棕灰色泥岩、粉砂质泥岩互层、厚薄层交替出现，自下而上略显粗—细—粗旋回。而在陆丰凹陷，神狐组是一套以火山岩（包括熔岩、紫红色凝灰岩及火山碎屑岩）为主，有时含砂岩和泥岩的地层。另一类型为棕、灰色砂岩夹棕褐色泥岩，顶部有厚层火山喷发岩。此外，在陆丰、惠州、白云等凹陷，钻井底部揭示的火山岩是断陷早期火山活动的产物，因旋回性不明显，暂时划归该组。

2）文昌组

文昌组分布广泛，岩性是一套厚层暗色泥岩互层，顶部夹有砂岩。泥岩质纯，含较多的菱铁矿晶粒及少量炭化植物碎屑，不含钙，以灰黑色为主，代表湖相沉积，分布于分割的断陷盆地中。如在珠一拗陷的恩平、西江、惠州、陆丰、韩江等凹陷均有分布；珠二拗陷的白云-开平凹陷也有分布，而且面积最大，

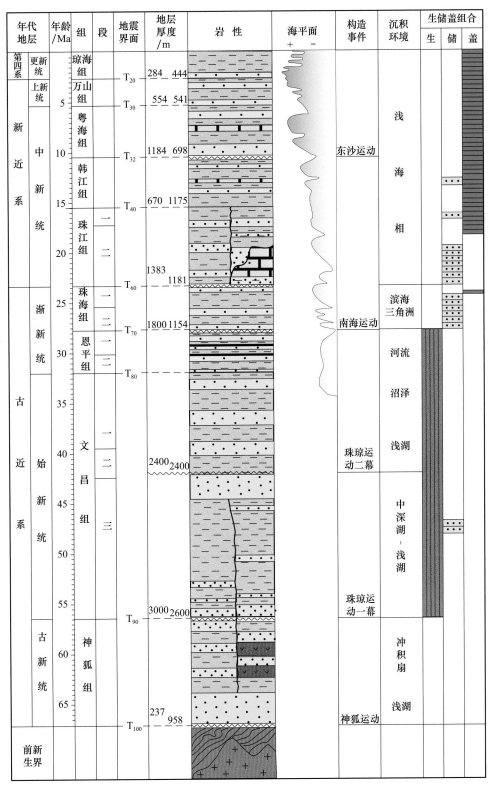

图 5-4　珠江口盆地沉积柱状图（据秦国权，2000，有修改）

现已证实的厚度为 0~764m；而珠三拗陷中仅在文昌凹陷出现，自下而上呈现粗—细—粗的复合旋回。

　　重矿物中电气石、锆石、绿帘石含量较高。砂岩为长石岩屑砂岩，分选及磨圆度均差，长石大多风化为高岭土，表明是在潮湿气候条件下碱性介质中由碳酸盐矿物分解而成。本组除孢粉以外，其他化石极其稀少，仅在个别井的样品中见到少量钙质超微化石。

　　3）恩平组

　　恩平组的分布比文昌组广泛，但厚度在各凹陷变化较大、以文昌、白云和恩平凹陷的厚度最大，可达 1115m。岩性为一套灰黑色泥岩及砂岩互层间夹煤层，是一套河湖沼泽相沉积。自下而上组成三个正旋回：上部旋回是大套砂岩和含砾砂岩，有泥岩夹层。上部旋回的岩性有两种组合：一种是砂岩与泥岩互层；另一种是砂岩与泥岩互层并伴有煤层。灰白色砂岩中高岭土含量高。砂岩分选度以及磨圆度较差。黑色、深灰色泥岩中炭化植物碎屑含量较高，不含钙质。该盆地的主要烃源岩层是文昌组和恩平组。

自然伽马、电阻、声波时差基值比上覆层升高。自然伽马曲线在上部为高、低值间互，呈梳状；下部为块状低值中高值，略显指状。

砂岩中岩屑含量较高，粒度较粗。以长石岩屑、岩屑砂岩为主。压实作用强烈，矿物颗粒之间接触紧密，很少有胶结物充填，黑云母呈梳状或飘带状出现，并向绿泥石和绢云母转化。矿物中的锆石、金红石、锐钛矿含量较多。

4）上渐新统珠海组

岩性以砂岩夹泥岩为主，砂岩呈灰-灰白色，泥岩包括棕红、灰绿、灰褐、灰黄等颜色，是一套三角洲沉积及滨岸沉积。该组发育较为广泛，只有珠三拗陷和珠一拗陷北部部分井区缺失该组。地层厚度为34～875m，变化较大，其中恩平凹陷最厚。自下而上分为三段、二段和一段。三段为厚层浅灰色砂岩夹灰褐色泥岩，二段为厚层浅灰色砂岩夹棕红、褐、灰绿、灰色泥岩，一段为灰黄色砂泥岩互层。该区砂岩分选差-中等，以石英为主要成分，含有绿泥石，绿海石和黄铁矿含量极少；泥岩含砂，不含或含有微量钙。该组是珠江口盆地的主要含油层系之一。

本组下、中部自然伽马以低值为主，上部则为高、低值间互出现。重矿物以锆石、电气石、石榴石为主，黄铁矿含量较低，赤褐铁矿含量较高。

3. 新近系

新近系主要包括下中新统珠江组、中中新统韩江组、上中新统粤海组和上新统万山组。

1）珠江组

该组继承了古近系珠海组沉积晚期的发育特点。以深灰色泥岩为主，夹细砂岩、粉砂岩，在惠州凹陷和东沙隆起地区该组中下部发育有生物礁滩灰岩，通过对该盆地目前已发现油田的油层统计，发现珠江组和珠海组是该盆地主要的勘探目的层。

2）韩江组

该组岩性以灰绿色泥岩为主，夹少量砂岩，厚度变化较大，为159～1175m。在珠一拗陷自下而上由多个旋回构成，珠二拗陷自下向上由一个或多个旋回构成。岩性以粉砂岩和泥岩为主，在局部地区可见石灰岩或者白云岩。砂岩以灰白和浅灰色为主，主要成分为石英，有泥质胶结，泥岩以浅灰色和灰色为主，成分中不含或者含有微量钙质。分选性及磨圆度均较好。

韩江组中、下部，声波曲线出现多个小尖峰，为薄层石灰岩夹层或钙质砂岩所致。

3）粤海组

厚度变化较大，为159～1175m，灰色泥岩夹砂岩是该区主要岩性。据岩电组合关系可将剖面划分为三种类型：第一种类型特征是顶底粗中间细，具体表现为顶底发育厚层砂岩及含砾砂岩，中部为砂泥岩互层；第二种类型是上细下粗型，具体表现为上部泥岩较发育，下部主要发育中-厚层状砂岩夹泥岩；第三种类型是粗细间互型，具体表现为砂泥岩呈不等厚互层，从下向上旋回特征不明显。该组泥岩普遍含钙，呈灰-灰绿色；砂岩不含或者微含钙，富含海绿石，呈灰色。

4）万山组

该组厚度为36～698m，岩性以泥岩、粉砂质泥岩夹砂岩为主，颜色为灰-灰绿色，富含钙质，含有较多生物碎屑、少量海绿石，成岩性比较差，旋回性在大部分地区较明显。从整个盆地来看，该组地层岩性变化不大，受物源供给的影响，粒度有如下变化特征：珠一到珠二拗陷从南向北、从东向西逐渐变细，但是珠三拗陷中的文昌凹陷粒度较粗。东沙隆起为礁灰岩。

（二）沉积地层及平面展布特征

1. 文昌组

珠江口盆地始新统文昌组沉积时期，东起陆丰凹陷，西到文昌凹陷，南至白云凹陷形成了一些相互不连通的拗陷沉积，整体厚度较小。其中以惠州、文昌、白云凹陷面积略大，湖盆开阔，地层厚度稍大。南部珠二拗陷沉积厚度小，在白云凹陷中心部位也有地层发育。韩江凹陷、潮汕凹陷在该时期地层基本不发育（图 5-5）。

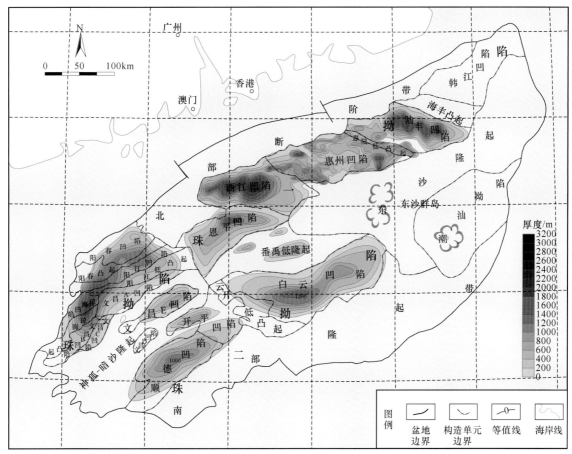

图 5-5　珠江口盆地文昌组地层厚度图

2. 恩平组

珠江口盆地下渐新统恩平组沉积时期，东至韩江凹陷、陆丰凹陷，西至文昌凹陷发育较薄的地层。其中以惠州、白云凹陷面积略大，湖盆开阔，地层厚度稍大。南部珠二拗陷沉积厚度小，在白云凹陷中心部位也有地层发育。文昌 C 凹陷、潮汕凹陷在该时期地层基本不发育（图 5-6）。

3. 珠海组

珠江口盆地上渐新统珠海组沉积时期，随着海侵的加大，盆地大部分地区都接受沉积，西部发育过渡相沉积，规模逐渐缩小；中部及东部地区，大面积沉积滨浅海相地层，珠二拗陷沉积地层较厚。珠一拗陷南缘，东沙隆起开始下沉接受沉积（图 5-7）。

4. 珠江组

珠江口盆地下中新统珠江组沉积时期，随着海侵的进一步扩大，相对海平面不断上升，盆地大部分地区都接受沉积，盆内古珠江三角洲沉积体系不断前积，沉积地层较厚；东沙隆起也可见地层发育；珠二拗陷的地层较厚（图 5-8）。

5. 韩江组

该组沉积时期海平面上升，整个盆地被海水覆盖，全盆接受沉积，其中，顺德凹陷、白云凹陷、惠州凹陷、韩江凹陷沉积地层较厚，部分凹陷沉积了近千米厚的韩江组（图 5-9）。

6. 粤海组

珠江口盆地上中新统粤海组沉积时期，海平面持续上升，最低海平面向北推移到珠一拗陷。其中，顺德凹陷、白云凹陷、惠州凹陷、韩江凹陷沉积地层较厚，最厚可达 2000m（图 5-10）。

7. 万山组

珠江口盆地上新统万山组沉积时期，海平面总体上持续上升，海水连成一片，全盆接受沉积，其中白云凹陷沉积地层较厚，沉积厚度可达 1800m，其他区域沉积较薄（图 5-11）。

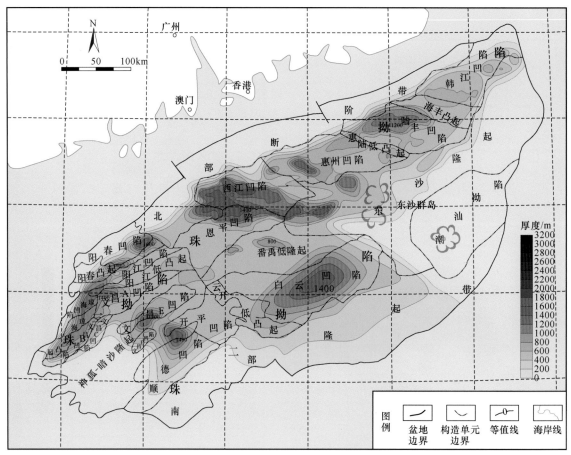

图 5-6　珠江口盆地恩平组地层厚度图

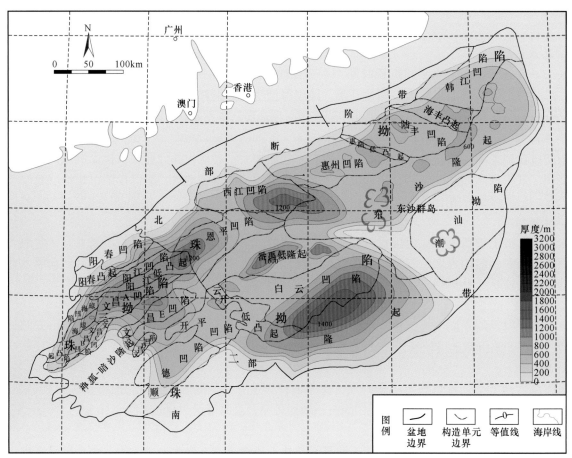

图 5-7　珠江口盆地珠海组地层厚度图

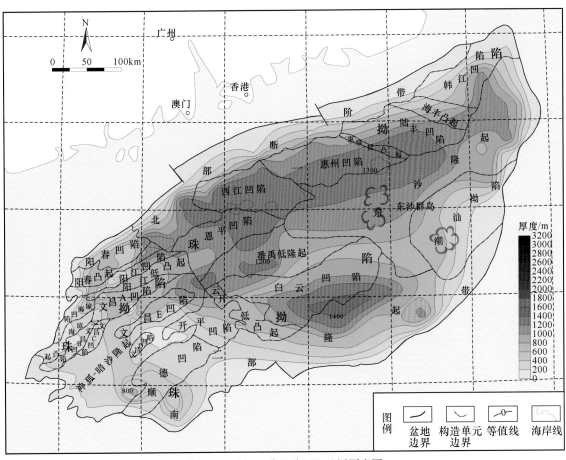

图 5-8 珠江口盆地珠江组地层厚度图

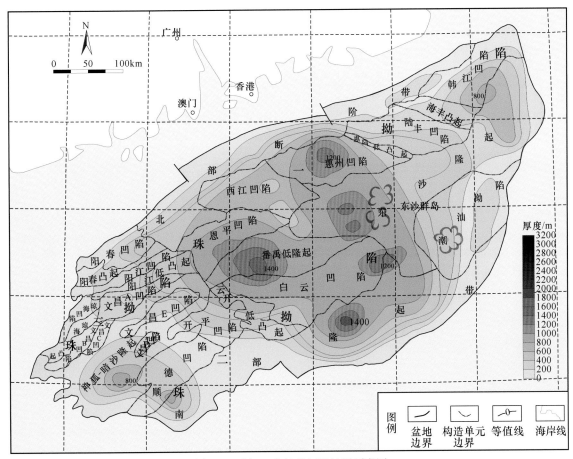

图 5-9 珠江口盆地韩江组地层厚度图

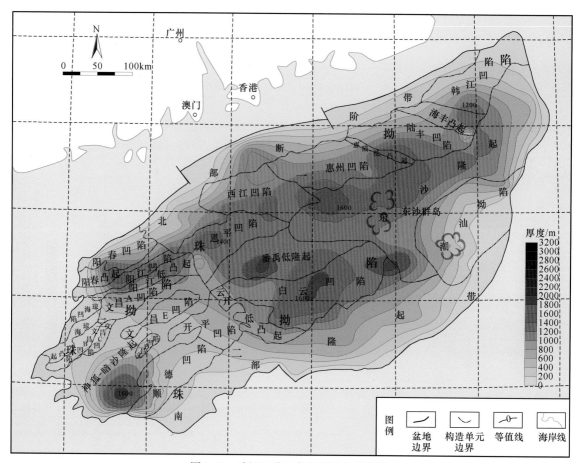

图 5-10　珠江口盆地粤海组地层厚度图

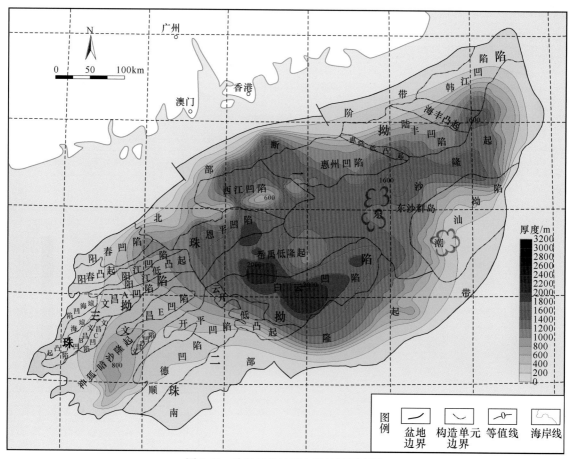

图 5-11　珠江口盆地万山组地层厚度图

第二节　地震层序特征及盆地结构

珠江口盆地发育断陷型与拗陷型两大类盆地结构类型，以断陷型盆地结构为主，新近纪和古近纪盆地结构存在明显的差异。在漫长的地质历史演化过程中，珠江口盆地发育了多个区域性沉积间断面，它们共同构成了盆地内不同级别的层序界面，通过确定这些层序界面在地震剖面上的特征，建立研究区地震层序界面的识别标志，然后进行全区的界面追踪和闭合，建立研究区的等时地层格架，由此清晰地再现出该盆地各个凹陷的结构特征。

一、地震层序划分

根据层序界面顶、底面的地震反射终止方式，可划分为上超、下超、削蚀和顶超四种类型。在珠江口盆地中，T_{70} 层序界面对应于南海运动，盆地由断陷向断拗转化，对其下伏地层的削蚀十分明显，成为层序界面识别的重要依据 [图 5-12 (a)]。另外，在盆地各个层序界面附近可见到顶超 [图 5-12 (b)]、上超 [图 5-12 (c)] 及下超现象 [图 5-12 (d)]，亦是识别层序界面的重要标志。

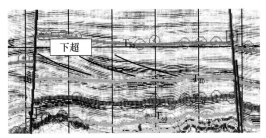
（a）阳江低凸起地震反射剖面上的下超现象

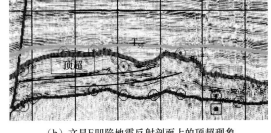
（b）文昌E凹陷地震反射剖面上的顶超现象

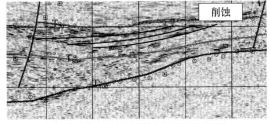
（c）东沙隆起地震反射剖面上的削蚀现象

（d）文昌A凹陷地震反射剖面上的上超现象

图 5-12　珠江口盆地层序界面识别标志

珠江口盆地自新生代形成以来经历了三大区域性构造事件（神狐运动、南海运动、东沙运动），形成了三个与古构造运动有关的区域性不整合面（T_{100}、T_{70}、T_{32}），在全球区域海平面的影响下，形成了多个不整合面（T_{80}、T_{70}、T_{50}、T_{40}、T_{30}、T_{20}）。不同地质时期构造与海平面变化等因素的影响程度不同，形成的层序界面特征也不尽相同，各层序界面的特征总结如下。

T_{100}：古近系与前古近系分界面。隆起边缘或斜坡区该界面之上可见古近系地层逐层超覆现象。钻、测井剖面上通常为文昌组（隆起高部位文昌组缺失时，为恩平组或珠海组）河湖相沉积与基底的突变面，界面上、下测井曲线特征截然不同，界面之下曲线较平直，GR 为中值，Rt、AC 为低值，曲线形态为钟形，局部块状；界面之上 GR、Rt、AC 曲线呈微弱齿形。在地震剖面上，T_{100} 以上表现为高幅、低频率的连续地震反射特征；其下地层基底反射层波形特征变化大，与上覆反射层呈不整合接触。

T_{80}：文昌组和恩平组的分界面。T_{80} 对应的层序界面为珠琼运动二幕的产物。珠琼运动二幕是珠江口盆地裂陷期最主要的构造运动，该期运动使盆地发生抬升剥蚀，并伴有断裂和岩浆活动。由于活动延续时间长，抬升剥蚀量大，因此残存地层有限，与上覆地层明显呈角度不整合接触关系。该界面在钻、测井剖面上表现为岩性突变面，界面以上以砂质沉积作用为主，界面以下为泥岩发育段或以泥岩为主，夹薄层砂岩，GR、Rt 与 AC 曲线基值上、下变化明显。地震剖面上 T_{80} 之下地层的削截现象非常明显，地震反射频率明显增高，表现为平行-亚平行、连续较好的反射特征，较易在地震剖面上识别并追踪；界面以下呈低频、强振幅、中等连续的反射特征。

T_{70}：恩平组和珠海组的分界面。T_{70} 对应界面为南海运动后形成的破裂不整合面。南海运动较为强烈，持续时间较长，在盆地南部的珠二拗陷为造海运动。对珠一拗陷来说，T_{70} 对应界面形成后，海水开始侵入到北部隆起带与东沙隆起之间。T_{70} 之上上超现象明显，地震剖面上表现为低频、弱振幅、连续性差的反射特征。测井曲线上，GR 曲线基值明显变低，Rt 值增大；界面之下见削截现象。

T_{60}：珠海组与珠江组的分界面。珠海组为海陆过渡相，珠江组后期转变为海相沉积，盆地北部拗陷带在珠江组稳定分布一套灰岩沉积，此套灰岩沉积对应着 T_{50} 地震反射界面。因此，在钻、测井曲线剖面中，T_{60} 对应层序界面之上砂岩含量显著降低，但具体界限不易确定。地震剖面上，T_{60} 反射层距 T_{50} 标志层较近，界面之上的连续性变好，频率相对变高；界面之下反射振幅变弱、频率变低。

T_{50}：珠江组上段和下段的分界面。该界面为连续性强，全区可连续追踪，常以复波形式出现，盆地东南部能量最强，其上为平行弱反射层，局部见上超、下剥现象。

T_{40}：下中新统珠江组顶界面、中中新统韩江组底界面。该界面连续性较好，全区能连续追踪。界面之上在地震剖面上表现为连续性中等，振幅为弱–中等，频率加强的反射特征，界面之下为平行弱反射层。

T_{32}：中中新统韩江组顶界面、上中统粤海组底界面。T_{32} 对应界面为东沙运动后形成的不整合面（于兴河等，2012）。韩江组、粤海组及万山组在盆地广大拗陷区表现为连续沉积，仅在东沙隆起和潮汕拗陷等区域遭受一定程度的剥蚀。该界面在陆架拗陷区为中等连续、中等振幅的反射特征，与 T_{30} 平行或者向海方向上超于 T_{30} 之上。

T_{30}：上中新统粤海组顶界面、上新统万山组底界面。该界面在构形特征区为下伏斜层推进之顶，局部见上超现象，尤其以珠三拗陷最为明显。

T_{20}：上新统万山组顶界面、第四系底界面。该界面连续性好，存在上超、下剥特征，界面以上呈波状反射。

二、重点凹陷的层序结构

通过剖面基本覆盖盆地主要构造单元的 8 条骨干剖面来说明该盆地各凹陷的结构特征并展现其层序地层格架（图 5-1）。下面以 6 条 SE 向的地震层序地层格架剖面为例，由东向西，由北向南，分叙各主要生烃凹陷的层序地层格架特征。

（一）韩江凹陷

韩江凹陷为一典型"北断南超"的缓坡逆向断阶型半地堑，凹陷位于北部断阶带与东沙隆起之间。凹陷内的前期地层发生翘倾，断面呈铲状。其渐新统及以前的地层总体南倾，呈发散状上超于南部边界断层之上，且沉积相对较厚，渐新统以后地层则相对平缓，构造活动较小，沉积缓慢（图 5-13）。

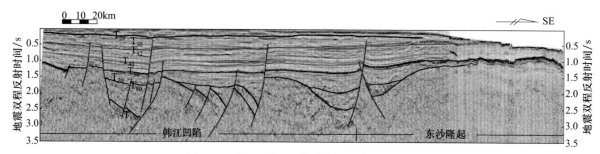

图 5-13　珠江口盆地测线①剖面层序地层格架

（二）陆丰凹陷

陆丰凹陷位于盆地北部断阶带与东沙隆起之间，受南、北方向控凹断裂控制，大致表现为顺向断阶型地堑结构，凹陷在古近纪时期，其北部断陷下降幅度明显大于南部。凹陷内构造活动频繁，始新统以前地层沉积较缓慢，且地层北倾，呈发散状上超于北部边界断裂上，而相对平缓早期，后期地层沉积速度快（图 5-14），且沉积厚度大。

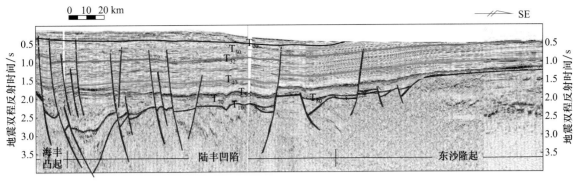

图 5-14　珠江口盆地测线②剖面层序地层格架

（三）惠州凹陷

惠州凹陷与陆丰凹陷结构大体相似，受南、北方向控凹断裂控制，亦表现为断阶型地堑结构；凹陷在古近纪的南部断陷下降幅度略大于北部。凹陷内各时期地层都受断层影响，由两边向凹陷中心倾斜，凹陷早期沉积较慢，后期沉积速度加快，沉积厚度加大（图 5-15）。

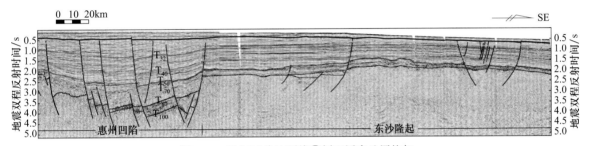

图 5-15　珠江口盆地测线③剖面层序地层格架

（四）西江凹陷

西江凹陷为一典型的断阶型地堑结构，位于盆地北部断阶带与东沙隆起之间，凹陷在古近纪的南部断陷下降幅度明显大于北部。凹陷埋藏深度大，形成时期早，沉降中心位于北部，凹陷构造活动较不强烈，各时期地层比较平缓（图 5-16）。

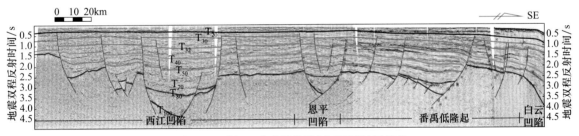

图 5-16　珠江口盆地测线④剖面层序地层格架

（五）恩平凹陷

恩平凹陷发育在西江凹陷和白云凹陷之间的番禺低隆起上，面积相对较小、埋深浅。凹陷东部表现为典型的断阶型地堑结构，凹陷在古近纪的南部断陷下降幅度略大于北部；西部则为简单型（铲型）半地堑结构，各时期地层比较平缓，构造活动较不强烈（图 5-17）。

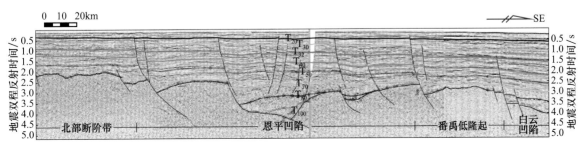

图 5-17　珠江口盆地测线⑤剖面层序地层格架

（六）文昌凹陷

文昌凹陷位于盆地西南部珠三拗陷内，分为文昌A凹陷、文昌B凹陷、文昌C凹陷、文昌D凹陷、文昌E凹陷五个次一级的凹陷。这五个凹陷的结构不尽相同：文昌A凹陷东部为断阶型地堑，西部为简单型（铲型）半地堑结构（图5-18）；文昌B凹陷、文昌C凹陷和文昌D凹陷为断阶型地堑结构；文昌E凹陷为缓坡断阶型半地堑结构（图5-18）。

（七）开平凹陷

开平凹陷位于番禺低隆起和南部隆起带之间，表现为典型的断阶型地堑结构，凹陷在古近纪的南部断陷下降幅度明显大于北部。各时期沉积地层厚度都较小，但渐新统及以前地层厚度明显大于上覆各时期地层厚度中新统地层向北上超于下伏地层之上（图5-18）。

（八）阳江凹陷

阳江凹陷位于阳春低凸起与阳江低凸起之间。凹陷东部表现为断阶型地堑结构，沉降中心位于凹陷的南部（图5-18）；凹陷西部表现为缓坡断阶型地堑结构，各时期地层比较平缓，构造活动较不强烈，渐新统及以前沉积地层厚度明显大于上覆各时期地层厚度（图5-18）。

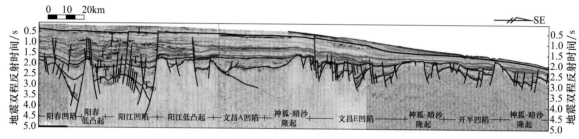

图5-18　珠江口盆地测线⑥剖面层序地层格架

（九）阳春凹陷

阳春凹陷位于盆地西北边界，与阳江低凸起相邻。凹陷的半地堑陡坡发育与主边界断层倾向相同的断层，表现为典型的简单型（平直型）半地堑。古始新统的地层向南倾斜，上覆地层相对平缓，构造活动不十分强烈，渐新统及以前沉积地层厚度明显大于上覆各时期地层厚度（图5-18）。

综上所述通过对跨盆长地震剖面凹陷结构与层序界面的研究，得到珠江口盆地凹陷结构栅状图（图5-19）。

三、盆地结构特征

珠江口盆地古近系的主要凹陷结构可以分为两大类（表5-1、表5-2）：①箕状断陷型，这类凹陷陡坡与主控断裂一侧的相邻构造呈断层接触，与其缓坡一侧的相邻构造多呈过渡渐变接触，该类凹陷又可以分为平直型（不对称、断面平直）、铲型（不对称、断面呈铲状）和缓坡逆向断阶型（不对称、断面以平直型为主、铲状为辅，断层组合为多米诺状，以具同向翘倾为主的半地堑-半地垒组合）三种类型，如阳春凹陷等属于平直型，文昌A凹陷西部、恩平凹陷西部等属于铲型，韩江凹陷、文昌E凹陷、阳江凹陷西部缓坡断阶型；②地堑型，该类凹陷与相邻构造以断层接触为主，该类型在珠江口盆地只发育顺向断阶型凹陷结构（不对称、断面以平直型为主、铲状为辅，断层组合主要为多米诺状，还有少量Y字形，以具同向翘倾为主的半地堑-半地垒组合），如阳江凹陷东部，开平凹陷，陆丰凹陷，文昌A凹陷东部，文昌B、C，D凹陷，惠州凹陷，恩平凹陷东部，西江凹陷都属于断阶型凹陷。

珠江口盆地新近系盆地结构主要为拗陷型（表5-1），多表现为不对称的盆地结构特点。盆地被9个（低）凸起或（低）隆起分隔为13个凹陷，凹陷总体上具有典型的单断箕状凹陷特征，多呈现出南高北低、北断南超、南浅北深的分布特点。尤其是在裂陷期，各个凹陷具有幕式沉降的特点，断裂控制着沉降中心的分布。总体而言，盆地结构以顺向断阶型地堑和逆向缓坡断阶型半地堑为主。断阶型地堑主要分布于北部拗陷带中央和西侧，而缓坡断阶型半地堑则主要分布于北部拗陷带东侧和南部拗陷带中（图5-13）。

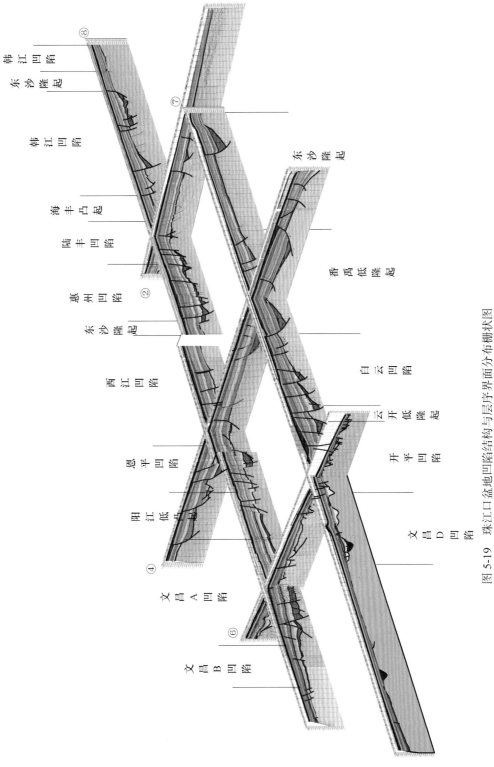

图 5-19 珠江口盆地凹陷结构与层序界面分布栅状图

年代地层			地震解释	填充图例	海陆变迁
系	统	组			
新近系	上新统	万山组	T20		海陆变迁
		粤海组	T32		
	中新统	上 韩江组	T40		海相
		中 上珠江组	T50		
		下 下珠江组	T60		
古近系	渐新统	上 珠海组	T70		过渡带
		下 恩平组	T80		
	始新统	文昌组	T100		陆相
前古近系					基底

表 5-1　珠江口盆地凹陷结构分类

盆地结构类型			主要盆地结构模式图	构造模式实例图	发育位置	地震反射实例图
断陷型	半地堑式	简单型 平直型		阳春凹陷	阳春凹陷	阳春凹陷
		简单型 铲型		恩平凹陷西部	恩平凹陷西部 文昌A凹陷西部	恩平凹陷西部
		缓坡断阶型		韩江凹陷	韩江凹陷 文昌E凹陷 阳江凹陷西部 陆丰凹陷南部	韩江凹陷
	地堑式	断阶型		惠州凹陷	文昌A凹陷东部 文昌凹陷B、C、D凹陷 恩平凹陷东部　开平凹陷 阳江凹陷东部　惠州凹陷 陆丰凹陷南部　西江凹陷	惠州凹陷
拗陷型				陆丰凹陷	全盆（新近系地层）	陆丰凹陷

表 5-2　珠江口盆地古近系凹陷结构要素

盆地结构类型		断陷型				拗陷型
		半地堑式			地堑式	
		平直型	铲型	缓坡逆向断阶型	顺向断阶型	
主要盆地结构模式图						
结构要素	盆地对称性	非对称	非对称	非对称	非对称	非对称
	断面形态	平直	铲状	平直为主,铲状为辅	平直为主,铲状为辅	
	断层组合			多米诺状	多米诺状	
	半地堑-半地垒组合			同向翘倾为主	同向翘倾为主,对向为辅	
	典型凹陷	阳春凹陷	恩平凹陷西部	韩江凹陷	惠州凹陷	陆丰凹陷

第三节　沉积特征分析

在建立珠江口等时地层格架的基础上，通过恢复珠江口古地貌、分析地震反射特征等方法分析确定珠江口盆地新生代各时期物源方向，结合地质资料（岩心、录井）和地球物理数据（测井、地震等），进而综合分析珠江口盆地沉积体系展布与演化。

一、物源分析

结合实际资料情况，在研究过程中，对物源方向的判断主要是从以下两个方面来考虑：①根据古地貌形态；②根据地震剖面上的前积体、下超反射结构和下切谷（物源通道）的发育特征与方向特征。

（一）古地貌特征

珠江口盆地始新世和早渐新世盆地形成的裂陷阶段，盆内隆凹格局明显，恩平凹陷、西江凹陷、惠州凹陷、陆丰凹陷、汉江凹陷等都较发育，到上渐新统恩平组盆地形成断拗以后，由于广泛的海进，盆地主体表现为水体逐渐加深，盆缘和盆内古隆起区或滨岸湖泊逐渐被海水淹没，各凹陷水体连通性变好，直至各凹陷与隆起连成一片，全盆整体环境为后期的海相。

1. 文昌组

文昌组沉积时期古地貌形态复杂、隆凹格局明显。珠江口盆地各凹陷分割性很强，韩江凹陷和陆丰凹陷之间的小凸起将中央拗陷带与北部拗陷带分割，惠州凹陷和西江凹陷之间的小凸起将中央拗陷带与南部拗陷带分开，中央拗陷带与北部拗陷带占据了珠江口盆地凹陷面积的绝大部分，造成珠江口盆地整体三分，拗陷呈现出由北向南变浅，由整体变孤立的特点。其中北部的韩江凹陷为北部拗陷带的断陷主体，并且为珠江口盆地较深的凹陷，通过南部的海丰低凸起与中央拗陷带相连。中央拗陷带由陆丰凹陷和惠州凹陷连接组成，基本覆盖珠江口盆地大部分地区，整体深度次于北部拗陷带。相比北部拗陷带和中央拗陷带，南部拗陷带分割性很强，均为面积较小的小凹陷，且整体连续性较差，个别凹陷深度较大。此时珠一拗陷内的海丰凸起和惠陆低凸起面积较小，且凸起较低。而东沙隆起面积较大，基本成形。这一时期珠江口盆地最深处位于韩江凹陷，其次为惠州凹陷和陆丰凹陷，盆地主要的隆起区域为盆缘的北部隆起带及南部的东沙隆起，此时期各凹陷的物源主要来自于南北隆起及凹陷内部小凸起，北部隆起带及中部低凸起物源通道较为发育，主要呈北西向注入北部拗陷带及中央拗陷带。

2. 恩平组底界面

恩平组同沉积期盆地中央拗陷区沉降量可达 1800m，凹陷范围与始新世相比也有所扩大，凹陷连续性较始新世好。早渐新世时期，珠江口盆地整体自北东向南、西方向深度逐渐加深，惠州凹陷深度最大，西江凹陷和恩平凹陷深度次之。惠州凹陷与陆丰凹陷被惠陆低凸起分割明显，造成珠江口盆地北浅南深的古地貌格局。

韩江凹陷和陆丰凹陷基本上处于连通状态，但两凹陷间的海丰凸起仍然存在，其隆起幅度与隆起面积明显减小。由于沉积物充填与构造变化，韩江凹陷较始新世深度明显减小，而陆丰凹陷则与始新世的地貌格局基本相同。盆地南、西部各凹陷整体较深，但南西部各个凹陷的平面面积较小且分割性强。惠州凹陷深度最大，西江凹陷与恩平凹陷次之。此时期盆地的各个隆起区继承性发育，但发育范围和隆起幅度整体减小，只惠陆低凸起发育范围增大。北部隆起带和东沙隆起仍然是珠江口盆地的主要隆起，继承性较好。此时期各凹陷的物源与始新世类似，主要来自于南北隆起及凹陷内部的凸起，物源通道集中发育在北部隆起带，盆内隆起带的供源能力已经大大减弱，北部发育物源通道，此时期古珠江与韩江已经开始向盆地内提供物源。

3. 珠海组

珠海组同沉积期古地形整体更趋于平缓，盆地依旧自北东向南西方向逐渐加深，总体为北浅南深的古地貌格局。与早渐新世相比，各凹陷的沉降范围扩大，凹陷的深度大大减小，隆凹幅度减小，隆凹格局变得模糊，南部拗陷带的沉降量最大。

韩江凹陷与陆丰凹陷基本连通，且总体深度较小，具有北浅南深的特点。惠州凹陷面积扩大，但深度较早渐新世显著减小。西江凹陷和恩平凹陷为珠江口盆地晚渐新世凹陷面积最大且沉降最深的两个凹陷，也是珠江口盆地的主体。此时期珠江口盆地的隆起区隆起幅度大大减小，盆中局部隆起基本已经不明显，北部隆起带与东沙隆起仍然存在，但隆起程度显著下降。南部隆起带由于发育一些小的凹陷，使隆起区变得分散。这一时期的物源很少来自盆内凸起，主要来自韩江和古珠江。

（二）地震反射特征

珠江口盆地在始新统文昌组和上渐新统恩平组沉积时期，沉积地层从凹陷周围各凸起区逐层向凹陷中心前积下超，或由凹陷中心向凹陷边界上超（图 5-20），可以说明珠江口盆地始新世文昌组和早渐新世恩平组沉积时期没有统一的物源供给，多来自北部断阶带、东沙隆起、各断陷周边的隆起和凸起上，其凹陷具有明显的各自独立，分隔成体的特点。

从珠江口盆地断拗期地震反射特征图上可以明显地看出，盆地在晚渐新世珠海组和早中新世珠江组沉积时期，沉积地层自 NNW 向 SSE 或自 SSE 向 NNW 向逐层前积下超，前积现象非常明显；或者从凹陷边界向中心双向下超（图 5-21）。可以说明晚渐新世珠海组沉积时期物源除了来自各断陷周边的隆起和凸起外，古珠江水系也开始对珠江口盆地惠州—西江—白云一线提供物源。

从珠江口盆地拗陷期地震反射特征图上可以明显地看出，盆地在韩江组和万山组沉积时期，沉积地层自 NNW 向 SSE 向逐层前积下超，前积现象非常明显（图 5-22）。韩江组及以后沉积时期物源部分来自各断陷周边的隆起和凸起外，最主要是古珠江水系对珠江口盆地惠州—西江—白云凹陷提供物源。

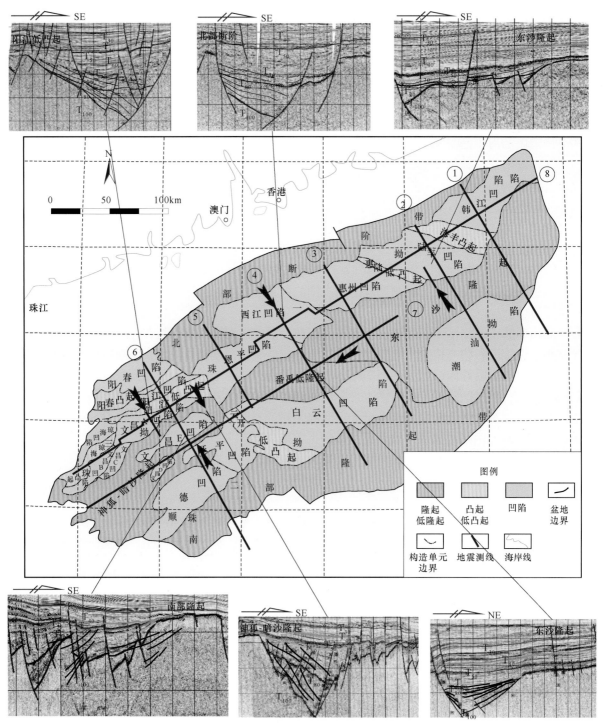

图 5-20　珠江口盆地文昌组—恩平组地震反射特征

二、沉积特征

盆地各个时期的沉积特征可通过对盆内取心井的岩心进行观察、描述和沉积解释,对单井测井曲线进行解释进行分析。

(一)岩石学特征

由于珠江口盆地取心难度较大,因此岩心资料比较稀缺。盆地岩心资料主要分布于荔湾凹陷及番禺低隆起之上(图 5-1),又由于珠海组和珠江组是珠江口盆地的主要储集层位,所以这两个层位也是岩心观察与描述的重点层位。因此对岩心的观察研究主要集中于荔湾凹陷及番禺低隆起内的取心井的珠海组、珠江组,综合岩心的观察与描述,得出对研究区沉积特征的初步认识:该区在渐新统—中新统水体逐渐加深,沉积相由沼泽、河流-三角洲、海岸平原相、滨浅海到浅海相转变。

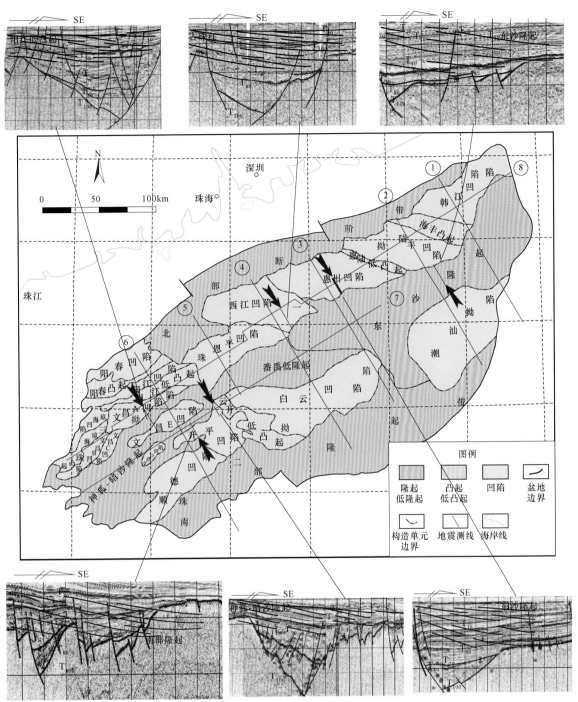

图 5-21　珠江口盆地珠海组—珠江组地震反射特征

1. 珠海组

珠海组主要为海陆过渡相沉积，陆坡深水区岩性以灰色中细-中粗砂岩、灰色粉砂岩和灰黑色泥岩为主，沉积构造发育，具明显滑塌变形构造［图 5-23（a）］、撕裂条带（滑动）［图 5-23（b）］、粗尾递变［图 5-23（c）］等重力流构造及与之相伴生的深水底流构造，如波状层理［图 5-23（d）］。

2. 珠江组

珠江组的沉积环境为三角洲沉积逐渐过渡到半深水环境沉积。陆架浅水区岩性以浅黄色-浅灰色中层状中细砂岩和浅黄色-浅灰色中薄层状泥质粉砂岩为主，板状交错层理和泥质纹层发育，可见虫孔和生物扰动构造（图 5-24）。

陆坡深水区以中（浅）灰色细粒砂岩、粉砂岩和灰色泥质粉砂岩为主，同时显示块状厚层砂体沉积，表现为重力流的沉积特征，如泄水构造［图 5-25（a）、图 5-25（b）］。

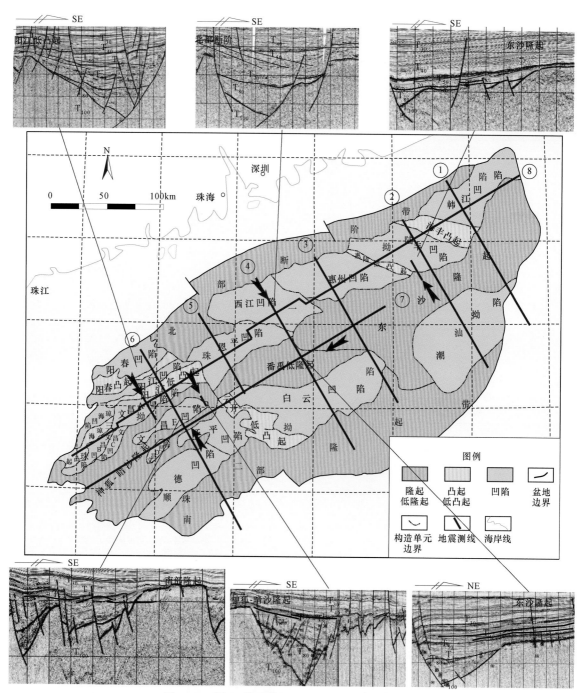

图 5-22　珠江口盆地韩江组—万山组地震反射特征

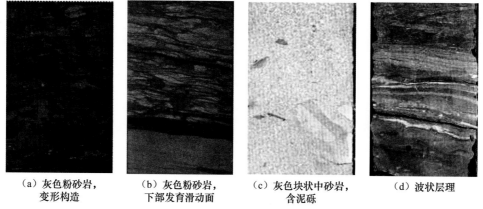

（a）灰色粉砂岩，
变形构造

（b）灰色粉砂岩，
下部发育滑动面

（c）灰色块状中砂岩，
含泥砾

（d）波状层理

图 5-23　珠江口盆地陆坡深水区珠海组岩性与沉积构造特征

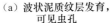

| （a）波状泥质纹层发育，可见虫孔 | （b）板状交错层理，回填构造明显 | （c）波状纹层，水平虫孔为主 |

图 5-24　珠江口盆地陆架浅水区珠江组岩性与沉积构造特征

在细砂岩中可见泥质呈 S 形斜交，上、下正切顶底接触。这些构造在露头显示完整的 S 形，因此称之为 S 形交错层，这种沉积构造为底流沉积［图 5-25（c）］。在研究区，往往沉积在块状砂岩的上部，与沉积物重力流相伴生，表明是深水底流沉积的特征。

该区生物遗迹主要表现为虫孔，虫孔一般发育在较细粒岩石中，粉砂-粉细砂岩或泥岩，一般都为斜交和水平虫孔，虫孔个体较小，大部分周边被黄铁矿或菱铁矿矿化［图 5-25（d）］，表明沉积主要发生在还原环境中。

| （a）浅灰色中细粒块状砂岩 | （b）灰色块状细砂岩，泄水构造 | （c）下部发育S形交错层理粉砂岩 | （d）浅灰色粉细砂岩，虫孔和泥质条带 |

图 5-25　珠江口盆地陆坡深水区珠江组岩性与沉积构造特征

（二）垂向沉积序列

1. 三角洲平原分流河道微相：Gm → Sm

分流河道沉积的特征与一般河道沉积基本相同，但是它的颗粒较之中上游河流沉积要更细，分选性也变好，但总体表现为中等。剖面上岩性为砂砾岩、含砾中-粗砂岩和砂岩，Gm 相在整个层序中占有主导地位，粒序为向上变细的正韵律（图 5-26）。由于胶结松散，沉积构造不发育，只看到块状层理。跳跃部分 ϕ 值为 -1～3，跳跃总体的倾斜大约为 45°，说明粒度范围宽，含有砾石。S 截点部分为一个过渡带，反映出水动力条件由强到弱是一个渐变过程。

2. 三角洲平原辫状砂坝微相：Sm → Gm

辫状砂坝沉积的岩性特征与分流河道沉积基本相同，但是其粒度相对较粗，颗粒的分选略差于分流河道。剖面上岩性为细砾岩至砂砾岩、含砾中-粗砂岩，Gm 和 Sm 相在整个层序中占有主导地位，与分流河道的主要区别是其粒序为向上变粗的反韵律（图 5-27）。由于胶结松散，只见块状层理。跳跃部分 ϕ 值为 -1～2.5，跳跃总体的倾斜大约为 50°，粒度范围较宽，含有砾石。S 截点部分同样为一个过渡带，只是其范围略小于分流河道，仍旧反映出水动力条件由强到弱是一个渐变过程。

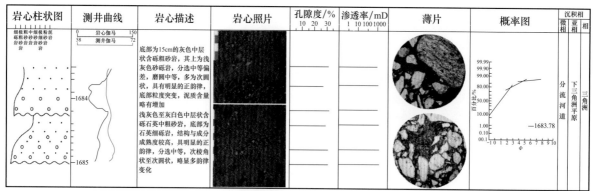

图 5-26　分流河道微相储层特征综合图

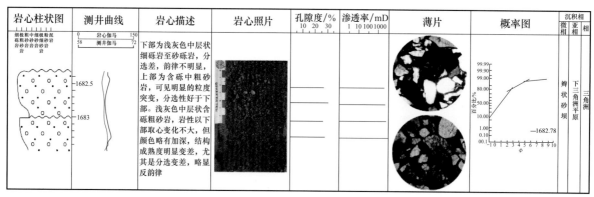

图 5-27　辫状砂坝微相储层特征综合图

3. 三角洲前缘水下分流河道微相：Gm、Sm → Sp、St → Fr

水下分流河道是三角洲平原分流河道向海内的继续延伸，由于位于水下，故称为水下分流河道。河流作用愈强，水下河道愈长，呈条带状垂直岸线分布。水下分流河道是该区三角洲相中出现最多的一种微相。底部为细-粗砂岩沉积，局部见有砾石，向上逐渐变细为粉砂岩，结构成熟度和成分成熟度中等-较好，岩性剖面为多呈小正韵律砂岩叠合而形成的砂体。沉积构造比较发育，中下部砂岩中发育高角度和低角度下切型板状交错层理，体现出河流具有一定的弯曲度和侧向加积的特点，即砂体曾发生过明显的迁移，上部的细粉砂岩中发育有小型流水沙纹波状或断续波状交错层理。虫孔发育，生物扰动中等-强（图 5-28），说明此类组合形成于三角洲前缘。粒度概率曲线上 Φ 值范围为 1～3，反映了岩性主要集中在细砂岩和中砂岩。S 截点部分仍为一明显的过渡带，说明颗粒从跳跃到悬浮是一个渐变过程，同样反映出水动力条件在该区变化不明显，为三角洲前缘水下分流河道的典型产物。

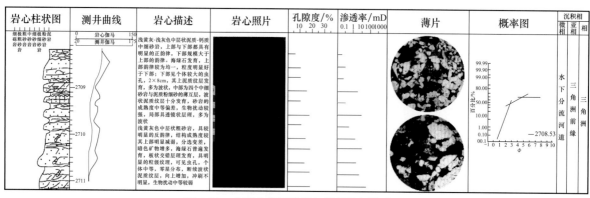

图 5-28　水下分流河道微相储层特征综合图

4. 三角洲前缘河口坝微相：Fr、Fm → Sf、Sp → Sm

河口坝是三角洲中最具特色的砂体，它出现的位置有两种可能：水下分流河道不发育的三角洲，河口坝位于三角洲平原分流河道入海的河口处；反之，则位于水下分流河道的末端，其重要性和特征远不如前一种。该区所发育的是后一种，即位于水下分流河道的末端，岩性主要是细砂岩和粉砂岩。由于受到河流和海水波浪双重营力的作用，河口坝的沉积物能得到充分的簸选，泥质被淘走，而保留下来的则是分选好、质地较纯净的石英砂和粉砂。由于地形坡度变陡，河口坝的沉积速度快，因而它的砂层厚度也比较大。河口坝的砂层，自下而上沉积物的颗粒具有逐渐变粗的反粒序，即具有特征性的前积层结构层序。

沉积构造比较发育，发育有高角度和低角度的板状交错层理，还见有包卷层理，说明这种砂体的沉积地形略有所变化，而且后期沉积速度较快，局部曾发生过重力流的滑塌或滑动的现象，但由于坡度不大，因而其规模相对较小。底部粉砂岩中见有小型的波状泥质纹层。虫孔发育，生物扰动中等–强（图5-29）。粒度概率曲线上：跳跃部分较陡，跳跃总体的倾斜约为60°，分选较好。Φ值范围为1～3，反映了岩性主要集中在细砂岩和中砂岩。S截点部分仍为一明显的过渡带，说明颗粒从跳跃到悬浮是一个渐变过程，同样反映出水动力条件在该区变化不明显，主要为水下分流河道和河口坝沉积。

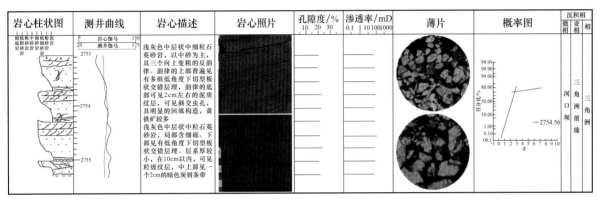

图5-29　河口坝微相储层特征综合图

5. 三角洲前缘席状砂微相：M、C → Fr、Fc、Fh、Fm → Sl、Sh、Sw → M

前缘席状砂是由于三角洲前缘的河口坝、远砂坝经海水冲刷作用使之再重新分布于其侧翼而形成的厚度变化较大的砂层，并向海或湖逐渐变薄。由于距物源较远，沉积物的供给不足，通常沉积厚度不大，多在几十厘米。这种砂层分选好，质较纯，当沉积厚度较大时，可以成为极好的储集层。该区席状砂不是很发育，主要是以细砂岩沉积为主，上部为粉砂岩，顶部出现少许泥岩。发育波状层理，局部出现透镜状层理，见有生物扰动和大量的生物介屑（图5-30）。

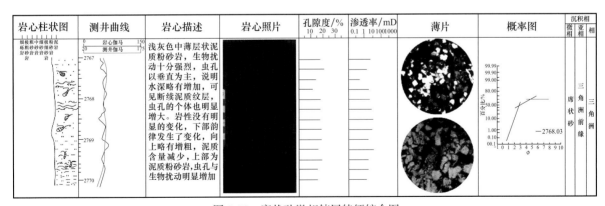

图5-30　席状砂微相储层特征综合图

6. 三角洲前缘远砂坝微相：M → Fr、Fc、Fh → Sf、Sp → M

远砂坝位于河口坝向海一侧的坝前地带，坡度向海缓缓倾斜。远砂坝沉积物较河口坝要细，该区沉积物主要为粉–细砂岩和少量黏土，常形成黏土质粉砂层，粒序上和河口坝相同，都是粒度向上逐渐变粗的反韵律。沉积构造见有小型浪成沙纹层理、波状交错层理和波痕。由于波浪的改造，这种砂坝的粒度相对较细，厚度不大，多平行于岸线分布，可见低角度下切型板状交错层理，说明砂坝发生过较为明显的迁移，体现了远砂坝的特点。该地带可有底栖生物，含有生物化石和潜穴遗迹，生物扰动构造非常发育（图 5-31）。其累积概率曲线为标准的两段式，S 截点明显，说明水动力条件从强到弱是一个突变过程，直接从跳跃负载转变为悬浮负载，说明沉积物卸载较快。粒度变化可以很大，图中线段陡、缓不一，S 截点对应的 Φ 值从 1 到 4 差别很大。

7. 前三角洲泥微相：M

前三角洲位于三角洲前缘的前方，即浪基面以下的部位。处于开阔海地带，由于距离物源较远，，主要是悬移物质进入较深水中的静水沉积物，沉积物以暗色泥岩为主，夹薄粉砂岩，实际上属于浅海相沉积，层理构造不发育（图 5-31）。

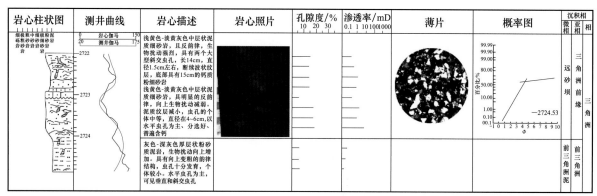

图 5-31　远砂坝微相和前三角洲亚相储层特征综合图

第四节　沉积体系展布与演化

前已提及，珠江口盆地是我国近海较为典型的被动大陆边缘盆地，因此，珠江口盆地新生界沉积展布与盆地构造演化息息相关，总体表现为盆地断陷期以陆相沉积体系为主，断拗期与拗陷期以海相沉积体系为主。下面首先以过各主凹陷的典型剖面来分析盆地各时期的沉积充填特征，进而进行盆地沉积体系展布与演化的研究。

一、沉积充填特征

就海上沉积盆地而言，目前，珠江口盆地整体勘探程度还有待进一步加强，主要勘探区域集中在珠一拗陷和珠三拗陷，钻井资料多集中在这些区域，资料分布极其不均匀，而且就全盆来看，该区三维地震工区覆盖有限，这就需要重视二维地震资料的运用，因此要对全盆的沉积体系展布进行研究，对地震资料进行分析是很有必要的。

（一）典型剖面沉积相分析

以晚渐新世早期"南海运动"所形成的区域"破裂不整合面"（T_{60}）为界，珠江口盆地分为上、下两套构造层以及先陆后海的沉积组合。下构造层由分隔的断陷沉积组成，自下而上为神狐组冲积相杂色砂泥岩夹凝灰岩、文昌组湖相灰黑色泥岩夹砂岩和恩平组湖泊-沼泽相灰黑色泥岩与砂岩互层夹煤层。上构造层由统一的海相沉积组成，代表了从晚渐新世开始的南中国海的广泛海侵。下构造层断裂发育，将珠江口盆地分割成明显的隆凹相间格局，其沉积背景以"箕状"断陷湖盆的发育为典型特征。每个断陷湖盆又可进一步划分为陡坡或陡断带、凹陷带和缓坡带等古构造沉积分带，分别对应始新统文昌组和下渐新统恩平组发育扇三角洲、深湖以及滨浅湖、冲积平原等陆相为主的沉积环境，以及上渐新统珠海组发育半深湖、滨浅海、海岸平原和三角洲和等海陆过渡相、海相为主的沉积环境。其中陡坡或陡断带发育的扇三角洲或半深海，以楔状杂乱前积反射或弱振幅、高频波状反射为特征，凹陷带的深湖（半深海）沉积为中-弱振幅低频连续反射，缓坡带的滨浅湖（海）沉积相为中-强振幅高频波状反射，冲积平原（海岸平原）相则为相对的杂乱反射；上构造层断裂不发育，盆地表现为一拗陷型盆地，沉积受断裂控制不明显，这一时期广泛发育浅海、半深海沉积，以中（强）振幅高频连续反射为主，局部地区发育三角洲，可见 S 型前积反射特征。

以上述沉积体系为依据，结合古地貌特征和物源体系分布特征，以及地层等厚图，结合现代沉积模式，分别研究了始新统文昌组（T_{80}—T_{100}）、下渐新统恩平组（T_{70}—T_{80}）、上渐新统珠海组（T_{60}—T_{70}）、下中新统珠江组（T_{40}—T_{60}）和中中新统韩江组（T_{32}—T_{40}）的沉积体系平面展布特征，编制了各组的平面沉积相图，以便分析整个珠江口盆地新生代地层的沉积演化特征。以 4 条 SE 向剖面（测线⑥地震剖面、测线④地震剖面、测线③地震剖面、测线②地震剖面）为例，介绍珠江口盆地整个新生代垂向沉积展布规律。

1. 地震测线⑥剖面

测线⑥剖面横切阳春凹陷—阳春低凸起—阳江凹陷—阳江低凸起—文昌 A 凹陷—神狐-暗沙隆起—文昌 E 凹陷—开平凹陷，走向 SE。阳春凹陷为典型的南断北超、平直型半地堑，文昌 A 凹陷为北断南超、铲型半地堑，文昌 E 凹陷为北断南超、缓坡断阶型半地堑，阳江凹陷和开平凹陷为断阶型地堑。在断裂下降盘普遍发育扇三角洲沉积，上升盘一般发育三角洲沉积。各时期发育的沉积相组合如下所示（图 5-32）。

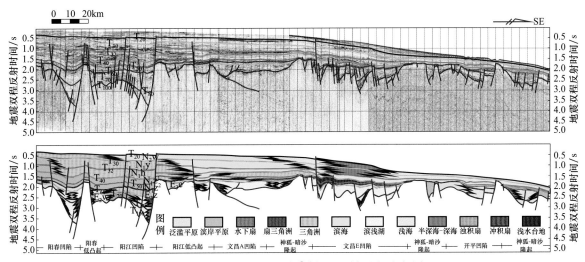

图 5-32　珠江口盆地测线⑥剖面地震相和沉积相图

始新统文昌组时期，发育扇三角洲-滨浅湖沉积体系，扇三角洲发育于阳春凹陷和阳江凹陷南部，文昌 E 凹陷北部的陡坡区，地震反射振幅较强，杂乱反射。滨浅湖发育在阳春凹陷北部缓坡区和阳江凹陷北部缓坡区，滨浅湖的振幅和连续性有所增强。

下渐新统恩平组沉积时期，随着海平面上升，沉积范围扩大，文昌 A 凹陷、阳江低凸起及神狐-暗沙隆起开始接受沉积，主要发育扇三角洲-滨浅湖-半深湖沉积体系。扇三角洲发育在阳江凹陷南部和文昌 A 凹陷北部，以杂乱反射为特征。滨浅湖范围整体扩大，主要发育在阳春凹陷北部缓坡区、阳江凹陷北部缓坡区、文昌 A 凹陷缓坡区以及文昌 E 凹陷缓坡区，地震反射以中等振幅和中等连续为特征。半深湖主要发育在阳春凹陷和文昌 A 凹陷，以中-弱振幅较连续反射为主。

上渐新统珠海组沉积时期，沉积范围进一步扩大，开平凹陷也开始接受沉积，主要发育海岸平原-三角洲-滨海-浅海沉积体系。海岸平原主要发育在阳春凹陷南部缓坡带和开平凹陷南部缓坡带，以中等振幅和中等连续的平行反射为特征。三角洲主要发育在阳江凹陷北部缓坡带、阳江低凸起及神狐-暗沙隆起之上，以中-强振幅和中等连续 S 型前积反射为主。滨海范围较小，主要发育在文昌 A 凹陷，地震反射以中等振幅和中等连续为特征。浅海发育于阳春凹陷南部和文昌 E 凹陷，以中-弱振幅、较连续反射为主。

下中新统珠江组沉积时期，沉积范围进一步扩大，主要发育海岸平原-三角洲-滨海-浅水台地-浅海沉积体系。海岸平原在阳春凹陷、阳春低凸起、阳江凹陷和神狐-暗沙隆起发育，反射特征与上渐新统珠海组沉积时期相似。三角洲在阳江凹陷和文昌 A 凹陷均有发育，在地震剖面上可见明显的前积反射特征。滨海主要发育在文昌 A 凹陷和开平凹陷，以强振幅较连续的反射特征为主。浅水台地主要发育在文昌 E 凹陷，以中-弱振幅、较连续平行反射为特征。浅海范围很小，只发育在神狐-暗沙隆起南部，以中振幅连续反射特征为主。

中中新统韩江组沉积时期，虽然沉积范围进一步扩大，但是该时期地层厚度较薄，沉积体系发育情况继承下中新统珠江组时期，主要发育海岸平原–三角洲–滨海–浅海沉积体系。

上中新统粤海组沉积时期，海平面上升，主要发育了海岸平原–三角洲–滨海–浅海沉积体系。

上新统万山组沉积时期，沉积体系发育情况继承上中新统粤海组时期，主要发育三角洲–滨浅海–半深海沉积体系。

2. 地震测线④剖面

测线④剖面横切西江凹陷—恩平凹陷—番禺低隆起—白云凹陷，走向 SE。西江凹陷和恩平凹陷为断阶型地堑。在断裂下降盘普遍发育扇三角洲沉积，上升盘一般发育三角洲沉积。各时期发育的沉积相组合如下所示（图 5-33）。

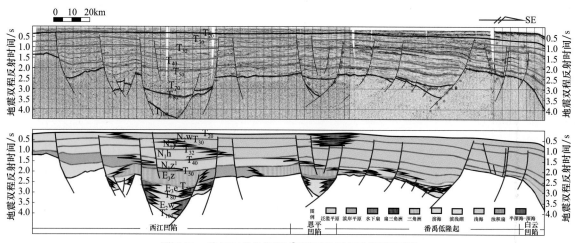

图 5-33　珠江口盆地测线④剖面地震相和沉积相图

始新统文昌组时期，发育扇三角洲–滨浅湖沉积体系，扇三角洲发育于恩平凹陷和番禺低隆起南部陡坡区，地震反射振幅较强，杂乱反射。滨浅湖发育在恩平凹陷北部缓坡区、西江凹陷北部缓坡区及番禺低隆起北部缓坡区，滨浅湖的振幅和连续性有所增强。

下渐新统恩平组沉积时期，随着海平面上升，沉积范围扩大，白云凹陷开始接受沉积，主要发育扇三角洲–滨浅湖–半深湖沉积体系。扇三角洲发育在西江凹陷南部陡坡带，以杂乱反射为特征。滨浅湖范围整体扩大，主要发育在西江凹陷北部缓坡区和番禺低隆起之上，地震反射以中等振幅和中等连续为特征。半深湖主要发育在恩平凹陷，以中–弱振幅较连续反射为主。

上渐新统珠海组沉积时期，沉积范围进一步扩大，主要发育海岸平原–三角洲–滨海–浅海沉积体系。海岸平原主要发育在西江凹陷南部缓坡带，以中等振幅和中等连续的平行反射为特征。三角洲主要发育在西江凹陷、恩平凹陷及番禺低隆起之上，具有前积反射特征。滨海范围较小，主要发育在西江凹陷和番禺低隆起之上，地震反射以中等振幅和中等连续为特征。浅海发育于白云凹陷和番禺低隆起之上，以中–弱振幅较连续反射为主。

下中新统珠江组沉积时期，沉积范围进一步扩大，主要发育海岸平原–滨海–浅海沉积体系。海岸平原在西江凹陷发育，反射特征与上渐新统珠海组沉积时期相似。滨海主要发育在西江凹陷，以强振幅较连续的反射特征为主。浅海主要发育在恩平凹陷和神狐–暗沙隆起，以中振幅连续反射特征为主。

中中新统韩江组沉积时期，虽然沉积范围进一步扩大，但是该时期地层厚度较薄，沉积体系发育情况继承下中新统珠江组时期，主要发育滨海–浅海沉积体系。

上中新统粤海组沉积时期，海平面上升，沉积范围进一步扩大，主要发育海岸平原–滨海–浅海–半深海沉积体系。

上新统万山组沉积时期，沉积体系发育情况继承上中新统粤海组时期，主要发育滨海–浅海–半深海沉积体系。

3. 地震测线③剖面

测线③剖面横切惠州凹陷—东沙隆起，走向 SE。惠州凹陷为断阶型地堑。在断裂下降盘普遍发育扇三角洲沉积，上升盘一般发育三角洲沉积。各时期发育的沉积相组合如下所示（图 5-34）。

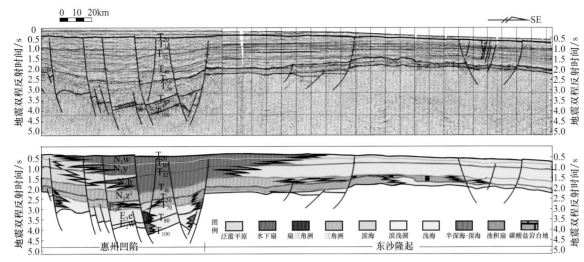

图 5-34 珠江口盆地测线③剖面地震相和沉积相图

始新统文昌组时期，发育扇三角洲-滨浅湖沉积体系，扇三角洲发育于惠州凹陷南部陡坡区，地震反射振幅较强，杂乱反射。滨浅湖发育在惠州凹陷北部缓坡区和东沙隆起中部凹陷区，滨浅湖的振幅和连续性有所增强。

下渐新统恩平组沉积时期，随着海平面上升，沉积范围扩大，主要发育冲积平原-扇三角洲-滨浅湖沉积体系。冲积平原主要发育在东沙隆起北部，以中-弱振幅和中等连续反射为主。扇三角洲发育在惠州凹陷南部陡坡带，以杂乱反射为特征。滨浅湖范围整体扩大，主要发育在西江凹陷北部缓坡区和东沙隆起之上，地震反射以中等振幅和中等连续为特征。

上渐新统珠海组沉积时期，沉积范围进一步扩大，主要发育海岸平原-三角洲-滨海-浅海沉积体系。海岸平原主要发育在东沙隆起和惠州凹陷北部缓坡带，以中等振幅和中等连续的平行反射为特征。由于古珠江物源区开始对惠州凹陷起作用，再加上惠州凹陷以南的东沙隆起亦给东沙隆起供源，所以三角洲在惠州凹陷南部和北部均有发育，具有前积反射特征。滨海范围较小，主要发育在惠州凹陷中部，地震反射以中等振幅和中等连续为特征。浅海发育于东沙隆起南部，以中-强振幅连续反射为主。

下中新统珠江组沉积时期，沉积范围进一步扩大，主要发育三角洲-滨海-碳酸盐岩台地-浅海沉积体系。三角洲分布范围大，发育在惠州凹陷和东沙隆起北部，反射特征与上渐新统珠海组沉积时期相似。碳酸盐岩台地主要发育在东沙隆起地形较高地区，以中-弱振幅较连续反射特征为主。滨海主要发育在东沙隆起碳酸盐岩台地两侧，以强振幅较连续的反射特征为主。浅海主要发育在东沙隆起南部，以中振幅连续反射特征为主。

中中新统韩江组沉积时期，虽然沉积范围进一步扩大，但是该时期地层厚度较薄，沉积体系发育情况继承下中新统珠江组时期，主要发育滨海-浅海-半深海沉积体系。

上中新统粤海组沉积时期，海平面上升，主要发育海岸平原-三角洲-滨海-浅海-半深海沉积体系。

上新统万山组沉积时期，水体范围进一步扩大，主要发育浅海-半深海-深海沉积体系。

4. 地震测线②剖面

测线②剖面横切海丰凸起-陆丰凹陷-东沙隆起，走向 SE。陆丰凹陷为断阶型地堑。在断裂下降盘普遍发育扇三角洲沉积，上升盘一般发育三角洲沉积。各时期发育的沉积相组合依次为（图 5-35）：

始新统文昌组时期，发育冲积平原-扇三角洲-滨浅湖沉积体系，冲积平原发育在东沙隆起中部，以中等振幅和中等连续的平行反射为特征。扇三角洲发育于陆丰凹陷北部陡坡区，地震反射振幅较强，杂乱反射。滨浅湖发育在陆丰凹陷南部缓坡区和东沙隆起凹陷区，滨浅湖的振幅和连续性有所增强。

下渐新统恩平组沉积时期，随着海平面上升，沉积范围扩大，海丰凸起开始接受沉积，主要发育冲积平原-扇三角洲-滨浅湖沉积体系。冲积平原发育在海丰凸起，以中等振幅和中等连续的平行反射为特征。扇三角洲发育在陆丰凹陷北部陡坡区，以杂乱反射为特征。滨浅湖范围整体扩大，主要发育在陆丰凹陷南部缓坡区和东沙隆起之上，地震反射以中等振幅和中等连续为特征。

上渐新统珠海组沉积时期，沉积范围进一步扩大，主要发育海岸平原-三角洲-滨海沉积体系。海岸平原主要发育在东沙隆起北部，以中等振幅和中等连续的平行反射为特征。三角洲在陆丰凹陷北部和南部均有发育，具有前积反射特征。滨海主要发育在陆丰凹陷中部和东沙隆起北部，地震反射以中等振幅和中等连续为特征。

下中新统珠江组沉积时期，沉积范围进一步扩大，主要发育海岸平原-三角洲-浅海-碳酸盐岩台地沉积体系。海岸平原在海丰凸起发育，以强振幅和较连续的反射特征为主。三角洲主要发育在陆丰凹陷北部，具前积反射特征。浅海主要发育在陆丰凹陷南部，以中振幅连续反射特征为主。碳酸盐岩台地在东沙隆起大面积发育，以中-强振幅和中-弱连续的反射特征为主。

中中新统韩江组沉积时期，沉积范围进一步扩大，但地层厚度较薄，沉积体系发育情况继承下中新统珠江组沉积特征，主要发育浅海-半深海沉积体系。

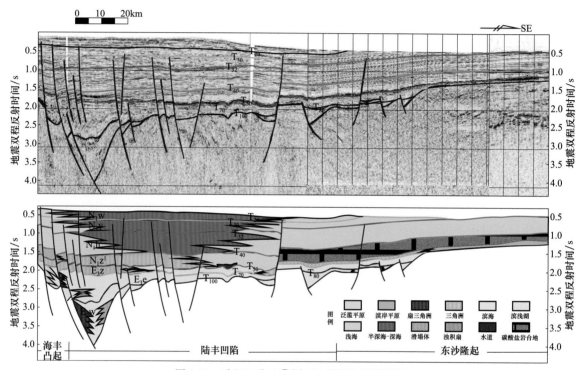

图 5-35　珠江口盆地②剖面地震相和沉积相图

（二）连井沉积相对比

通过综合岩心、测井、地震等各方面资料的数据，对 WC19-1-3 井、EP17-3-1 井、PY33-1-1 井和 LF13-2-1 井进行连井沉积相分析。在分析过程中突出了测井相分析方法，对这 4 口井的测井曲线形态特征及其组合特点进行分析，在此基础上进行沉积相及各类亚相类型的识别与划分。

断陷期主要沉积冲积平原、滨浅湖，以及半深湖-深湖；拗陷期内带以滨浅海-三角洲沉积体系为主，外带以半深海-深海沉积体系为主（图 5-36）。

二、沉积体系平面展布特征与演化

以所识别的沉积体系类型、古地貌特征和物源体系分布特征为依据，结合现代沉积模式，研究始新统文昌组（T_{80}—T_{100}）、下渐新统恩平组（T_{70}—T_{80}）、上渐新统珠海组（T_{60}—T_{70}）、下中新统珠江组（T_{40}—T_{60}）、中中新统韩江组（T_{32}—T_{40}）、上中新统粤海组（T_{30}—T_{32}）和上新统万山组（T_{20}—T_{30}）的沉积体系平面展布特征，编制各组地层等厚图及平面沉积相图，以分析珠江口盆地新生代地层的沉积演化特征。

（一）沉积相平面展布特征

1. 文昌组

珠江口盆地始新统文昌组沉积相以浅至半深湖-滨湖相为主，周边局部有冲积平原（冲积扇、河流）和扇三角洲发育（图 5-37）。

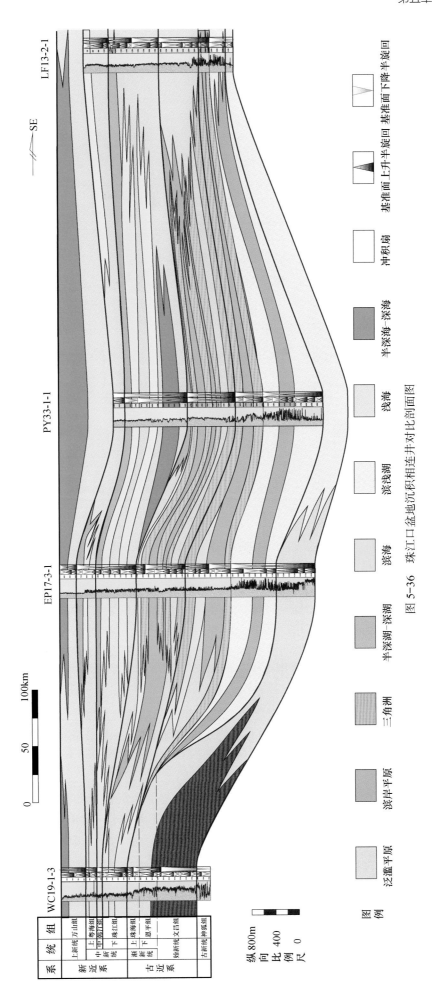

图 5-36 珠江口盆地沉积相连井对比剖面图

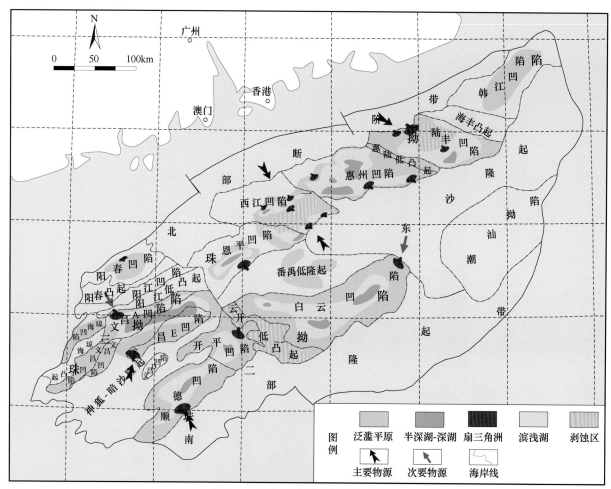

图 5-37　珠江口盆地文昌组沉积相图

　　虽然早期地层被剥蚀，地形高差变小，但断裂活动仍在进行，甚至在局部地区活动更为强烈。因此东起陆丰凹陷，西到文昌凹陷，南至白云凹陷形成了一些相互不连通的孤立湖盆。其中以惠州、文昌、白云凹陷面积最大，湖盆开阔，泥岩发育。珠一拗陷北部断阶带隆起幅度高、地貌高程反差大，冲积平原（包括河流）沉积发育，为珠一拗陷内的各凹陷提供了充足的物源，主要在北部拗陷带内发育滨浅湖相、半深湖－深湖相及河流相。其中半深湖-深湖相多呈 EW 向或 NE 向展布，主要发育于珠一拗陷内的惠州凹陷、西江凹陷及恩平凹陷；珠三拗陷内的文昌 A 凹陷也有在较深部位呈 NE 向分布。在珠一拗陷靠近中央隆起带区域，沿着浅水湖盆斜坡带发育了一系列的水下扇沉积，物源由中央隆起带提供。

　　南部隆起带的隆起幅度较小，属于次要物源，使南部珠二拗陷内发育了浅湖相和扇三角洲相沉积，扇体数量较多但规模较小，另外在白云凹陷中心部位还发育有半深湖-深湖相沉积。珠二拗陷周边呈环形剥蚀特征。

　　2. 恩平组

　　恩平组时期，发生珠琼运动二幕，盆地再次沉降，接受恩平组沉积。恩平组是在区域构造沉降速率小于沉积速率背景下形成的补偿性沉积，湖水变浅，沉积范围扩大，未能形成半深湖-深湖环境，多沉积滨浅湖或沼泽相泥岩。在文昌凹陷，开平-白云凹陷内可能有半深湖-深湖湘环境。该组在珠一凹陷北部新发育了一批洼陷并且有洼陷合并现象，因此比文昌期的洼陷范围大。在各个洼陷的中央浅湖相沉积发育，外围湖沼相、三角洲相、河流相发育（图 5-38）。

　　恩平组下部：河流环境的洪泛盆地及河曲带，包括河流、湖泊和沼泽等亚相。岩性主要为一套泥岩、页岩与砂岩互层，并夹有多层煤和炭质泥岩；颜色特征为泥岩呈深灰-黑灰色，砂岩呈灰白色；旋回特征为自下向上岩性逐渐变细的正旋回，向上砂岩夹层逐渐变少。以辫状河及分流平原沉积为主，局部有间歇性湖及湖沼沉积。本层在东部地区以辫状河沉积为主，中部以分流平原相为主，仅在局部地区有三

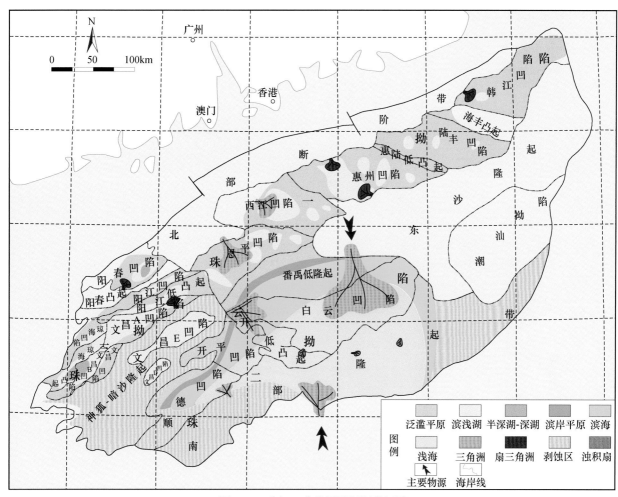

图 5-38 珠江口盆地恩平组沉积相图

角洲沉积，西部为分流平原，局部见支流间湾、湖沼。

恩平组上部：珠三拗陷沉积环境变化不大，基本保持了前期的沉积景观。而恩平、开平-白云凹陷以北广大地区主要为河流平原-三角洲平原沉积。白云凹陷北侧见三角洲前缘分布。盆地东部主要为河流平原、湖沼沉积。该段为灰白色砂岩、粉砂岩与浅灰色、黑灰色泥岩和粉砂质泥岩间互层，夹有多层煤及炭质泥岩。

3. 珠海组

上渐新统珠海组主要发育河流平原-海湾沉积，以及大型河、浪控型海相三角洲（图 5-39）。根据具体情况，将珠海组划分为上、下两部分。

珠江组下部：东部为河流平原沉积，西部发育大型河、浪控型海相三角洲。本段主要为一套灰色块状砂岩夹泥岩，局部地区顶部夹少量棕褐色砂岩及泥岩。泥岩普遍含砂。砂岩中见细砾石。中部和东部地区主要为以河流相为主的粗碎屑岩沉积，局部发育河间湖沼。而西部由于古珠江的强烈作用，形成广泛的三角洲平原。其前缘带由于受波浪的破坏和改造，形成砂坝和砂堤，使其后部成为静水环境，发育海湾-潟湖相泥页岩沉积。

珠海组上部：西部发育大型河、浪控型海相三角洲，东部为海湾环境。岩性为砂岩、粉砂岩与泥岩为主的不等厚互层，颜色为灰色，成分以长石为主，其含量由北向南逐渐减少，并逐步过渡到石英砂岩。普遍含有孔虫、棘皮及海绿石。由于海侵加大，古珠江三角洲后退。其三角洲前缘在波浪作用下，分散成沿岸分布的砂坝，而中部及东部地区，大面积发育滨海-海湾沉积。而珠二拗陷水体较深，已为陆架环境。在珠一拗陷的南缘，东沙隆起开始下沉，形成了浅水台地。

珠海组顶部—珠江组底部：西部为三角洲-滨外坝-生物礁环境，东部为陆架-浅滩环境。由于海侵继续扩大，致使三角洲发育范围进一步缩小，其三角洲平原仅发育在北部地区。由于波浪和海流作用较强，河口一带的泥砂进一步被搬运到滨外坝。珠二拗陷北侧有一浅水台地，发育大量生物礁。东部广

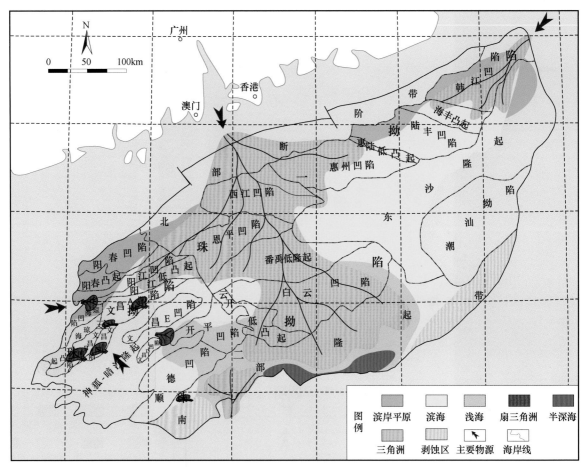

图 5-39　珠江口盆地珠海组沉积相图

大地区为陆架环境。在珠一拗陷南侧有一水下隆起，发育浅滩砂。

4. 珠江组

白云运动在时间上与南海扩张脊的跳跃、滇西高原和东喜马拉雅构造结的快速隆升等事件相吻合，可能造成珠江口盆地物源区由渐新世的华南沿海富花岗岩地区拓展为中新世的云贵高原碳酸盐岩为主的地区（庞雄等，2007；邵磊等，2008）。早中新世由于东沙隆起被淹没，盆地东部珠江组主要沉积物仅来自北部陆源，在相对海平面不断上升的背景下，形成了三大独立的沉积体系（刘丽华等，1997）：①古珠江三角洲体系。此时三角洲具有前积特征，外形呈现建设性的朵叶状，粒度由下向上逐渐变粗；②生物礁滩体系，该系统位于东沙隆起上；③低位扇体系，该体系位于珠二拗陷（图 5-40）。

珠江组下部：珠海组末期，珠江口盆地局部地区抬升，东沙隆起的末端已部分露出水面。惠州凹陷西北部河流作用增强，形成三角洲前缘带。而西部的三角洲前缘也有向前推进的趋势。由于波浪和海流作用，仍发育一些沿岸坝和滨外坝。但在珠一拗陷南侧的浅水区形成碳酸盐岩台地，在台地上发育着大量生物礁。其余地区为浅海陆架泥沉积环境。

珠江组上部：海水进一步推进，三角洲继续向北退缩，发育大面积浅海陆架泥。岩性上、下两部分基本相似，主要以灰色厚层泥岩为主，底部夹砂泥岩、粉砂岩和多层灰岩。上部岩性稍细。海相化石丰富。碳酸盐岩台地区形成大量的生物礁及礁块。

5. 韩江组

中中新统韩江组沉积时期，海水进一步推进，三角洲继续向北退缩，盆地已完全进入浅海环境，发育浅海-三角洲相，部分地区发育沿岸平原，沉积厚度近千米，古珠江三角洲由于向北不断退缩导致规模变小（图 5-41）。

6. 粤海组

粤海组时期海平面持续上升，最低海平面向北推移到珠一拗陷。该组主要有三种沉积相：滨岸、浅海、三角洲相。局部地区发育有碳酸盐岩台地相和礁相（图 5-42）。

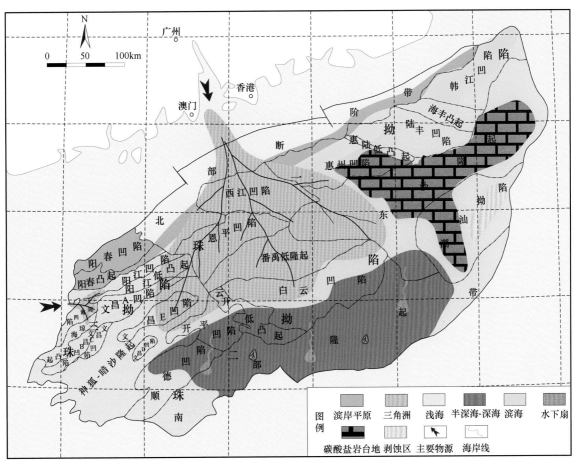

图 5-40 珠江口盆地珠江组沉积相图

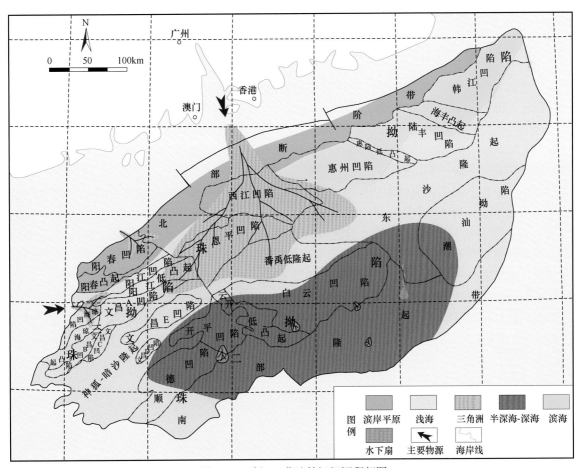

图 5-41 珠江口盆地韩江组沉积相图

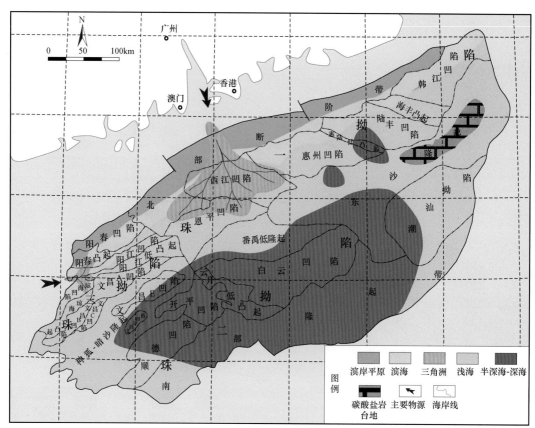

图 5-42　珠江口盆地粤海组沉积相图

7. 万山组

上中新统粤海组之后，断块升降差异增大，沉积了万山组。万山组时期，海平面持续上升，海水逐渐连成一片。万山组沉积了浅海和半深海相，局部发育三角洲（图 5-43）。

（二）沉积演化规律

珠江口盆地新生代地层包括古近系（T_{100}—T_{60}）和新近系（T_{60}—T_{30}），其中古近系包括始新统文昌组、下渐新统恩平组和上渐新统珠海组，新近系包括下中新统珠江组、中中新统韩江组、上中新统粤海组及上新统万山组，古近系与新近系以 T_{60} 为界，分为上、下两大构造层，界面之下的地层为断陷期地层，界面之上为拗陷期地层，它们的沉积样式有明显差异。整个珠江口盆地随着不断的海侵，水体不断加深，经历了从始新统陆相断陷湖盆充填阶段，到上渐新统珠海组断拗海陆过渡充填阶段，再到下中新统珠江组以后的拗陷浅海—三角洲充填阶段的沉积演化过程。

始新世和早渐新世由于盆地为多凹多凸的地貌格局，沉积物多来自于断陷周围的隆起剥蚀区及内部的凸起区，多以多向、近源为特征，所以自盆地边缘向凹陷中心发育了扇三角洲-滨浅湖或半深湖沉积体系（图 5-40、图 5-41）。上渐新统珠海组沉积时期，随着全球海平面上升，海侵迅速地使盆地的沉积环境由始新世和早渐新世的湖泊变成陆表海，发育陆相到海相沉积。上渐新统珠海组沉积时期，随着海侵作用增加，盆地范围进一步扩大，这一时期古珠江水系开始对珠江口盆地惠州—西江—白云一线供源，此外物源还来自于北部断阶物源区、南部隆起物源区、西南部的神狐隆起物源区及东北部东沙隆起物源区，沉积相类型主要为海岸平原、扇三角洲、滨海、浅海。下中新统珠江组和中中新统韩江组沉积时期，水深继续加深，沉积范围进一步扩大，几乎覆盖了整个南部隆起带，这一时期沉积物源趋于统一，来自华南陆源剥蚀产物通过珠江水系供给整个珠江口盆地，沉积相类型主要为三角洲、海岸平原、滨海、浅海、半深海及碳酸盐岩台地等（图 5-41）。上中新统粤海组和上新统万山组沉积时期，水深继续加深，形成陆架陆坡-深海平原环境，西南部的神狐隆起和南部隆起均被完全淹没，这一时期主要是古珠江和古韩江物源，主要沉积相为半深海、浅海、滨海等，三角洲局部发育（图 5-42、图 5-43）。

综上所述，珠江口盆地由老至新自始新统和下渐新统陆相断陷湖盆沉积充填开始，到上渐新统恩平

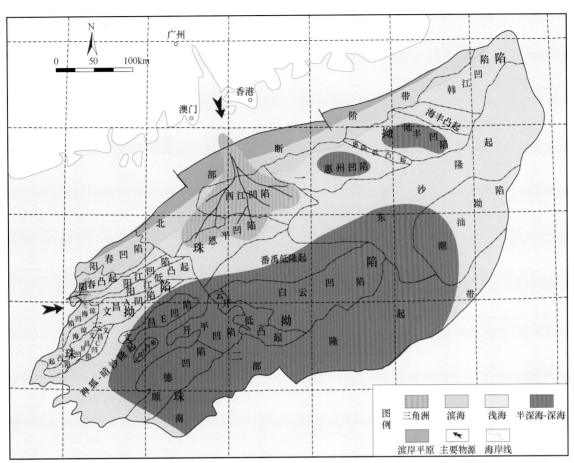

图 5-43　珠江口盆地万山组沉积相图

组断拗海陆过渡充填阶段，再到珠江组以后的拗陷浅海-三角洲沉积充填阶段，其总体为一渐进的海进或海侵过程。主体表现为水体逐渐加深，盆地早期沉积陆相沉积物逐渐被海侵淹没，各凹陷水体连通性变好；随着海侵作用的增强，沉积相逐步由陆向海转变。

第五节　油气分布的沉积因素与有利区带

珠江口盆地为中新生代大型陆缘裂谷盆地，是我国近海重要的石油天然气生产基地。目前已发现的各类局部圈闭的形成主要受基岩隆起、断裂活动和岩性变化的影响，发育背斜构造油气藏、断鼻断块油气藏、生物礁油气藏和一些少量的地层油气藏。根据"构造控盆，盆地控相，相控油气"的理论进行该盆地油气分布特点研究，并推测出有利区带。

一、油气分布的沉积主控因素

珠江口盆地形成及构造演化控制着沉积发育。与构造演化三阶段相对应，盆地沉积发育了三种沉积体系：①晚白垩世—早渐新世盆地发育陆相的河流、湖泊及沼泽碎屑岩。晚渐新世以后形成破裂不整合面（T_{60}），反映了盆地与大陆同时遭受准平原化作用；②晚渐新世以后的沉降阶段，沉积发育转化为海陆交互相-浅海相沉积，为半封闭海沉积体系，沉积了海相碎屑岩及碳酸盐岩台地生物礁滩，沉降过程中于中新世中、晚期盆地东部有强烈的块断升降，隆起区遭受剥蚀；③南海海盆扩张结束后，快速沉降造就了深海盆，同时珠江口盆地发育为开阔海沉积体系。

珠江口盆地古近系北部断陷带地堑系陆相沉积充填可划分为四个阶段：第一阶段古新世神狐组粗碎屑充填，河流相沉积为主；第二阶段始新世文昌组欠补偿充填，湖相沉积为主，该阶段发育的黑色湖相泥岩成了盆地主要烃源岩；早中渐新世（沉积恩平组）补偿充填，河流-沼泽相沉积为主，恩平组含煤层系构成了北部断陷带气源岩；第四阶段晚渐新世—早中新世早期（沉积珠海组）海侵充填，滨-

浅海相沉积为主。

具备上述沉积充填发育全过程的半地堑，多分布在珠一拗陷南部和珠三拗陷。沉降速率结合沉积充填速率才能更好地决定断陷的补偿程度，物源补给的速率往往与半地堑的排列方式及古水系的分布特点有关。盆地北部具备欠补偿沉积的断陷多数为短源、短轴方向充填的并联半地堑，在由这些半地堑组成的复合凹陷中，发育有明显的泥岩构造，除恩平和西江凹陷已被钻井证实为超压泥岩外，本区泥岩构造主要表现为泥拱构造。具有泥岩构造的凹陷就说明有相当规模的巨厚的湖相泥岩体，成为富生油凹陷的基础。

珠江口盆地晚渐新世—中中新世发生大规模区域性沉降，使北部断陷带和南部拗陷连成统一的整体。海进初期（珠海期）南部为浅海相沉积，隆起周围及北部断陷带为滨海相沉积，靠陆一侧为海岸平原相，珠一拗陷发育有古珠江及古韩江大型河流-三角洲沉积，东沙隆起及神狐-暗沙隆起初期为物源区，珠海组底砂海进后，超覆其上。早中新世—中中新世盆地进入半封闭浅海沉积发育阶段，隆起部位由于海水浅而清澈、温度适当，又缺乏碎屑供应，发育了生物礁滩储层。中中新世以后，盆地区域性南倾，发育为广海陆架陆坡沉积。

珠江口盆地海相沉积体系层序地层学研究认为，自30Ma（相当于珠海海侵）以来，海相沉积各层序呈台阶式向陆方向叠加，构成了总体上为海进的"退积充填"形式，它反映了盆地在沉降过程中总的沉降速率大于总的沉积速率的发展趋势，盆地处在不断扩大的发展阶段，决定了下述三种主要沉积相带在纵向上及平面上的分布规律，海进的"退积充填"沉积模式如下：

（1）近岸厚砂岩沉积相带。由于层序之间呈台阶式朝陆方向叠加，致使各个层序靠陆一侧的海进体系域粗碎屑部分与高位体系域粗碎屑部分相互叠加，并沿盆地斜坡向上倾方向连接成片，组成分布广泛的直接覆盖于区域不整合之上的近岸厚层砂岩带。它是由多个层序的砂体相互叠加和相互连接组成，不同层序的砂体之间存在不同程度的不整合或沉积间断。由于它们都是高能环境下沉积的碎屑岩，因此在总体上组合成一个统一的、彼此连通而且有良好的储集性能的砂体，是最好的油气横向运移疏导层，提供了油气长距离运移的可能性。在海岸附近的湖沼、海湾发育有局部分布的泥岩作盖层，在此盖层之下如能形成圈闭，它也可作为良好储层。

（2）各层序靠盆地一侧的细粒碎屑部分互相叠加，组成一个分布广阔的半深海-深海厚层泥岩沉积相带，形成区域性盖层，目前发现的油层均在此盖层之下。

（3）浅海砂、泥岩互层沉积相带，它位于上述近岸厚层砂岩带和半深海-深海厚层泥岩带之间，浅海砂泥岩互层带的砂岩包括近岸厚砂岩向浅海陆架延伸的变薄部分，也包括各种陆架砂岩，如远滨砂坝、陆架流造成的砂脊、风暴砂、深切谷充填砂等。单层砂岩厚度数米至十多米，分布稳定、面积比较大、储集性能好，成为最主要储层，目前已发现的油层，主要分布在这一相带，而且集中在21～15Ma的各个层序。此相带的泥岩分布比砂岩更稳定，并有良好的分隔性能，对局部构造及孤立的陆架砂体均能起圈闭作用。在这个沉积时期，局部对高部位的神狐-暗沙隆起呈台地沉积，发育薄层灰岩和生物礁滩，东沙隆起早中新世—中新世晚期发育海进型碳酸盐岩台地。

综上所述，在破裂不整合面以上，盆地沉降阶段海相沉积体系的三个沉积相带的分布基本上平行盆地斜坡，它们组成了自下而上和自盆地边缘向盆地中心岩性由粗变细的岩相剖面。海进的"退积充填"各层序之间朝陆方向的相互叠加，构成了富成藏体系的主要油气疏导层和主要的储、盖组合。

二、有利区带分析

珠江口盆地北部断陷带和中央隆起带主要包括珠一拗陷及东沙隆起和番禺低隆起、珠三拗陷及神狐-暗沙隆起等区域。目前这些区带的勘探程度较高，并于北部断陷带及中央隆起带东部发现惠州、西江、陆丰及流花等油气群。而在西部（珠三拗陷及神狐-暗沙隆起）则发现了文昌油气群。基于珠江口盆地构造和沉积发育特征及其对成藏的控制作用的分析，在珠江口盆地北部断陷带和中央隆起带划分出了10个：

这10个有利区带包括：①韩江凹陷；②惠陆低凸起；③惠州凹陷西；④惠州凹陷东；⑤西江凹陷；⑥恩平凹陷；⑦番禺低隆起；⑧文昌凹陷及神狐隆起油气聚集区；⑨琼海凹陷和凸起；⑩阳江构造带。其中韩江凹陷、琼海凹陷和凸起及阳江构造带具有缓坡断阶型半地堑式的凹陷结构，其余的7个有利区带具有断阶型半地堑式的凹陷结构。由于海平面持续上升，这两种凹陷结构均具有下部砂体延伸范围大，上部砂体延伸范围小的特点。

（一）东部珠一拗陷、东沙隆起以及番禺低隆起有利区带分析

综合拗陷评价、储盖组合分析、圈闭条件分析及油气聚集规律的研究，本区目前主要勘探方向应为珠一拗陷的南部及番禺低凸起。无论从烃源岩、储层、盖层、圈闭及水动力条件而言，还是从生储盖组合和油气运聚规律的分析而论，珠一拗陷南部应为今后的主要勘探区域。

（1）富生油洼陷：珠一拗陷南侧的生油洼陷多为富生油洼陷，如 XJ30 洼、HZ26 洼、HZ21 洼、LF15 洼、LF13 洼、PY4 洼等；在富生油洼陷内或周缘往往能发现含油气构造，该区已有油气田分布，其中已投入开发的有西江油田群、惠州油田群、陆丰油田群，已发现的地质储量占全盆地的 37%，这说明该区具备充足的烃源条件。

（2）储盖组合：本区地处富砂的古珠江三角洲-东沙隆起滨岸沉积环境，有众多的储盖组合；同时，18.5Ma、17Ma 及 16Ma 这三次最大海泛面形成了三大区域性盖层，组成区域性油气运移的遮挡；而准层序边界的多个次级海泛面则构成油藏的直接盖层。在三角洲主体附近，形成多储、多盖的油藏组合，而在远离三角洲的滨岸体系，储层单一，而厚度较大。

（3）圈闭条件：该区虽具有多种类型的圈闭类型，但发现商业油气田的主要以四面倾覆、没有被断层破坏的背斜构造为主，而珠一拗陷南部地区具有严格圈闭条件的披覆背斜和挤压背斜多于珠一拗陷的北部地区。它们以 NW 向、EW 向汇聚在一起，形成二级构造带（区带）。每一个区带来自相同的油源，具有相同的圈闭类型和储盖组合。

（4）油气运移及成藏：在拗陷内及拗陷和隆起的边缘部位断裂发育，不仅有前期控制生油岩分布的断裂，而且后期断裂的再次活动使成熟的油气沿断裂垂向运移至与断裂同生的圈闭中成藏。还有拗陷中存在凹中隆，它们位于洼陷的缓坡，同时在上构造层中也是继承性的高部位，因而洼陷的油气向这些高处运移，油气在向高处运移的路途中，一旦遇有圈闭立即聚集成藏。另外，东沙隆起有些构造脊也是油气的运移通道和聚集场所。在油气向东沙隆起的构造脊运移过程中，东沙隆起的北斜坡构造带上只要有圈闭就可聚集成藏。

（5）保存条件：该区以珠江组和韩江组的三级层序中最大海泛面的泥岩为区域性盖层。珠江组和韩江组的砂岩百分含量由南至北逐渐增加，反之，泥岩百分含量则逐渐减少。因而相对来说，珠一拗陷南部区域性盖层条件优于北部地区。

断裂活动主要在中中新世末前后，对于断层侧向封堵而言，泥质含量是影响其封闭性能的主要因素。由于珠一拗陷南部泥岩百分含量相对较高，因而断层圈闭有可能侧向封堵，尤其是东南部，泥岩百分含量高，断层封堵的圈闭，其成藏条件较好。

（二）珠三拗陷及神狐-暗沙隆起有利区带分析

珠江口盆地西部珠三拗陷有利的勘探领域和目标还较多，勘探潜力很大，根据近年来区域研究和目标评价的成果，将珠江口盆地西部珠三拗陷有利勘探区带作较全面的评价，包括构造圈闭特征，油气成藏条件分析和预测油气资源量等。评价的有利区带有：文昌凹陷及神狐隆起油气聚集区、琼海凹陷和凸起以及阳江构造带等，每个区带包括多个有利构造和目标。

位于该盆地西部的文昌凹陷和神狐隆起聚集区包括三部分：珠三拗陷、文昌 A、B、C 凹陷及周缘、神狐隆起。文昌 A 凹陷产物主要为凝析气和轻质油，文昌 B 凹陷及琼海凸起产物以油为主。该区烃源岩层为文昌组中深湖相和和恩平组河湖沼泽相煤系地层，储集层和盖层为珠海组和珠江组海相砂岩和海侵泥岩。该区发育很多背斜、断背斜、断块等构造圈闭，因此该区的成藏组合类型为"下生上储、陆生海储"。但是该区存在以下因素制约了油气勘探进程：①油气运输系统不太发育；②局部构造、岩性圈闭规模不大、数量不多。在下述区域应有较好的勘探前景：

（1）文昌 A 凹陷低压构造脊带。该带呈东北向展布，其展布特征受珠海组下段及恩平组的低压构造脊控制。

（2）文昌凹陷南部断裂带。以珠三拗陷一号断裂为主构成断裂带，生烃拗陷凹陷位于其北侧。该断裂作为文昌 A、B 拗陷南侧的边界断层，由于其长期活动沟通了古近系烃源岩，并作为油气运移运聚通道。该区发育多种类型圈闭为油气聚集提供场所。整体上构成了良好的生、运、聚成藏系统。

（3）文昌A凹陷古构造脊相关构造带。常见于常压带中的下中新统珠江组油藏，其成藏受中新世末期构造控制。通过对该区初步勘探成果的分析，发现文昌A和B凹陷之间存在的古构造脊是连通文昌凹陷烃源和神狐隆起区油气长距离侧向运聚通道。

（4）神狐隆起区。神狐隆起带北侧及西南侧直接插入文昌和长昌凹陷，东南侧与开平及白云凹陷相接，其周围都是生烃凹陷。不同的生烃凹陷都可能为其提供油气供源，北部文昌A、B凹陷，已证实有良好的生烃条件，而东南及西南侧的开平和长昌凹陷，亦具生烃潜力。长昌凹陷古近系厚达5800m，推测具有较大烃源岩规模及生烃潜力，而东侧的白石凹陷规模更大，为证实的富烃凹陷，亦可能提供油气源。神狐隆起区砂岩比较发育，珠江组下段的砂岩累积厚度可达160m，最大单层厚度也可达90m，孔隙度2%～20%。该区还有礁灰岩储集层。韩江组及下部的珠江组上段泥岩发育，占地层总厚度的80%以上，可作为该区域良好的盖层。

（5）琼海凹陷和凸起。文昌A、B凹陷是有效的生烃凹陷，并为琼海凸起提供了充足油气源。珠江组下段为主要产层，珠江组上段泥岩和韩江组泥岩为良好盖层；圈闭以披覆和挤压成因为主，形成时间早于油气排烃高峰期，油气沿疏导体系侧向运移成藏。

（6）阳江构造带。包括阳江凹陷和低凸起的北坡。构造带内存在文昌组和恩平组的浅湖相烃源岩；珠江组为主力储层，封盖能力差，上珠江组和韩江组为区域盖层；构造的形成早于油气排烃高峰期，油气可以通过断裂、砂层发生垂向和侧向运移，并聚集成藏。

第六章 东海陆架盆地

东海陆架盆地位于东海南部，构造上发育在南华板块之上，是西太平洋构造体系的一部分，地理上分布范围为东经120°50′~129°00′，北纬25°22′~33°38′。盆地长约1400km，宽约90~300km，总面积达26.7×10⁴km²，最大沉积厚度达9000~15000m（周志武等，1990），是以新生代沉积为主的含油气盆地（图6-1）。

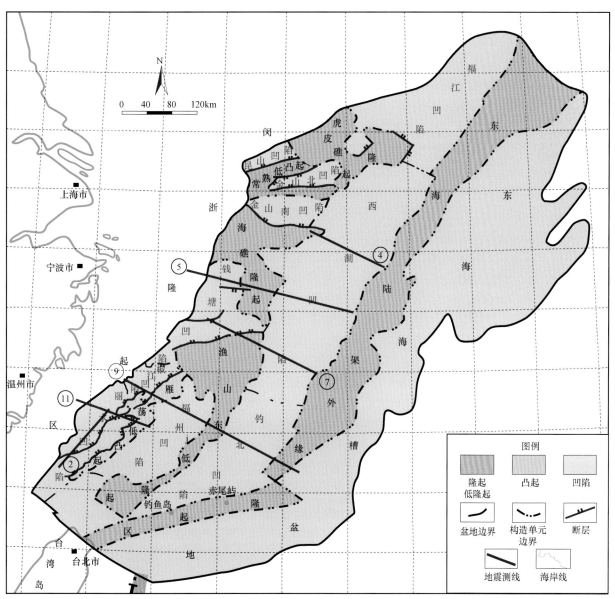

图6-1 东海陆架盆地构造单元划分（据海油内部资料，2011，有修改）

第一节 区域地质背景

盆地西部为浙闽隆起区，东部为钓鱼岛隆褶带，北部与南黄海盆地隔海相望，其南部与台西盆地接壤，总体呈NNE方向展布，目前揭露的基底主要是前中生界变质岩、侵入岩和沉积岩。盆地经历了包括基隆、雁荡、瓯江、玉泉、花港、龙井及冲绳海槽等多次构造运动的改造，先后经历了裂陷、拗陷和区域沉降阶段。

一、构造单元划分

东海陆架盆地位于东海海域内，经历多次构造运动之后具有明显的"东西分带、南北分块"的特征，大致以观音—渔山—海礁—虎皮礁隆起组成一个 NE-SW 的中央隆起带，将盆地分为东西两部分，即西部拗陷带和东部拗陷带。盆地构造单元还可以细划分为"三隆四拗"，由北向南分别为虎皮礁隆起、海礁隆起、渔山低凸起及浙东、长江、台北、彭佳屿四个拗陷。其中每个拗陷能进一步细分为多个二级构造单元，浙东拗陷由北向南可以分为福江凹陷、西湖凹陷、钓北凹陷，台北拗陷由北向南可以分为钱塘凹陷、椒江凹陷、丽水凹陷，长江拗陷可以分为昆山凹陷、金山凹陷，彭佳屿拗陷目前没有进行构造单元细分（图 6-1）。

二、构造演化特征

由 WZ6-1-1 井、LF-1 井先后钻遇黑云母角闪斜长片麻岩（同位素测年为古远古界）显示浙闽沿海出露的元古代变质岩系可能延入东海，并呈 NE-SW 方向延伸（施荣富和付元华，1992），构成东海陆架盆地的基底。东海陆架盆地西南部的台北拗陷有钻井揭示为中生界，YCC-1 井钻遇了 1000 多米的白垩系，台西盆地的 WH-1 井也钻遇了白垩系和侏罗系。综上，东海陆架盆地南部新生代的基底为一套中生界地层。据周志武等（1990）研究认为应该是浙北一带的上远古界基底延入海礁、虎皮礁地区，与盆地南部的下元古界基底拼合成为盆地的基底。因此，盆地基底的南北差异必然影响新生代沉积盆地的性质。

东海陆架盆地基底主要以 NE 和 NW 向两组断裂为主，NEE 向断裂为次。其中 NE 向的基底大断裂构成了盆地"东西分带"的边界，并且控制了沉降带的分布范围。NW 向的断裂以平移为主，伴有垂向的运动，对 NE 向断裂有分割作用，是造成各构造带"南北分块"的主控因素（图 6-2）。

根据前人对东海陆架盆地重、磁、地震以及探井资料的研究总结得出，东海陆架盆地构造演化模式主要有单剪、弧后盆地、两期大陆边缘张裂、伸展构造和热点四种演化模式：①单剪模式，古近系期间，太平洋板块转为 NW 向俯冲，印度板块与欧亚板块强烈碰撞，导致东海陆架区处于急剧拉张状态，并在闽浙-岭南隆起东缘断裂和浙东拗陷东缘断裂两条右旋扭张大断裂夹持下，产生了一系列的箕状断陷和古潜山（周志武等，1990；Okada and Sakai，1993；Yu and Chow，1997）；②弧后盆地模式，东海陆架盆地由一系列的火山岛弧和弧后凹陷组成，渔山东低隆起和钓鱼岛隆褶带为残留火山岛弧，丽水凹陷-椒江凹陷、彭佳屿拗陷、钓北凹陷和西湖凹陷为弧后盆地；另一种观点认为是一个统一的弧后盆地（王国纯，1987；李继亮，1996；陈发景和汪新文，1996；刘和甫，1996）；③两期大陆边缘张裂模式，Teng（1992）认为存在古新世—早始新世和中、晚始新世两个主要的断陷期，前者形成了丽水凹陷、南日岛盆地、珠Ⅰ和珠Ⅲ凹陷，后者则形成了台南盆地和珠Ⅱ凹陷；④伸展构造及热点模式，Sun 和 Hsu（1991）认为台湾北部的大陆边缘主要由晚白垩纪—中新世的伸展构造组成，沉积盆地具有古近纪的断陷和新近纪—第四纪的拗陷双层结构，与伸展构造伴生的剧烈火山活动在盆地和周边隆起上形成岩浆岩和火山碎屑岩，并进一步提出张裂与大陆边缘的有关热点问题。

就新生代东海陆架盆地的构造演化而言，大致可以分为断（裂）陷期、拗陷-反转期和沉降期三大阶段，其中东西拗陷带构造演化阶段的时间划分是不同的。东海陆架盆地构造格局具有很明显的自西向东逐步裂陷特点，构造样式为"东断西超"的半地堑结构，沉积厚度由西向东逐渐变厚（图 6-3）。

（一）基底裂陷阶段（盆地形成期）

盆地在晚古生代的构造演化和沉积作用受控于地块的拼合与增生，其中地块为不同性质且来源不同。侏罗纪时期发生了大规模的变形和变质作用以及火山刺穿作用，这是由左旋平移性质的 NNE 向断裂发生的巨大剪切作用而形成。至早白垩世开始，由于太平洋板块向欧亚板块俯冲，存在强烈的构造变形、岩浆活动和变质作用。中白垩世，东海陆架区发生基隆运动（区域性）构造事件，该运动受控于太平洋板块向欧亚板块斜向俯冲作用。此次区域性构造事件意义重大，使东海陆架区的古老地层进一步褶皱固结，并为该区新生代沉积盆地的基底形成奠定了一定基础。

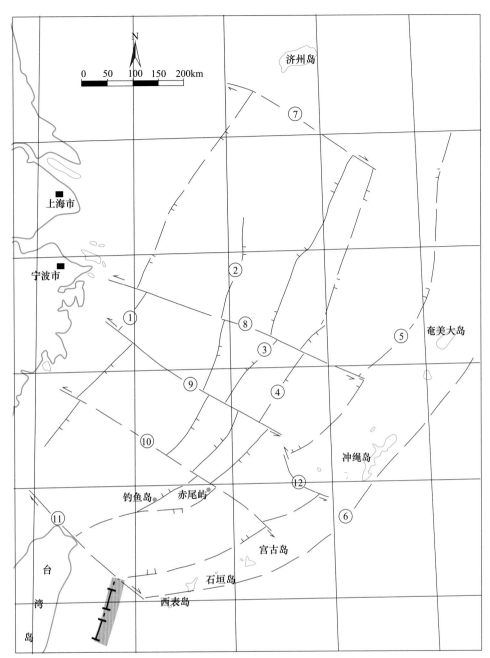

图 6-2　东海陆架盆地主要基底大断裂图（据姜涌泉，1990）

①闽浙-岭南隆起东缘断裂；②浙东拗陷西坡断裂；③浙东拗陷东缘断裂；④男岛-赤尾屿断裂；
⑤冲绳海槽大断裂；⑥琉球东断裂；⑦青岛、恶石岛断裂；⑧舟山-国头断裂；
⑨渔山-久米断裂；⑩洞头-宫古断裂；⑪闽江东断裂；⑫庆良间断裂

（二）断陷阶段（盆地发育期）

从古新世至始新世，太平洋板块改变了运动方向，从 NWW 变为 NNW 运动，整个东海陆架区处在单剪切应力场，在此背景下，盆地内形成了一系列箕状凹陷，与此同时发生了两次区域性构造事件，均与盆地断陷型结构形成直接相关（雁荡运动和瓯江运动）。东海陆架盆地中各个断陷主要发育于古新世—始新世。西部和东部拗陷带的次级断陷主要发育在古新世及始新世。

太平洋板块在晚始新世运动方向变为 NWW，与此同时菲律宾板块与太平洋板块运动方向相同且斜向俯冲欧亚板块，且在印度板块的影响下欧亚板块东部地壳逐渐向东散布。由于这些构造应力的联合作用，在始新世末期东海陆架区发生的构造事件（玉泉运动）以挤压剪切为主，此次构造事件导致钓鱼岛隆起开始褶皱隆升，东部拗陷带的断陷期结束并形成大量压扭性、雁行式排列的褶皱雏形。

（三）拗陷 - 反转阶段（成盆期）

在渐新世，盆地整体处于应力场相对松弛时期，中部隆起带与西部拗陷带先抬升后遭受剥蚀，而

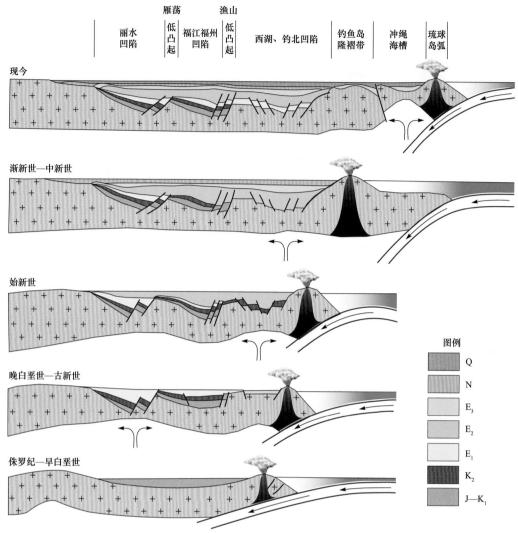

图 6-3 东海陆架盆地中、新生代弧后盆地演化模式

东部拗陷带在此时沉积了较大的厚度。菲律宾板块运动方向在早中新世由 NWW 转为 NNW，盆地由断陷结构转为拗陷结构并接受中新世的巨厚沉积，这是因为板块运动方向的改变导致整个东海陆架盆地再次受剪切拉分作用控制。中新世末至上新世初，菲律宾板块运动方向从 NNW 变回至 NWW，东海陆架区因此挤压抬升，地层遭受强烈剥蚀，形成区域不整合，雁行式排列的压扭性褶皱构造也基本定型。

（四）整体沉降期

龙井运动后期，东海陆架盆地总体上再次处于应力松弛阶段。渐新世、中新世可归为盆地裂后沉降期，区域盖层形成、裂陷盆地的迁移（移至冲绳海槽盆地）以及盆地主生烃期都在这一时期。

上新世至第四纪，受印度板块强烈挤压作用，喜马拉雅山脉快速隆升，欧亚板块东部的大陆地壳缓慢向东运动，整个东海陆架区在拉张作用下持续下沉并且接受第四系沉积。这期间东海陆架区发生的冲绳运动（区域性构造运动），是由于菲律宾板块的影响，但并未对盆地构造格局产生影响。由于这一时期东海陆架盆地处于构造活化期，排烃期与油气聚集时间重叠且油气藏基本定型，所以构造运动强烈，是盆地油气主要成藏期。

三、西湖凹陷的海/湖平面变化

新生代开始至今反映长周期高级别的海平面变化在东海陆架盆地共发生 4 次，盆地裂陷阶段（古新世、始新世），海平面发生 2 次长周期变化，15 次短周期变化；渐新世至中新世，海平面共发生中长周期变化 1 次，短周期变化 8 次；上新世以来发生长周期变化 1 次，短周期变化 3 次。

裂陷阶段中期（灵峰组），总体海平面旋回的快速上升部分由幅度逐渐增大的三个海平面升降旋回组成；最大裂陷阶段的后期（明月峰组-瓯江组），海平面长周期（缓慢下降部分）由七个次级旋回构成。

裂陷阶段末期（平湖组）4个次级旋回海平面上升幅度逐次降低，其中，长周期的变化缺失海侵部分。因此，两个长周期呈现出海侵部分海平面变化梯度大，海退部分变化梯度小的非对称周期变化，总体上的规律为"侵快退慢"的特点（图6-4）。

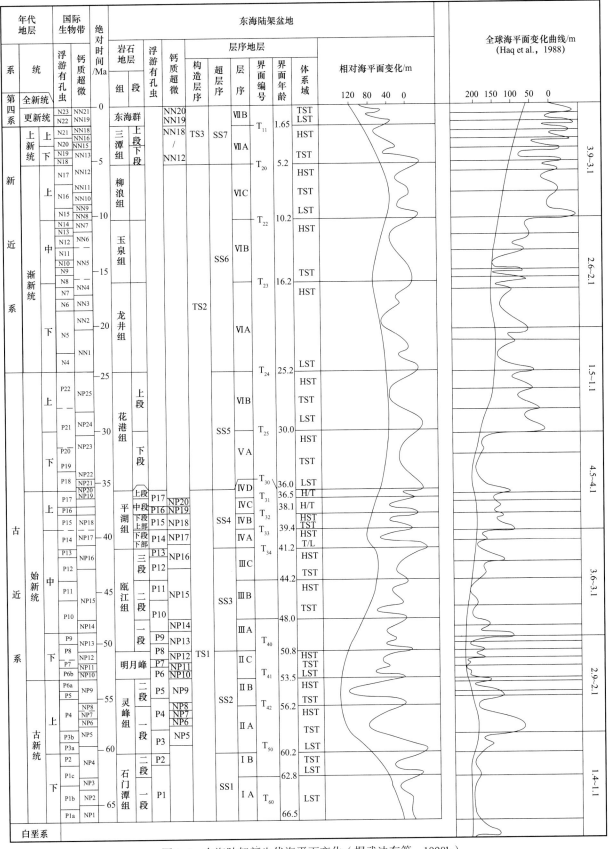

图6-4　东海陆架新生代海平面变化（据武法东等，1998b）

裂陷阶段中期（灵峰组），幅度逐渐增大的 3 个海平面升降旋回构成了总体海平面旋回（长周期）的快速上升部分；最大裂陷阶段的后期（明月峰组—瓯江组），幅度总体逐次降低的 7 个次级旋回构成了海（武法东等，1998b）。

在花港组至柳浪组（拗陷反转阶段）出现 1 次长周期变化和 8 次短周期变化，短周期变化中前四次有海相沉积记录海平面上升，后四次存在规模不大的海泛或海侵计入指示。次级旋回表现为频率低，幅度小。晚新世以来出现一次长周期（不完整），海平面总体上升部分由三个幅度递增的次级海平面旋回构成（武法东等，1998b）。

四、地层发育情况

东海陆架盆地新生代地层整体发育齐全，但就各个凹陷而言，不同时代发育的地层差异十分明显。新生代盆地由老到新沉积的地层有古新统的月桂峰组、灵峰组、明月峰组，始新统瓯江组、温州组、平湖组，渐新统的花港组，中新统的龙井组、玉泉组、柳浪组以及上新统的三潭组（图 6-5）。

（一）地层发育

1. 古近系

古近系主要包括月桂峰组、灵峰组、明月峰组、瓯江组、温州组、平湖组、花港组。

1）月桂峰组

该组厚度与下伏的上白垩统石门潭组局部呈角度不整合接触。由两套粗—细—粗变化的旋回叠加组成，上旋回的含砂量比下旋回多，砂粒也比下旋回粗。下旋回以暗褐色、黑褐色泥岩为主，夹浅灰色、灰白色细-中粒砂岩。上旋回为浅灰色、灰色、黑灰色泥岩与浅灰色细-中粒砂岩近等厚互层，夹薄层浅灰色、灰色粉砂岩及黑色的薄煤层。该组化石量稀少，见少量的沟鞭藻和孢粉。沉积环境大致为海陆过渡湖泊环境。该套地层主要发育在台北拗陷（姜亮等，2003）。

2）灵峰组

该组与下伏的月桂峰组或石门潭组局部呈角度不整合接触，其岩性以灰色、深灰色泥岩、粉砂质泥岩为主，夹薄层浅灰色含钙粉砂岩、细砂岩；砂岩粒度由下到上逐渐增大；砂质灰岩（含藻屑等生物碎片）厚度不均，在全区分布广泛；该组有较丰富的钙质超微化石、有孔虫、介形类和少量的孢粉。该组主要发育在台北拗陷，以浅海沉积环境为主。

3）明月峰组

明月峰组与下伏灵峰组局部呈角度不整合接触。在台北拗陷广泛分布，是一套海退环境的滨海沼泽含煤岩系，由下细上粗的两个反旋回叠加而成，渐变为粗砂。

下旋回以大段浅灰色、灰色、褐灰色泥岩为主，夹浅灰色、暗灰色含钙质粉砂岩。上旋回为浅灰色、灰色泥质粉砂岩、泥岩与浅灰、灰白色细-中粒砂岩互层，夹浅灰、灰褐色泥质粉砂岩和薄层钙质砂岩，顶部夹多层黑色煤层。该组含钙质超微化石、有孔虫、介形类、沟鞭藻和孢粉等微体化石，总体为滨浅海环境。

4）瓯江组

瓯江组与下伏地层呈角度或平行不整合接触。该组在长江拗陷、瓯江拗陷、椒江拗陷和丽水拗陷均有发育。下部以灰白色、灰色细-中粒砂岩为主，夹灰色、褐色泥岩及多层黑色煤层和薄层钙质砂岩，煤性硬，具贝壳状断口。上部以浅灰色、灰色泥岩为主，夹浅灰色粉-细粒钙质砂岩，浅灰色、灰色钙质泥岩，浅灰色、灰白色微晶晶质灰岩、砂质生物碎屑灰岩，在灰岩及生物体腔内含自生海绿石。本组富含海相的生物化石，有孔虫属种且数量丰富，还有沟鞭藻类及海相介形类。总体为滨浅海环境。

5）温州组

该组可以分为上、下两段，上段大部分分布于椒江凹陷，下段不仅在台北拗陷广泛分布，并进一步超覆在渔山隆起之上，沉积环境主体为海相。上段岩性为浅灰色、浅灰绿色细砂岩、粉砂岩与浅绿灰色、浅棕黄色、浅灰色粉砂质泥岩，底部主要为浅灰、灰白色含砾砂岩，局部含海绿石。下段地层岩性上部以浅灰色、浅绿色、灰色泥岩为主，夹浅灰色粗粒砂岩，见多层 1～2m 左右的黑色煤层；中部为泥质粉砂岩、灰白色细-中粒砂岩为主，往下泥岩钙质含量增加。该段下部各类微体化石丰富，尤其是钙质超微化石为主；上部沟鞭藻和孢粉常见。

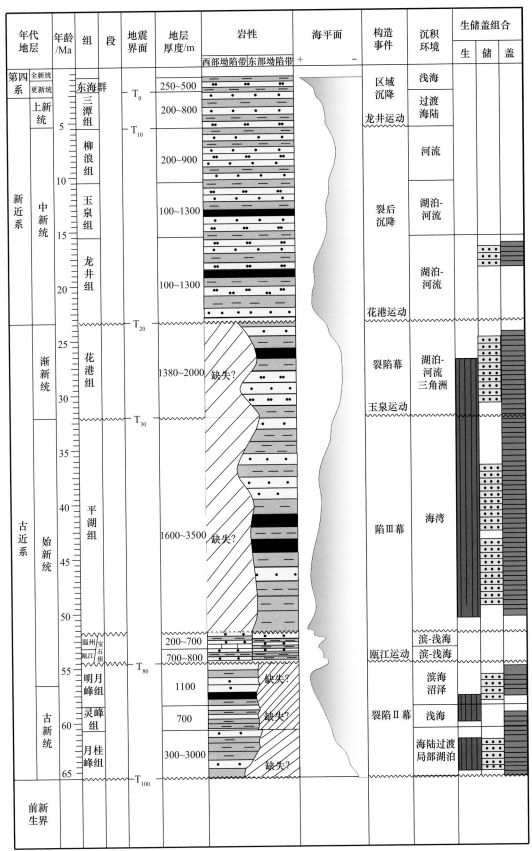

图 6-5 东海陆架盆地沉积柱状图（据朱伟林，2011，修编）

6）平湖组

平湖组与下伏瓯江组或温州组呈角度不整合接触。平湖组地层厚度较厚，台北坳陷普遍缺失，仅见于椒江凹陷，浙东坳陷该组广泛发育。该组岩性、厚度变化明显。上段为灰白色粉砂岩、粉细砂岩局部含砾与浅灰、深灰色泥岩、粉砂质泥岩互层,夹少量煤层。中段为深灰、灰色泥岩、粉砂质泥岩、含灰质泥岩、灰质粉砂质泥岩与浅灰、灰白色泥质粉砂岩、粉细砂岩、细砂岩互层,夹泥晶灰岩、砂质灰岩、白云质泥岩和煤层。下段上部以深灰色泥岩、粉砂质泥岩、灰质泥岩、灰质粉砂质泥岩为主,夹浅灰色灰质粉砂岩、粉细砂岩、灰质泥质粉砂岩和白云质泥岩和煤层;下部为灰、深灰色泥岩、粉砂质泥岩与浅灰、灰白色灰质粉砂岩、灰质泥质粉砂岩、粉细砂岩、细砂岩等呈等厚-略等厚互层。该组含丰富的钙质超微化石、沟鞭藻、有孔虫和介形类。沉积环境为一套海陆过渡相的半封闭海湾沉积。

7)花港组

花港组与下伏地层呈角度不整合或平行不整合,主要发育于浙东拗陷。该组岩性主要为灰色、深灰色粉砂质泥岩与灰白色、浅灰色泥质粉砂岩、细砂岩、含砾砂岩、砂砾岩等,夹薄煤层及煤线;上部岩性主要为褐灰色、灰色泥岩、粉砂质泥岩与浅灰色泥质粉砂岩、粉砂岩、粉细砂岩、细砂岩,以泥包砂或砂、泥互层为特征;下部以砂包泥为特征,顶部发育棕红色、紫红色、棕黄色杂色泥岩。在花港组地层中见有粗肋饱-松粉-三瓣粉化石组合,并于花港组上段地层中发现有 *Berocypris*(瓜星介)和 *Berocypris substiata*(近指纹瓜星介)介形虫化石及 *Cyclicargolithus floridanus*、*Dictyococcites bisectus*、*Helicosphaera recta* 等超微化石组合。沉积环境为河流、湖泊。

2. 新近系

新近系主要包括龙井组、玉泉组、柳浪组、三潭组。

1)下中新统龙井组

该组为一正旋回,岩性为浅灰色泥岩、粉砂质泥岩与浅灰、灰白色粉砂岩、砂岩、含砾砂岩呈不等厚互层夹薄煤层,底部为浅灰色砂砾岩、粉砂岩和细砂岩,局部含灰质,含钙质超微化石和孢粉。

2)中中新统玉泉组

该组发育两个沉积正旋回。上旋回上部为浅灰色、灰黄色泥岩、粉砂岩泥岩夹砂岩、粉砂岩及2~3层薄煤层,下部为浅灰色、灰白色细砂岩、含砾细砂岩;下旋回上部为杂色、灰色泥质粉砂岩及粉砂岩,下部为灰白色砂砾岩、泥质砂砾岩、灰质细砂岩和泥质细砂岩,砂砾岩中见少量燧石,含有孔虫、钙质超微化石和孢粉。沉积环境以河湖环境为主。

3)上中新统柳浪组

柳浪组岩性主要为绿灰色、浅灰色粉砂质泥岩、泥岩与浅灰色泥质粉砂岩、粉砂岩、灰白色含砾(粉)细砂岩、砂砾岩,夹少量薄煤层。中下部以砂包泥为特征,上部以砂、泥互层或泥包砂为特征,煤层主要发育于上部。该组地层含丰富的化石,有 *Buccella vicksburgensis* 有孔虫化石、*Sphenolithus moriformis* 超微化石、枫香粉-伏平粉组合及腹足类 *Poteria* sp. 化石。

4)上新统三潭组

该组上部为浅灰、灰色泥岩、粉砂质泥岩、泥质粉砂岩夹浅灰色砂岩,富含海相化石;下部为厚层状灰白、浅灰色砂砾岩,下部海相化石罕见,孢粉以草本植物发育为特征。沉积环境为海陆过渡环境。

(二)沉积地层及平面展布特征

1. 瓯江组 + 温州组 + 平湖组

东海陆架盆地始新世整体地层沉积厚度东西差异较大,沉积中心位于西湖凹陷。始新世初期,盆地沉积范围较大,全区均有分布。该时期,西部拗陷地层较薄,后期地层缺失;东部拗陷开始大量沉积,地层厚度较大,最厚可达6000m。这是由于西部拗陷在该时期发生隆起,地层剥蚀量较大,而东部拗陷为裂陷初期,受到中部隆起和钓鱼岛隆起两侧物源的共同影响,沉积物源供给较足。盆地整体的沉积格局受到构造格局的影响,由于裂陷活动向东迁移,沉积中心也随之发生迁移,反映了构造对沉积的控制作用(图6-6)。

2. 花港组下段

东海陆架盆地花港组沉积早期,西部拗陷带和中部隆起带抬升并遭受剥蚀导致沉积缺失,东部进入拗陷反转成盆期,沉积厚度1200m左右,沉积中心位于西湖凹陷和钓北凹陷。该时期盆地进入持续性海退阶段,其沉积速率相对于中晚始新世变小(图6-7)。

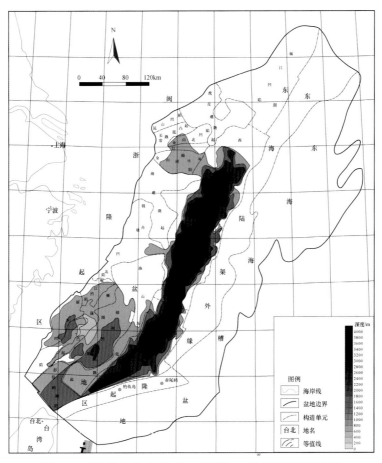

图 6-6　东海陆架盆地瓯江组 + 温州组 + 平湖组地层厚度图

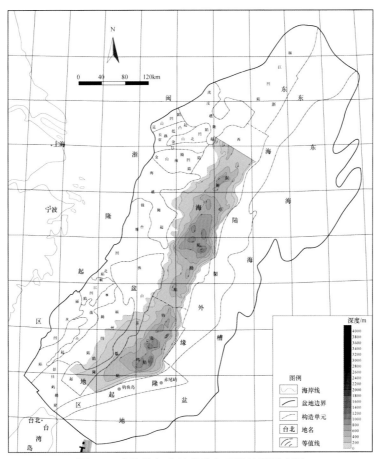

图 6-7　东海陆架盆地花港组下段地层厚度图

3. 花港组上段

东海陆架盆地花港组沉积后期，西部拗陷带和中部隆起带仍旧沉积缺失，东部沉积厚度比前一时期厚，最大达2200m，沉积中心位于西湖凹陷和钓北凹陷。该时期盆地沉积速率相对于早渐新世变大，由于中央隆起的丰富物源供给以及东部完全进入了拗陷期，拗陷带接受了厚度较大的沉积（图6-8）。

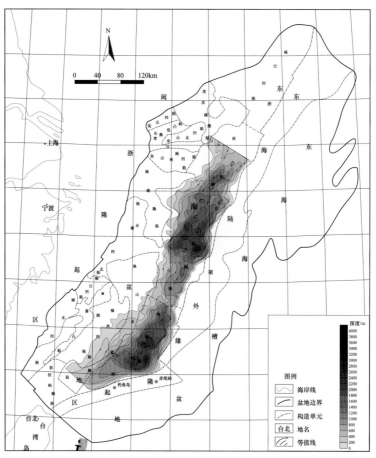

图6-8   东海陆架盆地花港组上段地层厚度图

4. 龙井组

东海陆架盆地龙井组沉积时期，盆地沉积中心南移，但仍旧位于西湖凹陷和钓北凹陷，东部沉积厚度比前一时期减薄，最大厚度1400m。该时期盆地沉积速率相比于上一时期变小，但沉积范围却在增大（图6-9）。

5. 玉泉组

东海陆架盆地玉泉组沉积时期，沉积特征与龙井组沉积类似，但是由于海平面的下降，盆地整体沉积厚度相对减小，东部沉积厚度最大1400m，沉积中心位于西湖凹陷和钓北凹陷（图6-10）。

6. 柳浪组

东海陆架盆地柳浪组沉积时期，由于海平面继续下降，盆地整体沉积范围减小，沉积厚度薄，东部的最大厚度为900m，盆地沉积中心主要在钓北凹陷和西湖凹陷，中间的低凸起将原本连通的两个凹陷隔开（图6-11）。

7. 三潭组

东海陆架盆地三潭组沉积时期，东部拗陷带也进入盆地沉降期，且由于大范围的海侵作用，盆地全区均接受沉积，西部拗陷沉积厚度达到了1000m，东部的最大厚度为2200m，盆地沉积中心主要在钓北凹陷。由于大范围海侵带来的丰富沉积物源，上新统沉积厚度较大（图6-12）。

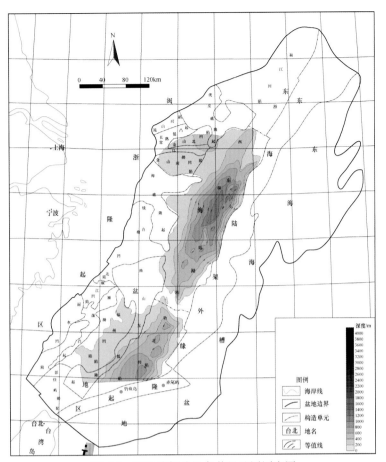

图 6-9　东海陆架盆地龙井组地层厚度图

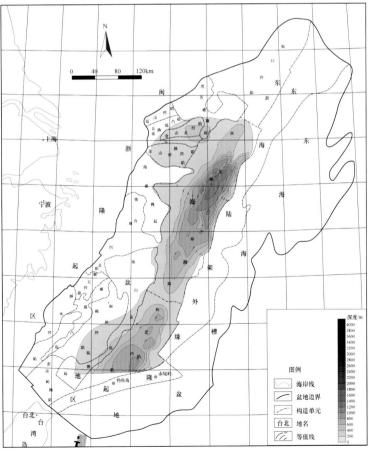

图 6-10　东海陆架盆地玉泉组地层厚度图

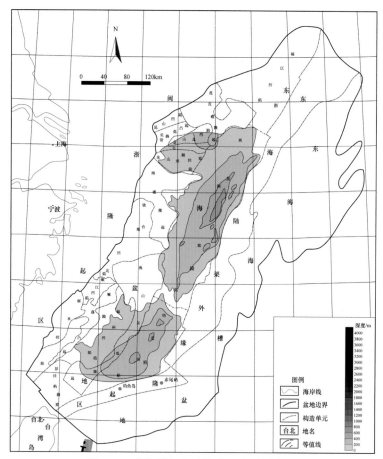

图 6-11　东海陆架盆地柳浪组地层厚度图

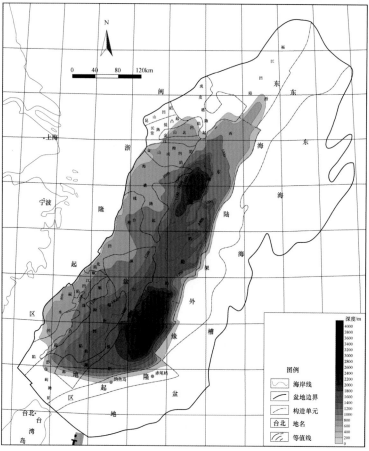

图 6-12　东海陆架盆地三潭组地层厚度图

第二节　地震层序特征及盆地结构

东海陆架盆地内的钻井大部分分布于西湖凹陷及台北拗陷中，其密度和数量不足以覆盖整个研究区，所以仅仅通过单井来进行沉积相的分析就显得力不从心，这时在盆地内开展地震相分析就非常的有意义。

一、地震层序划分

根据地质事件在地震剖面上的反映可以将反射波组间的相互关系划分为协调（整合）关系和不协调（不整合）关系。地震层序边界首先是通过分析地震剖面上表征不协调关系的反射终止类型来识别（图6-13）。根据地震反射的终止样式，可以划分出上超、下超、削蚀和顶超四种类型。其中，侵蚀，削截受地层侵蚀作用控制，上超、下超及顶超与无沉积作用有关。通常由削蚀、顶超确定层序顶面标志，上超、下超来确定层序底面标志。其次尽可能识别各种不整合关系及其限定的层序，然后以骨架地震剖面为基准，确定划分方案，然后推广对比到地震资料较差的工作区。

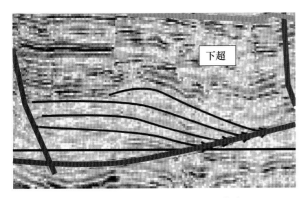

(a) 西湖凹陷地震反射剖面上的下切充填

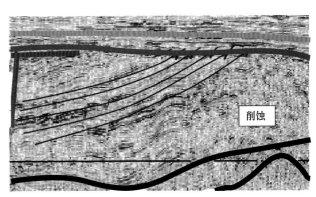

(b) 金山凹陷地震反射剖面上的削蚀现象

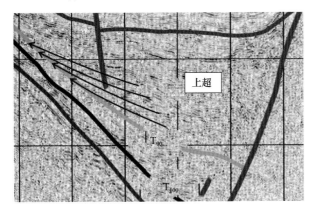

(c) 丽水凹陷地震反射剖面上的上超现象

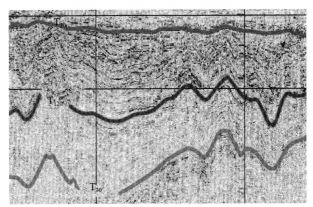

(d) 层序界面上下的地震相差异

图6-13　东海陆架盆地层序界面识别标志

结合前人研究成果及本次研究，根据东海陆架盆地多条控盆控拗地震剖面反射终止特征，对地震剖面的主要地震反射界面进行追踪，结合东海陆架盆地自新生代以来经历的区域性构造事件（雁荡和瓯江运动、玉泉运动、龙井运动），以及全球区域的海平面变化影响。新生代共识别出以下几个层序界面，现将各层界面的特征总结如下。

T_{100}界面特征：由雁荡运动产生的区域不整合面，是新生界与中生界地层的分界（古近系盆地的基底），也是月桂峰组与石门潭组的地层分界。在地震剖面上表现为一两个相位、较强振幅、低频中等连续，反射波能量在不同部位差异较大；在凹陷深部或岩浆岩分布区则反射杂乱模糊，不易追踪对比。界面之上局部下切谷发育。陡坡带受边界断层控制，缓坡带倾斜翘起。在边缘地区与下伏地层呈角度不整合接触，在斜坡带和局部构造顶部的上覆地层被削蚀。

T_{90}界面特征：灵峰组与月桂峰组地层分界形成的地震反射，反射特征为低频、中连续的强振幅反射，向凹陷深处反射逐渐变弱。在台北拗陷特征明显，易于追踪；在凹陷斜坡方向"上超下削"现象明显。在椒江凹陷和岩浆岩分布区难以追踪对比。

T_{85}界面特征：明月峰组与灵峰组地层分界形成的地震反射，反射特征为中连续、中强振幅反射，1~2个相位。向凹陷深处反射逐渐变弱。在台北拗陷易于追踪，在凹陷斜坡方向"上超下削"现象明显；在椒江凹陷和岩浆岩分布区难以追踪对比。

T_{80}界面特征：古新统的顶界面、下始新统的底界面，对应瓯江运动形成的区域不整合面，该界面在丽水凹陷边缘常具有"上超下削"的特征，特征清晰，易于追踪；而在椒江凹陷内部由于岩浆岩的屏蔽和干扰，反射特征呈现模糊和杂乱现象，难以追踪对比。

T_{50}界面特征：温州组与下伏瓯江组地层分界形成的地震反射界面，反射能量强，低-中频，两个相位，全区较连续，能追踪对比，界面上下可见明显的上超、削截现象。

T_{40}界面特征：平湖组与下伏地层温州组分界形成的反射界面，强振幅、中连续。主要发育在东部拗陷的西湖凹陷和钓北凹陷，在西湖凹陷被上覆地层削截明显，凹陷较深部位不易追踪。

T_{30}界面特征：花港组与平湖组地层所形成的反射界面，由玉泉运动产生的区域性不整合面，一般呈现两个中低频、中高连续的中强振幅的地震反射。该界面在盆地西部"上超下削"现象明显，东部则是断陷期和拗陷期的分界面，该界面上下构造特征和沉积特征都发生了明显的转化，界面之下为裂谷期半封闭的海湾沉积，界面上为反转期的湖泊、河流相沉积。

T_{20}界面特征：龙井组与花港组地层分界形成的反射界面，对应花港运动产生的区域性不整合面，为一组强振幅，中高连续反射。在盆地边缘对下伏地层削截现象明显。

T_{10}界面特征：上新世与中新世地层分界形成的反射界面，也是三潭组与柳浪组的分界面。该界面在全区广泛分布，是一个区域性的不整合面，一般呈现为1~2个中高频、中高连续的中振幅反射。

T_0界面特征：上新世与第四纪地层分界形成的反射界面，是东海群与三潭组的分界面，形成于新近系末期的冲绳海槽运动，对东海陆架盆地全区演化影响较弱。

二、重点凹陷的层序结构

通过剖析基本覆盖盆地主要构造单元的6条骨干剖面来说明该盆地各凹陷的结构特征并展现其层序地层格架（图6-1）。下面以4条SE向的地震层序地层格架剖面为例，由东向西、由北向南，分述各主要生烃凹陷的层序地层格架特征。

（一）西湖凹陷

西湖凹陷中晚始新世整体为一个典型的"双断型断拗"。西湖凹陷在南北方向上有三个不同的沉积结构段。始新世，凹陷北部是多断控制的东断西超箕状断陷，中部是西侧由断裂控制，地层向东加厚，南部则是西薄东厚的地层分布特点。渐新世，呈南厚北薄、东厚西薄的分布特点。T_{20}界面对应的龙井运动造成西湖凹陷大部分地区遭受挤压，形成背斜构造和逆断层，并有剥蚀产生（图6-14）。

（二）丽水凹陷

丽水凹陷是一个典型的东断西超的箕状断陷，其西部边缘坡度较缓，多发育反向正断层形成的掀斜断块。凹陷东部以雁荡凸起为界，西部与闽浙隆起区相接。凹陷形态受NE向分段断裂的控制，可以分为东西两次凹，由区域性构造运动（雁荡运动和瓯江运动）的影响，造成凹陷缺失渐新统（图6-15）。

（三）钓北凹陷

钓北凹陷结构相对比较简单，主要为东断西超的箕状断陷，也发育局部的双断结构。凹陷北部T_{50}—T_{30}沉积很厚，为断陷沉积期（图6-16）；T_{30}—T_{20}早期为断拗沉积期，南厚北薄，末期北部地区抬升遭受剥蚀。

（四）钱塘凹陷

钱塘凹陷主要为中生代凹陷，局部存在新生界地层分布，具有明显的双断结构，凹陷内发育背斜构造（图6-17）。这套地层底界的反射向东突然消失和断续出现一些反射，属于中—新生代沉积叠置的构造单元。新生界沉积厚度不大，规模相对较小，并且处于隆（凸）起包围之中。

（五）层序界面分布规律

通过研究盆地内反映控盆、控拗特征的地震剖面，可以将东海陆架盆地分为东部、西部两个拗陷带。两拗陷带发育层位，沉积厚度有明显区别，西部沉积地层老，东部沉积地层新，沉积厚度明显东部拗陷要厚于西部拗陷（图6-18）。

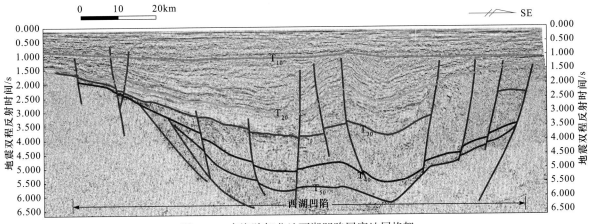

图 6-14　东海陆架盆地西湖凹陷层序地层格架

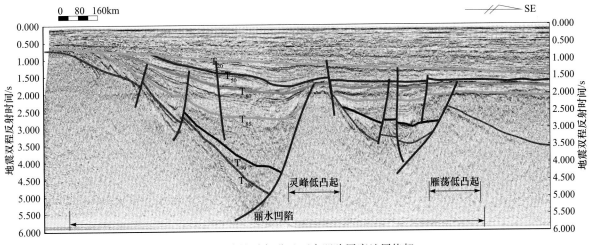

图 6-15　东海陆架盆地丽水凹陷层序地层格架

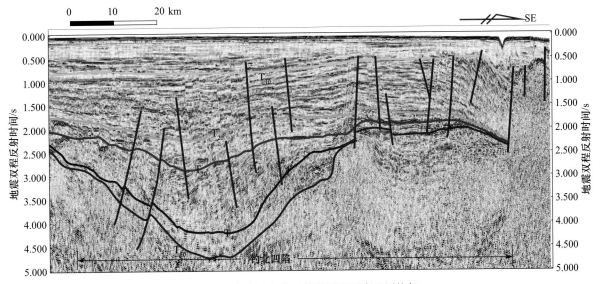

图 6-16　东海陆架盆地钓北凹陷层序地层格架

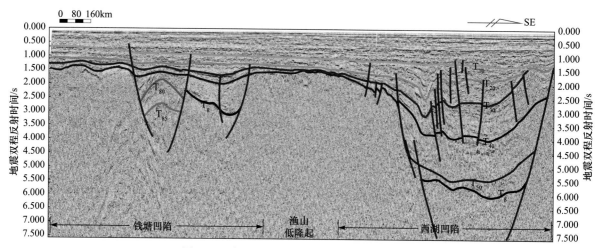

图 6-17　东海陆架盆地钱塘凹陷层序地层格架

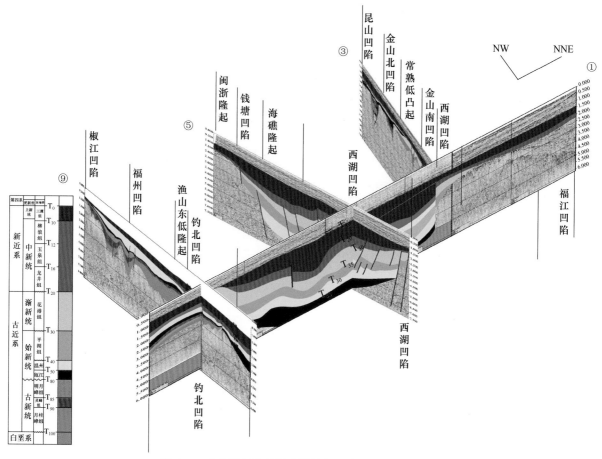

图 6-18　东海陆架盆地凹陷结构与层序界面分布栅状图

三、盆地结构特征

根据重点凹陷结构的分析，可将东海陆架盆地的各凹陷进行结构分类（表 6-1），盆地西部以箕状断陷为主，中南部为双断结构，而东部为双层结构，即早期为双断结构、晚期也为东断西超的箕状断陷。东海陆架盆地的主要凹陷结构类型为拗陷型，并可以分为地堑和半地堑式两种（表 6-2）。

表 6-1　东海陆架盆地各凹陷结构类型分类

箕状断陷	双断结构	下部双断上部箕状断陷
丽水凹陷		
椒江凹陷	福州凹陷	西湖凹陷
钱塘凹陷	金山凹陷	钓北凹陷
昆山凹陷		

（一）半地堑

这类凹陷陡坡与主控断裂一侧的相邻构造以断层相接触，与其缓坡一侧的相邻构造多呈过渡渐变接触，该类凹陷又可以分为平直型（不对称、断面平直）、铲型（不对称、断面呈铲状）和缓坡逆向断阶型（不对称、断面以平直型为主、铲状为辅，断层组合为多米诺状，以具同向翘倾为主的半地堑-半地垒组合）三种类型，如金山北凹陷、钓北凹陷、椒江凹陷等属于缓坡顺向断阶，其断层不对称，断层组合多为逆向，丽水凹陷属于缓坡逆向断阶型，断层组合多为同向。

（二）地堑型

该类凹陷与相邻构造以断层接触为主，该类型在东海陆架盆地主要发育断阶型和复合断阶型（对称，断面以铲状为主，断层组合有同向、反向以及同反向兼具），如钱塘凹陷、西湖凹陷和钓北凹陷都属于断阶型凹陷。

表 6-2 东海陆架盆地凹陷结构类型分类

盆地结构类型			主要盆地结构模式图	构造模式实例图	发育位置	盆地结构要素
断陷型	半地堑式	缓坡顺向断阶			金山北凹陷 丽水-椒江凹陷 钓北凹陷 西湖凹陷	① 对称性：非对称 ② 断面形态：铲状+平直状 ③ 断层位置：缓坡 ④ 断层组合：反向
		缓坡逆向断阶			丽水凹陷	① 对称性：非对称 ② 断面形态：铲状+平直状 ③ 断层位置：缓坡 ④ 断层组合：同向
	地堑式	复合断阶型1			西湖凹陷 钓北凹陷	① 对称性：对称型 ② 断面形态：铲状 ③ 断层位置：两侧 ④ 断层组合：同向
		复合断阶型2			钱塘凹陷	① 对称性：对称型 ② 断面形态：铲状 ③ 断层位置：两侧 ④ 断层组合：同向+反向
		断阶型			西湖凹陷	① 对称性：对称型 ② 断面形态：铲状 ③ 断层位置：两侧 ④ 断层组合：反向

第三节 沉积特征分析

运用岩心、测井资料，结合录井、地震等资料综合分析地层格架内的沉积特征。

一、物源分析

（一）重矿物分析

ZTR 指数是表示锆石、电气石、金红石三种重矿物成熟度的一个参数，该参数准确方便，被广泛使用。重矿物主要有透明重矿物和不透明重矿物两类，其中透明重矿物有锆石、电气石、金红石、十字石、石榴子石、榍石、云母、绿帘石、重晶石。ZTR 指数是指锆石、电气石、金红石的含量与所有透明重矿物含量的比值，即（锆石＋电气石＋金红石）/ 透明重矿物 ×100%。

从 ZTR 指数分布特征及重矿物成分上看，整体上重矿物的稳定性西部好于东部（图 6-19），稳定重矿物含量由凹陷边缘向内部和沉降中心逐渐增加，说明沉积物主要来自凹陷周边的隆起区，并随重矿物含量与 ZTR 指数的变化显示了物源供给的大体方向。

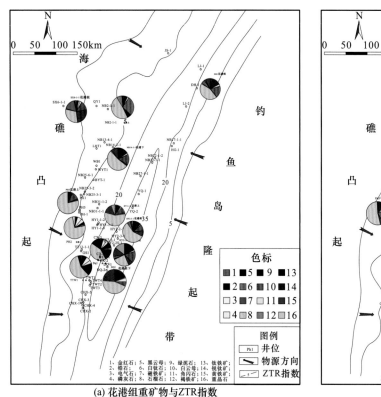
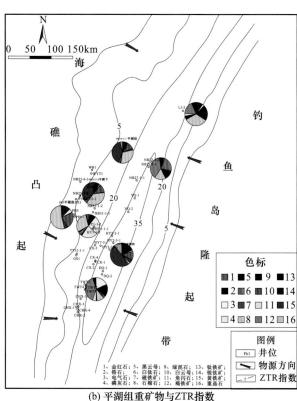

(a) 花港组重矿物与ZTR指数　　　　(b) 平湖组重矿物与ZTR指数

图 6-19　重矿物与 ZTR 指数分布图

（二）地震反射

前积反射结构主要是在沉积物向深水方向扩建过程中产生，并指示前积单元的古地形和古水流方向，所以前积构造可以作为指示物源方向的重要标志。楔状单元沿倾向上厚度增大，具有发散性，代表沉积体常发育于盆地或凹陷的边缘斜坡地带，同样可以指示物源的方向。

对贯穿盆地的多条二维地震剖面所反映的特殊地震反射特征进行分析可知（图 6-20～图 6-23），东海陆架盆地存在区域和局部两类物源，而且物源供给有明显的时间限定。区域物源有盆地西侧的浙闽隆起区、虎皮礁隆起、海礁隆起、渔山低隆起以及东侧的钓鱼岛隆起区，区域物源一般受区域性的大断裂影响，从地震剖面反射特征来看，前积、楔状、杂乱反射等成群且持续出现的情况。由于东海陆架盆地构造运动频繁，断层发育较多，导致盆地呈现凹中夹隆，凹凸相间的构造格局，这就造成一些断续的局部物源的出现，有灵峰低凸起、雁荡低凸起、常熟低凸起以及钱塘凹陷中部隆起和西湖凹陷的中央反转隆起区，这些局部物源在地震剖面上也可识别前积、楔状、杂乱反射等特征。但是较区域性的物源相比，其规模、影响范围以及提供物源的时间都小。

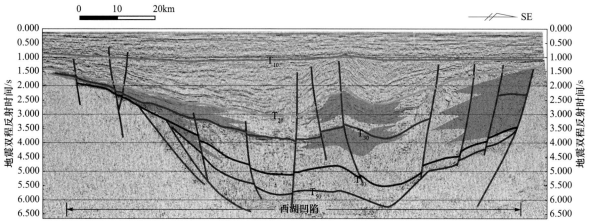

图 6-20　东海陆架盆地测线⑦物源指示

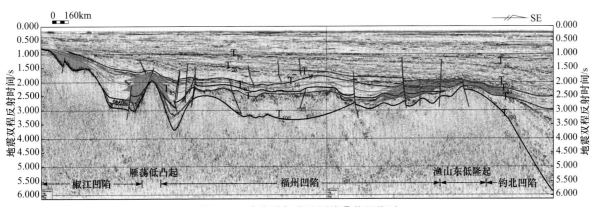

图 6-21　东海陆架盆地测线⑨物源指示

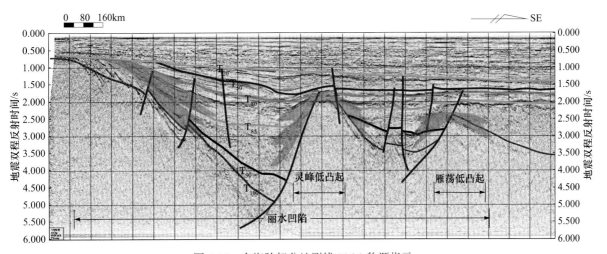

图 6-22　东海陆架盆地测线 98tb3 物源指示

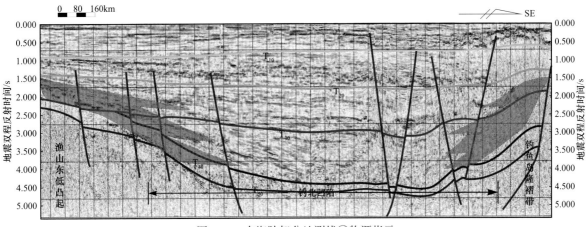

图 6-23　东海陆架盆地测线⑩物源指示

二、沉积特征

盆地各个时期的沉积特征可对盆内取心井的岩心进行观察、描述和沉积解释，进而结合单井测井曲线进行沉积相解释。

（一）岩石学特征

1. 月桂峰组

通过对岩心进行研究，该组岩性主要以中砂岩、细砂岩和泥岩为主，整体砂岩的岩性偏细。识别的沉积构造类型主要有槽状交错层理、板状交错层理、流水沙纹层理及波状层理等（图 6-24）。

2. 灵峰组

灵峰组岩性主要为中砂岩、细砂岩、粉砂岩、含砾细砂岩、泥质粉砂岩和泥岩，沉积构造主要有羽状交错层理、低角度交错层理以及滞留砾石、滑塌变形构造等（图6-25）。

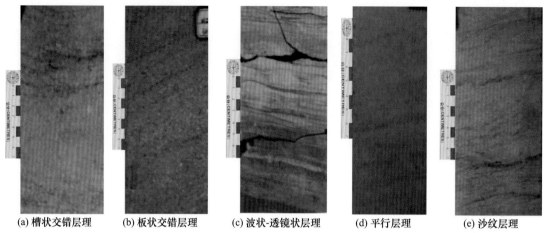

    (a) 槽状交错层理   (b) 板状交错层理   (c) 波状-透镜状层理   (d) 平行层理   (e) 沙纹层理

图6-24　月桂峰组岩性与沉积构造特征

 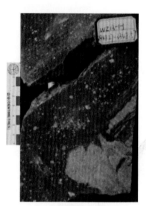

    (a) 河道底部砾石冲刷   (b) 滑塌变形构造

图6-25　灵峰组岩性与沉积构造特征

3. 明月峰组

明月峰组层段岩性较细，以细砂岩和粉砂岩为主。LS36-1-1井（图6-26）可识别多种沉积构造类型，除了常见的平行、块状层理外，还包括生物潜穴、滑塌变形、介壳层与生物扰动构造、鱼化石与菱铁矿结核、包卷层理等特殊沉积构造，生物潜穴常出现在滨岸地带，是生物在未固结的松软沉积物内部居住和觅食所形成的孔道。滑塌变形构造具有很好的指相作用，常常为三角洲前缘的软沉积物因重力作用，在斜坡上发生滑动和滑塌而形成的。通过以上分析推断为受波浪、河流等共同作用控制的三角洲沉积。

4. 平湖组

平湖组岩性较细，主要为细砂岩、粉细砂岩和泥岩，偶见细砾岩。砾石成分主要为石英，砾石大小为1~4cm，正、反粒序都有发现，显定向排列特征。颜色为浅灰绿色，分选好、圆球状，可见平行层理、小型沙纹交错层理、板状交错层理。颜色以浅灰色为主，分选磨圆好，发育小型流水沙纹层理、水平层理、爬升纹层。

粉砂质泥岩和泥岩以灰绿色为主，分选较好、次圆状，发育水平层理、小型流水沙纹层理、透镜状层理、脉状层理、双黏土层和泄水构造等，局部断面可见植物茎杆，在粉砂岩以及泥岩中发育菱铁矿条带，氧化后变为棕红色条带。

通过对研究区取心井的岩心观察，主要识别出6种物理成因的沉积构造（图6-27），它们分别是双黏土层、透镜状层理、脉状层理、浪成波痕交错层理、爬升波痕层理和再作用面构造，分析应为典型的潮汐环境。

5. 花港组

花港组岩性以中细砂岩和粉砂质泥岩为主，虫孔不发育，泥岩断面可见植物茎杆、炭质纹层。砂岩颜色以灰色为主，总体以反韵律为主。研究区常见的各种岩石类型基本特征如下：粉砂质泥岩和泥岩，颜色以深灰绿色为主，偶见菱铁矿条带。可见小型沙纹层理和砂质团块，泥岩的断面可见植物茎干和炭

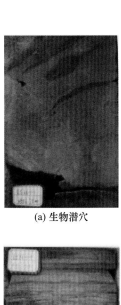

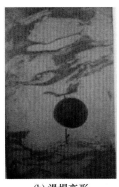

(a) 生物潜穴   (b) 滑塌变形   (c) 炭屑、生物扰动与变形   (d) 介壳层与生物扰动构造

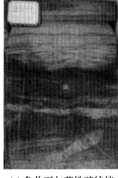

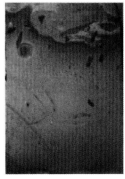

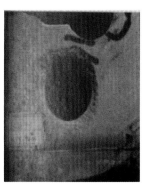

(e) 鱼化石与菱铁矿结核   (f) 菱铁矿结核   (g) 包卷层理   (h) 砂泥突变接触

图 6-26 明月峰组岩性与沉积构造特征

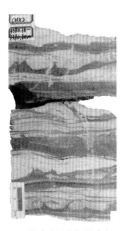

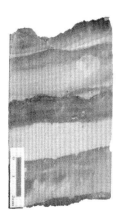

(a) 灰色中-细粉砂岩，发育板状交错层理   (b) 粉砂质泥岩与粉砂岩互层，发育包卷层理   (c) 泥岩与泥质砂岩互层，波状层理   (d) 泥质粉砂岩夹粉砂质泥岩，变形层理

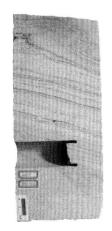

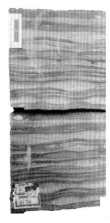

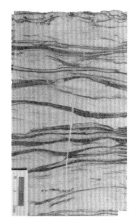

(e) 砂岩中发育双黏土层，顶部见变形层理潮道沉积   (f) 粉砂质泥岩与泥质粉砂岩互层，复合层理发育潮坪沉积   (g) 粉砂质泥岩，见生物钻孔和变形层理潮坪沉积   (h) 泥质粉砂岩夹粉砂质泥岩，脉状层理潮间带沉积

图 6-27 平湖组岩性与沉积构造特征

质纹层，虫孔不发育。泥质粉砂岩颜色以浅灰色为主，中下部可见变形构造，砂质团块，顶部可见流水沙纹、爬升沙纹层理和炭屑。中细砂岩以浅灰色为主，分选较好、次圆状，见小型板状、槽状交错层理，底部见冲刷面；局部可见泥质纹层（富含有机质），可见沙纹层理，并发生变形（图6-28）。

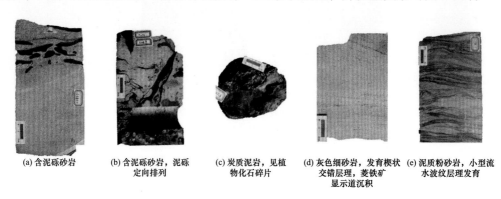

(a) 含泥砾砂岩　　(b) 含泥砾砂岩，泥砾　　(c) 炭质泥岩，见植　　(d) 灰色细砂岩，发育楔状　　(e) 泥质粉砂岩，小型流
　　　　　　　　　　定向排列　　　　物化石碎片　　　　交错层理，菱铁矿　　　水波纹层理发育
　　　　　　　　　　　　　　　　　　　　　　　　　　　显示道沉积

图6-28　花港组岩性与沉积构造特征

（二）垂向沉积序列

1. 曲流河相

东海陆架盆地西湖凹陷花港组发育典型的曲流河沉积体系（图6-29）。该区发育河道、堤岸、泛滥平

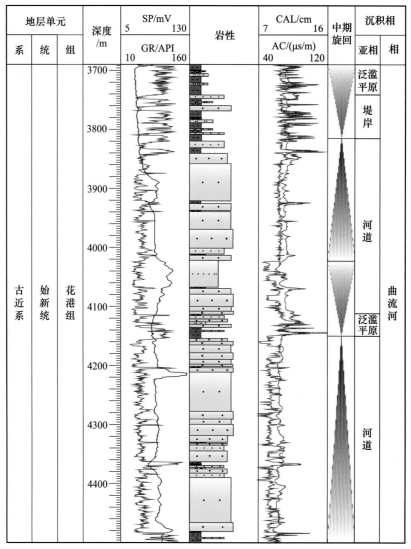

图6-29　东海陆架盆地西湖凹陷花港组曲流河相垂向沉积序列

原等沉积微相。

岩性主要为一套黄灰色含砾砂岩、粗砂岩、中-细砂岩沉积，局部夹灰色粉砂质泥岩、泥岩、煤层沉积，该组砂质岩发育、粒级粗、单层厚度大，最厚可达 78.0m，砂质岩占组厚 90% 多，砂岩中发育板状、槽状交错层理。GR 曲线呈现钟形、箱形、指形组合，纵向上具有多套向上变细的正旋回沉积。

2. 无障壁海岸相

东海陆架盆地花五段发育典型的无障壁海岸沉积体系（图 6-30）。该区发育前滨、临滨亚相。

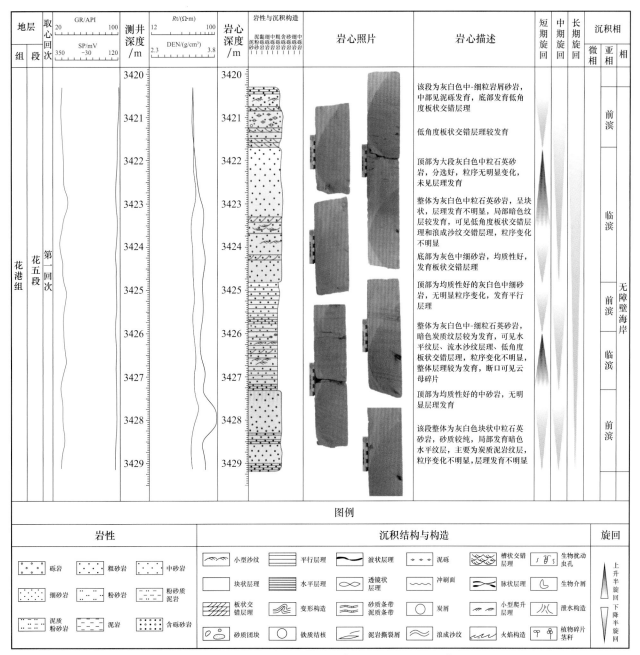

图 6-30　东海陆架盆地花五段无障壁海岸相垂向沉积序列

该区发育的主要岩性为灰白色中-细粒岩屑砂岩、灰色中细砂岩、灰白色中粒石英砂岩，中间夹泥砾及炭质泥岩，总体上砂质较纯。其上部主要发育低角度板状交错层理，中部可见浪成沙纹交错层理和流水沙纹层理，底部砂质较纯，层理不明显。垂向上为多套砂体形成的反旋回沉积。

3. 有障壁海岸相

东海陆架盆地平四段发育典型的有障壁海岸沉积体系（图 6-31）。该区发育前滨、障壁岛、潟湖和潮坪亚相。

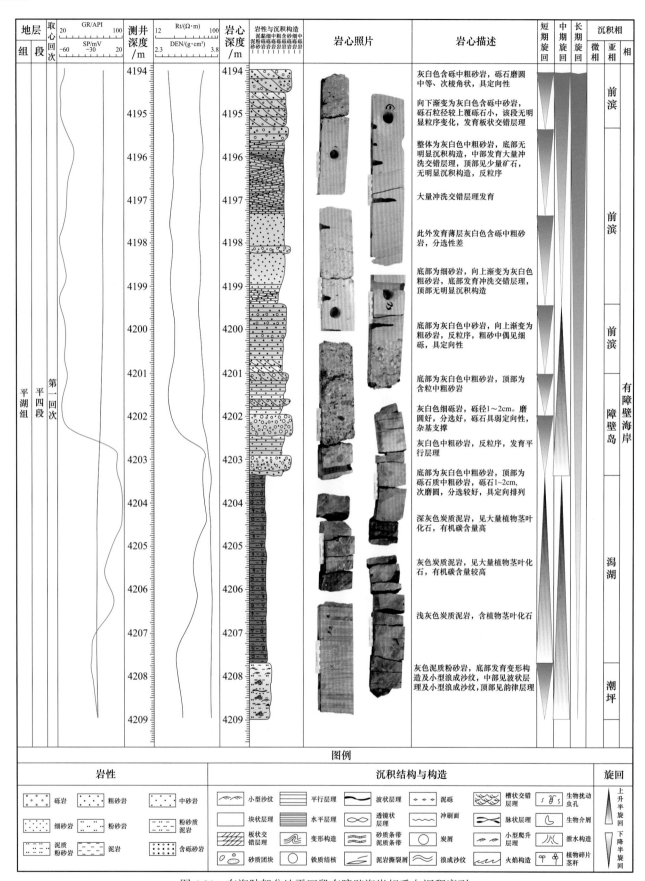

图 6-31　东海陆架盆地平四段有障壁海岸相垂向沉积序列

　　该区发育的主要岩性为灰白色含砾中粗砂岩、灰白色中-粗砂岩、灰白色细砾岩、深灰色-浅灰色炭质泥岩及灰色泥质粉砂岩等，可见大量植物茎叶化石。其中砾石磨圆中等，常见定向排列。砂岩中发育板状交错层理、冲洗交错层理、变形构造、小型浪成沙纹及韵律层理等。垂向上为多套砂体形成的反旋回沉积。

第四节　沉积体系空间展布与演化

东海陆架盆地经历多期构造运动和海平面变化，其沉积体系展布区域差异大，各时期沉积特征不同。总体表现为西部裂陷早，古新世早期发育三角洲-湖泊沉积体系，古新世中、晚期以海相、海陆过渡相沉积为主；东部裂陷晚新世以海相沉积体系为主，拗陷期以陆相、海陆过渡相沉积体系为主。

一、沉积充填特征

东海陆架盆地早期断陷、后期拗陷反转沉降，因此，东海陆架盆地新生界沉积充填与盆地构造演化息息相关，各构造带有其独特性，下面主要以丽水-椒江凹陷和西湖凹陷的典型剖面为例分析盆地各时期的沉积充填特征。

（一）典型剖面沉积相分析（地震剖面位置见图6-1）

1. 地震测线②剖面

丽水-椒江凹陷（图6-32）北部以浅湖和浅海相为主，陡坡发育扇三角洲相；南部多发育三角洲及扇三角洲。

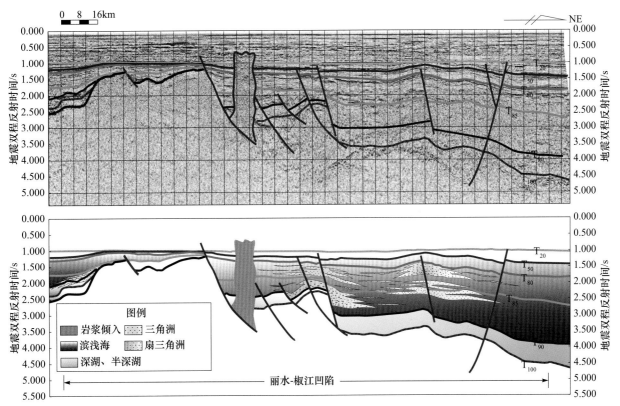

图6-32　东海陆架盆地测线②剖面地震相和沉积相图

古新世早期（T_{100}—T_{90}），丽水凹陷发育东、西两个次凹，之间被灵峰凸起带分隔，以淡水湖相沉积为主；此时丽水-椒江凹陷总体以浅湖-深湖相沉积为主，沉积中心与沉降中心一致，地震剖面上反映为中-强振幅、连续、平行或亚平行地震相。西斜坡区为缓坡，湖岸平原-滨湖相带发育较宽，并有物源来自西部的若干三角洲发育，表现为中振幅、较连续、前积地震相；东次凹东侧为主控断层。下降盘陡坡带发育近缘扇三角洲或水下扇，面积小，但厚度较大，表现为中振幅、较连续或断续、楔状地震相。

古新世中期（T_{90}—T_{85}），丽水、椒江凹陷强烈深陷，相对海平面上升，发生第一次较大规模的海侵，丽水凹陷以海相沉积为主，次凹中主要为浅海相沉积；西斜坡中-北段的三角洲范围较大，东部断阶带仍有近缘扇三角洲发育。裂陷晚期，相对海平面下降，丽水凹陷西部的沉积边界东移，在西斜坡中-北段，三角洲向凹陷推进的距离和面积都增大，连片发育；丽水、椒江凹陷以滨-浅海相沉积为主，沉积中心向西南方向迁移。

古新世晚期（T_{85}—T_{80}），由于断裂活动减弱，在全球海平面上升背景下，各凹陷的连通性增大，凹陷中原出露地表的大部分凸起都淹没于水下；丽水、椒江凹陷总体为浅海陆架环境，西部斜坡带连片发育三角洲相，地震剖面上见较多前积现象，东部边缘偏北段局部发育扇三角洲。

2. 地震测线⑦剖面

钱塘凹陷（图 6-33）早期以浅湖相为主，后期发育三角洲和滨海相；西湖凹陷则以陡坡发育扇三角洲相，缓坡发育三角洲相为主要特征。

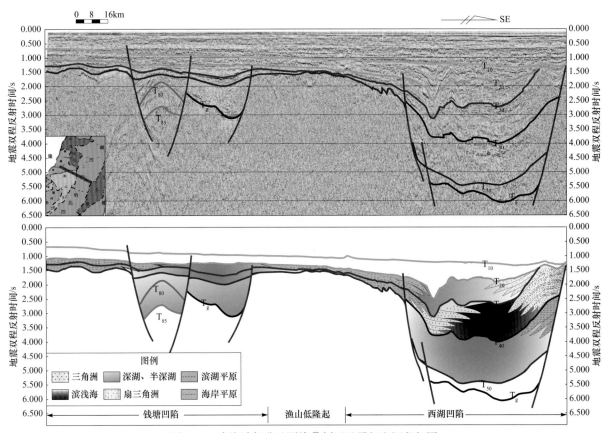

图 6-33　东海陆架盆地测线⑦剖面地震相和沉积相图

3. 地震测线⑤剖面、地震测线④剖面

西湖凹陷南部（图 6-34）陡坡带以滨岸相和扇三角洲相为主，缓坡则是以正常三角洲相为主。西湖凹陷北部（图 6-35），陡坡带发育沉积厚度较大冲积扇相，缓坡发育厚度较薄的三角洲和泛滥平原相。

平湖组沉积早期，西湖凹陷整体拉张、拗陷沉降，部分地区边界断层控制沉积，并以东侧主断层控制最为显著，使沉降中心偏东，同时海水侵入，凹陷整体成为半封闭局限海环境，水体较深；西部为宽缓的斜坡，发育海岸平原、滨岸沼泽、潮坪和三角洲沉积，潮上带和三角洲平原区有煤系和炭质泥岩发育；东部受到同生边界断层的控制，坡度较陡，多为海湾环境，局部为半封闭浅海。平湖组沉积中晚期，水体逐渐变浅，沉积可容纳空间减小，趋向于过补偿并向填平补齐发展，滨岸沼泽范围逐渐扩大；同时，西斜坡的三角洲向凹陷中央推进（张敏强等，2011）。

花港组沉积时期，水体进一步变浅，期间有过两次海侵，西湖凹陷此时为海陆过渡相沉积，花港组沉积末期海水从东南方向退出盆地。

西湖凹陷海侵范围有限，北部为陆相沉积，南部为过渡沉积环境，因而受海侵范围的影响，沉积时期整体沉积格局出现分异特征，凹陷北部发育曲流河三角洲沉积体系，含砂率显示三角洲内部环境极不稳定，河道迁移频繁，河道砂时而被侵蚀，时而又沉积。凹陷南部发育浪控三角洲–滨岸沉积体系，沉积物经河流作用进入汇水盆地，经波浪作用改造，在河口侧形成平行于岸线的砂脊，该时期发育典型的滨岸沉积特征。在远离河口部位由于波浪与河流的综合作用，波浪对河流搬运的沉积物进行改造，在河口远端形成平行于岸线的一系列串珠状滨岸障壁砂坝，这类砂坝在高位体系域时期，由于沉积物不断向海推进，整体分布范围较海侵时期要广。

（二）连井沉积相对比

通过研究区层序地层学的研究，根据在不同层序下砂体的空间结构以及叠置样式，选取了西湖凹陷（重点研究区）顺物源的连井地震剖面，在层序格架内应用高分辨率层序地层学理论，并将连井剖面与地震反射结构结合来分析研究区沉积砂体的垂向结构与横向展布规律。根据研究区钻井分布规律，建立了顺物源的四条连井剖面（图6-36～图6-39），并将四条剖面以花港组顶拉平进行综合解释。在层序格架内进行综合对比，按旋回叠加样式进行多级次旋回逐层对比，同时依据超短期旋回，在等时层序格架内进行砂体对比。

平湖组和花港组纵向上可划分为三个完整的三级层序，每个三级层序下部为海侵体系域，根据地震剖面的反射特征，可见宏观的退积结构；上部为高位体系域，随着物源的持续供给，可发育大型进积结构特征。横向砂体变化，表现出由陆向海变化的特征。由于远岸波浪对沉积物的改造作用，形成沿岸分布的障壁岛，且离岸较远，没有对水体起到封闭作用，因此并没有发育潟湖沉积环境。

总体上北部钻井较少，连井剖面分布区域主要在工区中南部，波浪对沉积物的影响较大，因此花港组在横向上表现为浪控三角洲和滨岸滩砂–浅海–障壁岛沉积砂体的过渡，各沉积体内部则遵循基准面旋回特征发育相应的砂体垂向结构特征；平湖组则以潮控三角洲/潮坪–浅海–障壁岛沉积砂体的演化为特征，内部结构同样与基准面旋回特征保持一致。

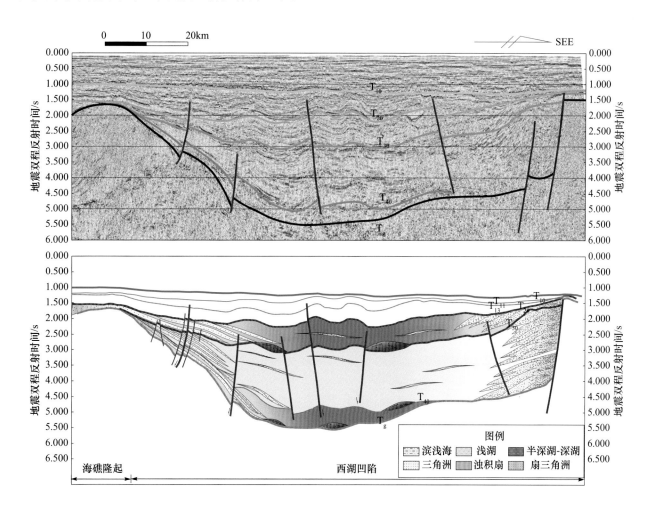

图6-34　东海陆架盆地测线⑤剖面地震相和沉积相图（西湖凹陷南部）

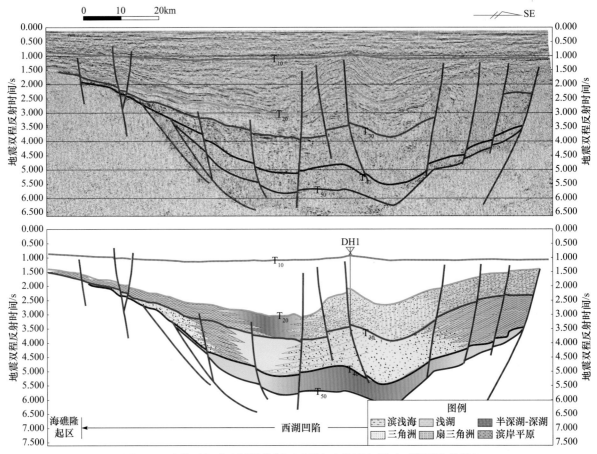

图 6-35　东海陆架盆地测线④剖面地震相和沉积相图（西湖凹陷北部）

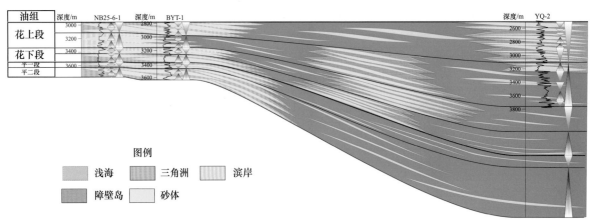

图 6-36　东海陆架盆地沉积相连井对比剖面图（一）

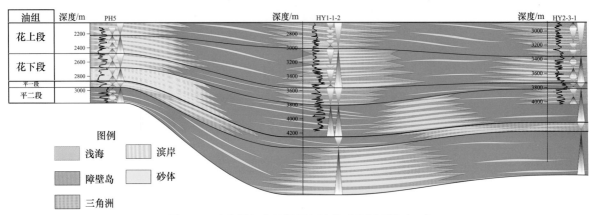

图 6-37　东海陆架盆地沉积相连井对比剖面图（二）

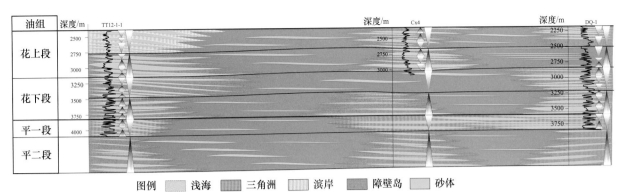

图 6-38　东海陆架盆地沉积相连井对比剖面图（三）

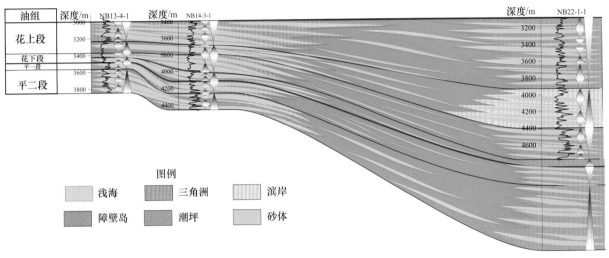

图 6-39　东海陆架盆地沉积相连井对比剖面图（四）

二、沉积体系平面展布特征与演化

根据上述岩心观察、地震相识别、单井相分析，结合前人研究成果，分别研究了下古新统月桂峰组（T_{90}—T_{100}）、中古新统灵峰组（T_{85}—T_{90}）、上古新统明月峰组（T_{85}—T_{80}）、下始新统瓯江组（T_{80}—T_{50}）、中始新统温州组（T_{50}—T_{40}）、上始新统平湖组（T_{40}—T_{30}）、渐新统花港组（T_{30}—T_{20}）沉积体系沉积相平面展布特征，编制了各组的平面沉积相图，以便分析整个东海陆架盆地古近系地层的沉积演化特征。

（一）西部拗陷

1. 下古新统月桂峰组

东海陆架盆地此时刚开始发生裂陷，为陆内裂陷盆地，盆地的沉积和沉降中心位于丽水-椒江凹陷，以及北部的长江拗陷，福州凹陷刚刚发育，而钱塘凹陷则尚未形成（图 6-40）。

各凹陷间互相分割，尚未有海水侵入，丽水-椒江西侧为宽缓的斜坡，由西部浙闽隆起区供应的碎屑沉积物经河流搬运，进入湖盆水体，沿斜坡地带形成多个三角洲体系。而河流向湖推进的过程中改道、迁移造成的细粒沉积形成了沿斜坡分布的条带状滨岸平原沉积，在丽水-椒江凹陷东部陡坡带以及灵峰凸起的两侧陡坡地带，粗粒物质未经充分的搬运，就近入湖快速沉积形成扇三角洲沉积，发育规模相对西侧三角洲而言较小。在椒江凹陷的局部地方，由于波浪和沿岸流对沉积物质的再搬运、再沉积形成滩坝沉积。长江拗陷，西部缓坡带发育湖相三角洲，东部有扇三角洲发育。

2. 中古新统灵峰组

灵峰组沉积时期盆地裂陷作用继续增强，福州凹陷有所扩张，钱塘凹陷也开始发育，此时受古近纪大海侵的影响，海水从东南方向进入盆地，丽水-椒江凹陷、钱塘凹陷发展为海相环境，长江拗陷也逐步过渡为海相，丽水-椒江凹陷西部缓坡带（南部）受潮汐作用影响较为强烈，到了丽水-椒江凹陷北

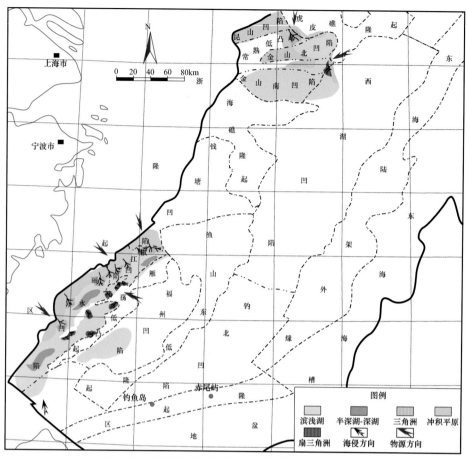

图 6-40　东海陆架盆地下古新统月桂峰组沉积相图

部，潮汐作用减弱，此时控制三角洲发育的因素开始多元化，受河流-波浪-潮汐联合作用。台北拗陷的西部缓坡带仍然发育滨岸平原体系，受潮汐等影响较月桂峰组沉积时期有所减小。灵峰低凸起附近沉积环境也有所改变，局部坡度变缓，发育辫状河直接入海形成的粒度较细的辫状河三角洲沉积，其他陡坡仍发育粒度较粗的扇三角洲沉积，椒江凹陷远离海洋作用的浅水地带有滩坝沉积，而长江拗陷东部陡坡带扇三角洲由于构造因素开始逐渐消失（图 6-41）。

3. 上古新统明月峰组

明月峰组东海陆架盆地裂陷中心转移到福州凹陷，福州凹陷和钱塘凹陷开始大面积沉降，这时丽水-椒江、福州凹陷、钱塘凹陷形成了统一的凹陷，雁荡低凸起部分没入水下开始接受沉积，整个凹陷的沉积范围在断陷期达到最大，总体上呈滨海-浅海沉积。灵峰低凸起此时也淹没于海平面以下，其周边浅水区域缺乏碎屑物质注入，海洋本身提供沉积物，发育了碳酸盐岩沉积。丽水-椒江凹陷西侧缓坡带南部受潮汐作用的影响仍然很大，形成的三角洲沉积以潮控为主，到了北部河流-波浪-潮汐共同作用影响三角洲沉积，这种复合三角洲由于波浪和潮汐的破坏很难发育河口沙坝。此时辫状三角洲和扇三角洲发育相对灵峰组时期有所减少，仅在台北拗陷中北部水上隆起的陡坡发育。福州凹陷整体上为滨岸海滩沉积。明月峰组末期有明显的海退现象，西部拗陷整体呈湖泊-沼泽环境，有煤层发育（图 6-42）。

4. 始新统瓯江组

晚古新世至早始新世发生的瓯江运动使整个东海陆架盆地抬升，台北拗陷明月峰组地层剥蚀严重，而长江拗陷几乎剥蚀殆尽，到了瓯江组时期台北拗陷的断裂活动明显减弱，又开始接受新的沉积。由于瓯江组中期盆地经历了第二次大范围的海侵，丽水-椒江凹陷西侧缓坡带发育的三角洲沉积明显减少，但凹陷西侧南部由于浙闽隆起带的物源供给充足，形成一个较大的三角洲沉积。灵峰低凸起和雁荡低凸起已完全没入水下，不再提供物源，变为浅海沉积，其周围浅水地带形成带状分布的碳酸盐岩台地。钱塘凹陷北部有小型的扇三角洲发育，而福州凹陷整体为浅海环境，东部由于渔山低隆起逐步隆起带成滨浅海环境。与此同时，随着裂陷中心的不断东移，东部拗陷带开始初步裂陷，沉积厚度略小（图 6-43）。

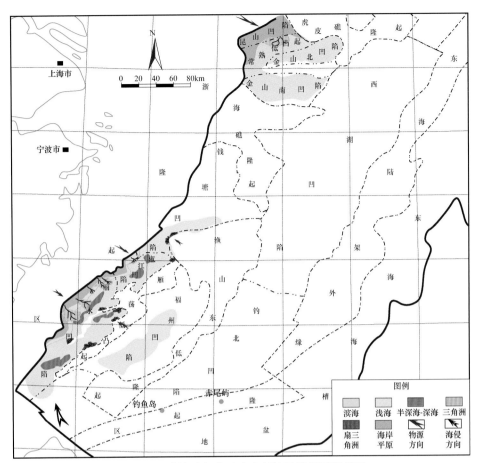

图 6-41 东海陆架盆地中古新统灵峰组沉积相图

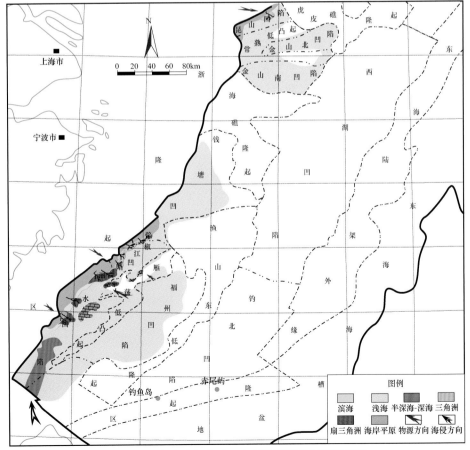

图 6-42 东海陆架盆地上古新统明月峰组沉积相图

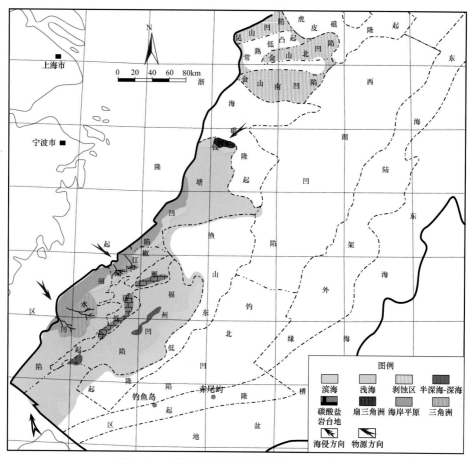

图 6-43　东海陆架盆地始新统瓯江组沉积相图

5. 始新统温州组

温州组沉积时期整体上为一次大范围的海退环境，西部拗陷带丽水-椒江凹陷仍然以滨-浅海沉积为主，西部缓坡带的三角洲数量比瓯江组有所增加，并向凹陷中央推进；北部的钱塘凹陷、长江拗陷地层完全被剥蚀，福州凹陷东部由于渔山东低凸起的隆升发育有滨浅海沉积，又因为物源供给不足尚未形成三角洲沉积。东部拗陷带处于强烈的拉张期，开始接受沉积，此时西湖凹陷和钓北凹陷之间没有明显的界限。根据古生物资料，该时期沉积环境为海陆交替的海湾-湖泊沉积，主要为陆相沉积环境。西湖凹陷的西部由于地形坡度较缓，主要发育河流-三角洲沉积相。拗陷的东部由于正处于构造强烈阶段，断层发育频繁，地形较陡，主要发育扇三角洲沉积相（图 6-44）。

（二）东部拗陷

1. 始新统平湖组

西部拗陷带普遍不发育平湖组地层，东部拗陷带东海陆架外缘隆起有着不均一性，其中北段（西湖凹陷的东侧部位）隆起较早，在平湖组沉积时期就形成低凸起，而南段（钓北凹陷的东侧）较晚才形成凸起，这导致两凹陷沉积特征有所不同。整个东部拗陷带以滨海沉积为主，南海北陆特征尤为明显，其中钓北凹陷主要为滨海-浅海环境，西湖凹陷主要以潮坪、潟湖沉积为主。凹陷西部靠近海礁隆起一侧发育受潮汐影响的三角洲，而凹陷东部由陆架外缘隆起区提供物源，地势较陡，发育扇三角洲沉积（图 6-45）。

2. 渐新统花港组

中—晚始新世是东海陆架盆地沉积史上的重要转折期，盆地东、西两侧产生了翻转，且钓鱼岛隆升加剧，但盆地的主要沉降中心仍然在西湖凹陷。古生物资料反映了当时为温暖湿润的亚热带、温带气候。依据泥岩甾烷含量、粒度特征分析、古生物特征及生物遗迹判断，西湖凹陷的花港组以陆相为主，伴随多次海侵，海侵的方向为由东南向西北。花港组沉积末期海水从东南方向退出盆地。西湖凹陷北部以发育陆相湖泊三角洲为主，南海受到海侵的影响发育河口湾相，在凹陷的东部隆起潮道入口，发育障壁沙脊、潮道砂体和涨潮三角洲等，在东部的陡坡带发育小型扇体（图 6-46）。

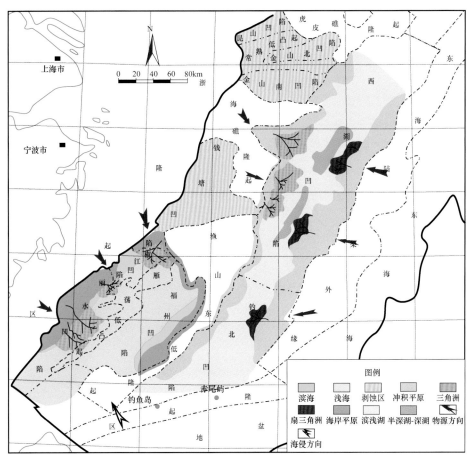

图 6-44 东海陆架盆地始新统温州组沉积相图

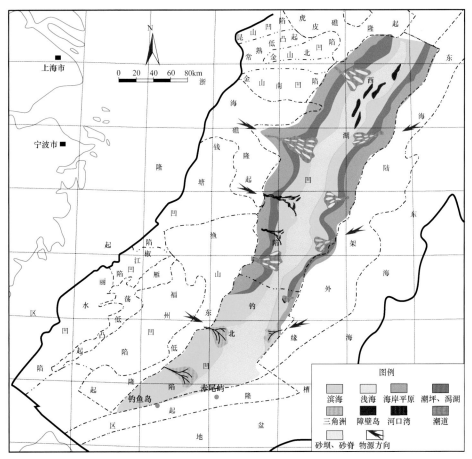

图 6-45 东海陆架盆地始新统平湖组沉积相图

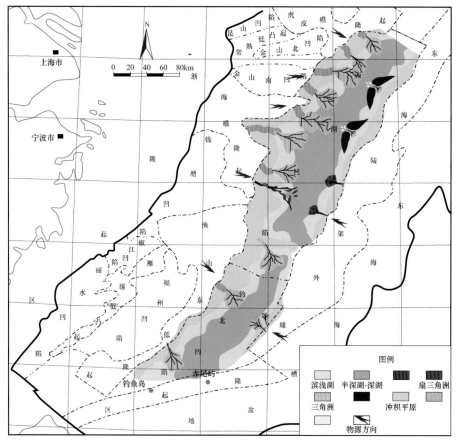

图 6-46　东海陆架盆地渐新统花港组沉积相图

（三）沉积体系演化规律

东海陆架盆地古近系地层包括下古新统明月峰组、上古新统灵峰组、上古新统明月峰组，下始新统瓯江组、中始新统温州组、上始新统平湖组，渐新统花港组。东海陆架盆地沉积演化受区域构造和海平面升降影响巨大，受区域构造运动的控制，东海陆架盆地沉积充填具有"东西分带，南北分块"的特点。"东西分带"指以虎皮礁隆起和渔山低隆起等构造带组成的中央隆起带，将东海陆架盆地分割为西部拗陷带和东部拗陷带两部分，东部和西部拗陷带在盆地充填和沉积体系的演化方面既有继承性，又有各自的特色；"南北分块"主要指西部拗陷带始新世早期北高南低，海侵方向为东南方，这就形成了南海北陆的环境格局。古新世早期西部拗陷带刚刚裂陷，尚未有海水侵入，主要发育河流-三角洲沉积、湖泊沉积，局部发育扇三角洲。灵峰组沉积时期盆地裂陷作用继续增强，此时盆地受古近纪大海侵的影响，沉积环境变为滨海-浅海相，主要发育潮控三角洲，海岸平原体系等。明月峰组整体为一水退的过程，前期仍为滨海-浅海相，发育三角洲、扇三角洲，而后期有明显的海退，西部拗陷整体呈湖泊-沼泽环境，有煤层发育。晚古新世发生瓯江运动使整个东海陆架盆地抬升，大多数凹陷地层剥蚀严重，到了瓯江组沉积相断裂活动明显减弱，此时盆地经历第二次大范围的海侵，沉积环境再一次变为滨海-浅海沉积，发育三角洲沉积，浅水地带还发育有碳酸盐岩台地。瓯江组沉积后期东部拗陷带开始裂陷，但沉积厚度略小。温州组沉积时期盆地开始大范围的海退，西部拗陷带整体延续了瓯江组的滨海-浅海沉积环境，而东部拗陷带沉积环境为海陆交替的海湾-湖泊沉积环境，以陆相为主。西部拗陷带普遍不发育平湖组，东部拗陷带平湖组发育时期有着明显的南北沉积差异，南部以滨海-浅海环境为主，北部则以滨浅海-潮坪沉积为主。始新世末期发生的玉泉运动使整个东部拗陷带抬升，加上钓鱼岛隆起区的隆升，到了花港组海水很难进入拗陷带，整个拗陷带呈现河流-湖泊沉积体系。

第五节　油气分布的沉积因素与有利区带

在明确沉积体系展布、层序充填特征及构造 - 沉积成因模式的基础上，从沉积的角度对各典型富生烃凹陷油气分布的控制因素进行了探讨总结（图 6-47），并结合现有勘探成果及地质认识，对有利区带进行分析。

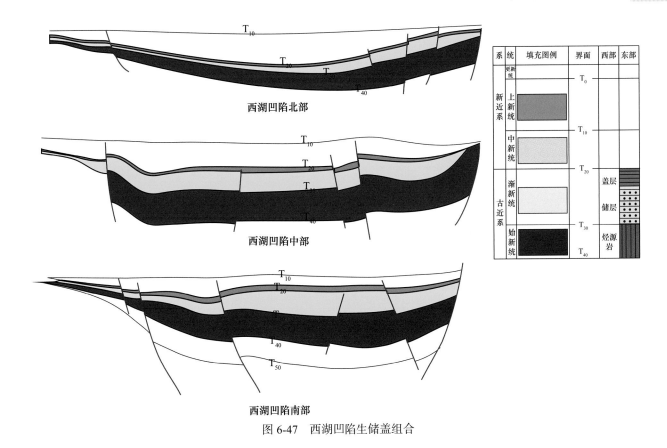

图 6-47　西湖凹陷生储盖组合

一、油气分布的沉积主控因素

（一）烃源岩

东海陆架盆地自西向东可分为三个构造带，即西部拗陷带、中部隆起带和东部拗陷带，其构造格局各具特色，并且均有各自的烃源岩。

西部拗陷带：烃源岩主要是古新统湖相泥岩。其中，主力烃源岩为下古新统月桂峰组泥岩，次要烃源岩上古新统海相泥岩及其煤系地层，其源岩干酪根为Ⅱ-Ⅲ型（王国纯，2003）。

中部隆起带：烃源岩为侏罗系湖相泥岩，而在该构造中，侏罗系主要发育在福州凹陷，福州凹陷中的烃源岩厚度约100m，干酪根类型为腐殖型。

东部拗陷带：以暗色泥岩和煤系地层（始新统平湖组、渐新统花港组）为主要烃源岩，各组系有机质丰度大于45%，平湖组烃源岩分布广、厚度大。其中，始新统平湖组泥质岩系有机质丰度较高且始新统平湖组、渐新统花港组及中新统煤的有机质丰度有递减趋势。渐新统花港组下段和中中新统玉泉组次之，渐新统花港组上段和中新统龙井组与柳浪组泥岩的有机质丰度较低。各组有机质类型主要为Ⅲ型。

（二）储盖组合

西部拗陷带：东海陆架盆地西部凹陷带的储集层主要为古风化壳，中生界和古新统储集层的岩性主要为砂岩、砾岩、碳酸盐岩、变质岩、火成岩。东海陆架盆地西部凹陷带断块、背斜发育，同时背斜构造常被后期断裂复杂化，由此说明泥岩盖层和断层的遮挡为关键的封闭条件。其中滨湖相-河漫滩相泥岩和古新统浅海-滨海相泥岩为良好的区域性盖层（陈建文等，2003a）。

丽水岩性油气藏主要储层位于古新统明月峰的浅海砂体。该凹陷位于东海俯冲带西部的湖后盆地，发育大量三角洲与煤系沉积。烃源岩与储层多呈互层式发育特征。

丽水凹陷上部两套烃源岩灵峰组与明月峰组同时也可以为下部储层提供封盖条件。第一套泥岩厚度为100～300m；第二套泥岩厚度为100～600m。这两套盖层发育在丽水西次凹陷、中央凸起以及东次凹陷，与古新统砂岩储层结合为优质的储盖组合。

西湖凹陷砂岩储集层主要为平湖组和花港组的砂岩沉积。其中平湖组是盆地边缘和内部构造高部位的重要储层。在盆地的较深位置，若存在有效盖层，花港组及年轻地层中的砂岩是潜在的储集层。因为埋深大于4000m后成岩作用与压实作用导致储集层的孔渗能力下降。花港组上段泥岩具良好可塑性且厚度大、连续性强，而且泥岩中的裂缝基本不发育，所以西湖凹陷盖层性能良好并为本凹陷区内最重要的区域性盖层。花港组至平湖组的含油气系统中的上覆岩层对烃源岩的成熟和保存起到了推动和保护作用，因为它们厚度大、分布范围广且较稳定（赵艳秋，2003a）。

（三）圈闭类型

东海陆架盆地西部拗陷带构造样式和圈闭类型十分丰富，主要有四种：①与正断层活动有关的构造样式，以张性断块或断鼻构造为特征；②与逆断层活动或断层反转有关的构造样式，以挤压背斜或反转构造为特征；③与走滑有关的构造样式，以剖面呈花状形态和断块构造为特征；④与基底活动或古地形地貌有关的古潜山–披覆构造样式。与上述构造样式有关的圈闭类型主要表现为断块、断鼻、断背斜和潜山–披覆性构造圈闭等（陈建文等，2003a）。东部拗陷带钻遇的油气圈闭有倾覆背斜、断鼻构造和断块构造。局部构造具有多期形成、复合型的特点，主体构造形成于渐新世，定型于中新世末的龙井运动，多处于生烃潜力区，并位于烃类运移通道之上，与烃类生、排、运、聚配置较好。圈闭形成期大都早于或同于油气运移和聚集期，有利于油气藏的形成。

（四）油气运移通道

东海陆架盆地西部拗陷带（丽水凹陷）：岩性油气藏的油气主要来源于古新统月桂峰组和灵峰组烃源岩层系，储层为灵峰组与明月峰组的砂体，处在"泥包砂"环境中，沟通砂体与烃源岩的油气运移通道为油源断裂，这也是控制丽水凹陷岩性圈闭成藏的主控因素。这些油源断裂主要是一些一级控拗和二级控凹的边界大断裂，延伸范围大。在纵向上向下深切月桂峰组下伏的石门潭组直至基底，向上大多延伸至T_{80}界面以上，由此下部烃源岩中油气可以通过这些断裂通道运移到上部砂体储层。同时，这些断裂还具有活动时间长的特性，活动强度在古新世时达最大，并随之发育许多三级断裂；到了始新世，活动性有所减弱，而那些次生断裂仍然较剧烈活动，这对油气的侧向运移提供了有利条件；直至新近纪，断裂开始停止活动。由此看出断裂的活动时间刚好与凹陷内烃源岩的主要生烃期古新世和始新世相吻合，进一步证明了断裂对油气运移的主控作用。油气生成后通过断裂运移自下而上进行运移，再由不整合面、砂体、次级断裂及裂隙等组成网毯式疏导体系，并侧向运移至有利的储盖组合区成藏（陈春峰等，2013）。

东海陆架盆地东部拗陷带（西湖凹陷）：平湖组的主力生排烃期相对偏后。其油气运移发生了多次变化。在始新世末期，玉泉运动使西湖凹陷东部遭受剥蚀，且随着上覆地层叠加，平湖组油气运移路径发生改变。到了中新世末期，由于龙井运动造成构造反转，油气转向向西部斜坡带和中央背斜带运移，其中，西部斜坡带主要发生侧向运移，并以断裂隔挡和岩性封隔方式复合成藏，而中央背斜带以垂向运移为主，油气成藏主要受控于断拗叠置关系，在局部形成背斜构造成藏。平湖组的油气除了在西湖凹陷内运移外，还可能向外运移。西部斜坡带上，平湖组在平湖、春晓等地区均有向西指向的运移路径；在凹陷东北部，特别是在花港组内，有多期向东方向的运移路径指向。

（五）油气成藏类型

东海陆架盆地西部拗陷带（丽水凹陷）：丽水凹陷油气藏形成条件良好，具有优质的生、储、盖类型，且形成时期早。烃源岩层主要为古新统月桂峰组、灵峰组和明月峰组。其中，丽水西次凹东带油气储层为古新世形成的多个水下扇与扇三角洲及其前缘垮塌产生的浊积扇，受中央反转构造带影响，可形成构造-岩性油气藏。丽水西次凹西斜坡是一典型的"先注后斜"斜坡，临近凹陷区具有良好的油气成藏及保存条件，油气可短距离侧向运移成藏。丽水东次凹北段油气也可以短距离侧向运移成藏，灵峰潜山披覆构造带是东次凹油气长期运移指向区（贾成业等，2006）。

西湖凹陷：经勘探实践发现，西湖凹陷内发育两个主要的油气聚集带：西部斜坡带和中央反转构造带。目前已在这两个构造带中发现了许多含油气构造和油气藏（田），其中，中央反转构造带内包含春晓、天外天、残雪等油气田，西部斜坡带内包含宁波含油气构造以及宝云亭等油气田。但两种油气聚集带内的油气藏类型及特征不尽相同，表现在以下两方面：①中央反转构造带所发现的油气田主要为构造型油气藏，且关键是挤压背斜油气，主要为凝析气，少量为原油，同时大都赋存在渐新统花港组中，还包括小部分储存于平湖组；②西部斜坡带油气藏同样为构造型，但同时多与断裂密切相关，其中，花港组中油气藏以背斜型为主，并多被断层所切割，位于平湖组中油气藏多为受同生断层控制的断块和半背斜。花港组油气藏以原油为主，平湖组以凝析气为主。整体可分为横纵两部分，在横向上，宝云亭油气田等主要为断块型油气藏，而平湖油气田大部分为断块型和背斜型；在纵向上平湖组、花港组均分布有平湖油气田的油气，宝云亭和武云亭等主要储集层储集在平湖组中。

二、有利区带分析

（一）西部拗陷带

丽水–椒江凹陷下古新统（月桂峰组时期）为湖相沉积，经分析该时期发育的中深湖相泥岩具有一定的生烃潜力，后经过灵峰组时期的海侵作用，凹陷逐渐由湖相转变为海相沉积。上古新统凹陷逐渐向断拗过渡，雁荡低凸起与灵峰潜山接受沉积后，逐渐过渡为三角洲–浅海沉积体系（西部），三角洲持续向凹陷推进。通过前面的沉积相研究，灵峰组和明月峰组沉积组发育的浅海相泥岩是研究区的主力烃源岩，该沉积时期灵峰潜山东侧东次凹的缓坡带为滨浅湖沉积，西侧西次凹的陡坡带发育扇三角洲（近岸水下扇）砂体。古新统顶部的不整合导致的表生成岩作用，致使陡坡发育的近岸水下扇具有更好的储集性能，同时明月峰组海泛时期的区域泥岩可作为这类砂体的有利盖层。

（二）东部拗陷带

有利储集相带的预测主要根据沉积相类型、沉积相展布特征及岩石物性特征进行预测，并且首先依据以上属性进行有利储集相带类型划分，划分为两类有利储集相带区，即Ⅰ类有利储集相带和Ⅱ类有利储集相带区（表 6-3），其中，孔隙度和渗透率主要根据三级构造带的平均物性进行划分。以下针对中下始新统、平湖组和花港组各层序的有利储集相带进行预测。

表 6-3　有利储集相带区分类方案表

储集类型	沉积相类型	孔隙度 /%	渗透率 /$10^{-3}\mu m^2$	长石含量
Ⅰ类有利储集相带	三角洲相、扇三角洲、辫状河三角洲相、砂坝、砂坪	大于 15	大于 100	长石含量相对较低
Ⅱ类有利储集相带区	三角洲相、扇三角洲、辫状河三角洲相、砂坝、砂坪	小于 15	小于 100	长石含量相对较高

中下始新统沉积时期处于凹陷的拉张期，总体水体较深，其储集体的类型主要为西侧的三角洲砂体和东侧的扇三角洲砂体，由于该地层钻井很少钻遇，且未钻穿。所以主要根据沉积相带进行预测，同时结合前面储集物性特征分析和储层物性的控制因素分析得出的结论，即凹陷的南部物性好，而北部相对较差。因此预测结果是Ⅰ类有利储集相带主要分布于南部，Ⅱ类有利储集相带区主要分布于北部。

平湖组五段至一段对应凹陷断陷晚期，发生海退，各层序具有一定规模的储集体类型，主要为三角洲相、扇三角洲相、辫状河三角洲相、砂坪。

花港组沉积于拗陷早期，主要为湖相沉积，各层序具有一定规模的储集体类型，主要为三角洲相、辫状河三角洲相、砂坝，并且与平湖组各层序相比，花港组各层序储集体规模相对较大，而且总体物性条件较好，北部砂体的物性仍旧比南部差。

针对有利圈闭带的预测，主要可划分为三个油气聚集带，即西部斜坡及斜坡边缘油气聚集带、中央注陷的反转构造油气聚集带及东部边缘断阶油气聚集带（图 6-48）。

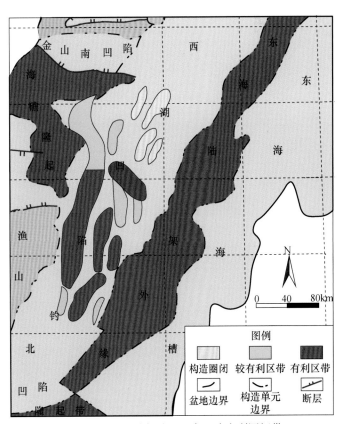

图 6-48　东海陆架盆地西湖凹陷有利圈闭带

1. 西斜坡及斜坡与洼陷过渡带

平湖、天台斜坡带及其与洼陷过渡带都位于中央生油洼陷油气运移的上倾方向，斜坡边缘断裂带提供了重要的油气运移通道；同时，斜坡与洼陷过渡带的次级洼陷或断洼还具有生烃潜力，因而是盆内油气运移的最有利区带之一。平湖斜坡断裂带上的平湖油气田的发现证实了该带是极为有利的油气聚集带和勘探领域。

2. 中南部反转背斜、断背斜构造带

这一油气聚集带的含油性在很大程度与后期反转挤压、隆升剥蚀的强度有关。从目前资料来看，中北部较差（东海 1 井、玉泉 1 井等都没有获得高产含油层）；中南部则较好。这种变化趋势主要是构造反转强弱对油气聚集影响的结果。

3. 东缘断裂带

东缘断裂从凹陷的中部向南变宽，断裂密集，反转以断块滑移逆冲为主。总体上说，位于早期边缘断阶与中央洼陷过渡带可能是相对有利的油气聚集带，这些部位直接位于油气运移方向上部，储层条件相对较好，是三角洲前缘发育的主要部位。靠近盆地东侧边缘盖层较差。T_{20} 反转剥蚀量大，因而油气聚集相对要差。

第七章 渤海湾盆地

渤海湾盆地位于我国东部，跨越渤海及其沿岸地区。盆地总面积 $19.5 \times 10^4 km^2$，行政区划包括北京、天津、河北、辽宁、河南以及山东的部分地区。渤海属于海况较好的浅海（朱伟林等，2010）。

根据渤海海域油气田的重大发现、储量的增长及对油气勘探领域的突破等因素，可将渤海海域油气勘探历程分为中方自营勘探期、合作为主勘探期、自营带动合作勘探期、自营为主勘探期四个阶段（夏庆龙和周心怀，2012）。随着油气田的不断发现，对渤海海域油气成藏条件和油气分布的认识也在不断深化。渤海油田自 1966 年进行油气勘探工作以来，至 2011 年，共完成钻探井 672 口，其中 401 口处于凹陷区，271 口处于凸起区；钻探圈闭 264 个；二维地震勘探全覆盖 $17.6 \times 10^4 km^2$，三维地震勘探一次覆盖率达 85%，总面积达 $4.1 \times 10^4 km^2$；发现三级石油地质储量 $45.0 \times 10^8 t$，探明石油地质储量 $24.8 \times 10^8 t$；发现油气田 54 个、含油气构造 92 个、在生产油田 51 个；动态探明原油地质储量 $19 \times 10^8 t$，共有油气井 1395 口，2010 年原油产量突破 $3000 \times 10^4 t$（夏庆龙，2016）。尤其是"十五"至"十一五"期间，渤海海域的油气产量增加明显，占整个渤海湾盆地油气产量的比重也逐渐增加，渤海海域的油气勘探开发进入了全面快速发展的新时期。

第一节　区域地质背景

渤海湾盆地位于华北地台东部，由陆地及海上的一系列新生代沉降凹陷构成，东为胶辽隆起，西为太行山隆起，南为豫淮台褶带，北为燕山褶皱带，是一个叠置在华北地台古生界之上的中新生代盆地（朱伟林，2002）。盆地总体走向为 NNE，中部为近 EW 向，平面上呈"膝状"形态（夏庆龙和徐长贵，2016）。渤海海域位于北纬 $37°\,07' \sim 41°\,0'$，东经 $117°\,33' \sim 122°\,18'$，是由辽东半岛、辽河平原、华北平原和山东半岛环抱的半封闭内海（图 7-1），是整个渤海湾盆地自古近纪以来逐步剥蚀夷平、由水域覆盖再变成陆地的变化过程中目前仅存于目前的水域部分（齐星星，2012），平均水深 18m。

一、构造单元划分

从目前已有的构造单元划分方案来看，对于渤海湾盆地一级构造单元的划分基本是统一的，但对于渤海海域二、三级构造单元的确认和划分，存在一定的争议（张国良等，2001）。

在综合考虑始新统和渐新统的分布特征及断裂活动期次的基础上，共

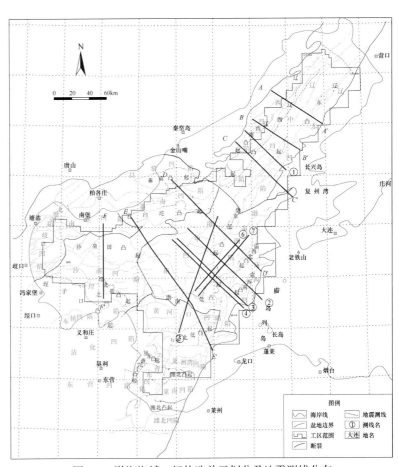

图 7-1　渤海海域二级构造单元划分及地震测线分布

表 7-1　渤海海域部分构造单元划分表

一级构造单元	二级构造单元	
埕宁隆起	凸起	埕宁口凸起
		埕北低凸起
		沙垒田凸起
		石臼坨凸起
		马头营凸起
		秦南凸起
	凹陷	埕北凹陷
		沙南凹陷
		秦南凹陷
		乐亭凹陷
		昌黎凹陷
辽东湾拗陷	凸起	辽东凸起
		辽西凸起
		辽西南凸起
	凹陷	辽东凹陷
		辽中凹陷
		辽西凹陷
渤中拗陷	凸起	渤东低凸起
		渤南低凸起
		庙西北凸起
		庙西南凸起
	凹陷	渤中凹陷
		渤东凹陷
		庙西凹陷
济阳拗陷	凸起	潍北凸起
		垦东-青坨子凸起
		莱北低凸起
	凹陷	莱南凹陷
		青东凹陷
		莱州湾凹陷
		黄河口凹陷
黄骅拗陷	凸起	老王庄凸起
	凹陷	北塘凹陷
		南堡凹陷
		歧口凹陷

划分出一级构造单元 5 个，其中隆起 1 个、拗陷 4 个；二级构造单元 35 个，其中凸起 13 个，低凸起 4 个，凹陷 18 个（图 7-1、表 7-1）。

其中渤中拗陷是渤海湾盆地内的一级构造单元，它是由 NE、NW 向两组断裂系统控制的近椭圆形拗陷，由主体渤中凹陷及围绕凹陷周边的凸起及其外围的小凹陷组成。渤中凹陷是渤海海域最大的富烃凹陷，平面上呈近 NE 向展布，面积约 8660km²，现今凹陷基底最大埋深超过 12000m（张成，2006）。渤中凹陷受周围隆起的控制，东与渤东凸起、南与渤南凸起、北与石臼坨凸起交界处的某些部位往往发育控凹断裂，使凹陷出现多个局部的半地堑，形成渤中凹陷多个古新世的沉积沉降中心，一般沉积厚度超过 3000m。渐新世以后沉降中心迁移至现今凹陷的中心部位，沉积厚度超过 7000m。凹陷往西主要呈超覆式沉积且与石臼坨凸起接触。

辽东湾探区面积约 1.4×10⁴km²，长约 160km，宽约 40km，呈 NNE 向的长条形展布，自东向西由辽东凹陷、辽东凸起、辽中凹陷、辽西低凸起、辽西凹陷等构造单元构成，呈条带状相间排列，凹陷具典型的半地堑箕状结构。辽中凹陷东部以大断层为边界与辽东凸起相连，西部以斜坡关系向辽西低凸起过渡，南部向渤中凹陷过渡，北部与辽河油田东部凹陷相连。辽中凹陷整体上表现为南宽北窄、南高北低，呈带状展布，面积约 2220km²，长约 132km，宽约 17km。辽中凹陷古近系沉积巨厚，最小约 6000m，最大近万米，受断层影响可分为北、中、南三个次级洼陷，北洼和中洼为东断西超的半地堑，而南洼为双向上超的凹陷（齐星星，2012）。

黄河口凹陷是济阳拗陷向海域的延伸部分，面积为 3059km²，古近系地层厚 3500m 左右。其西南紧邻沾化凹陷，北部受控于渤南低凸起，东南是垦东凸起和莱北低凸起，包括西洼、中央构造带和东洼三个次级构造单元，西深东浅、北陡南缓，呈北断南超的箕状断陷。黄河口凹陷主要发育近 EW 向和 NE 向两组断裂。

二、构造演化特征

新生代东亚大陆受到西太平洋板块俯冲、印度板块和亚洲大陆的碰撞等周缘板块运动的影响，中国大陆东部发生区域性裂陷成盆和构造反转（夏庆龙和徐长贵，2016）。渤海湾盆地古近纪的裂陷作用主要是地幔热活动引起的，上地幔上隆和软流圈在岩石圈底部的侧向流动导致地壳引张破裂，形成伸展构造变形。受 NE-SW 向区域挤压影响，渤海湾盆地中一些 NNE 向深断裂（特别是郯庐断裂带）发生右旋剪切作用。板块边界相对运动产生的构造动力传递到板块内部与地幔热活动形成的地壳引张相互叠加，表现出区域引张应力场的基本特征。当地幔热活动相对减弱时，板块边界动力对区域应力场的影响更加明显，并导致郯庐断裂带等一些 NNE 向深断裂带发生右旋走滑剪切位移，使盆地区沿深断裂带发育走滑构造变形（图 7-2）（朱伟林等，2015；夏庆龙和徐长贵，2016）。

由于渤海海域在燕山期的区域挤压作用，造成了中朝克拉通的破裂，同时形成了兰聊、沧县断裂、郯庐断裂、太行山前以及青岛-张家口等 NW 向构造线。渤海湾盆地属于双向伸展盆地，它是由于地幔隆起作用和基底的先存断裂影响形成的（朱伟林等，2015）。渤海湾盆地在新生代经历了多旋回断陷作

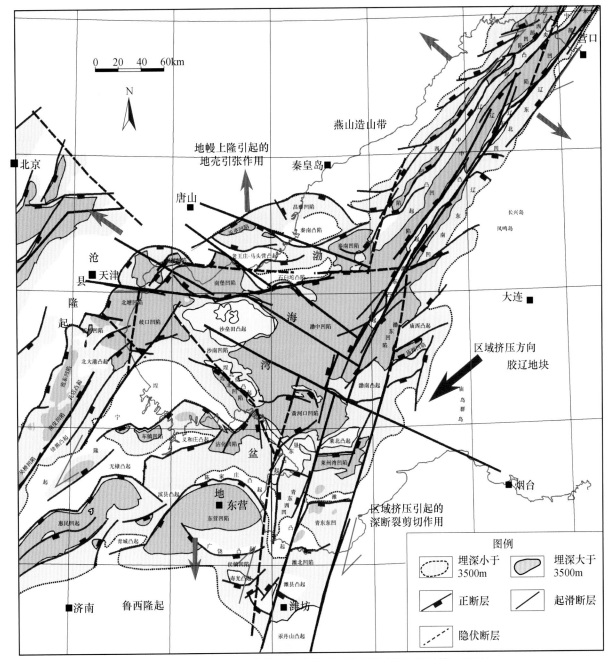

图 7-2 渤海湾盆地新生代构造动力学平面示意图（据朱伟林等，2015）

用，整体分为 4 个演化阶段：孔店组—沙三段的断陷期、沙二段—东二段的断拗期、东一段—明下段的拗陷期和明上段至今的新构造影响期。

（一）辽东湾拗陷构造演化特征

1. 初始裂陷期

该期盆地处于裂陷 I 幕的初始裂陷期，发育一系列小规模彼此分割独立的裂谷，厚度较大（图 7-3）。此时裂谷与物源区间的距离短、高差大，陡坡发育水下扇沉积体系，缓坡主要发育扇三角洲沉积体系。

2. 沙三段沉积期

此时辽东湾发生第一次快速断陷，强烈的断块活动使得裂谷之间南北连片、东西分隔，从而形成了两凹（辽西凹陷、辽中凹陷）一凸（辽西低凸起）的构造格局。物源区以盆地东西两侧隆起区为主，此时拗陷内沉积了 2000～3000m 厚的暗色泥岩，是辽东湾主力生烃层系。

3. 沙一、二段沉积期

该时期是辽东湾地区第一次稳定热沉降阶段，盆地规模迅速扩张，地层横向分布较为稳定。由于构造活动相对减弱，盆地地形相对变缓，主要发育来自东西两侧的扇三角洲沉积体系和辫状河三角洲沉积体系

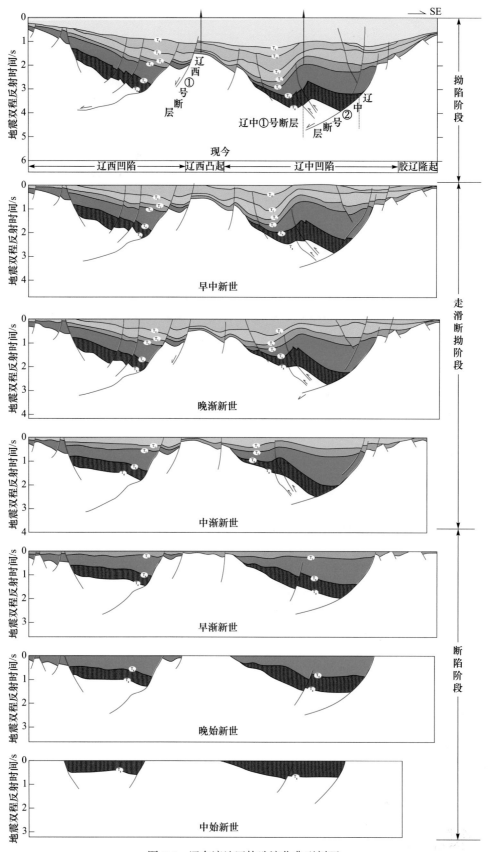

图 7-3　辽东湾地区构造演化典型剖面

（朱筱敏等，2008），沉积地层厚度相对较薄。

4. 东三段沉积期

该时期是辽东湾地区又一快速沉降期，辽东凸起的形成将"两凹一凸"的构造格局变成"三凹两凸"。辽中凹陷的最大沉降量即发生在东三段—东二段沉积时期（图 7-5），且辽中凹陷沉降量明显大于辽西凹陷。

5. 东二段沉积期

该时期盆地内部的构造活动明显减弱，多数地区的断裂作用停止。此时凸起对沉积体系的分隔作用最弱，盆地东西两侧的物源充足，不断向辽东湾中部推进，使东二段沉积时期发育一系列大规模的三角洲沉积体系。

6. 东一段沉积期

该时期盆地内部和边缘的构造活动基本停止，基本构成一个西高东低的缓坡背景。盆地西部物源充足，形成大规模连片的三角洲沉积体系。

盆地经过早古近纪的水平拉张、断陷挤压抬升后，至晚古近纪开始了垂直运动为主的裂后拗陷的新阶段。中新世以区域沉降为主，全区为一套辫状河到曲流河的陆源粗碎屑沉积。上新世营潍断裂带再次活动并以走滑为主，断面直立，局部见逆冲。第四纪辽东湾地区经历了广泛海侵，陆相沉积逐渐转变为海相沉积（朱伟林等，2009）。

（二）渤中拗陷构造演化特征

孔店组—沙四段沉积时期，渤中拗陷在热隆起背景下开始发育不同方向的正断层，形成初始裂陷盆地。这一时期的正断层继承了前古近纪断层面。

沙三段沉积变形期，存在包括 NNE、NE、近 EW 向等多组正断层和正走滑断层，这些断层有些是继承先存断层产状，同时也发育一些新生的同沉积断层。此时期渤中拗陷开始了更大规模的第二次裂陷作用，演化成为典型的断陷型盆地，经历了由相对分散、独立的小断陷到彼此连通的较大断陷湖盆的演化过程（图 7-4）。

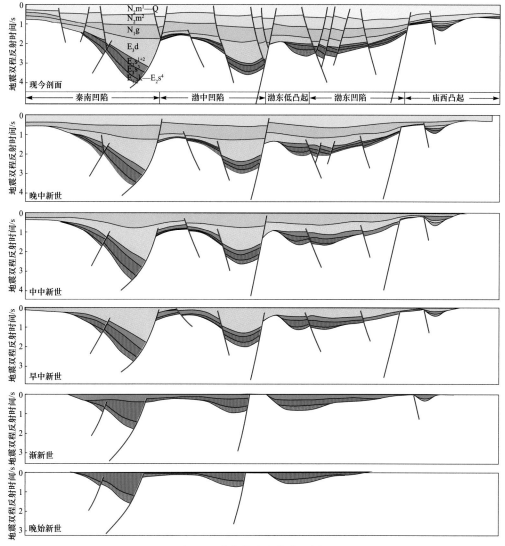

图 7-4　渤中构造演化典型剖面

　　沙一、二段沉积时期，构造变形相对弱，表现为伸展断拗盆地，但是渤中凹陷东部沿郯庐断裂带有明显的右旋走滑变形，渤东凸起的形成是一个主要标志。与沙三段沉积期对比，控制盆地沉降—沉积作用的伸展断裂系统仍然发生继承性活动，但对沉积体系展布控制作用明显减弱。

　　东营组沉积时期是渤中拗陷古近纪的第四次裂陷伸展作用。同沉积伸展断层活动相对较弱，伸展断裂系统和走滑断裂系统同时活动，一些早期的断陷开始转化为断拗或拗陷盆地结构，并发育正断层，使这一时期形成的断层多具有走滑正断层特征。

　　馆陶组和明化镇组下段沉积时期，构造活动相对弱，处于裂后热沉降阶段，部分凹凸过渡带产生压实作用引起的正断层。

　　明化镇组上段和第四系沉积时期，新构造运动对渤中地区影响明显，盆地中的部分 NNE 向基底断裂进一步发展成为右旋走滑断层，并诱导沉积盖层产生大量 NE 向、近 EW 向正断层。

　　渤海湾盆地陆上部分大都可识别出 II 幕裂陷作用，而在渤中凹陷则明显表现出 III 幕裂陷作用，分别对应古新世—早始新世孔店组和沙河街组四段、中晚始新世沙三段—沙一段、渐新世东营组。其中第 I 裂陷幕沉降速率较低，总沉降速率通常小于 100m/Ma，第 II、III 幕裂陷作用表现出更强的构造沉降，总沉降速率大于 200m/Ma，在凹陷中央部位甚至可超过 400m/Ma。晚期裂陷作用导致东营组的快速沉降，其沉积物厚度为 500～3000m，最大厚度可达 4000m（龚再生和王国纯，2001）。显然与陆上凹陷（如东营凹陷）相比，渤中凹陷东营组具有更大的沉降速率和沉积物厚度，这一变化可能与郯庐断裂右旋走滑作用有关（蔡东升等，2001；夏庆龙和周心怀，2012）。渤海湾盆地陆上部分裂后期沉积的馆陶组和明化镇组较薄，而在渤中凹陷厚度较大，可达 4000m，因此，渤中凹陷裂后期比陆上沉积沉降速率更大。

三、湖平面变化

　　渤海湾盆地新生代以来经历了早期的裂陷阶段、之后的裂后热沉降阶段和最后的新构造运动阶段。盆地的海平面变化共经历了 9 次，相对海平面变化的幅度相对较小。其中，盆地在裂陷阶段出现 6 次海平面变化，裂后热沉降阶段经历了 2 个海平面升降旋回，新构造阶段经历 1 个海平面升降旋回。

四、地层发育情况

　　对于渤海海域的地层划分，不同学者的观点存在一定的差异，主要在对沙一、沙二段的归属上观点不统一，按照国际上最新的地层表，始新统顶界为 33.9Ma（朱伟林等，2009；邓运华，2012），因此本书按照中海油研究总院的划分标准，自下而上依次发育古近系古新统—始新统下部孔店组、始新统沙河街组、渐新统东营组，新近系中新统馆陶组和明下段、上新统明上段，第四系更新统平原组（图 7-5）（邓运华，2012；夏庆龙和周心怀，2012）。

（一）地层发育

1. 孔店组（E_1k）

　　孔店组目前钻遇三种岩石组合类型：①红层，上部为紫红色泥岩，下部为凝灰质砂岩与凝灰岩的不等厚互层；②砂砾岩夹薄层泥岩、粉砂质泥岩，主要分布于控凹边界大断层附近；③湖相砂泥岩互层，下部为紫红色泥岩、含砾粗砂岩，上部为灰色泥岩，分布于凹陷斜坡、边界断层下降盘和凹陷中。

2. 沙河街组（E_2s）

　　沙河街组沉积期经历了 3 个裂陷幕的构造演化，整体上是一套暗色湖相泥岩夹少量碳酸盐岩和生物碎屑灰岩，含较丰富的微古生物群，可分为 4 个岩性段。

　　1）沙四段（E_2s^4）

　　沙四段下部为蓝灰、深灰、灰色泥岩与砖红色砂岩互层，夹碳酸盐岩薄层；上部为灰、深灰色泥岩、泥质灰岩和膏盐互层。该层段主要分布在辽中、庙西、莱州湾、青东等凹陷，岩性在平面上变化较大，与下伏地层呈不整合接触。

　　2）沙三段（E_2s^3）

　　沙三段下部为褐灰、深灰色泥岩夹油页岩，有些地区夹灰白色盐岩、硬石膏；中部为最大水进期沉积，地层分布面积广，岩性以厚层深灰色泥岩、油页岩为主，夹薄层浅灰色砂岩及重力流成因的砂砾岩，

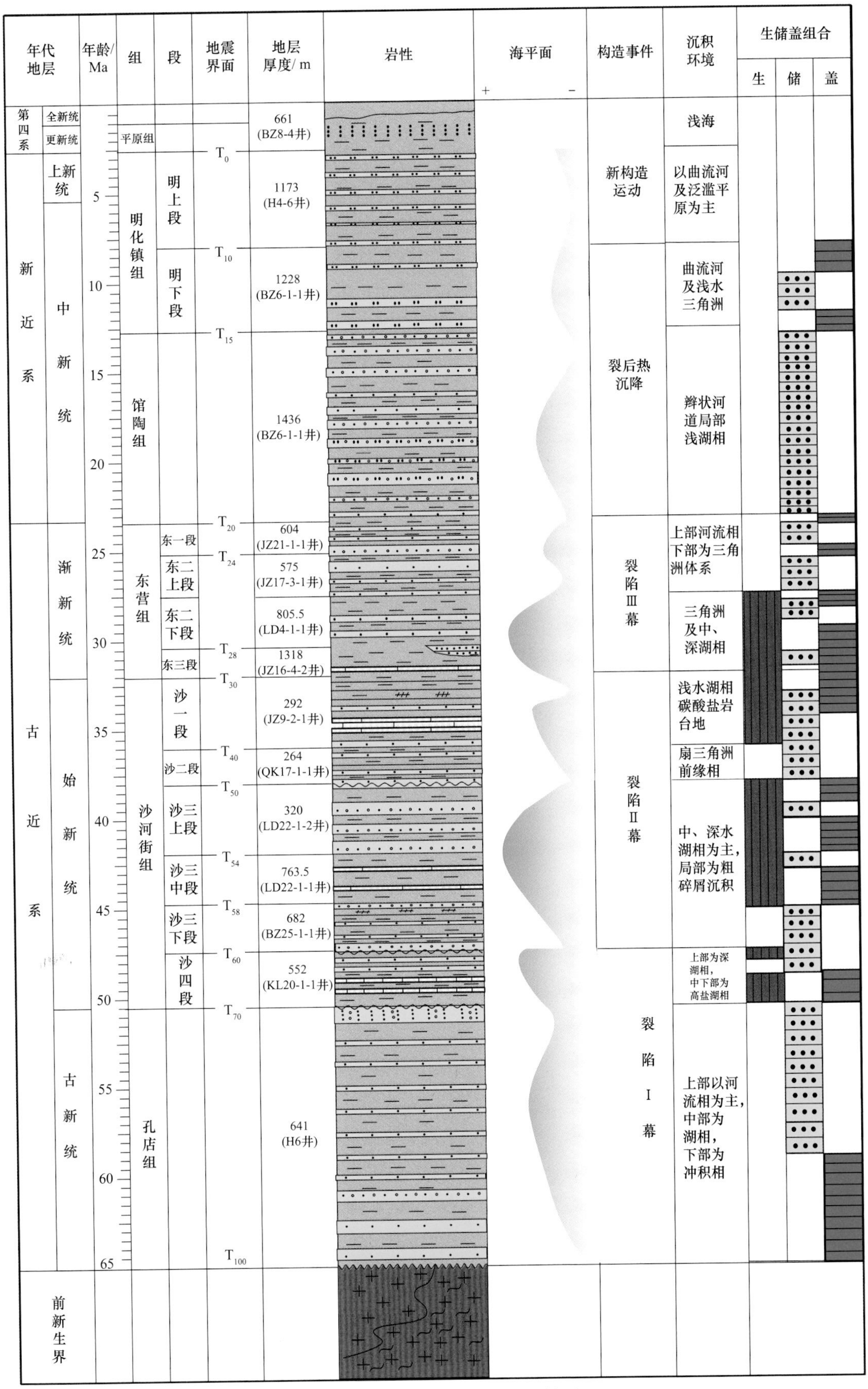

年代地层	年龄/Ma	组	段	地震界面	地层厚度/m	岩性	海平面	构造事件	沉积环境	生储盖组合		
							+　　-			生	储	盖
第四系 全新统/更新统		平原组		T₀	661 (BZ8-4井)			新构造运动	浅海			
新近系 中新统 上新统	5	明化镇组	明上段	T₁₀	1173 (H4-6井)				以曲流河及泛滥平原为主			
	10		明下段	T₁₅	1228 (BZ6-1-1井)			裂后热沉降	曲流河及浅水三角洲			
	15 20	馆陶组		T₂₀	1436 (BZ6-1-1井)				辫状河道局部浅湖相			
古近系 渐新统 始新统 古新统	25	东营组	东一段	T₂₄	604 (JZ21-1-1井)			裂陷Ⅲ幕	上部河流相下部为三角洲体系			
			东二上段		575 (JZ17-3-1井)				三角洲及中、深湖相			
	30		东二下段	T₂₈	805.5 (LD4-1-1井)							
			东三段	T₃₀	1318 (JZ16-4-2井)			裂陷Ⅱ幕	浅水湖相碳酸盐岩台地			
	35	沙河街组	沙一段	T₄₀	292 (JZ9-2-1井)				扇三角洲前缘相			
			沙二段	T₅₀	264 (QK17-1-1井)				中、深水湖相为主，局部为粗碎屑沉积			
	40		沙三上段	T₅₄	320 (LD22-1-2井)							
	45		沙三中段	T₅₈	763.5 (LD22-1-1井)							
			沙三下段	T₆₀	682 (BZ25-1-1井)				上部为深湖相，中下部为高盐湖相			
	50		沙四段	T₇₀	552 (KL20-1-1井)			裂陷Ⅰ幕	上部以河流相为主，中部为湖相，下部为冲积相			
	55 60 65	孔店组		T₁₀₀	641 (H6井)							
前新生界												

图 7-5　渤海海域地层综合柱状图

局部地区发育硬石膏和盐岩；上部为收缩期沉积，三角洲发育，岩性为灰白色粉砂岩、细砂岩、含砾砂岩。该段与下伏地层呈不整合接触。

3）沙二段（E_2s^2）

沙二段在凹陷中以灰色砂岩和含砾砂岩、杂色砂岩为主，底部常见灰紫色泥岩，中上部偶夹薄层油页岩和白云岩，局部凸起上发育含生物碎屑岩。

4）沙一段（E_2s^1）

沙一段下部以深灰色泥岩夹薄层灰岩和油页岩为主，中部常见中厚层灰白色砂岩，上部为深灰色泥岩夹油页岩。该段地层与下伏地层呈整合接触。

3. 东营组（E_3d）

1）东三段（E_3d^3）

东三段岩性为巨厚层深灰色泥岩夹砂岩、粉砂岩，与下伏地层整合接触，这套半深湖相暗色泥岩是辽中、渤中、黄河口等凹陷的重要烃源岩。

2）东二段（E_3d^2）

东二段下部为厚层深灰色泥岩与灰白色砂岩的不等厚互层，上部为粉砂岩与灰白色砂岩的不等厚互层，顶部为灰绿色泥岩夹紫红色泥岩。该段与下伏地层呈整合接触，有大型湖相三角洲发育，形成多套有利生储盖组合。

3）东一段（E_3d^1）

东一段下部为灰白色砂岩，灰色粉砂岩与绿灰色泥岩的不等厚互层；上部为灰白色块状砂岩、含砾砂岩，常见炭屑。该段与下伏地层整合接触。

4. 馆陶组（N_1g）

馆陶组以河流相、冲积扇沉积为主，岩性为厚层块状灰白色砾岩、砂岩，夹灰绿色、紫红色泥岩。总体上为下粗上细或上下粗中间细，以块状砂砾岩为底，区域性超覆在古近系之上，与下伏地层呈角度不整合接触。

5. 明化镇组（N_2m）

明化镇组可分为两段，粒度下细上粗，其中辽东湾以灰白色粗砂岩、含砾砂岩、砂砾岩为主，夹灰绿、棕红色泥岩，砂岩的分选磨圆比较好；其他地区为砂泥岩不等厚互层，由 NW 向 SE，岩性变细、砂泥比降低。明下段的下部与馆陶组上段构成了渤中地区新近系最重要的储层。

（二）沉积地层及平面展布特征

陆相断陷湖盆的湖泊变迁主要受构造运动的控制，它是湖盆形成的基本动力，控制了湖盆的基本形态。此外，构造活动的强弱也控制了湖盆水体深度的变化和沉积厚度的变化（朱伟林等，2009）。在有井区域根据钻井分层数据约束，在无井区域根据地震剖面上层序界面的垂向距离统计和横向展布趋势，并结合前人研究成果，统计了各层序的地层厚度，可以看出盆地内不同凹陷发育的层序厚度存在一定的差异（图 7-6）（夏庆龙和周心怀，2012）。

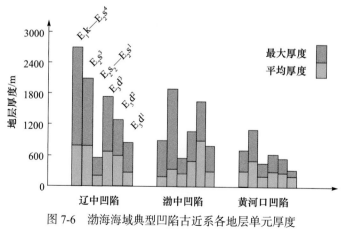

图 7-6　渤海海域典型凹陷古近系各地层单元厚度

（夏庆龙和周心怀，2012）

孔店组和沙四段断陷分隔性强，加上后期抬升剥蚀，造成地层分布局限，主要分布在莱州湾凹陷、黄河口凹陷中、北部，渤中凹陷及辽东湾地区，其地层厚度变化大，埋藏深，最大地层厚度达 3600m 左右（图7-6）。沙三段（E$_2$s^3）断陷扩展，剥蚀区减小，地层分布较广，厚度变化大，平均厚度在500m左右，最大达2500m左右。沙一、二段（E$_2$s^{1+2}）断陷扩展联合，地层分布较广，厚度普遍较薄，平均厚度在200m左右。东三段（E$_3$d^3）沉积区规模进一步扩大，地层分布较广，地层厚度高值区在辽中北洼和渤中凹陷东部，平均厚度在300m左右，最大达1700m。东二段（E$_3$d^2）沉积区规模进一步扩大，地层分布较广，沉降中心向渤中凹陷转移，厚度变化大，平均厚度在300m左右，最大达1600m左右。东一段（E$_3$d^1）沉积区规模明显萎缩，渤中凹陷为沉降中心，厚度变化大，平均厚度在200m左右，最大达800m左右。馆陶组及明化镇组沉积中心集中在渤中凹陷及歧口凹陷。

1. 孔店组—沙四段

孔店组—沙四段在渤海海域的边缘凹陷发育，地层厚度大，地层厚度最大值1000m以上（图7-7）。其中辽中凹陷的最大厚度2700m左右，平均厚度800m左右。渤中凹陷、渤东凹陷和黄河口凹陷，孔店组—沙四段相对不发育，最大厚度均不足1000m，平均厚度300m以下。渤中凹陷孔店组—沙四段分隔性较强。渤海海域初始裂陷期，边缘地带多裂陷中心、裂陷作用强，中央地带裂陷作用弱，形成的断陷具有小而分散的裂陷特征。

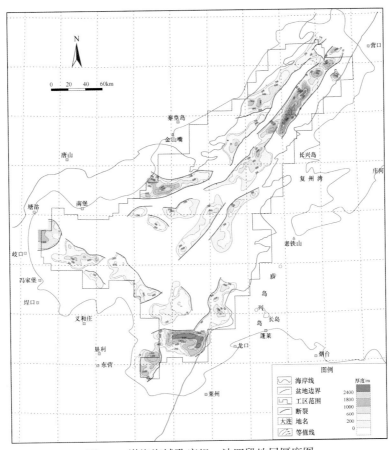

图7-7　渤海海域孔店组—沙四段地层厚度图

2. 沙三段

沙三段在渤海海域分布广泛，不同凹陷连片发育。地层厚度的高值区发育部位一定程度上继承了孔店组—沙四段的基本特征（图7-8）。其中辽中凹陷的最大厚度2100m左右，平均厚度800m左右。渤中凹陷和黄河口凹陷沙三段相对规模显著变大。黄河口凹陷沙三段最大厚度1100m左右，平均厚度500m左右。渤中凹陷沙三段最大厚度1900m左右，平均厚度350m左右，地层厚度高值区分布局限。此时期由孔店组—沙四段发育时期的初始多裂陷中心、强差异裂陷逐渐转化为整体沉陷背景下的多中心差异裂陷。

3. 沙二段—东营组

1）沙一、二段

沙一、二段在渤海海域分布广泛，不同凹陷连片发育。地层厚度普遍较小，平均厚度在200m左右（图7-9）。高值区十分局限。其中辽中凹陷的最大厚度580m左右，平均厚度在240m左右。渤中凹陷和

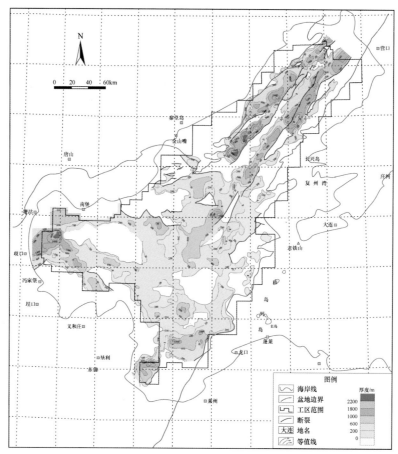

图 7-8　渤海海域沙三段地层厚度图

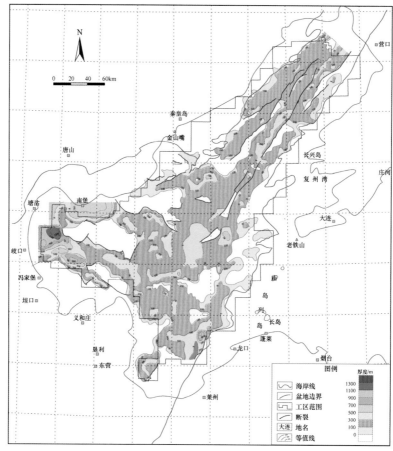

图 7-9　渤海海域沙一、二段地层厚度图

黄河口凹陷沙一、二段连片发育。黄河口凹陷沙一、二段最大厚度460m左右，平均厚度200m左右。渤中凹陷沙一、二段最大厚度560m左右，但平均厚度260m左右。此时期主要为整体沉陷、差异裂陷弱的构造沉降特征。

2）东三段

渤海海域东三段比沙一、二段分布面积稍有扩大，但地层厚度显著增厚，地层厚度梯度明显加大，高值区位于渤中凹陷和辽中凹陷，渤中凹陷东三段最大厚度1080m左右，平均厚度500m左右。辽中凹陷的最大厚度1750m左右，平均厚度700m左右（图7-10）。其他凹陷东三段的地层厚度均不足1000m。黄河口凹陷东三段最大厚度630m左右，平均厚度300m左右。此时期在整体沉陷构造背景下，在渤中凹陷和辽中凹陷形成两个主要沉降中心。

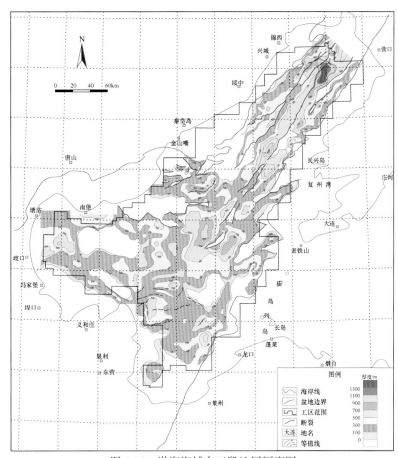

图7-10 渤海海域东三段地层厚度图

3）东二段

渤海海域东二段分布广泛，绝大部分地区均有东二段分布，东二段总体平面展布格局为渤海中央的渤中凹陷地层厚度大，周缘薄，高值区位于渤中凹陷和辽中凹陷（图7-11）。渤中凹陷东二段最大厚度1650m左右，平均厚度900m左右。辽中凹陷的最大厚度1280m左右，平均厚度600m左右。黄河口凹陷东二段最大厚度550m左右，平均厚度280m左右。此时期在整体沉陷构造背景下，在渤中凹陷形成主要沉积沉降中心。

4）东一段

渤海海域东一段分布范围明显减小，周边地区均缺失东一段（图7-12）。东一段主要发育于渤海海域的内部，平均厚度200m左右，高值区位于渤中凹陷和辽中凹陷。渤中凹陷东一段最大厚度780m左右，平均厚度300m左右。辽中凹陷的最大厚度860m左右，平均厚度300m左右。黄河口凹陷东一段最大厚度330m左右，平均厚度200m左右。此时期在差异构造抬升背景下，主要沉降中心转移到渤中凹陷。

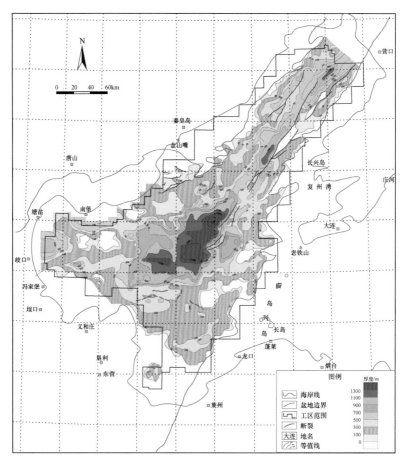

图 7-11　渤海海域东二段地层厚度图

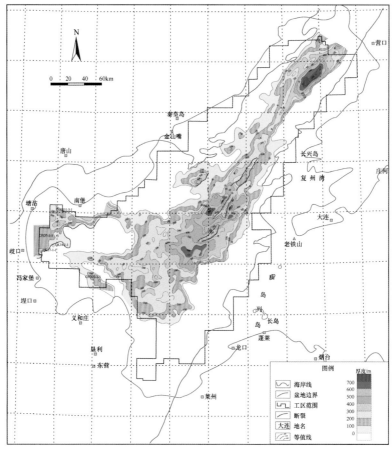

图 7-12　渤海海域东一段地层厚度图

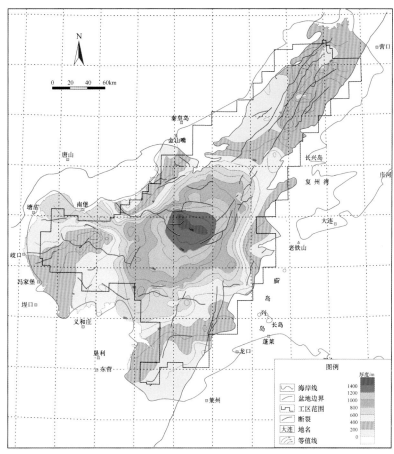

图 7-13　渤海海域馆陶组地层厚度图

4. 馆陶组—明化镇组

1）馆陶组

馆陶组在渤海海域广泛分布，沉积中心在渤中凹陷（图 7-13）。渤中凹陷馆陶组最大厚度 1500m 左右，平均厚度 800m 左右。辽中凹陷的平均厚度 400m 左右，其中北次洼部分地区 200m 左右。黄河口凹陷最大厚度 800m 左右，平均厚度 600m 左右。

2）明化镇组下段

明下段在渤海海域广泛分布，沉积中心在渤中凹陷和歧口凹陷，其中渤中凹陷又存在南北两个沉积中心（图 7-14）。渤中凹陷明下段最大厚度 1200m 左右，平均厚度 800m 左右。辽中凹陷的平均厚度 400m 左右，其中南次洼最大厚度 800m 左右，北次洼部分地区最大厚度 600m 左右。黄河口凹陷最大厚度 1000m 左右，平均厚度 800m 左右。

3）明化镇组上段

明化镇组上段（以下简称明上段）沉积中心在渤中凹陷和歧口凹陷，其中渤中凹陷又存在东西两个沉积中心。渤中凹陷明上段最大厚度 700m 左右，平均厚度 600m 左右。辽中凹陷仅在南部有明上段，厚度小于 200m。黄河口凹陷平均厚度 500m 左右。

通过以上研究，可总结出渤海海域沉积变迁的如下规律：①辽东湾古近系各层序地层厚度分布具有东西分区性，主要受控于辽西凸起和辽东凸起的主干断裂，说明构造对沉积的控制作用非常明显。辽中凹陷为辽东湾古近系的主要沉积中心，且由南向北发生迁移。沉积速率具有比较明显的分带性。新近系辽中凹陷厚度南北大、中间小，但差异不明显，总厚度可达 7000m 以上。②渤中地区古近系发育众多沿盆缘断层继承性分布的次洼，东三段之后，渤中凹陷成为渤海海域的沉积中心，总厚度达 10000m 以上。③黄河口凹陷古近系东西分隔明显，中央隆起继承性发育，总厚度达 7000m 以上。地层厚度大，烃源岩层系多，有利沉积砂体多层广泛分布，形成了富烃凹陷多套生储盖组合。

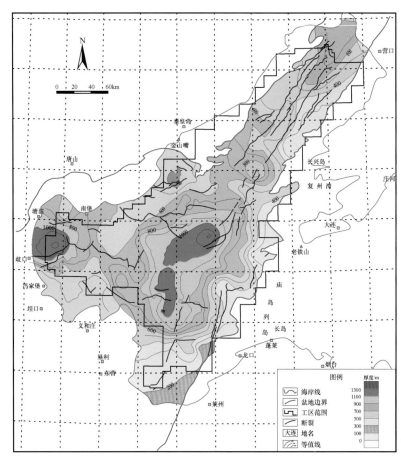

图 7-14　渤海海域明下段地层厚度图

第二节　地震层序特征及盆地结构

在漫长的地质历史演化过程中，渤海湾盆地发育了多个区域性沉积间断面，它们共同构成了盆地内不同级别的层序界面，通过确定这些层序界面的特征，对研究区层序界面的识别标志进行识别，然后进行全区的界面追踪和闭合，建立研究区的等时地层格架，由此清晰地再现出该盆地凹陷的结构特征。

一、层序地层划分

在层序地层学中，最重要的就是层序界面的识别和划分。对陆相湖盆，不同级别界面的识别和分析是控制各级层序地层沉积构成的重要因素。虽然不同级次层序界面的成因、控制因素和性质存在较大的差异，但是在岩心、钻井、测井、地震、古生物组合上均存在一定的识别标志。

（1）层序界面的地震识别标志。根据地震反射的终止关系可分为削截、顶超、上超和下超四种类型，这些不整合接触关系是在地震剖面上识别层序地层界面的可靠标志。

（2）层序界面的测井识别标志。适当的测井系列能反映沉积物岩性、岩相的垂向组合变化特征。层序界面位于测井曲线基值发生明显改变的转折点上。

（3）层序界面的岩相识别标志。钻井岩心较地震反射剖面具有更高的分辨率，因而是短期基准面旋回识别的基础。层序界面上常见的岩相识别标志是反映不整合面、沉积间断面、河流下切和陆上剥蚀暴露等识别标志，如古风化面、河床滞留沉积、岩相的突变和沉积旋回等。

（4）层序界面的古生物标志。主要包括生物碎屑层、植物根迹化石、生物数量和种群的变化（徐长贵，2006）。

渤海海域作为陆相湖盆，受海平面升降直接影响较小，以构造控制为主。从地震不整合面的发育位置及规模、地层缺失程度、古生物反映的气候、古水深旋回等判断，该区新生代发生过 4 次较大的构造事件，分别对应于 T_{100}、T_{60}、T_{50}、T_{20} 地震反射界面（朱伟林等，2009），其中 T_{100} 是一级不整合，T_{50}、

T_{20}为二级区域不整合界面，T_{60}为三级区域不整合界面，此外，该区新生代还发生过 3 次较小的构造事件，分别对应于T_{70}、T_{40}、T_{30}地震反射界面，各反射界面特征如表 7-2 所示。

表 7-2 渤海海域层序界面特征

界面	发育位置	形成环境	界面性质	电性特征	地震剖面特征
T_{20}	馆陶组底部、东营组顶部	断陷湖盆平原化开始阶段	二级区域破裂不整合面	自然电位箱形底部，电阻率为一高值底界，界面顶部为红色泥质岩、古土壤层	
T_{30}	东营组底部、沙一段顶部	断陷湖盆开始萎缩	三级层序界面，局部不整合面	上部以泥岩为主夹砂层；下部为砂岩发育段，电阻曲线呈剌刀状	
T_{40}	沙一段底部、沙二段顶部	断陷湖盆由萎缩到扩大的转换位置	区域不整合面	上部为红色泥岩与砂岩，底部为暗色泥岩、泥灰岩夹薄砂层	
T_{50}	沙二段底部、沙三段顶部	断陷湖盆由扩大到萎缩的转换位置	二级区域不整合面，分布较广	界面之下泥岩以深灰色、浅灰色为主，界面之上以红褐色泥岩为主	
T_{60}	沙三段底部、沙四段顶部	断陷湖盆扩张的起始阶段	三级区域不整合界	岩性以暗色泥岩、油页岩、泥灰岩和砂岩互层为主要特征	
T_{70}	沙四段底部、孔店组顶部	断陷湖盆扩张的起始阶段	下伏为孔店组地层，角度不整合	主要发育一套洪积相块状砾岩、砂岩、紫红色泥岩沉积	
T_{100}	孔店组底部	断陷湖盆形成的起始阶段	一级区域角度不整合面	界面之上洪积相砾岩、砂岩，夹红色泥岩沉积，界面之下为潜山灰岩	

T_{100}（古近系底界面，65Ma）：一级区域角度不整合，具有明显的上超下削特征，其下为前古近系基底的高角度杂乱反射，其上为低角度亚平行中—差连续反射，此界面为盆地初始由古构造运动形成的界面。界面之下大部分地区为基底，隆起区地层超覆其上。

T_{60}（沙三段底界面，42Ma）：三级区域不整合界面，在凹陷边缘见明显上超、下削现象，是盆地在同一构造演化阶段因构造反转等引起的区域性或局部构造运动面。

T_{50}（沙三段顶界面，38Ma）：较明显的二级区域不整合界面，分布范围广、规模大，凹陷边缘由于后期抬升导致局部削蚀明显，岩性由深湖相泥岩变为滨湖相炭质泥岩。

T_{20}（馆陶组底界面，24.6Ma）：二级区域破裂不整合界面，即由古近纪的裂陷转为新近纪凹陷的分界面，伴有沉降速率的明显减小。界面之下地层削蚀为典型特征，同时也有地层超覆现象存在。界面之上多为一套底砾岩、块状含砾砂岩，电测曲线以漏斗形或平缓形为主。

根据渤海海域不同构造单元发育的地层特征，采用井震结合手段将渤海海域新生界划分为 6 个二级层序、18 个三级层序。其中古近系划分为 4 个二级层序、14 个三级层序，孔店组可划分出 3 个层序，沙四段可划分出 3 个层序，沙三段可划分出 3 个层序，沙二段—东营组可划分出 5 个层序。新近系划分为 2 个二级层序、4 个三级层序，馆陶组划分为 2 个层序，明化镇组划分为 2 个层序（图 7-15）。各级层序界

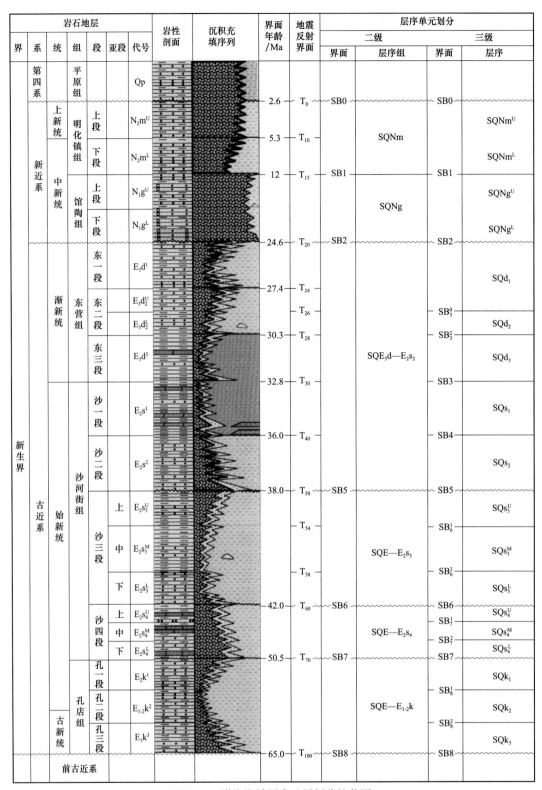

图 7-15　渤海海域层序地层划分柱状图

面特征明显，不同凹陷层序发育具有差异。

沙三层序岩性主要为泥岩、砂岩、含砾砂岩不等厚互层。测井曲线形态多样，有低幅值齿化曲线、指状曲线、钟形曲线、漏斗形曲线及箱形曲线。在南部莱州湾凹陷以中-高连续、中-强振幅反射结构为主，向盆地北部凹陷连续性逐渐变差，以波状反射构型为主。

沙一、沙二层序在渤中地区岩性较粗，以厚层砂岩夹泥岩为主，层序内部向上变细的正旋回发育；向北在辽东湾地区岩性普遍变细，以大套泥岩夹中层砂岩为主。渤中拗陷以低连续中振幅反射为主，在辽东湾地区一般为中等连续性、中-强振幅。

东三层序在盆地南部地区岩性多以砂泥互层发育，层序内部的二分结构清楚。北部岩性多为巨厚泥岩夹薄层砂岩。在大部分地区都具有明显的弱振幅、中-低连续反射结构，反射构型主要为亚平行—波状—杂乱。同时在凹陷范围内多以发散状反射外形为主，且不同程度地超覆在东三段底界 SB3 之上。

东二层序在黄河口凹陷岩性较细，且层序上部向上变粗的反旋回特征更加突出；渤东地区岩性变粗，总体上泥岩增厚，砂岩不发育。总体特征由一套强振幅、高连续、中频反射结构的波组构成。反射构型以平行-亚平行为主，但在渤中、辽中、辽东凹陷等区域能见到非常清楚的前积反射结构。

东一层序在南部青东、莱州湾等地区遭受剥蚀，北部辽东湾地区岩性明显较中部渤中、渤东地区要粗，层序的二分结构十分明显。地震反射主要为中-低连续、中-低振幅、中-高频反射结构。

馆陶层序在黄河口凹陷发育底部区域对比标志层——块状杂色砂砾岩，其上为砂砾岩与紫红色、灰绿色泥岩的不等厚互层，测井曲线表现出向上变细的正韵律。地震反射主要为中-高连续、中-高振幅、中-高频反射结构。

明化镇层序上部在辽东湾北部缺失。下部地震反射特征为强振幅、低频、中-高连续强反射，以平行结构为主，上部为弱振幅、高频弱反射、中-低连续性。

二、重点凹陷的层序结构

选取覆盖渤海湾盆地主要构造单元的 3 条骨干剖面来说明该盆地各构造单元的结构特征并展现其层系地层格架特征（图 7-1）。

（一）辽东湾拗陷

横穿辽东湾地区的地震剖面及其解释结果表明，辽东湾新生代盆地表现为"三凹夹两凸"结构。其中辽西凹陷和辽中凹陷表现为东断西超（剥）半地堑结构，辽东凹陷为西断东超，辽中凹陷的规模较其他两个凹陷大（图 7-16）。辽西凹陷、辽中凹陷的边界断层均向西倾斜，其中辽西断层倾角相对较小（曹忠祥等，2008）。辽东断层是一条陡倾斜的断层，在平面上延伸长度远大于辽西和辽中断层。另一个显著的特征是辽东凸起北段西侧边界断层在浅层向西倾斜至深层变为向东陡倾，而东侧的边界断层近直立，并与分支断层构成典型的花状构造。

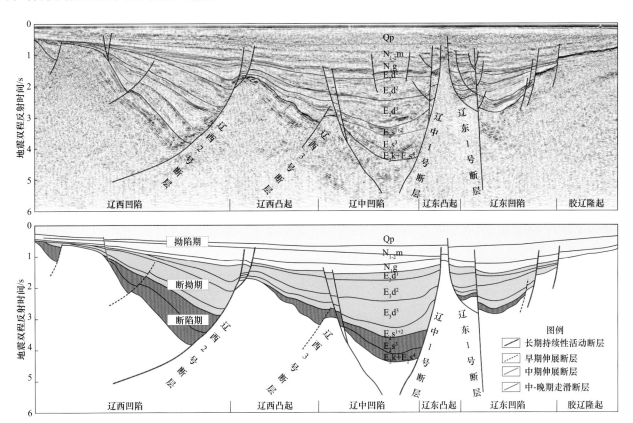

图 7-16　辽东湾①测线地震剖面解释

（二）渤中拗陷

渤中凹陷整体上由不同方向的断陷夹持不同走向、形态的断块凸起而形成的古近系盆-岭结构，呈向南凸出的弧形构造，拗陷中凸起与凹陷呈相间弧形排列（图7-17）。渤中拗陷的各方向横剖面上的总体结构表现为箕状半地堑或不对称地堑盆地结构。在拗陷东部，受郯庐断裂带影响，具有典型的箕状断陷；而在中部并没有典型的箕状断陷和双断地堑型的凹陷结构；在西南部又具有明显的箕状断陷结构。古近系半地堑具有明显的分期性，垂向上的叠置特征较明显，总体上受NNE向和近EW向主干基底断裂的复合控制作用。

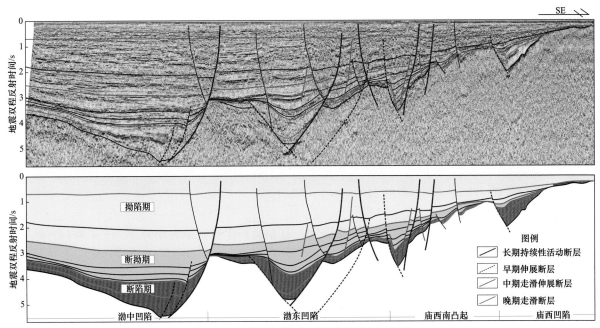

图 7-17　渤海海域渤中②测线地震剖面解释

其中，渤中拗陷东部以NNE向大断裂和渤东低凸起相隔；西部超覆在沙垒田凸起及埕北低凸起之间的鞍部之上；南部总体以斜坡的形式向渤南凸起超覆；北部和石臼坨凸起断层接触。拗陷整体上略呈宽缓的东西双断、北断南超的菱形断陷，沉降中心位于渤东低凸起西侧断层的下降盘。

（三）黄河口凹陷

黄河口凹陷是一个西深东浅、北陡南缓、北断南超的箕状断陷。构造运动具有分期次、呈幕式的特点，新构造运动在南北向引张作用下产生一系列近EW向断层。伸展断裂在剖面上总体呈现为上陡下缓、凹面向上的弧形；走滑断裂总体呈现为下陡上缓的弧形，向下倾角很大，近于直立，凹陷剖面上呈阶状、羽状、Y字型、似花状、地堑式、地垒式和逆冲式等多种构造样式（图7-18）。

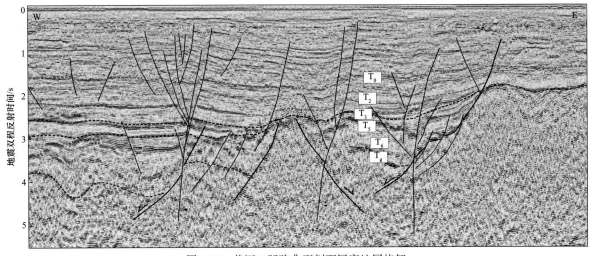

图 7-18　黄河口凹陷典型剖面层序地层格架

三、盆地结构特征

渤海海域及周边由不同方向、不同性质的基底断层控制的断陷构成相对独立而又相互连通的 5 个断陷区（带），即辽东湾断陷带、南堡–歧口断陷带、渤东–庙西断陷带、黄河口–莱州湾断陷区和渤中断陷区。不同断陷区（带）的盆地结构特征受边界断层的控制具有不同的剖面结构样式："地堑式"凹陷、"箕状半地堑"式沉积凹陷、"滚动半地堑"式沉积凹陷、"复式半地堑"、走滑断层控制的"地堑式"沉积凹陷（图 7-19）。

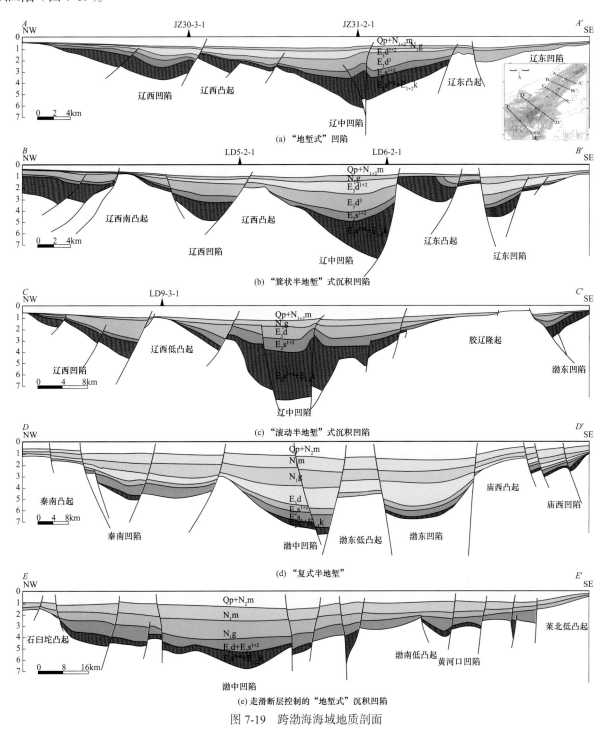

图 7-19　跨渤海海域地质剖面

第三节　沉积特征分析

在建立渤海湾盆地地层格架的基础上，通过恢复盆地古地貌、分析地震反射特征等方法分析确定盆地新生代各时期的物源方向，结合地质数据（岩心、录井）和地球物理数据（测井、地震等），进而综合分析盆地沉积体系展布与演化。

一、古地貌特征与物源分析

在研究过程中，对物源方向的判断主要是从以下两个方面来考虑：古地貌形态和重矿物分析物源方向特征。

（一）古地貌特点

1. 古近纪隆凹相间的构造－地貌格局

在陆相断陷湖盆，地貌往往凹凸相间，地形坡度陡缓有别，内部地形分隔特征明显，各构造区带受气候、物源等因素影响，沉积充填多样（于兴河等，2007）。根据前人对渤海海域古地貌的相关研究成果，揭示了古近纪渤海湾盆地呈隆凹相间的构造-地貌格局，但不同层序存在明显差异（夏庆龙等，2012b）。

孔店组—沙四段超层序组的古地貌特征为隆多凹少，凹陷零星分布（余宏忠，2009），厚度变化大。沙三段层序古地貌特征为凹陷增多，规模变大，但凹陷分隔性强。沙一、二段层序古地貌特征为凹陷规模变大，但凹陷分隔性减弱，厚度变化小。东三段层序古地貌特征为凹陷规模进一步变大，凹陷分隔性进一步减弱，在渤中和辽东湾形成深凹。东二段层序古地貌特征为凹陷规模进一步变大，凹陷分隔性进一步减弱，渤中和辽东湾形成的深凹进一步扩大并相互贯通。东一段层序古地貌特征为凹陷规模缩小，渤中和辽东湾形成深凹再次分化、萎缩。

渤海海域盆地复杂的构造-地貌格局在时空上的差异性反映了古近纪各超层序对应的裂陷幕式活动强弱变化特征。孔店组—沙四段超层序对应裂陷早期的Ⅰ、Ⅱ幕，为盆地隆凹格局发育的雏形阶段；沙三段超层序裂陷活动强度逐渐变大直至最强，为盆地隆凹格局发育的典型阶段；沙一、二段—东一段裂陷活动由增强至逐渐减弱，其隆凹格局逐渐模糊、水下隆起增多，地层发育亦趋于相对平缓。

2. 凹陷和凸起均发育复杂的次级古地貌

不论是凹陷还是凸起，均发育复杂的次级古地貌，即各凹陷中均有次级凸起发育，例如，渤中凹陷次级凸起众多，不同时期凸起幅度和规模差异较大，凸起上均有次级沟谷发育，这些沟谷是凸起向凹陷搬运碎屑的主要通道。隆凹主要由断坡带和斜坡带分隔，但位于斜坡带之上的次级古构造-地貌使得坡折带类型多样。在断坡带有单级断裂坡折带和多级断裂坡折带，在斜坡带有多级同向断裂复杂化的斜坡坡折带、多级反向断裂复杂化的斜坡坡折带、挠曲斜坡坡折带和沉积坡折带（图7-20、图7-21）。

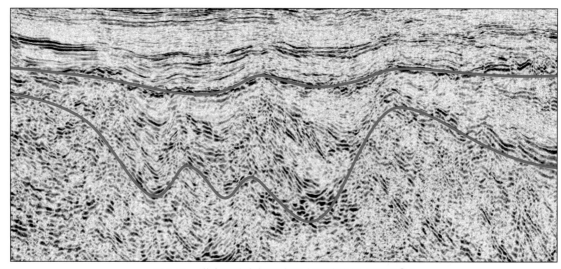

图7-20　渤中凹陷内部的次级古地貌特征（剖面⑥）

古地貌及坡折带的演化主要有以下3种规律性：①继承性，主要为在同一地区不同时期持续性发育的坡折带，本地区以断坡带为主；②幕式性，多期幕式裂陷活动为坡折带幕式发育提供了构造背景；③坡折带在纵横向上的类型转换，即早期断坡带—晚期斜坡带的演化序列和盆地边缘的断坡带—盆地内部斜坡带或凹内次隆等之间的演化特征具有规律性（夏庆龙等，2012a）。

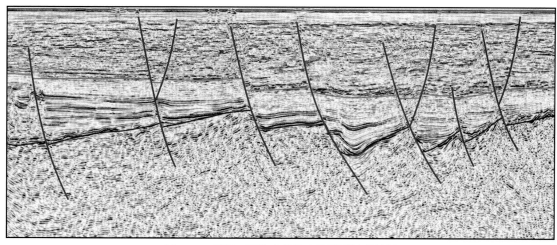

图 7-21 黄河口凹陷内部的多阶断裂地貌特征

3. 沟谷与坡折带

渤海海域构造-古地貌发育类型较多,形成了各具特色的坡折带类型(图 7-22)(徐长贵,2006)。往往在断坡带发育扇三角洲,陡斜坡带容易形成地层超覆和辫状河三角洲,在缓斜坡带容易形成曲流河三角洲。而位于盆地内部的次级凸起由于其规模和隆升幅度较小,以水下低凸起的形式存在,可见超覆现象,大多以上超和底超现象为主,低凸起部位常发育砂质滩坝或碳酸盐岩浅滩,发育在盆缘斜坡带,因其构造活动较强、地层抬升程度强烈,形成了地层削蚀不整合(夏庆龙等,2012a)。

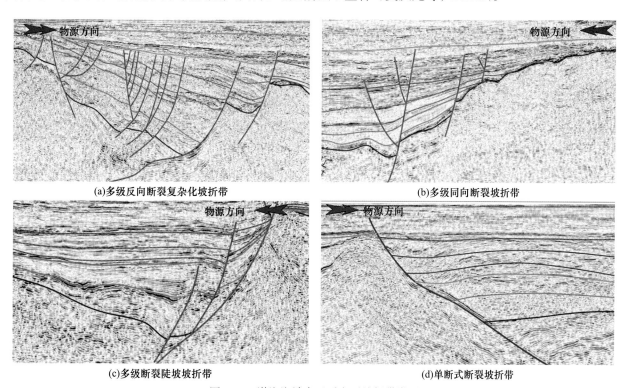

(a)多级反向断裂复杂化坡折带

(b)多级同向断裂坡折带

(c)多级断裂陡坡坡折带

(d)单断式断裂坡折带

图 7-22 渤海海域古近系主要坡折带类型

(二)物源分析

盆地内沉积物的物源类型随着时间推移逐渐发生改变。在盆地东侧的胶辽隆起区,物源区母岩的时代随着剥蚀的进行逐渐变老,而在盆地北侧的燕山褶皱带为渤海湾盆地北部提供了大量太古代母岩的沉积物。在盆地西部的沉积物,其母岩随着时间变化,说明盆地西侧在盆地演化过程中一直隆升,造成新的源区物质的加入,并且搬运沉积物的水体规模也在逐渐增大(Shao et al.,2011)。辽东湾发育的大型三角洲顺盆地轴部向渤中凹陷推进,其母岩主要是燕山褶皱带的古老岩石,在成分上没有太大的迁移现象(图 7-23)。

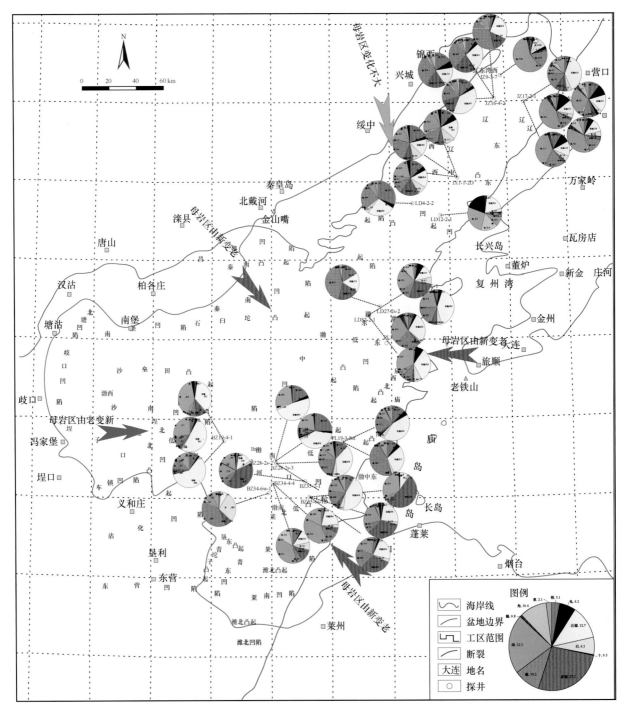

图 7-23 渤海湾盆地重矿物分布平面图

　　根据相关参数的判别分析，渤海海域各地区沉积岩物源区相对独立，且这种独立性不随时间变化而改变，说明在盆地演化过程中，以多物源为主。各地区（东北区包括辽西、辽中、辽东凹陷，东区为渤中凹陷东部，中南区为渤中凹陷南部及黄河口凹陷）以自己周边地区的剥蚀区为主要物源（朱伟林，2009）。

　　渤海湾盆地在新近纪以盆外物源为主，盆地西北侧的燕山褶皱带提供的大量陆源碎屑物质，在辽东湾拗陷形成了面积广、厚度大的冲积扇，整个新近系为砂砾岩、粗砂岩沉积；向南至渤中地区，地形坡度变缓，沉积物粒度变细，砂泥比逐渐降低，转换为辫状河–曲流河–三角洲沉积（邓运华，2006）。渤海海域由于断裂的切割控制，形成的次级凹陷横向连通性较差，各自以附近的隆起区为主要物源，沉积物的搬运以短径流的河流为主。至东营期盆地的相互连通性变强，出现了较大规模的河流。前人研究证明了渤中、莱州、歧口、辽东湾沉积物物源完全不同，但辽东湾凹陷北部与南部在物源上有一定联系。

　　除辽东湾和渤中南、东部盆地边缘凹陷可以接受盆外物源供给外，渤海其他地区主要接受盆地内凸起区的物源供给。水下扇和扇三角洲等沉积体呈串珠状排列，沿着控盆断裂走向定向分布，表明沙三段沉积时期是强伸展断陷、强沉降和快速沉积的阶段。辽东湾、渤中东部的沉积环境受 NNE 向断裂控制。断层的强烈活动是凸起区有源源不断物源剥蚀供给和凹陷区近源骨架砂体发育的动力源。

二、沉积特征

（一）岩石学特征

　　渤海海域新生界取心井在全区广泛分布，但是各层段取心井分布差异明显，主要集中在古近系。岩心特征分析可以客观反映沉积环境和沉积水动力条件，对沉积相的平面分布规律及砂体的空间展布有直观的认识（图 7-24）。

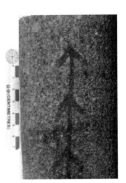

(a) 冲积扇扇根
(棕褐色泥质砾岩，砾岩成分成熟度、结构成熟度较低)

(b) 扇三角洲平原近源砾岩

(c) 扇三角洲平原辫状水道砂岩

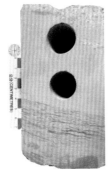

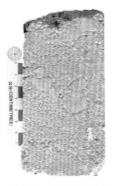

(d) 扇三角洲前缘河口坝
(上部灰色细砾岩，反粒序)

(e) 辫状河三角洲平原
(紫红色泥岩)

(f) 辫状河三角洲前缘水道
(含砾粗砂)

(g) 辫状河三角洲前缘河口坝
(粉砂夹棕红色泥质条带)

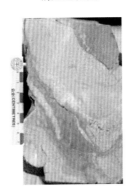
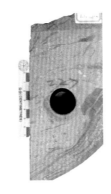

(h) 泛滥平原 (小型流水沙纹)

(i) 湖底扇滑塌堆积 (含砾砂岩与泥质粉砂的变形构造)

(j) 湖底扇碎屑流沉积 (含泥砾砂岩，泥砾杂乱排列)

(k) 湖底扇浊流沉积 (灰白色正递变细砾岩，底部为侵蚀面)

图 7-24　渤海海域典型沉积相岩心识别标志

　　渤海海域岩心可以观察到的沉积构造类型多样，主要包括各种层理类型，同沉积断层，揉皱变形，滑塌碎屑流，液化、扰动变形，滑塌变形等，通过对渤海海域岩心的详细观察描述，总结了相关沉积特征和沉积序列（表7-3，图7-25）。

表7-3　渤海海域岩心观察特征总结表

层位	馆陶组	东营组	沙一、二段	沙三段
岩性特征	砂岩以粗砂岩、中砂岩为主，细砂岩和粉细砂岩较少；泥岩以粉砂质泥岩和泥岩为主；整体比较疏松，压实胶结较差	局部见块状砂岩、含砾砂岩；砂岩、细砂岩为主，粗砂岩和粉细砂岩较少，局部砂岩钙质胶结严重；泥岩以粉砂质泥岩和泥岩为主	灰色砂岩、含砾砂岩、杂砂岩为主，局部见薄层油页岩和白云岩及生物碎屑岩	常见含砾粗砂岩；砂岩以细砂岩、粉细砂岩和粉砂岩为主，局部见钙质胶结；泥岩以粉砂质泥岩和泥岩为主
颜色变化	砂岩以灰白色为主、含油砂岩以灰褐色为主；泥岩以灰绿色及棕红色为主	砂岩以灰白色、灰褐色为主；泥岩整体以深灰色为主，部分地区底部以绿灰色为主	砂岩、砾岩以灰白色为主、含油砂岩灰褐色；泥岩以深灰色为主，局部灰紫色	砂岩以灰白色、灰褐色为主；泥岩灰灰色为主，部分可见深黑色，局部见红色；页岩一般为灰绿色、灰黑色
生物特征	生物活动未见	植物茎干、碎片可见	生物扰动发育，局部可见植物茎干和碎片	可见虫孔发育，局部可见植物茎叶
沉积构造	大量发育板状交错层理、槽状交错层理和平行层理，可见小型沙纹	板状交错层理、槽状交错层理和平行层理发育，可见各种波痕	板状交错层理、槽状交错层理和平行层理发育，各种变形构造十分发育	板状交错层理、槽状交错层理和平行层理发育，变形构造主要发育于断层附近及湖底扇
水动力	以牵引流为主要动力	以牵引流为主要动力	以牵引流为主要动力，局部具重力流沉积	以牵引流为主要动力，局部具重力流沉积，主要发育于盆地主控断层及次级构造带控制断层附近
沉积环境	辫状河、曲流河、冲积扇	东三段以辫状河三角洲、扇三角洲为主。东二段以辫状河三角洲、曲流河三角洲为主。东一段为湖盆萎缩，辫状河三角洲、曲流河三角洲为主	辫状河三角洲、扇三角洲沉积体系为主	沙三段以辫状河三角洲、扇三角洲沉积体系为主，规模较小，数量较多，局部发育湖底扇

渤海湾盆地古近系砂岩储层母岩具有多样性（图7-26、图7-27），主要有太古界—元古界的变质花岗岩、中生界的花岗岩类，也有相对较少的古生界碳酸盐岩、碎屑岩，以及中生界的碎屑岩和火山岩。复杂的母岩类型和不同的沉积过程，形成了多种成分–成因类型的砂岩储层。混合花岗岩的主要成分是石英和长石，可提供数量大、粒度适中的碎屑物质，是很好的储层母源（邓运华和李建平，2008）。如SZ36-1油田厚度大、物性好的储层来源于燕山台褶带混合花岗岩区。中基性喷发岩含暗色矿物多，石英和长石含量相对较少，风化产物的粒度较细，以粉–细砂岩为主，储层物性较差。碳酸盐岩抗物理风化能力较强，其风化产物粒度差异较大，以碳酸盐岩为物源的三角洲储层不甚发育。如果隆起区或大型凸起区发育的河流与有利的母源区配置，则可发育有利的三角洲储层砂岩。

（二）沉积垂向序列

1. 扇三角洲相

渤海湾盆地东营凹陷古近系沙河街组三段发育典型的扇三角洲沉积体系（图7-28）。该区的扇三角洲具有近缘、陡坡、快速沉积的特点，可将其分为扇三角洲平原、扇三角洲前缘和前扇三角洲3个亚相区，其中主要发育前缘亚相。

扇三角洲前缘亚相的岩性为大套灰色和灰绿色的含砾砂岩、砂砾岩、中粗砂岩、砾状砂岩，夹薄层粉砂岩和泥岩。其中，砂砾岩分选差–中等，颗粒磨圆较差，多为次棱角状，结构成熟度低、呈杂基支撑。沉积物粒度概率累计线具有反映牵引流沉积的两段式和三段式及重力流沉积的单段式的双重特性。SP曲线多表现出钟形、高幅指形、高幅箱形和齿化箱形的特点。沉积构造中常见冲刷构造、滑塌变形构造、楔状状层理、槽状状层理、波状层理、沙纹层理和平行层理。

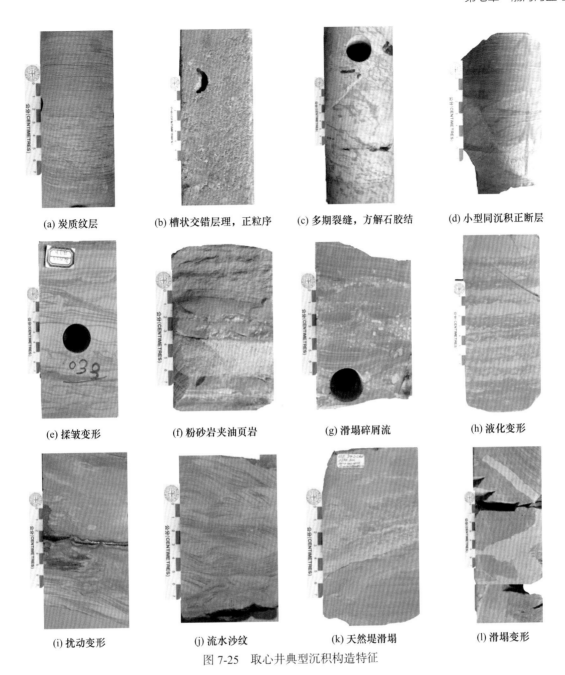

(a) 炭质纹层　(b) 槽状交错层理，正粒序　(c) 多期裂缝，方解石胶结　(d) 小型同沉积正断层

(e) 揉皱变形　(f) 粉砂岩夹油页岩　(g) 滑塌碎屑流　(h) 液化变形

(i) 扰动变形　(j) 流水沙纹　(k) 天然堤滑塌　(l) 滑塌变形

图 7-25　取心井典型沉积构造特征

2. 水下扇相

渤海湾盆地东营凹陷古近系沙河街组三段发育典型的近岸水下扇沉积体系（图 7-29）。它直接形成于深湖–半深湖环境中，具有近物源、近距离搬运、分选差等特点。可将其分为外扇、中扇和外扇 3 个亚相，在该区均有发育。

近岸水下扇岩性以深灰色泥岩、细砂岩、含砾粗砂岩、砾岩和砂砾岩为主。其中砾石的成分比较复杂，以灰岩为主，泥砾、碎屑岩砾石发育，粒径多为 1~5cm，最大可达 15cm，颗粒磨圆差，多为次棱角状，由此反映了近源快速堆积这一特点。近岸水下扇在垂向上具有逐渐向上变细的正旋回结构，常见小型的同生正断层、强烈的同生变形构造和冲刷构造等断裂活动造成的现象。

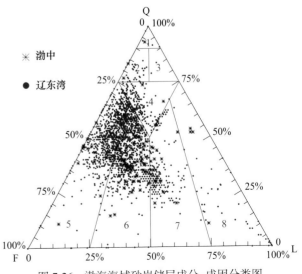

图 7-26　渤海海域砂岩储层成分–成因分类图

(a) 杂砂岩　0.125mm

(b) 岩屑长石砂岩，单偏光　0.25mm

(c) 长石岩屑砂岩，单偏光　1mm

(d) 长石溶解，单偏光　0.15mm

图 7-27　渤海海域不同类型的砂岩储层特征（据中海油天津分公司，2010）

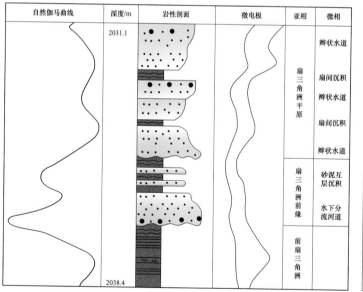

图 7-28　渤海湾盆地东营凹陷古近系沙河街组三段
扇三角洲相垂向沉积序列（据林会喜，2005）

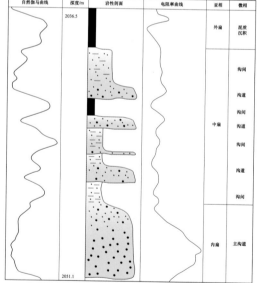

图 7-29　渤海湾盆地东营凹陷古近系沙河街组
三段水下扇相垂向沉积序列（据林会喜，2005）

3. 滩坝相

渤海湾盆地沾化凹陷沙河街组二段发育砂质滩坝（图 7-30）和生物碎屑滩坝沉积体系（图 7-31）。可将其分为坝主体和坝前缘亚相。滩坝相主要分布于扇三角洲前缘的前端与不同扇三角洲之间的地带。生物碎屑滩主要呈分散状环绕分布在桩西潜山周缘。而盆地北部埕北凸起由于物源供给不充分，滩砂相沉积仅分布于近海岸地区。

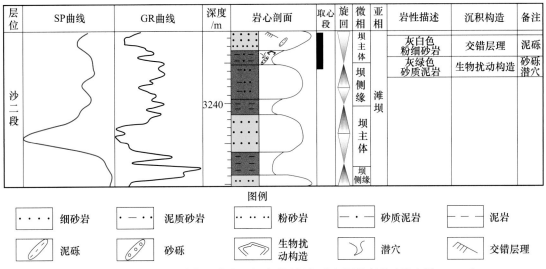

图 7-30 渤海湾盆地沾化凹陷沙二段砂质滩坝相垂向沉积序列（马立祥，2009）

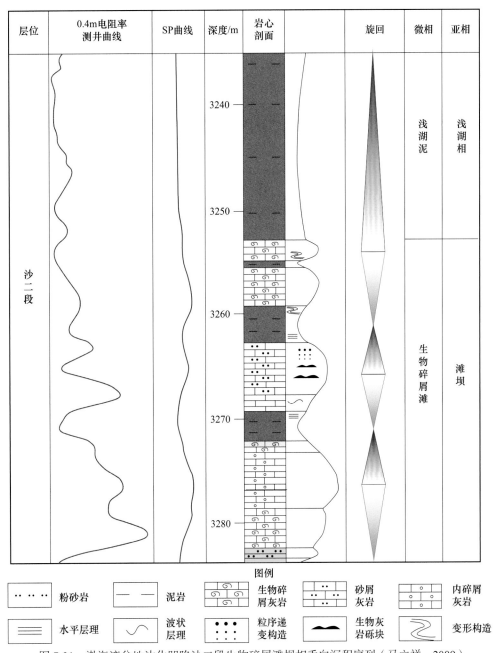

图 7-31 渤海湾盆地沾化凹陷沙二段生物碎屑滩坝相垂向沉积序列（马立祥，2009）

陆源碎屑岩滩坝以灰色中–细砂岩为主，包括钙质滩和白云质滩两种类型。碳酸盐质滩以灰色–灰白色钙（云）质中–细砂岩为主，形成深度相对较浅，夹层较少，连片分布，厚度一般较坝小。

生物滩碎屑以黄色、灰色和褐色螺灰岩碎屑为主，厚度变化较大，最大厚度可达数米。其中，螺灰岩滩通常在水体较浅、水体较平静且相对远离物源区的水动力条件下形成。

第四节 沉积体系展布与演化

一、沉积相识别

渤海海域新生代主要发育冲积扇–冲积平原、河流–泛滥平原、三角洲–湖岸平原、湖泊沉积体系。三角洲沉积体系根据地形坡度可以分为陡坡扇三角洲、缓坡辫状河三角洲、曲流河三角洲、浅水三角洲等；湖泊沉积体系可分为滨湖、浅湖、半深湖、深湖相，从中可以识别出滩坝、水下扇或湖底扇、滑塌浊积扇等沉积微相（表7-4、表7-5）（夏庆龙等，2012b；邓运华，2013）。

（一）冲积扇相

渤中地区冲积扇主要发育在初始断陷期的沙四段—孔店组沉积时期，该时期为盆地开始形成阶段，湖泊的水体范围不大，在靠近盆地周围断裂带，是冲积扇的主要发育场所，距离物源较近，包括扇根、扇中、扇端三个亚相，地震反射剖面上一般呈楔状，略具前积反射，内部一般为杂乱反射。在辽东湾地区新近系馆陶组凹陷边缘也有冲积扇的广泛发育。

（二）扇三角洲

扇三角洲的发育受主要构造控制，其在盆地内的分布相对局限。扇三角洲平原沉积特征类似于陆上冲积扇沉积，前缘亚相以较陡的前积相为特征。水下分流河道由含砾砂岩和砂岩构成，以中、小型交错层理为主。分流河道间则以灰绿、浅灰色泥岩、粉砂质泥岩发育为特征，同时常含河道间漫溢成因的砂岩。前缘席状砂是扇三角洲沉积的重要标志，具反韵律沉积序列，表现为砂泥间互层。扇三角洲在地震反射剖面上往往处于控盆断裂的下降盘，根部多呈杂乱反射，多见于沙河街—东营组，沿活动的边界断层下降盘发育（图7-32）。

表 7-4   渤海海域地震反射特征与沉积体系

地震相	反射构型	沉积体系
前积相	S型或斜交复合前积反射	曲流河三角洲、河口坝
	叠瓦状前积反射	扇三角洲、辫状河三角洲
丘状相	弱振幅断续丘状反射	辫状河三角洲、河口坝
	中振幅连续丘状反射	远岸滩坝、滑塌体
	强振幅丘状反射	扇三角洲、冲积扇
透镜状相	孤立透镜状反射	滑塌体、三角洲前缘
	串珠状透镜反射	水道与沙坝、断阶式三角洲
充填相	斜交前积反射	曲流河道
	丘状上超反射	扇三角洲主水道
	中–弱振幅连续充填反射	水道带
	变振幅连续上超充填反射	大型辫状水道
平行相	弱振幅连续反射	半深湖、深湖泥
	中振幅席状反射	浅湖泥夹席状砂
	强振幅连续低频反射	浅湖滩坝
杂乱相	杂乱反射	近岸水下扇

表 7-5　渤海海域古近系沉积体系及特征描述（据夏庆龙等，2012b，有修改）

沉积体系			主要特征	沉积背景
冲积扇-沟谷充填	扇根		成分复杂、分选差、无组构的混杂砾岩，高幅值齿化曲线，变振幅杂乱反射	山间、山前
	扇中		砾岩、含砾砂岩，砾石叠瓦状排列，交错层理，高幅箱形，充填状反射	
	扇端		粗砂岩，粉砂岩，局部见膏岩，平行层理和低角度交错层理，波状反射	
湖泊体系	半深湖-深湖		暗色泥页岩为主，水平层理、细波状层理，低平曲线，平行-亚平行反射	沉积中心
	滨浅湖	泥滩	灰绿杂紫红泥质岩，透镜状层理，低平曲线，低连续弱振幅反射	湖泊边缘
		砂泥混合滩	泥质岩与粉砂岩、细砂岩薄互层，波纹、透镜状层理，齿状曲线，中低连续中弱振幅反射	
		砂质滩坝	中砂岩、细砂岩、粉砂岩，大型低角度交错层理，砾石定向排列，含生物碎屑，齿化漏斗形和宽幅对称指形，丘状中底连续中强振幅反射	
		碳酸盐岩滩	碳酸盐岩、泥岩，含大量生物化石，指状曲线，中高连续中强振幅反射	孤立台地及缓斜坡
	盐湖		碳酸盐岩、膏盐、岩盐和泥岩，高幅值齿化曲线，中高连续中强振幅反射	干旱湖区
扇三角洲	平原	辫状水道	砾岩、粒状砂岩，成熟度低，分选差到中等，正韵律，交错层理、平等层理微齿化钟形，充填状反射	湖盆断裂陡坡带
		漫滩沼泽	粉砂、黏土及细砂的薄互层，交错层理，常见植物根系，高幅值箱形曲线	
	前缘	河口坝	粉砂、中砂为主，反韵律，泥质夹层，交错层理、平等层理、波状交错层理漏斗形，顶底渐变的箱形，整体呈底平顶凸的透镜状	湖盆断裂陡坡带
	前扇三角洲		灰绿色、灰黑色泥岩，水平、块状层理，低平曲线，平行-亚平行反射	
辫状河三角洲和曲流河三角洲	平原	河道间	杂色泥质岩，块状层理，沼泽沉积分布广，低平曲线，波状反射	湖盆挠曲陡坡带发育辫状河三角洲，长距离物源在缓坡带形成曲流河三角洲
		分支河道	砂、砾岩，板状交错层理，间断性正韵律，高幅值钟形曲线，充填形反射	
	前缘	河口坝	分选好、质纯的中细砂和粉砂，槽状交错层理，水流波痕，沉积速率高，覆盖于前三角洲黏土之上	
		远砂坝	细砂岩、粉砂，具槽状交错层理、包卷层理、水流波痕，冲刷构造中等幅值漏斗形（高位）或钟形（湖扩）曲线，前积反射	
	前三角洲		暗色黏土、粉砂质黏土，水平、块状层理，低平曲线，平行-亚平行反射	
网状河三角洲	平原	河道间	杂色泥质岩，块状层理，低平曲线，弱振幅波状反射	湖盆演化晚期，湖盆准平原化，远源河流在残留湖区形成网状河三角洲
		河道	粉细砂岩，交错层理，中低幅值钟形曲线，中强振幅断续反射	
	前缘	河口坝	粉、细砂岩，交错层理，中低幅值漏斗形（高位）或钟形（湖扩）曲线，中弱振幅 S 型前积反射	
		远砂坝	粉砂岩与暗色泥质岩不等厚互层，波纹、波纹交错层理，低幅值漏斗形（高位）或钟形（湖扩）曲线，中弱振幅 S 型前积反射	
	前三角洲		暗色泥质岩，水平、块状层理，低平曲线，平行-亚平行反射	
湖底扇	碎屑流		砂砾岩、含砾粗砂岩、粗砂岩、中砂岩、细砂岩，递变层理，指状、箱形、钟形曲线，蠕虫状反射	大型凹陶饥饿区
	浊流		细砂岩、粉砂岩、泥岩，正递变层理，指状曲线，蠕虫状反射	
辫状河	河道		心滩发育，砂岩、砂砾岩为主，正粒序，箱形曲线，低频弱振幅	坡降较高，水浅流急，心滩发育，砂包泥
	河漫滩		泥岩与砂岩互层，曲线指形-齿形，厚度不均一	
	沼泽		泥岩或含泥砂岩，常与河漫滩泥岩互层	
曲流河	河道		边滩为主，中、细砂，典型二元结构，曲线钟形、箱形，不连续强反射	坡降较低，水深流缓，边滩发育，泥包砂
	天然堤		薄层粉砂岩和泥岩，见流水沙纹，剖面楔形，平面条带状	
	决口扇		细砂岩、粉砂岩为主，发育小型交错层理，反韵律，舌状、透镜状	
	河漫滩		粉砂岩和泥岩，见波状和水平层理，块状构造	

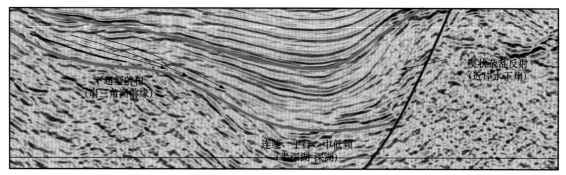

图 7-32   测线⑤揭示的扇三角洲前积、湖底扇发育位置图

（三）辫状河三角洲

辫状河三角洲主要发育在沙河街组和东营组沉积早期，一般分布在凸起周围的斜坡上和低凸起之间的部位，在平面上往往与规模较大的沟谷相对应（庞小军，2011）。辫状河三角洲是辫状河入湖形成的粗粒三角洲，前缘具有限定性的河口坝。地震剖面上可以看到较为明显的前积反射结构（图 7-33）。

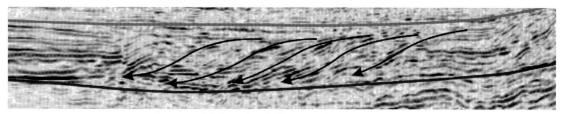

图 7-33   测线④反映的东营组辫状河三角洲前积结构

（四）曲流河三角洲

曲流河三角洲一般发育在长距离缓坡带，渤中凹陷的大规模曲流河三角洲主要发育于东二段上部—馆陶组中，平面上位于凸起之间的凹陷斜坡部位。在东二段后期的大规模水退期，由于远源河流的注入，形成广泛发育的曲流河三角洲，其规模往往较大，具典型的前积反射（图 7-34）。

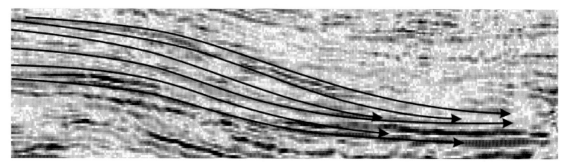

图 7-34   测线③反映的东二段曲流河三角洲前积结构

（五）河流相

辫状河沉积在馆陶组最为发育，广泛分布于辽东湾、莱州湾等地区。曲流河以河道、天然堤、决口扇、河漫滩等亚相为主，在明化镇组最发育，在渤海海域南部周源分布大面积的曲流河-泛滥平原沉积。

（六）水下扇

在断陷盆地中，根据水下扇发育的地貌背景，可划分为两大类，即陆坡近岸水下扇和湖底扇。近岸水下扇主要发育在凹陷陡坡一侧边界断裂的下降盘，湖泊水体紧邻隆起区（图 7-32）。

二、沉积充填特征

对渤海湾盆地三个富烃凹陷的典型井在岩心和测井资料分析的基础上，对地震剖面进行沉积相分析。对过井地震剖面进行层位拉平，恢复关键地质时期的构造样式和地形特征，进行连井层序和沉积相对比（图 7-35～图 7-37），可以看出沉积体系分布规律和演化特征与沉积充填样式的响应关系。沙河街组主要以辫状河发育为主，湖底扇、滩坝砂和碳酸盐岩台地局部发育，至东营组以曲流河三角洲的大面积分布

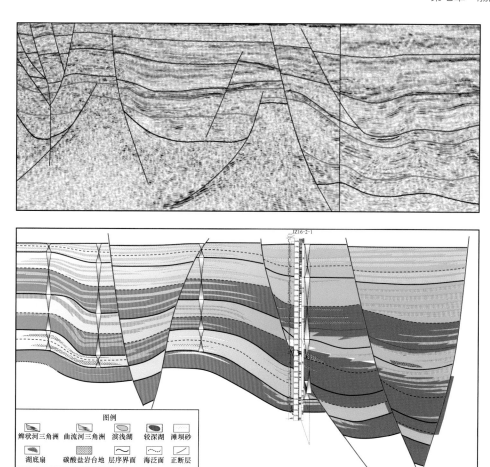

图 7-35　辽东湾典型剖面沉积充填

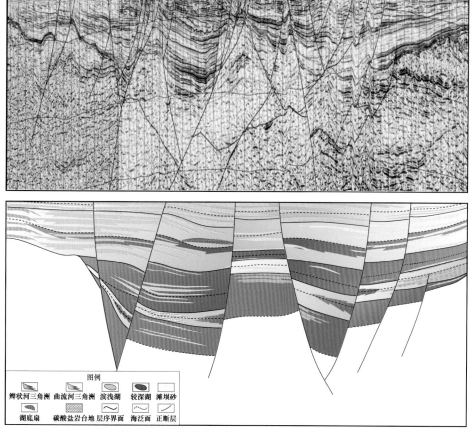

图 7-36　辽东湾典型剖面沉积充填（旅大地区）

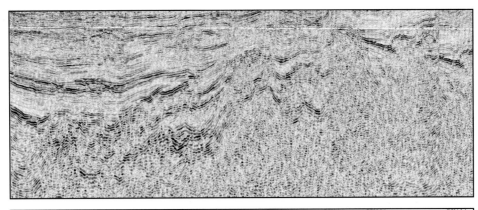

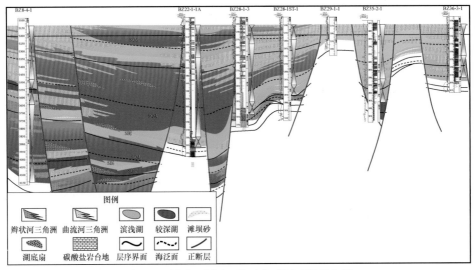

图 7-37　渤中–黄河口地区典型剖面沉积充填

为主要特点。沉积体系展布总体进积、局部退积，其空间分布受地形坡度、断裂发育和基准面旋回的控制作用明显。陡坡带多发育扇三角洲，砂体较厚但分布局限，缓坡多发育辫状河三角洲和曲流河三角洲，砂体较薄但延伸距离远。湖底扇的发育受大型断裂带的控制，沙河街组湖底扇的发育较为局限，主要在渤中凹陷周围，且面积较小。东三段湖底扇主要分布在辽中凹陷，单个扇体面积较大。东二段有多个湖底扇，主要分布在辽中和渤中凹陷周围，至东一段已很少有湖底扇的发育。基准面的变化主要影响了物源区的消长变化、供给形式及沉积作用状态。低位域时期，物源相对较近，河道下切作用强，以点物源供给的方式为主，搬运距离远，易形成厚度较大但范围小的扇体，高位域时期，物源补给方式为线源或面源，搬运距离近，易形成厚度小但面积大的三角洲。基准面旋回级别影响砂体展布的规模，级别越大，砂体越容易富集。沙二段底界面和东营组顶界面是二级层序界面，界面附近的砂体发育，分布范围广，而三级层序界面附近的砂体分布范围相对较小。

三、沉积体系平面展布与演化

渤海海域古近纪以断陷湖泊沉积为主，是区内烃源岩形成期。始新世沙四期—沙三期，各凹陷为被凸起分隔的独立单元，以盆内物源为主，具有大坡降、多物源、短距离搬运的特点；近岸水下扇、扇三角洲砂岩是主要储集层，深湖相泥岩是最重要的烃源岩。始新世末渤海海域经历了短时间的整体抬升准平原化过程。渐新世沙二段—东一段沉积时期，凹陷连通成为大湖，与凸起的高差减小，水体较始新世浅，以盆外物源为主，大型湖相三角洲发育，这是有别于周边陆上油区的重要沉积特征，深湖相泥岩、油页岩是重要烃源岩。新近纪早期区域性构造抬升、剥蚀准平原化后，开始了以河流–浅水湖相沉积为主的拗陷沉积，广泛分布的浅水三角洲砂体和河流相砂岩成为众多渤海浅层大中型油藏的主力储集体。第四纪全区普遍沉降，海水侵入，成为目前的陆表海（邓运华，2013）。

（一）渤中凹陷

渤中凹陷是渤海海域古近纪和新近纪的沉积沉降中心，新生界厚度最大超过 10000m，其中古近系最大厚度超过 6000m，以湖相沉积为特征；新近系最大厚度达 4000m，以河流平原-滨浅湖相沉积为特征。

孔店组—沙四段沉积时期，渤中凹陷处于初始裂陷，形成了一些彼此分隔的箕状断陷。湖盆边缘较高部位的断层下降盘发育冲积扇，在其他地区以洪泛平原或滨浅湖沉积为主。

沙三段沉积时期，渤中凹陷进入强烈的裂陷期，以短源、内源沉积为主。陡坡发育近源湖底扇，缓坡发育扇三角洲。郯庐断裂带对始新世沙三期的沉积没有明显的控制作用（图 7-38）。

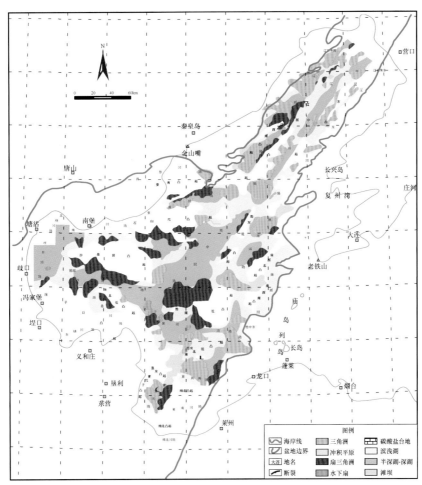

图 7-38　渤海海域沙三段沉积相平面图

沙一、二段沉积时期，湖盆进入裂陷扩张期，早期沉积环境以滨浅湖相为主，晚期裂陷作用加强，湖水范围变大，半深湖相灰岩、灰质泥岩分布广泛。仍以短源、内源碎屑岩沉积为主（图 7-39）。

东三段沉积时期，裂陷活动再次加强，湖盆扩大，但仍以短源、内源沉积为主，较深湖面积明显扩大，滨浅湖范围局限（图 7-40）。

东二段沉积时期，处于断拗过渡期，构造活动强度减弱，周源及外源的沉积物大量注入，逐步向凹陷中心推进，盆地充填作用明显，湖区范围明显缩小。东二段层序以远源、外源沉积为主。长轴方向凸起之间多以发育大型的河流三角洲为主，三角洲的推进距离和分期性比较明显（图 7-41）。

东一段时期渤中凹陷地形整体变缓，凸起基本消失，以外源沉积为主，原有的几个外源大型沉积体系继承性发育，沉积范围有所减小，但已从东二段的河流三角洲沉积变为河流-泛滥平原沉积（图 7-42）。

馆陶组沉积时期，盆地进入裂后拗陷阶段，断裂活动减弱，拗陷沉降缓慢。大量粗粒碎屑向渤中凹陷及其邻区输入，形成一套巨厚以灰白色砂砾岩、含砾砂岩为主夹薄层紫红色、灰绿色泥岩的河流平原相沉积（何仕斌等，2001），主要物源方向为西部、西北部和东北部，次要物源为东南方向，沉积中心位于渤中凹陷中部。其中馆下段以辫状河沉积为主，馆上段以曲流河沉积广泛分布为特征。馆陶组既是浅层油气运移聚集的重要输导层，也是浅层最重要的储集层。

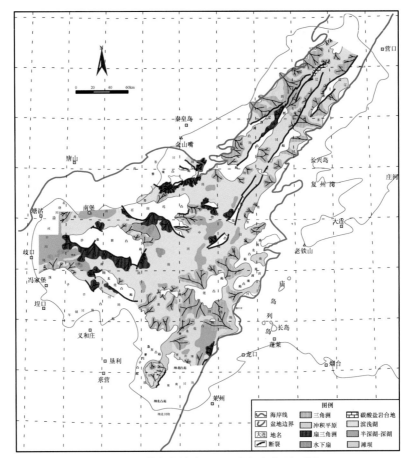

图 7-39 渤海海域沙一、二段沉积相平面图

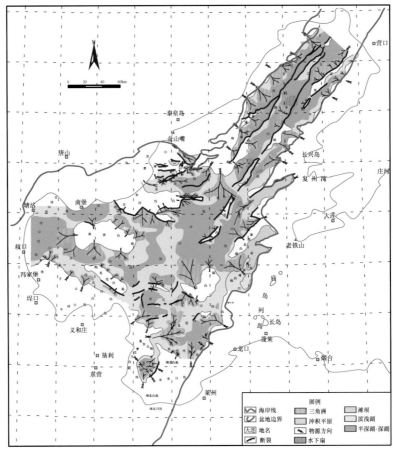

图 7-40 渤海海域东三段沉积相平面图

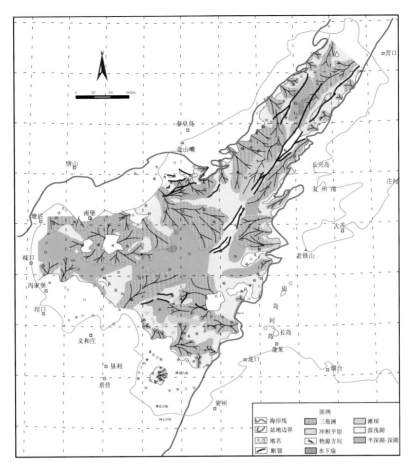

图 7-41 渤海海域东二段沉积相平面图

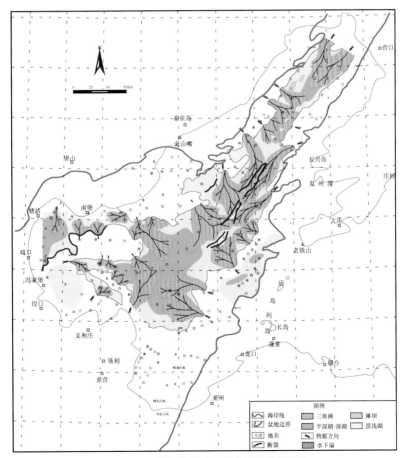

图 7-42 渤海海域东一段沉积相平面图

明化镇组沉积时期，比馆陶组时期拗陷沉降速度加快，在渤中凹陷—黄河口凹陷形成一个统一的沉降中心，以曲流河-浅水三角洲-滨浅湖沉积为主，主要物源方向为西部和北部，次要物源为东南方向。明下段以滨浅湖相沉积为特征，分布于渤中凹陷、渤东凹陷南部、黄河口凹陷和莱州湾凹陷原先为曲流河沉积的广大地区，曲流河平原则分布于渤中凹陷北部和西部的凸起区，局部发育浅水三角洲沉积。明下段沉积中心位于渤中凹陷中部到黄河口凹陷的中部，呈 NE-SW 向展布。明上段沉积面貌基本保持明下段的特征，凹陷区发育滨浅湖沉积，但沉积范围比明下段略缩小，沉积中心位于渤中凹陷中南部（图 7-43）。

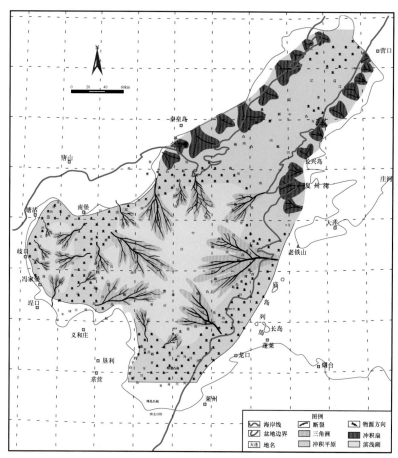

图 7-43　明下段下部沉积相平面图（据邓运华和李建平，2008，有修改）

（二）辽中凹陷

沙河街组沙四段已经开始了断陷盆地的形成，盆内多为断陷，没有稳定的物源，高差大，因此多以小规模的沉积为主。

沙河街组沙三段正处于快速断陷期，统一的盆地基本形成，但是构造活动仍然强烈，盆地内分隔较为严重，多断陷存在，沉积相主要以湖相为主，由于此时各大水系已基本形成，秦皇岛水系、绥中水系、复州水系等都提供了较好的物源，因此形成了很多小规模扇三角洲，因高度差异大，物源快速入湖形成了较多的近岸水下扇，总体来看，此时的盆地内分隔严重，沉积体系的规模均较小。

沙河街组沙一、二段发育的厚度均较小，总厚度在 100m 左右，且两段沉积具有较好的继承性。

此时的盆地已由快速沉降转为缓慢沉积，盆地内部的分隔作用都已减弱，各大水系进积距离变得更远，由此形成的扇三角洲相规模变得更大，尤其绥中水系、复州水系形成的扇三角洲较其他水系更为发育，总体上以湖相及扇三角洲沉积为主。

东营组时期，辽中凹陷又开始另一个裂陷幕，此时的东三段主要处在快速断陷期，断层活动强烈，盆地的范围也已变大，沉积主要以湖相沉积为主，局部地区地形趋缓，在各大水系的影响下，开始形成了较多小规模的三角洲。

东二段下时期，是东三段沉积时期与东二段沉积时期的过渡，因此此时的沉积相特征既继承了东三段沉积的特点，也有了东二段沉积时期的特点，即地形趋缓，湖相范围扩大，发育的三角洲规模较东三段时期变得更大。

东二段上时期，盆地沉降速度趋缓，构造活动减弱，盆地内的分隔已不明显，因此，在各大水系的进积下，三角洲沉积相规模变得更大，尤其绥中水系形成的三角洲在盆地内延伸距离较远，形成了条带状，北部的凌河-辽河水系也控制了较大规模的三角洲。总体来看，主要以湖相及较大规模的三角洲沉积为主。

东营组一段处于断陷晚期，构造活动已减弱，盆地已基本成形，地形趋缓，来自各个水系的物源充足，随地形扩散开来，形成大规模的三角洲体系。来自西部的物源比较充足，绥中水系、秦皇岛水系、凌河-辽河水系形成的三角洲体系几乎连片存在，这为储层的形成提供了很好的基础。

总体来看，沙河街组和东营组都主要以湖相沉积为主，但其深浅及规模各有变化。沙河街组发育较多的扇三角洲及水下扇，表明沙河街组时期，盆内构造复杂，物源多为短源、近源，东营组除了湖相沉积，主要以三角洲沉积为主，随着湖盆的统一变大，三角洲的规模也在逐渐变大，并且物源主要来自西部，因此三角洲沉积在盆地的西部地区更为发育。

（三）黄河口凹陷

黄河口凹陷沉积演化在古地貌宏观格局上具有一定继承性，北部是长期发育的陡坡带，而东、西部为断阶控制的缓坡带，南部以挠曲为主的缓坡带（郭涛等，2008）。

沙三段沉积时期，构造总体上以"三凹二隆"为特征，沙三下亚段沉积时期，西北次凹相对较深，西南次凹较浅，沙三中亚段沉积时期，西北次凹明显萎缩，西南次凹沉降幅度显著加大，东部次凹的规模显著扩大。

沙一、二段沉积时期东部抬升，西部沉陷区扩大，与沙三中亚段沉积时期相比，沙一、二段沉积时期，古构造格局发生了明显变化，东部次凹明显抬升、萎缩。西南次凹规模加大，并在黄河口凹陷西北部，形成多个新的沉陷区。

东三段沉积时期西南次凹规模扩大，东部次凹向南逐渐迁移，但沉降幅度较小，西部次凹规模明显扩大。

东二段沉积时期沉降规模扩大，该时期黄河口凹陷普遍沉降，西部次凹和东部次凹规模明显扩大，但西部次凹沉降轴线走向由近 SN 向转化为近 EW 向，东部次凹明显向西扩展。

东一段沉积时期南部和东部显著抬升，沉降中心向北萎缩迁移，次凹主要发育于渤南凸起的南侧。

馆陶组沉积早期，黄河口凹陷以网状河平原相细粒沉积为主。馆陶组沉积晚期，凹陷出现滨浅湖相及湖湾沼泽相沉积，向四周为曲流河平原相、辫状河平原相沉积。明化镇组下段具有洪泛平原-曲流河-湖相沉积的演化特征（余宏忠，2009）。

第五节　油气分布的沉积因素与有利区带

渤海海域大中型油气田主要分布在渤中地区、辽东湾地区和黄河口凹陷。其油气藏主要为构造油气藏、岩性-构造复合油气藏和潜山油气藏。渤海海域大中型油气田已发现油气主要分布在 1000～2000m 深度范围内，主要分布在新近系，其次是东营组，层位以明下段、馆陶组和东营组为主，地质储量占整个渤海海域地质储量的 85% 以上。其分布特点与渤海油气藏生、储、盖条件的形成演化及新构造运动导致的晚期快速成藏有着密切的关系。

一、新构造运动对油气分布的影响

新构造运动与油气成藏是基于国内外大量晚期断裂构造活动与油气成藏的密切关系提出来的（朱伟林等，2009），指的是新近纪以来特别是中新世末（约 5.1Ma）至今的构造活动，相对于陆区来说非常活跃。新近纪以来渤海海域中部存在明显的快速沉降，表现为具有相对大的沉降速率与沉降厚度，且断裂发育具有明显的差异分带性，围绕渤中地区的 NW 向带内发育密集的浅层断层，辽东湾地区则发育稀疏的浅层断层。浅层断层密集发育区与张-蓬断裂活动的影响区吻合。新近纪以来的断层多是 NE/

NW 向老断层再活动的结果，浅层断层密集发育区的断层多为这些老断层在浅层活动的伴生断层；辽东湾地区则为 NE 向老断层的直接活动，表现为主断层孤立发育，缺少密集发育的伴生断层。渤海海域新构造运动控制了油气晚期成藏，绝大多数油气储集在新近系馆陶组和明化镇组（龚再升，2005）。

渤中地区在新近纪存在较强的断层活动，多表现为主断层及伴生断层发育，伴生断层呈"花状构造""似花状构造""复 Y 字型断层组合"出现，多数浅层断层为依附于 NE 或 NW 向基底断层发育的伴生断层。控制浅层断层发育的条件主要包括：①NW 向张–蓬断裂带与 NE 向郯庐断裂带的相互影响；②新近系较厚的沉积地层。这两个条件都会使基底断层在新近纪活化作用中的应力释放受阻，从而产生较多的伴生调节性质的断层，成了渤海新近系断层分布密度在空间的差异性。

新构造运动对渤海海域的地质构造特征、油气藏的形成与富集有重大影响。渤中围区的凸起和低凸起上的大中型油气田的形成与富集都与新构造运动的影响有重大关系，其对油气生成与分布的影响主要表现在：①晚期断裂活动强烈，产生了大量的新近系圈闭；②新构造运动导致断裂活化有利于凹陷油气晚期高效输导、聚集成藏；③砂体与烃源岩广泛接触有利于高效运移输导；④大型沟谷主要分布于东部走滑断裂带内，物源区沟谷体系发育为砂体的形成和油气输导创造了有利条件；⑤富烃凹陷存在 1~2 期区域主要成藏期，具有快速幕式充注的特征（朱伟林等，2009）。

构造运动对渤中地区骨架砂体形成的控制可概括为如下几个方面：①断裂构造活动的多期次控制了沉积的多旋回性，从而形成了多套不同类型的骨架砂体和多套生储盖组合；②沙河街组三段及以下地层砂分散体系的分布主要受伸展断裂产生的箕状半地堑控制；③区域性骨架砂体输导层的发育与断裂活动减弱导致沉积可容纳空间的衰竭及沉积过补偿有关，并主要发生在区域性不整合界面上、下；④由于区域构造右旋走滑拉分导致盆地沉积沉降中心从始新世至渐新世由渤海湾盆地边缘向渤中的收缩性迁移特征，进而导致渤中地区在东营组中上部发育了区域性的大型三角洲沉积体系。这与渤海湾盆地陆上区域主要在沙河街组三段上部至沙河街组二段发育大型三角洲不同。

二、油气富集规律

渤海富烃凹陷的形成受深大断裂控制，郯庐断裂在古近纪的活动控制了盆地的结构、凹陷的形成和充填历史，油气主要生成于郯庐以西的辽中、渤中、黄河口凹陷等构造单元。

渤海海域大中型油气田主要分布在渤中地区、辽东湾地区和黄河口凹陷，其油气藏主要为构造油气藏、岩性–构造复合油气藏和潜山油气藏。

油气分布受沉积体系控制作用明显。渤海海域沉积体系主要包括三角洲、扇三角洲、河流、滨浅湖滩坝等。有利于油气富集成藏的沉积相带顺序依次是三角洲、河流、扇三角洲、滨浅湖、湖底扇、滨浅湖砂坝、碳酸盐岩台地。可见，三角洲是含油气盆地中最主要的沉积体系与油气储层（朱伟林等，2008；于兴河等，2013）。从统计的油气藏个数来看，三角洲相约占 70%；从探明储量看，约占 82%（图 7-44、图 7-45）。

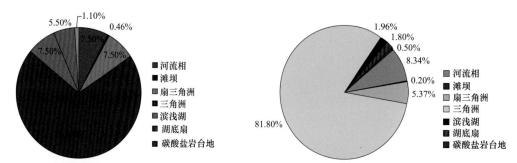

图 7-44 渤海海域不同沉积相带油气藏分布比重   图 7-45 渤海海域不同沉积相带油气藏探明储量

三、有利区带分析

（一）渤中凹陷

1. 多层系烃源岩是渤中凹陷油气富集的物质基础

渤中凹陷是渤海海域最富烃的凹陷，发育三套主要的烃源岩，其中沙河街组最大沉积厚度约 3000m，东营组最大沉积厚度达 4000m。渤中凹陷古近纪远离主要物源区，为烃源岩的发育提供了良好的沉积环境，烃源岩有机质类型好、丰度高、生烃潜力巨大。

2. 环渤中凹陷周围的凸起是油气富集的主要方向

渤中拗陷具有典型的隆起包围凹陷的独特结构，凹陷内断层少，缺少凹中隆起带，构造圈闭不发育，油气沿不整合面和边界大断层向周围凸起运聚，同时渤中凹陷烃源岩发育区也是地层超压区，因此渤中凹陷周围凸起区和泄压带就成了油气的主要富集区。

3. 新近系浅层是渤中凹陷油气富集的主要层位

渤中凹陷是渤海湾盆地发育、发展的归宿。从陆区向海域，沉积中心和沉降中心的分布、构造运动和断裂带的活动都具有由老变新的趋势。渤中凹陷在新近纪成为渤海湾盆地沉积、沉降和构造活动中心，沉积厚度达 4500m，而周边凹陷新近系厚度仅为 2000m 左右，这决定了渤中凹陷油气的晚期成藏特征。

（二）辽东湾

1. 湖相三角洲砂岩储层与构造背景的良好匹配决定了油气的大规模成藏

辽西低凸起位于辽西和辽中两个富生油凹陷之间。且古近纪沉积演化时期，一直处于构造高背景，受古地貌的控制，在凸起上形成一系列以鞍部相连的古近系披覆半背斜构造。辽西低凸起在古近纪大多处于水下，在物源供给充足的沙二段、东二下段沉积时期发育扇三角洲和三角洲沉积体系。受古地貌和古水系展布差异的影响，在低凸起中、南段形成东二下段大型三角洲沉积体系，在北段形成沙二段扇三角洲沉积体系。其中以东二下段沉积时期来自绥中水系的三角洲规模最大，形成目前渤海发现的最大古近系油田——绥中 36-1 油田。

2. 走滑调节断层与砂体耦合决定油气富集部位及程度

郯庐断裂带辽中段在油气构造特征上表现出"走滑断裂富烃，主干断裂定带，派生断裂控藏"的特征（朱伟林等，2009）。调节断层是指为保持区域伸展应变守恒而产生的伸展变形构造断裂体系。调节断层往往为连接基底主断层的一些斜向或横向断层，对沉积物搬运和沉积相有控制作用，并可形成油气运移的通道。

郯庐走滑断裂带穿过渤海辽东湾海域并形成多条走滑断层。金县地区主要发育 NE 向的辽中 1 号和辽东 1 号两条走滑断层，在走滑断层的相互作用下，形成一系列张扭性质、近 EW 走向的走滑调节断层，此类断层是该地区主要的垂向运移通道。

辽东湾地区来自胶辽隆起的古复州水系，是长期发育的水系，在沙一、二段和东营组形成大型的扇三角洲、三角洲沉积体。由于走滑断裂的持续活动不断错开已形成的沉积体，使其产生横向迁移，致使沉积体的分布范围不断扩大，出现明显横向叠置。

（三）黄河口凹陷

1. 近源、晚期快速成藏

黄河口凹陷发育沙三段、沙一二段和东三段 3 套主力烃源岩，其构造沉积演化与整个渤中拗陷同步，新构造运动期（5.2Ma 以来）快速沉积埋藏（大于 200m/Ma）是该区及整个渤中拗陷不同于渤海湾盆地其他构造单元的重要特征之一（陈斌等，2005）。近源成藏和晚期快速充注是黄河口凹陷的主要特征（孙和风等，2011）。

2. 浅水三角洲体系是该区油气富集的主要相带

新近系明化镇组黄河口凹陷以三角洲相和湖泊相沉积为主。但由于新近系处于湖盆的拗陷期，陆上和水下地形较为平缓、坡度小，水体很浅，通常不超过 10m，因此三角洲相为浅水三角洲相，湖泊相为滨湖、浅湖相。明化镇组浅水三角洲沉积体系泥岩分布广泛、厚度大而稳定，泥岩厚度一般在 800m 以上，为浅层构造及断层-岩性油气藏提供了很好的封堵条件。明下段浅水三角洲沉积体系具有分布面积范围较广的三角洲前缘席状砂、河口坝等优质砂体。

3. 晚期走滑伴生断层是油气富集的关键因素

在新构造运动的影响下，创造了新近系油气聚集的优越条件。首先由于新构造运动，明化镇组断裂非常发育，同时诱导早期的通源断裂再活化，起到输导油气的作用，新近系发现的油气都分布在通源断裂的附近，晚期油气成藏过程中真正起到输导油气的断层是通源断裂，那些晚期活动的新断层只是起到控油作用。

第八章 中国近海新生代海陆变迁、充填模式及其油气分布

中国近海位于太平洋西岸，各盆地的形成和发展受到北美板块、太平洋板块、欧亚板块和印度板块相互作用的影响。所谓"构造控盆、盆地控相、相控油气"，在同一时期，各盆地的沉积特征与沉积相发育存在异同点，造成其油气的分布具有一定的规律性。

第一节 区域地层分布特征

一、始新统

始新世，中国近海沉积盆地多为断陷期，裂陷活动较为剧烈，整体格局为凹凸相间，隆起区物源四处扩散，具有明显的多物源沉积特性，沉积分布范围较小，主要分布于深凹部位的地堑或者半地堑内。整体来看，各个盆地始新统均较薄，但在各富烃凹陷内地层相对较厚（图 8-1），其中东海陆架盆地东部拗陷沉积地层最厚，可达 6000m；其次是北部湾盆地涧西南凹陷，最厚约 4000m。该时期的沉降中心多为盆地裂陷的中心位置，地层厚度与裂陷活动的关系密切。该时期渤海海域为整体沉陷背景，发育多个沉降中心差异明显的洼陷，均为裂陷作用的结果，最厚可达 3000m。

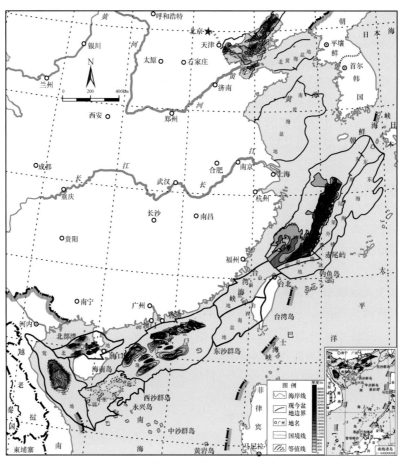

图 8-1 中国近海始新统地层厚度图

二、下渐新统

早渐新世，中国近海各海域沉积分布范围开始明显扩大，南海海域地层厚度大于东海及渤海海域地层，尤其是莺 - 琼盆地沉积厚度明显加大。此时，南海北部湖盆开阔，其中各凹陷沉积地层在各自盆地内连通，沉积中心依然位于各富烃凹陷内，多个沉降中心共存，北部湾盆地海中凹陷沉积厚度最大，可达3000m。东海海域下渐新统主要分布在东部拗陷，地层厚度相对较小，由始新世的整体沉降转变为现在的西湖凹陷和钓北凹陷两个沉降中心。渤海湾盆地裂陷活动开始减弱，沉积地层变薄，渤中凹陷和辽中凹陷形成两个主要沉降中心，厚度可达1500m（图 8-2）。

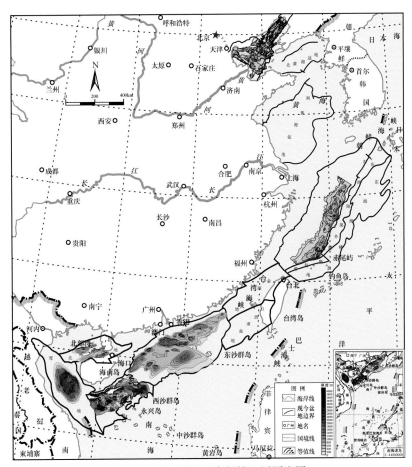

图 8-2　中国近海下渐新统地层厚度图

三、上渐新统

晚渐新世南海莺琼盆地的地层沉积厚度较大，南海北部，随海侵范围的增大，盆地大部分地区都接受了沉积，其南部和东南部均开始发育海陆过渡相沉积，大面积沉积滨浅海相地层，莺歌海、琼东南盆地地层厚度较大，可达3000m 以上，局部最厚达4000m。东海海域地层明显较早有所增厚，可达2400m，沉降中心没有变化，依然位于西湖凹陷和钓北凹陷，说明盆地在持续沉降。渤海海域地层较下渐新统有所增厚，约为2000m，为断 - 拗过渡期，呈现出典型的盆地快速沉积充填特征，其地层分布广泛，绝大部分地区发育有上渐新统，表现为以渤中凹陷为沉降中心，周缘较薄的分布特征（图 8-3）。

四、下中新统

早中新世，中国近海整体地层分布范围变大。南海北部发生大范围海侵，盆地内的凸起及低凸起等也开始发生沉积，盆地接收沉积的范围进一步扩大，各个盆地大部分区域均可见下中新统发育，莺歌海和琼东南盆地开始了第二轮海侵，沉降中心向盆地南部转移。东海海域和渤海海域沉降中心未发生改变，但地层厚度相比上一时期有所变薄（图 8-4）。

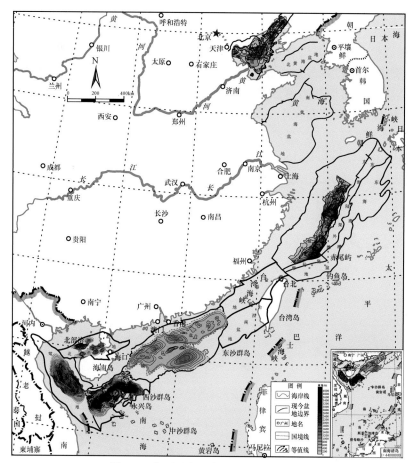

图 8-3　中国近海上渐新统地层厚度图

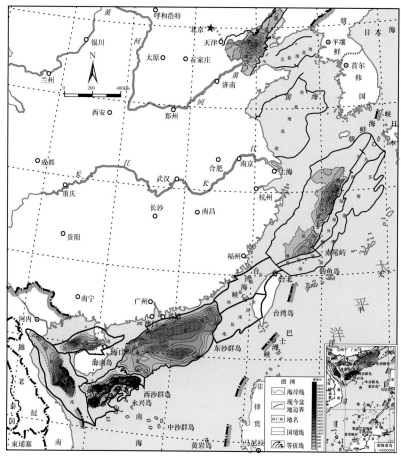

图 8-4　中国近海下中新统地层厚度图

五、中中新统

中中新世，南海北部海侵进一步扩大，大部分地区均已进入浅海环境，但沉积速率较小；此时莺歌海盆地沉积地层厚度最大，可达 3000m，南海北部四盆地表现出由西南向东北沉积厚度逐渐减薄的特点，也反映出水体深度由西南向东北变浅的趋势；东海海域沉积地层分布范围继续增加，由东部拗陷向西部拗陷扩大，但沉降中心仍位于东部拗陷。渤海海域整体地层厚度减小（图 8-5）。

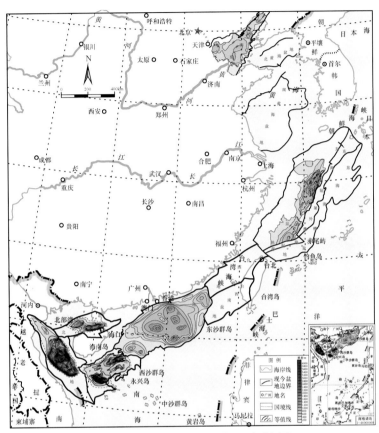

图 8-5　中国近海中中新统地层厚度图

六、上中新统

进入晚中新世，南海北部四个沉积盆地地层厚度明显大于其他海域，反映出海平面由南向北持续上升，同时南海北部四个盆地在此时均比中中新统沉积厚度大，莺歌海和琼东南盆地受第三轮海侵影响，沉降中心主要分布在各自的中央拗陷带。东海海域和渤海海域地层相对较薄，但分布范围较中中新世有所扩大（图 8-6）。

七、上新统

上新世，中国近海海域随着海侵范围的进一步增加，绝大部分区域进入浅海环境。南海海域北部四个盆地全部接受了海相沉积，莺歌海与琼东南盆地连成一片，形成真正意义上的莺-琼盆地，其地层厚度较大，可达 4000m。东海海域东部拗陷带也进入盆地沉降期，且由于大范围的海侵作用，盆地全区均接受了沉积，而西部拗陷沉积厚度也达到了 1000m，东部的最大厚度为 2200m，此时东海陆架盆地的沉积中心主要在钓北凹陷。渤海海域地层较薄，主要沉降中心位于渤中拗陷，平均厚度为 1000m（图 8-7）。

总之，从中国近海新生代沉积厚度的演化历史来看，具有明显的三大特点：①早期古新世至始新世，各盆地因初始裂陷呈现出小而多的裂陷或沉积中心，渐新世至中新世是各盆地的深陷扩长至构造反转期，致使沉积厚度变化较大，直到上新世才全面统一；②中国近海各盆地具有早陆后海的沉积格局，但各海域的时间差异较大；③从西南向东北整体沉积厚度逐渐减薄，反映出海水由西南向东北逐渐入侵的特点，同时，也控制着各盆地由陆相沉积变为海相的时间早晚。

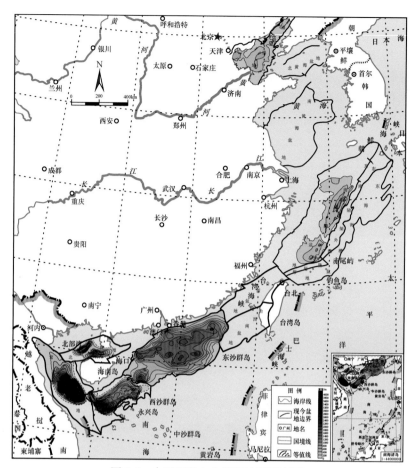

图 8-6　中国近海上中新统地层厚度图

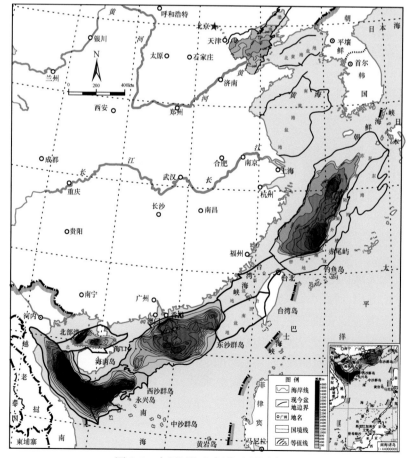

图 8-7　中国近海上新统地层厚度图

第二节　沉积相展布

一、始新世

始新世，近海海域整体为陆相沉积环境。南海北部盆地主要发育滨浅–中深湖相，盆地多为凹凸相间，盆地内孤立古隆起提供的物源小而多，形成数量较多但规模小的扇体；在各个凹陷的缓坡区，滨浅湖分布范围较广，主要分布于中深湖周缘；各个凹陷陡坡带，发育扇三角洲并伴有浊积扇发育，发育水下扇沉积相。东海海域西湖凹陷主要发育潮坪、湖控三角洲，东部拗陷丽水–椒江凹陷为滨浅海环境，西部缓坡发育三角洲。渤海海域也以深湖–半深湖为主，也以短源、内源沉积为主，缓坡边缘发育滨浅湖，陡坡发育近源湖底扇（图8-8）。

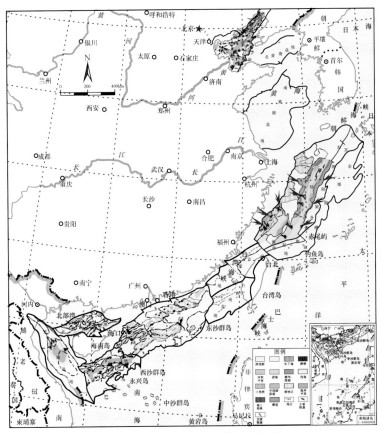

图8-8　中国近海始新世沉积相图

二、早渐新世

早渐新世，南海海域主要以滨湖相为主，裂陷活动减弱，扇三角洲是该时期发育良好的沉积类型之一，主要分布于各个凹陷陡坡带，尤其在涠西南凹陷西北部呈现大面积分布的特征，珠二拗陷、琼东南盆地及莺歌海盆地在该时期末期发生海侵，局部发育浅海沉积。东海海域西湖凹陷花港组下段，北部以陆相为主，南部经历多次海侵，主要发育三角洲、滨岸、潮汐水道。渤海海域裂陷活动增强，湖盆扩大，长轴方向多发育大型河流三角洲，短轴则发育多个扇体（图8-9）。

三、晚渐新世

晚渐新世，南海北部受到海侵的影响，珠江口东部为三角洲、滨海沉积，西部发育大型河、浪控型海相三角洲，向海方向发育海湾体系，琼东南和莺歌海盆地均为滨浅海沉积，受到来自海南岛物源的控制，发育大型的三角洲；东海海域，湖盆变小，三角洲变大；渤海海域在该时期，地形整体变缓，凸起基本消失，以外源沉积为主，发育河流–三角洲体系（图8-10）。

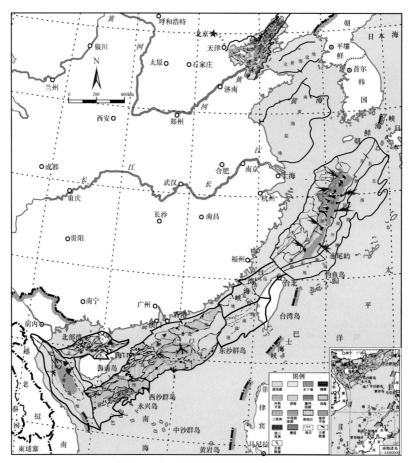

图 8-9　中国近海早渐新世沉积相图

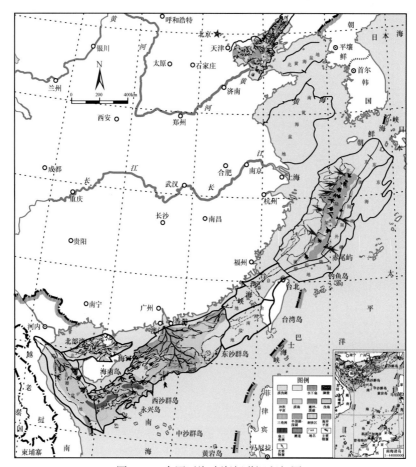

图 8-10　中国近海晚渐新世沉积相图

四、早中新世

早中新世，南海北部盆地进入拗陷期，水体继续加深，沉积范围进一步扩大，盆地的物源主要来源于盆地的北部，沉积相以滨海和浅海为主，发育三角洲。东海海域主要为陆相河流沉积体系，西湖凹陷内发生多次海侵。渤海海域，盆地处于裂后拗陷阶段，断裂活动减弱，拗陷沉降缓慢，大量粗粒碎屑向渤中凹陷及其邻区输入，发育辫状河沉积，局部发育曲流河沉积（图 8-11）。

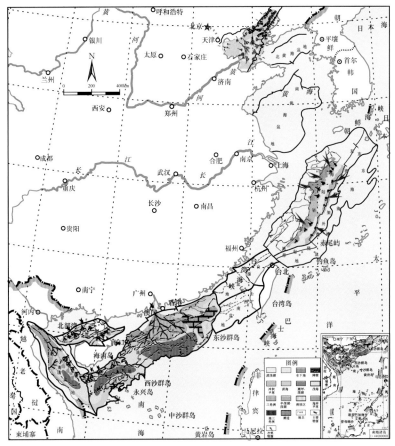

图 8-11　中国近海早中新世沉积相图

五、中中新世

中中新世，南海海域受到海侵的影响，沉积范围进一步扩大，北部湾盆地以滨 - 浅海为主，莺歌海南北坡滨浅海相范围较大，中段滑塌重力流沉积较多，半深海相沉积范围也变大，珠江口盆地海水进一步向北推进，三角洲范围减小。东海海域以湖泊滨岸沉积和冲积平原泥炭沼泽沉积为主，沉积体系空间配置类型为冲积平原和湖泊三角洲–滨浅湖。渤海海域，该时期拗陷沉积速度加快，以滨浅湖相沉积为特征（图 8-12）。

六、晚中新世

晚中新世，南海北部盆地，水深进一步增加，以浅海–半深海沉积为主，三角洲主要沿岸线分布；东海海域处于裂后沉降阶段，以河流沉积体系为主，在凹陷中心部位发育湖泊。渤海海域明上段沉积面貌基本延续了明下段的特征，凹陷区发育滨浅湖沉积，但范围比明下段略缩小（图 8-13）。

七、上新世

上新世，南海海域发育浅海和半深海，局部发育三角洲；东海海域，盆地整体进入区域沉降阶段，早期河流体系，后期逐渐为浅海沉积。渤海海域，基本保持晚中新世的沉积特征，凹陷区发育滨浅湖沉积（图 8-14）。

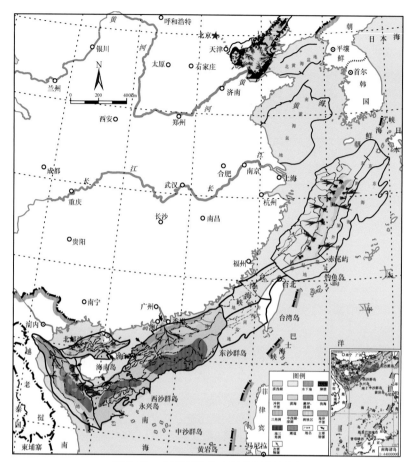

图 8-12　中国近海中中新世沉积相图

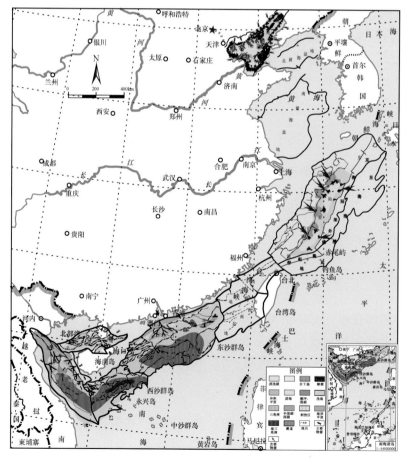

图 8-13　中国近海晚中新世沉积相图

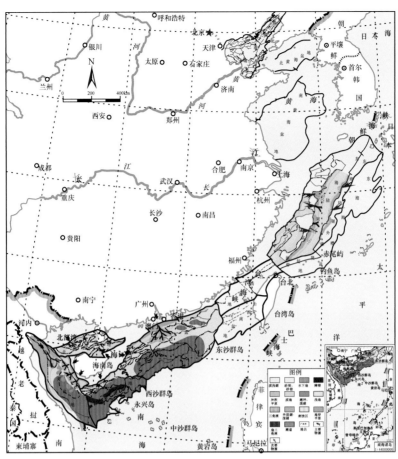

图 8-14 中国近海晚上新世沉积相图

第三节 海陆变迁规律与构造 – 沉积充填模式

一、中国近海近生代海陆变迁规律

海陆变迁规律对沉积体系的演化与油气的生、运、聚有着明显的控制作用（许红，1997；赵中贤等，2009）。总体而言，中国近海各海域沉积盆地的海陆变迁具有明显的差异性，各地质时期在各盆地不仅海水水深有变化，且在区域上海侵顺序与位置也有所不同（于兴河等，2016），结合古地貌格局及海平面变化，本书重新恢复了渐新世到上新世海侵的古地貌与古环境（图 8-15 与图 8-16）。其中北部的渤海湾直到新近纪末才出现大范围的海侵，而东海陆架盆地是最早出现海侵的区域，随后是南海四个盆地；随着地质历史的演化从南向北表现为：古新世，东海陆架盆地呈海陆过渡特征 ［图 8-15（a）］，海侵作用较为明显，局部为河流与湖泊环境的沉积。进入始新世，此时现今的南海北部陆坡区基本仍以湖泊环境为主，海平面变化对其四个沉积盆地沉积影响较小；东海陆架盆地海侵由南向北入侵并逐渐加强，开始发育滨浅海沉积，海平面相对较高，后期出现海退，整体为海湾环境 ［图 8-15（b）］。到渐新世，南海北部陆坡区开始出现局部海侵，并逐渐增强，但各个盆地开始海侵的顺序不同，陆坡区外带已被海水淹没，而内带为海陆过渡或陆相沉积 ［图 8-16（a）、（b）］；东海海域呈现出先海侵后海退的特点，整体海平面相对较低 ［图 8-15（c）］。中新世，南海北部陆坡区基本全部被海域覆盖 ［图 8-16（c）、（d）］；而东海西湖凹陷仍表现为早期海侵，后期海退，主要发育河流 - 湖泊及滨浅海环境 ［图 8-15（d）］。上新世，东海海域海侵范围继续扩大，南海海域海侵同样也继续增加。

1. 早渐新世早期

南海发生第 1 次扩张，海水开始涌入南海北部，此时海平面缓慢上升，大部分区域继承始新世陆相沉积 ［图 8-16（a）］。北部湾盆地主要发育浅湖相；莺歌海盆地在莺歌海凹陷南部和莺西斜坡带南部地带处于浅海相环境，发育一小型扇形三角洲，其他地区均为陆相；琼东南盆地自始新世河湖相之后开始接

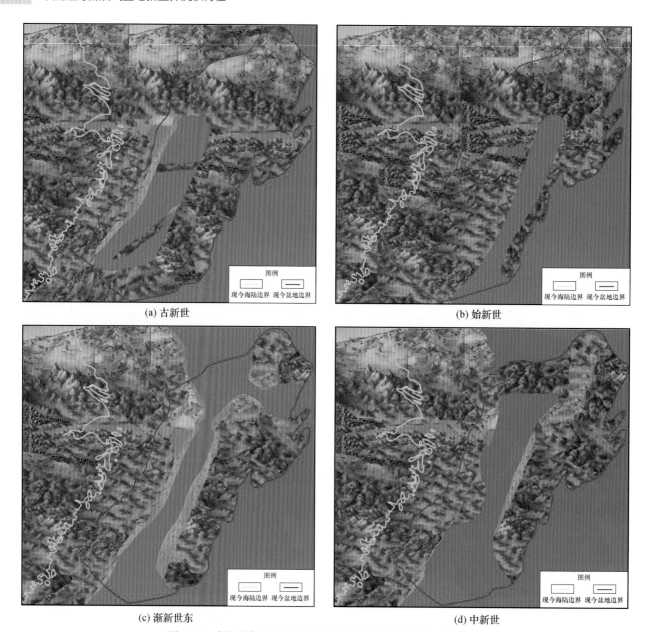

(a) 古新世　　　　　　　　　　　　　　　　　(b) 始新世

(c) 渐新世东　　　　　　　　　　　　　　　　(d) 中新世

图 8-15　东海陆架盆地新生代地质历史演化中海陆变迁分布图

受海侵，乐东陵水凹陷和松南宝岛凹陷形成了以海陆过渡相为特征的半封闭型海湾沉积，总体水深较浅，其他地区均为陆相沉积。珠江口盆地由陆相沉积向海相沉积转化，相对海平面变化不大，珠江三角洲开始形成，潮汕拗陷以及部分白云凹陷为海相沉积，其他地区均为陆相沉积。

2. 晚渐新世

南海发生第 2 次扩张，产生中央次海盆和一系列的 NE-SW 向断裂，海平面持续上升。由于北部湾盆地位于最北端，还未遭受到海侵的影响，仍为陆相沉积。然而，莺歌海盆地此时达到渐新世的北部陆坡的最大水深，海侵平面推进速率最高达到 49.1km/Ma（谢金有等，2012），其方向由 SE 向 NW；莺歌海凹陷的大部分以及莺西斜坡带的南部地区处于海相环境，在莺歌海凹陷北部地区发育一小型朵状三角洲，其他地区依旧处于陆相环境。琼东南盆地则接受了广泛的海侵，海水从东、西两个方向进入该盆地，继承了早渐新世的海侵方向，在松西松东凹陷和松南宝岛凹陷东北部、长昌凹陷西北部地区发育多个小型朵状三角洲，环盆地周边大部分地区为滨、浅海相，并将大部分古隆起（崖城脊、陵水低凸起、松涛凸起、中央凸起）淹没；尤其是到晚渐新世末，海侵平面推进速率最高达到 36.5km/Ma；大范围的海侵使整个琼东南盆地覆盖了厚度较大的浅海相泥岩（蔡国富等，2013），仅崖城凸起、松涛凸起及其北部的松西凹陷、松东凹陷为陆相环境。此时珠江口盆地海侵作用有所增强，但总体海平面上升幅度依旧不大，海侵平面推进速率最高仅为 6.3km/Ma，由 SE 向 NW 海侵［图 8-16（b）］，潮汕拗陷、白云凹陷、开平凹陷、顺德凹陷以及云开低凸起、南部隆起带均被海水淹没，此时珠江三角洲的范围最大，其他地区为陆相沉积。

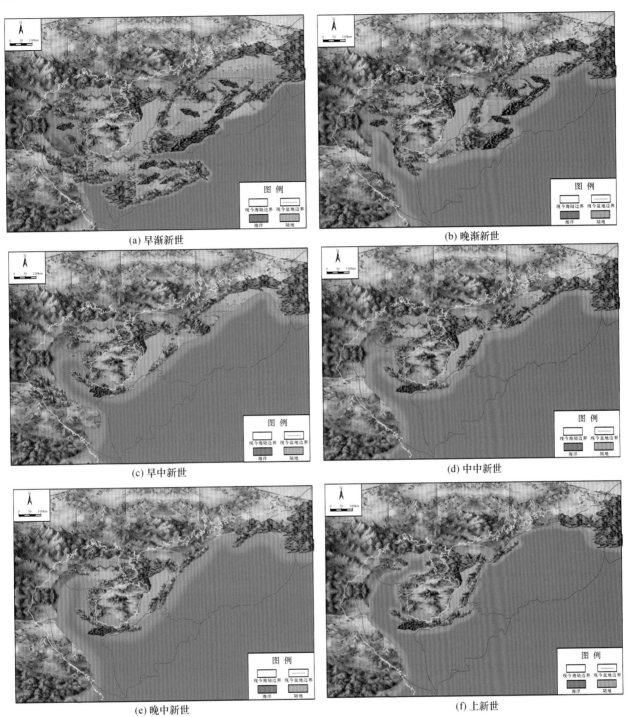

(a) 早渐新世　　　　　　　　　　　　　　　(b) 晚渐新世

(c) 早中新世　　　　　　　　　　　　　　　(d) 中中新世

(e) 晚中新世　　　　　　　　　　　　　　　(f) 上新世

图 8-16　南海北部陆坡新生代地质历史演化中海陆变迁分布图

3. 早中新世

在渐新世末南海北部发生区域抬升，相对海平面下降，早中新世盆地都进入热沉降阶段，在盆地热沉降下，相对海平面逐渐上升。此时北部湾盆地开始出现海侵，但分布范围较小，仅在盆地东南角的昌化凹陷为海陆过渡相，发育多个小型朵状三角洲。而莺歌海盆地，接受了新一轮的海侵，由于地形与地貌的原因，初期主要表现为滨海沉积范围逐渐减小，浅海范围逐渐扩大；但琼东南盆地被海水淹没，形成开阔海盆，海侵平面推进速率为 4.2～8.9km/Ma。

珠江口盆地海侵范围进一步扩大（秦国权，2002），海平面急剧上升，仅在局部时段出现下降（李向阳等，2012），海侵平面推进速率在 1.1～20.0km/Ma［图 8-16（c）］，珠江辫状河三角洲在此时表现出朵状的展布特点，分布范围达惠州凹陷、惠陆低凸起及陆丰凹陷等地，北部断裂带为陆相沉积，其他地区均被海水淹没，东沙隆起东部有碳酸盐岩台地沉积。

4. 中中新世

北部湾盆地昌化凹陷由海陆过渡相转化为浅海相，其他地区仍为陆相环境。莺歌海盆地海侵面积和水深在距今约15.6Ma前后达到最大（谢金有等，2012），海侵平面推进速率约为10.9km/Ma，莺歌海凹陷已经全部被海水淹没，莺西斜坡、中央凹陷和莺东斜坡带连成一片，琼东南盆地海水进一步加深，出现半深海沉积。琼东南盆地海水进一步加深，出现半深海沉积。珠江口盆地海平面处于缓慢上升阶段，海域范围较早中新世时期略有增加［图8-16（d）］，中中新世后期海水自NW向SE开始逐步退缩，珠江三角洲的面平范围从此开始缩小。

5. 晚中新世

南海北部在菲律宾板块逆时针旋转作用下发生了东沙运动（蔡周荣等，2010），北部湾盆地海平面有所增加，水体加深，浅海范围变大，海侵平面推进速率为3.2～8.3km/Ma，昌化凹陷以及部分海头北凹陷被海水淹没，由此说明北部湾盆地所遭受的海侵作用是海水通过莺歌海盆地由SW向NE而侵入。此时，莺歌海盆地绝大部分地区成为浅海环境，整个陆架水体深度最大，海侵范围最广。但琼东南盆地因已处于海平面之下，其升降的幅度并无明显变化。珠江口盆地海平面再次回升，海侵平面推进速率最高达到10km/Ma，但在此时段还出现了一次较大规模的海平面下降，除北部断阶带、海丰凸起和韩江凹陷外，其他地区均被海水淹没［图8-16（e）］，同时在盆地的东部再次出现了碳酸盐岩台地的沉积。

6. 上新世

南海北部进入新构造运动阶段，印度与欧亚大陆碰撞挤压作用时强时弱，呈现出脉动性与阶段性的特点，这也使相对海平面动荡频繁，上新世早期海水已覆盖整个南海北部［图8-16（f）］。此时北部湾盆地区域沉降明显，海平面继续上升，海侵平面推进速率最高达到25.3km/Ma，昌化凹陷、海头北凹陷、企西隆起西部地区以及海中凹陷均被海水淹没，其他地区为海陆过渡环境。莺歌海盆地自上新世之后，沉降速率加快，海平面再次上升。而琼东南盆地交替出现海侵与海退，海平面范围变化不大。珠江口盆地整个海平面变化均只发生在陆架之上（朱锐等，2015）。

二、不同类型盆地的构造－沉积成因一体化充填模式

如前所述，中国近海盆地从构造动力成因机制上可分为四大类：陆内裂谷盆地（北部湾盆地与渤海湾盆地）、被动大陆边缘裂谷盆地（琼东南盆地与珠江口盆地）、走滑拉分盆地（莺歌海盆地）、弧后裂谷盆地（东海陆架盆地）。结合不同类型盆地的动力学成因、盆地结构、沉积体系分布及其演化，分别建立了四种类型盆地的构造－沉积成因一体化充填模式（图8-17～图8-20）。

（一）陆内裂谷盆地

如前所述，中国近海存在着两个典型的陆内裂谷盆地：北部湾盆地与渤海湾盆地。

1. 北部湾

北部湾盆地是在中生代区域隆起背景下发育起来的新生代断陷沉积盆地，其南侧为海南岛，盆地受南海扩张与早期深大断裂影响，同时其构造格局及地质演化与粤桂及印支陆地的地质事件也有着千丝万缕的联系（黄汲清等，1974；闫义等，2005）。盆地的沉积特征表现为北部区域西深东浅，南部区域西浅东深，整体呈下断上拗特点，盆地内发育断阶型、复合断阶型半地堑多个次级构造单元。

前已述及，该盆地受海侵影响的时间比南海北部陆坡区其他三个盆地明显要晚。始新世，盆地以湖相沉积为主，发育有冲积平原、三角洲及水下扇等陆相沉积体系，尤其是在涠西南与乌石凹陷，湖平面不断上升，浅湖面积扩大，扇体逐渐后退；到中新世，全球海平面快速上升，北部湾盆地进入海相沉积发育阶段（吴长林，1984），浅海沉积分布广泛，沿岸发育三角洲沉积体系与滨岸沉积；中新世晚期北部湾盆地海平面有略微的下降，水深变浅，浅海相范围减小，以滨海相为主，三角洲相主要分布在盆地西北缘、东南缘和东北缘（于兴河等，2016）。上新世北部湾盆地继承了中新世沉积，以滨海、浅海沉积为主（图8-17）。

南海北部各盆地总体均呈现早陆后海的演化特征，靠近陆地（内带）的盆地古近系沉积厚度明显厚

于新近系，典型如北部湾盆地，以陆相湖泊环境占优势；而靠近海域的盆地（外带）则新近系明显比古近系要厚，典型如莺歌海盆地，以海相环境占优势。因此，构造沉积背景演化决定了盆地充填特点（于兴河等，2016）。

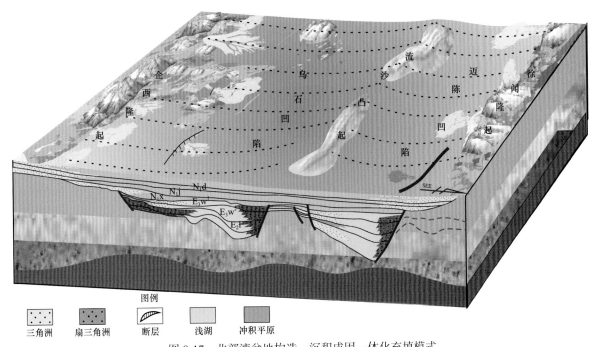

图 8-17　北部湾盆地构造 – 沉积成因一体化充填模式

2. 渤海海域

新生代渤海湾盆地裂陷作用强烈，其形成和演化的动力来源是新生代欧亚板块与库拉–太平洋板块、印度板块的相互作用以及地壳深部结构和热机制。古近纪由岩石圈裂陷作用形成的以正断层为主的基底断裂控制断陷盆地，新近纪至第四纪由岩石圈热衰减作用形成的拗陷阶段，构成了一个比较完整的裂陷旋回，形成下断上拗的双层结构。渤海海域共发育 8 种沉积相类型，古近纪以断陷湖泊沉积为主，新近纪以河流–浅水湖相的拗陷沉积为主。构造反转、断层走滑、沟谷 – 坡折控制了沉积相的分布格局。始新世沙四—沙三期以盆内物源为主，具有大坡降、多物源、短距离搬运的特点。渐新世沙二段—东一段沉积时期，以盆外物源为主，大型湖相三角洲发育。继承性发育的同沉积断裂，走滑反转带，沟谷、坡折控制的断坡带和缓坡带、深凹控制的低位砂体是油气分布的有利区带。"源—渠—汇"的配置控制了富烃凹陷沉积相的展布和演化。

（二）走滑拉分盆地

新生代以来，在印度板块与欧亚板块碰撞作用下造成印支板块的逃逸构造，板块发生顺时针旋转，同时红河断裂带由左旋转换为右旋。在此构造背景下，在欧亚、印度–澳大利亚及太平洋三大板块交汇处形成了莺歌海走滑拉张盆地（Zhu，2007）。这种转换引起的挤压作用产生了一系列局部的挤压构造，在盆地北段形成反转构造，这也是该盆地新生代形成高温高压的核心原因。同时，在盆地内表现为沉降中心依次向南东方向迁移，并使沉降中心的轴向转为北西，与现今盆地的方向一致。

莺歌海盆地整体呈对称型拗陷，古近系时期为简单的半地堑或箕状断陷，盆地内地层受断裂控制不明显，地层整体向盆地两侧超覆；新近系完全为拗陷沉积，断裂不发育。整体上莺歌海盆地构造作用相对平缓，湖 / 海平面起伏波动不大，湖平面上升与物源供给强度都比较稳定，多形成对称型的层序发育模式。在盆地短轴方向三角洲沉积富集，呈现出莺东斜坡小而多、莺西斜坡大而少，前者扇形，后者朵叶，三角洲形态明显受地形坡度与海平面升降控制的特点（图 8-19）。

始新世和早渐新世崖城期，莺歌海盆地北部发育了一套冲积平原-扇三角洲-浊积扇组合。始新世冲积平原范围较大，扇三角洲规模较小而多，主要发育在莺歌海凹陷的东斜坡带，浊积扇发育在莺歌海凹陷的深部，西斜坡则发育了一些规模中等的三角洲与滨岸沉积，凹陷中部发育了浅湖相。早渐新世，莺歌海盆地越南方向的红河开始为盆地供源，由于物源供给充足，加之河道摆动频繁，在盆地长轴方向形

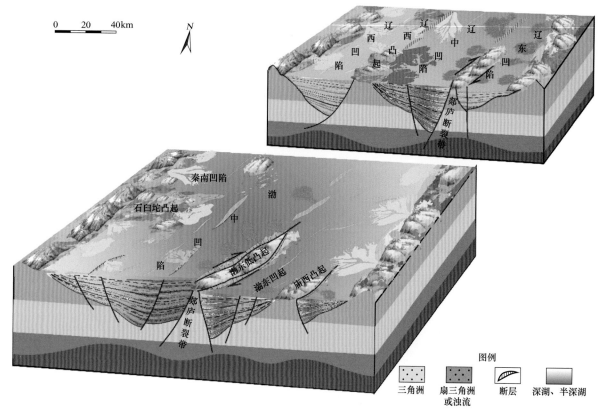

图 8-18　渤海海域构造-沉积成因一体化充填模式

成大范围的红河三角洲相带，在三角洲下方的斜坡上常伴生水下扇与深水重力流沉积。正是由于盆地不断沉降与海平面上升，冲积平原沉积范围缩小，浅湖沉积范围扩大。至陵水期，盆地发生海侵，原来的湖相沉积演变为滨浅海相，发育了三角洲-滨海-浅海-滑塌体的沉积相组合类型。在临高凸起上发育了正常三角洲。

新近系莺歌海盆地完全为拗陷沉积，断裂不发育，海侵规模进一步扩大，主要沉积滨浅海相、三角洲、浊积扇、滑塌体，以及半深海-深海、海岸平原。整体上莺歌海盆地构造作用相对平缓，湖/海平面起伏波动不大，湖平面上升与物源供给强度都比较稳定，多形成对称型的层序发育模式（图 8-19）。

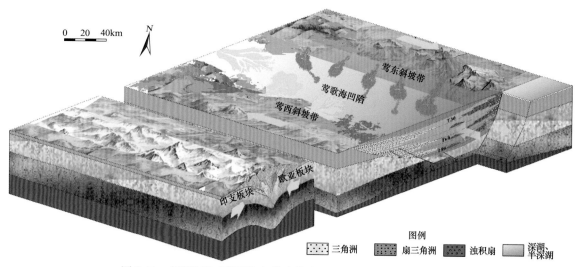

图 8-19　走滑拉张（莺歌海）盆地构造-沉积成因一体化充填模式

（三）被动大地边缘裂谷盆地

由于岩石圈下伏软流圈地幔的底辟作用，可导致洋盆裂陷，形成陆缘裂谷盆地，盆地的形成与区域内的板块构造背景有着紧密联系（龚再升和李思田，1997；万天丰和朱鸿，2002）。珠江口与琼东南盆地的形成与南海中央海盆的开裂与扩张密不可分（于兴河等，2012，2016）。在印度－澳大利亚板块与欧亚板块的碰撞过程中，印支地区陆块滑移，印度洋向北俯冲诱导弧后扩张及菲律宾板块的俯冲引起了南海地区的横向扩张（刘海龄等，1991；姚伯初等，2004），最终体现在南海地区岩石圈下伏软流圈热底辟作用及南海洋盆的裂陷。珠江口盆地与琼东南盆地是其典型代表，而琼东南盆地裂陷规模较小，着重分析珠江口盆地的模式特点。以晚渐新世早期"南海运动"所形成的区域"破裂不整合面"为界，珠江口盆地具有"下断上拗"的双层盆地结构，形成了上下两套构造层以及先陆后海的沉积组合特征（张志杰等，2004）。

1. 下构造层

古近纪断裂十分发育，将珠江口盆地分割成明显的隆凹相间格局，其沉积背景以"箕状"断陷湖盆的发育为典型特征。每个断陷湖盆又可进一步划分为陡坡或陡断带、凹陷带和缓坡带等古构造－沉积分带。分别对应始新统文昌组和下渐新统恩平组，发育扇三角洲、深湖以及滨浅湖、冲积平原等陆相为主的沉积环境，以及上渐新统珠海组半深湖、滨浅海、海岸平原以及三角洲等海陆过渡相、海相为主的沉积环境。珠江三角洲的形成、演化以及消亡可以说是该盆地最大的沉积体系与控砂分布成因（图8-20），与之相伴形成了一系列相应的中小型三角洲、滨岸砂以及浊流沉积。在盆地的裂陷期构造活动强烈，沉降迅速，湖平面较快上升、湖盆扩张快速。在可容纳空间快速增加的背景下形成了快速水进的层序发育模式。在陡坡带始新统文昌组与下渐新统恩平组主要发育水下扇、湖底扇等近源快速沉积，而缓坡带则发育冲积平原、辫状河三角洲、滨浅湖等沉积，整体上以不对称的退积型层序为特点，而凹陷的中心部位形成了较厚的暗色泥岩，为后期的生烃提供了良好的物质基础。

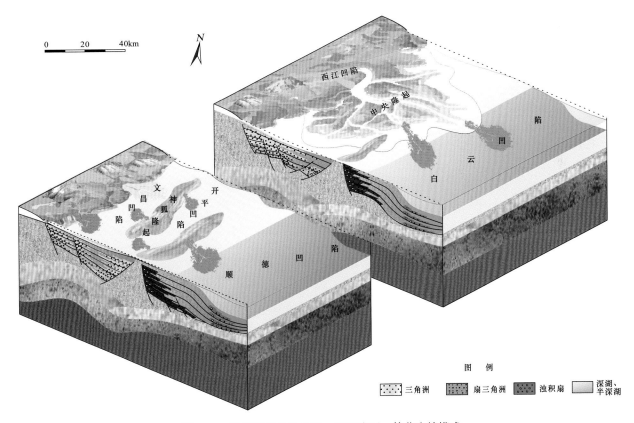

图 8-20　陆缘裂陷盆地构造－沉积成因一体化充填模式

2. 上构造层

新近纪拗陷期构造活动相对较弱，尽管海平面垂向上升速率慢，但因盆地北岸相对较缓、延伸范围大，可容纳空间增长速率缓慢，湖盆扩张速率减退，但此时物源仍持续供给且强度有所增加。因此，在斜坡区形成了进积型的珠江大型三角洲沉积体系。上渐新统珠海组发育半深湖、滨浅海、海岸平原及三角洲等海陆过渡相为主的沉积环境。新近纪盆地进入热沉降和拗陷阶段，整体以海相和海陆过渡相沉积为主。在早、晚中新世，盆地东部较浅，阳光充足，缺少物源的供给与影响，形成了碳酸盐－生物礁的沉积。

（四）弧后裂谷盆地

东海陆架盆地位于亚洲板块东南缘，处于华南板块之上，是西太平洋"沟-弧-盆"构造体系的一部分。晚侏罗世至早白垩世，太平洋板块沿台湾至四万十俯冲带发生俯冲作用（贾军涛和郑洪波，2010），板块堆积产生的上涌热流柱、软流圈隆升，导致了东海陆架区热隆作用形成岩浆侵入与火山喷发，并在该背景下形成小型的裂陷盆地。东海陆架盆地新生界结构特征明显，西部拗陷带总体为"东断西超"的箕状断陷结构；东部拗陷带具有双层结构，即渐新统以下为双断结构，渐新统之上为"东断西超"的箕状断陷结构。

东海陆架盆地从晚白垩世开始接受沉积，盆地形成早期，在次级凹陷边缘发育冲积扇体系，内部以河流体系为主；晚期则裂陷作用加强，在凹陷南部出现碎屑海岸体系，中部、北部仍以冲积扇、河流体系为主。中古新世开始，裂陷作用逐渐加强，并在灵峰组二段达到高峰。随后，裂陷作用逐渐减弱，可容纳空间有所降低，灵峰组一段沉积体系分异较大，瓯江凹陷边缘近物源区为冲积扇、扇三角洲沉积，向南成为滨岸体系。灵峰组二段主要为浅海体系，富含海相微体古生物化石。明月峰组显示为裂陷作用减弱条件下的沉积，主要包括滨岸平原和三角洲沉积。瓯江组是幕式裂陷作用的又一体现，是一个完整的海进至海退旋回，以滨岸平原–浅海体系为主。与构造作用强度相对应，该阶段相对海平面上升幅度最大，推测古水深可达150m，并出现多次的海平面升降变化。中始新世开始，盆地进入裂陷减弱阶段，沉积特征以平湖组为代表，为半封闭海湾、碎屑滨岸平原，以及受潮汐作用影响的三角洲体系为主（图8-21）。渐新世，西湖凹陷主要充填了花港组低位体系域的河流体系与水进体系域的湖泊体系，期间伴随多次海侵。早中新世至中中新世，为盆地最大的沉降阶段，河流体系在沉积物中比例明显下降，湖泊沉积体系展布范围扩大，沉积中心位于西湖凹陷北部。龙井组中广泛分布海相沉积层，可能与裂后沉降幅度增大有关。晚中新世，由于区域构造应力的加强，导致各凹陷边缘逐渐抬升，使河流–三角洲体系有所增加，湖泊作用减弱，主要由水进体系域和高位体系域组成。盆地北部为近海冲积平原的河流–三角洲体系及浅湖体系的沉积，而盆地南部则为海陆交互相沉积。自上新世，盆地进入整体区域性沉降阶段，上新世三潭组早期主要为河流沉积体系，至第四系逐渐过渡为浅海沉积体系，沉积中心发育在盆地东部，此期地层近水平，无褶皱与断层发育，表现为典型的稳定陆架盆地沉积特征。

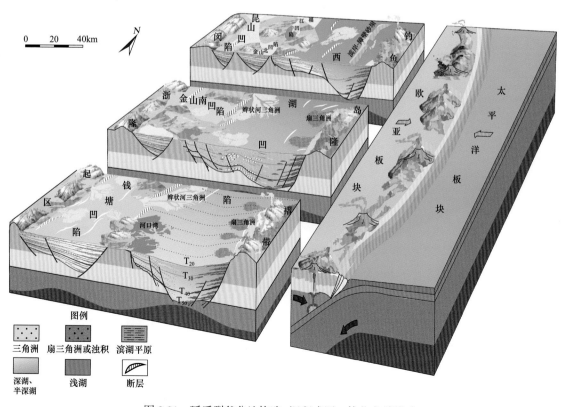

图8-21   弧后裂谷盆地构造–沉积成因一体化充填模式

第四节　沉积格局对油气分布的影响

一、中国近海含油气盆地烃源岩

中国近海盆地古新统大多未得到保留或尚未证实是否发育，目前确认东海陆架盆地的月桂峰组发育湖沼相泥-煤系地层，故该盆地发育古新统泥岩-煤系烃源岩，以Ⅱ型干酪根为主；南黄海盆地古新统阜宁组发育半深湖泥岩，因此该盆地发育Ⅱ型干酪根为主的生油烃源岩（表8-1）。

表8-1　中国近海含油气盆地烃源岩类型对比表

		北部湾盆地	珠江口盆地	琼东南盆地	莺歌海盆地	东海陆架盆地	渤海湾盆地
中新统	岩性				梅山-三亚组浅海-半深海泥岩		
	干酪根类型				Ⅱ、Ⅲ型为主		
渐新统	岩性	涠洲组河流沼泽相	恩平组河流沼泽相	崖城组滨海沼泽相		花港组湖相	东营组滨浅湖相
	干酪根类型	Ⅲ型为主	Ⅰ、Ⅱ型为主	Ⅱ、Ⅲ为主		Ⅲ型	Ⅱ、Ⅲ
始新统	岩性	流沙港组深湖相泥岩	文昌组深湖相泥岩	岭头组深湖相泥岩	崖城组滨岸平原沼泽相	平湖组湖相-滨岸浅海相泥岩-煤系	沙河街组中深湖相
	干酪根类型	Ⅱ型为主	Ⅰ、Ⅱ、Ⅲ型	Ⅰ、Ⅱ、Ⅲ型	Ⅱ、Ⅲ型为主	Ⅱ、Ⅲ型	Ⅱ型为主
古新统	岩性					月桂峰组湖沼相泥岩-煤系层	
	干酪根类型					Ⅱ型	

始新统是中国近海最重要的生烃源岩层段，富油的盆地（北部湾、珠江口、渤海湾盆地）以中深湖相的富含有机质的泥岩为主，以Ⅰ、Ⅱ型干酪根为主；莺歌海盆地及东海陆架盆地中，以海陆过渡相环境为主，因此泥-煤系生气源岩发育；而琼东南盆地始新统总体发育规模有限，生油气能力也还存在一些疑问。

渐新世中国近海发育大范围河湖沼泽、滨岸平原沼泽相沉积。珠江口盆地恩平组、琼东南盆地崖城组生油母质类型以Ⅱ$_2$型干酪根为主。渤海湾盆地东营组生油母质主要为中深湖至滨海湖形成的Ⅲ型干酪根，是较好的油气源岩。

中新世南部均为海相，大多不发育有效烃源岩，目前确认莺歌海盆地梅山组—三亚组，生油母质类型Ⅱ-Ⅲ（上同）干酪根为主，是主要的气源岩，其余盆地尚未证实有生烃能力。

总之，中国近海最主要的生油岩发育在始新统，并以生油为主，它决定了中国近海内带盆地富油的总体格局；而渐新统河湖沼与滨浅海泥煤系地层是外带盆地富气的关键原因。

二、层序格局约束的砂体叠置特点

中国近海厚薄交互储层空间叠置受控于地形坡度、砂体厚度及砂席频率，表现为"先有道后有坝，水道要分叉必须要有坝；以及地形由缓变陡坝为主、由陡变缓砂席布、单斜背景道发育"的沉积特点（图8-22）。通过数年的研究，发现了经典层序地层体系域格架下砂体（微相）的沉积成因，即辫-曲转换、道-坝转换与侧缘砂席交替演变的构型规律，以及受地形转折控制的成因机理，河流辫-曲与道-坝转换的沉积成因是顺坡流的垂向加积、侧向加积以及漫积三种主要作用

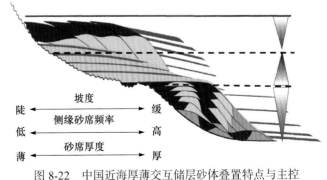

图8-22　中国近海厚薄交互储层砂体叠置特点与主控因素示意图

相互耦合的结果，而三角洲的相带变迁、道–坝转换以及水道的分叉合并则是顺坡流的前积与填积，沿坡流的选积与漫积四种作用相互耦合的沉积产物。由此明确了厚薄交互储层"甜点"与隔夹层的配置关系（构型）与沉积成因，进而拓展了厚薄交互复杂储层勘探与开发的空间领域，深化并发展了层序地层学与沉积学的地质认识，为近海厚薄交互储层的定量表征奠定了理论基础。

以涠洲 11 区典型扇三角洲对比剖面为例（图 8-23），垂向上由下至上，厚薄交互砂岩成因类型多样，交替出现；而横向上不同成因砂体呈现道坝交替叠置的特征，包括辫状水道与辫流坝、分支水道与河口坝交替叠置，同时席状砂侧缘接触。

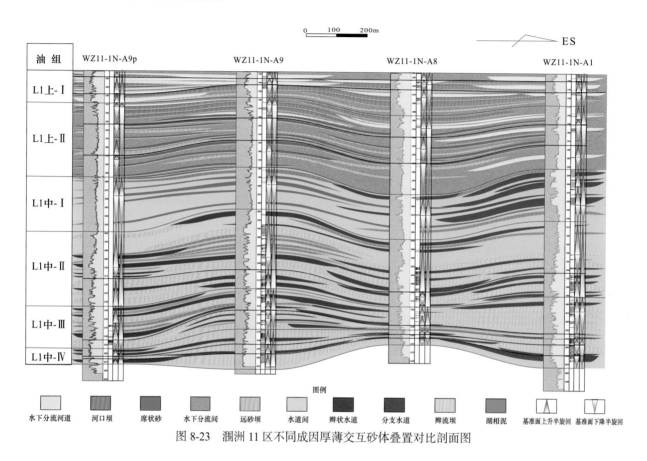

图 8-23　涠洲 11 区不同成因厚薄交互砂体叠置对比剖面图

三、骨架砂体表征参数与计算模型

传统砂岩储层表征中，砂地比反映总体沉积格局，而不易表征砂体分布；含砂率（不含粉砂）是掉地层中粉砂岩占比的总砂岩占比，可较好表征沉积相带的分布规律，但难以表征厚薄交互储层的垂向结构与骨架砂体分布特征。因此，针对厚薄交互的储层结构，提出了有效储层分层系数（Fr）的概念及其计算模型：

$$Fr = \frac{\alpha \times \sum (S_e - T)}{N \times \sum S_n / \sum S_i} \tag{8-1}$$

式中，T 为门槛；N 为砂层总层数；α 为含砂率，即总砂厚（不含粉砂）与地层厚的比：$\alpha = \sum S/G$；S_i 为单砂厚；S_e 为有效单砂厚；S_n 为无效单砂厚。当 $S_i \geq T$ 时，$S_i = S_e$；当 $S_i < T$ 时，$S_i = S_n$。

有效储层分层系数（Fr）以含砂率为基础，依据实际勘探开发现状确定海上有效砂的厚度，即门槛值；区分有效与无效砂（或储层）厚，描述砂体厚度分配的离散程度，巧妙地融合了沉积学、层序地层学及储层地质学等多学科的相关理论，不仅体现出总体的沉积砂体展布格局，而且较好地表征出垂向上砂体的非均质程度。同时有效储层分层系数（Fr）的概念中将薄砂占比作为分母，综合了储层在空间上有效与无效的分布范围，克服侧缘砂席（无效砂）占比对有效储层评价的误区，进而突显出辫曲与道坝转换厚砂的比重，使厚砂体（有效储层）在平面上的分布得以良好的展现，更利于指导海上油田的勘探与开发生产区域，可大幅提高勘探率与储层的动用程度。

有效储层分层系数（Fr）针对传统参数统计中的陷阱与地质信息融合的瓶颈，克服了厚薄交互储层垂向结构中，厚薄差异大且具有相同砂地比（或含砂率）的数据统计陷阱，实现了储层表征中地质信息的定量与定性有机融合，科学地刻画出厚薄交互储层中骨架（有效）砂体的分布，解决了传统图件与评价中难以刻画沉积微相真实与有效储层展布规律的难题（图 8-24），实际钻井表明采用分层系数表征砂体分布能提高砂体预测成功率。

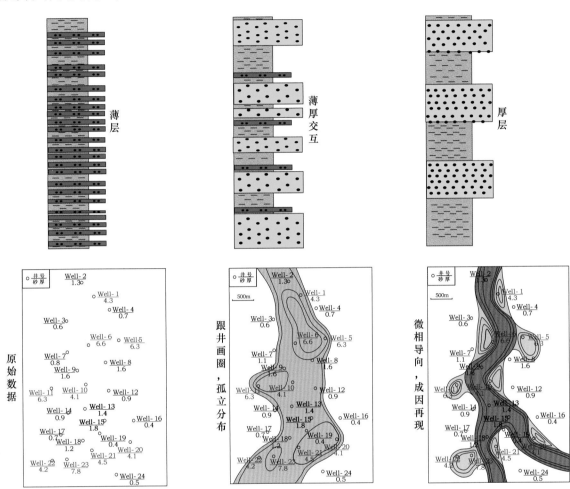

图 8-24　不同沉积参数对比及分层系数骨架砂体刻画

四、中国近海含油气盆地储集层特点

古新统在东海陆架盆地的月桂峰组及灵峰组的滨岸三角洲及扇三角洲砂体发育储层，且有油气发现；南黄海阜宁组水下扇和三角洲砂体，获得低产油流，是较有潜力的储层；而渤海湾盆地孔店组发育河流相砂体，也具有较好的储集物性（表 8-2）。始新统由于生油源岩在近海盆地中十分发育，因此始新统的储层对于油气聚集有"近水楼台先得月"的优势，因此在生油盆地中的始新统储层大多富油，成为上佳的储层，如北部湾盆地流沙港组、渤海湾盆地沙河街组都是非常好的油气储层。东海平湖组滨岸砂体发育，也是比较好的储层；而南海珠江口盆地文昌组，由于物性或其他原因，推测其为潜在储层。

渐新统与中新统是中国近海盆地重要的储集层发育层段，珠江口盆地珠海组、琼东南盆地和莺歌海盆地陵水组、东海陆架盆地花港组都是各区的重要储层，它们大多为海相三角洲与湖相三角洲，储集条件得天独厚。中新统南海北部盆地的海相砂体与碳酸盐岩、东海陆架盆地的河湖相砂体，以及渤海湾东营组河流三角洲也是很好的储集砂体。尤其是珠江口盆地珠江组中发育的生物礁与三角洲，是极为重要储层；而在莺歌海和琼东南盆地中新统为次要储层；渤海湾明化镇组和馆陶组河流相也是重要的油气储集层。

上新统储集岩主要在莺歌海盆地莺歌海组三角洲、滑塌体及滨岸砂岩，均为富含气的储层。

表 8-2   中国近海含油气盆地储层类型对比表

		北部湾盆地	珠江口盆地	琼东南盆地	莺歌海盆地	东海陆架盆地	渤海湾盆地
上新统	岩性				莺歌海盆地三角洲、滑塌体及滨岸砂岩		
	物性				好		
中新统	岩性	下洋组、角尾组海相砂岩	珠江组、韩江组海相、三角洲砂岩	三亚组、梅山组、黄流组海相砂岩	三亚组、梅山组、黄流组海相砂岩、生物礁	龙井组河流-湖泊细砂岩	馆陶组、明化镇河流砂砾岩
	物性	良好	极好	很好	好	较好	很好
渐新统	岩性	润洲组河、湖相砂岩	珠海组海相、三角洲砂岩	陵水组海相砂岩	陵水组海相砂岩	花港组三角洲砂体	东营组三角洲-滨湖砂岩
	物性	较好	较好-较差	好	好	好	好
始新统	岩性	流沙港组河、湖相砂岩	文昌组水下扇砂体			平湖组滨岸砂、三角洲砂体	沙河街组扇三角洲砂岩
	物性	较好	较差			较好	很好
古新统	岩性					月桂峰组滨岸扇三角洲砂岩，灵峰组三角洲砂体	孔店组河流相砂岩
	物性						好

五、中国近海新生界盆地油气分布规律

根据邓运华（2013）对中国近海盆地内、外带划分的理念，结合盆地类型、盆地结构、主力烃源岩特征、主要储层发育特点及盆地古地温条件，可以发现中国近海盆地构造 - 沉积格局宏观约束了油气分布的总体规律，主要表现为以下规律性（表8-3）。

（1）中国近海盆地陆内裂谷或断拗盆地通常富油；陆缘裂谷内带富油；陆缘裂谷外带富气；转换伸展盆地（莺歌海盆地）富气；富油、富气特征也与盆地地温条件有关，通常常规热盆地富油为主，而地温超热盆地富气为主。

（2）中国近海盆地始新统湖相烃源岩成为富油的关键之所在，因此始新统半深湖-深湖相是否发育成为至关重要的条件。

（3）中国近海盆地渐新统海陆过渡相泥煤系烃源岩是富气的关键之所在，但通常生油母质较差。最为值得关注的是莺-琼盆地的气源岩，它成为这两个盆地富气的关键原因，陆续发现的大型气田应主要与此有关。

（4）中国近海盆地渐新统与中新统的海相与河湖相储层是最重要的富油气层段，储集砂体沉积类型多样，但往往在大型河流三角洲发育的地带，油气极为富集，因此大型三角洲的发育程度决定了中国近海各盆地油气富集程度。

表 8-3   中国近海含油气盆地油气规律对比表

盆地名称	盆地类型	盆地结构	主力烃源岩	主要储层	热源组合	富油/富气
北部湾	陆内断拗盆地	半地堑为主，一断一超，明显裂陷规模大	始新统湖相烃源岩	中新统海相砂岩、渐新统河湖相砂岩	热盆，源较足、热足型	富油
珠江口	陆缘裂陷盆地	半地堑与地堑发育，一断一超，明显裂陷，规模大	始新统湖相烃源岩	中新统海相砂岩、生物礁	热盆，源较足、热足型	富油
渤海	陆内断拗盆地	半地堑为主	始新统中-深湖相烃源岩	中新统河流相	热盆	富油
琼东南	陆缘裂陷盆地	半地堑为主，规模较小	渐新统海陆过渡相烃源岩	渐新统海相砂岩	超热盆，源足、热足型	富气
莺歌海	转换伸展盆地（或走滑拉张盆地）	小型裂陷，拗陷为主，底辟强烈	渐新统、中新统海陆过渡相烃源岩	渐新统海相砂岩	超热盆，源足、热足型	富气
东海	弧后裂陷盆地	早期地堑，后期半地堑的双层结构	始新统海陆过渡相烃源岩	渐新统滨岸相	热盆	富气

参 考 文 献

蔡东升，罗毓晖，武文来，等．2001．渤海浅层构造变形特征、成因机理与渤中拗陷及其周围油气富集的关系．中国海上油气（地质），1：35-43．

蔡国富，邵磊，乔培军，等．2013．琼东南盆地古近纪海侵及沉积环境演化．石油学报，34（S2）：91-101．

蔡佳．2009．琼东南盆地古近系古地貌恢复及其对层序样式和沉积特征的控制．武汉：中国地质大学博士学位论文．

蔡周荣，刘维亮，万志峰，等．2010．南海北部新生代构造运动厘定及与油气成藏关系探讨．海洋通报，29（2）：43-47．

曹强，王韶华，孙建峰，等．2009．北部湾盆地迈陈凹陷油气成藏条件分析．海洋地质动态，8：1-6．

曹忠祥，任凤楼，宋国奇，等．2008．营口—潍坊断裂带对辽东湾拗陷东部凸起的形成及构造分段的控制作用——来自物理模拟实验和断层几何学特征的证据．地质科学，2：238-250．

陈斌，邹华耀，于水，等．2005．渤中凹陷油气晚期快速成藏机理研究——以黄河口凹陷 BZ34 断裂带为例．石油天然气学报（江汉石油学院学报），（S6）：811，821-824．

陈春峰，徐春明，周瑞华，等．2013．东海陆架盆地丽水凹陷岩性油气藏发育特征与成藏条件．中国海上油气，（2）：30-35．

陈发景，汪新文．1996．含油气盆地地球动力学模式．地质论评，（4）：304-311．

陈洪汉，孙永传，张启明，等．1994．莺 - 琼盆地的独特埋藏史．中国海上油气（地质），8（5）：329-336．

陈建军，马艳萍，陈建中，等．2015．南海北部陆缘盆地形成的构造动力学背景．地学前缘，（3）：38-47．

陈建文，李刚，陈国威．2003a．东海陆架盆地西部拗陷带的中生界和古新统油气远景．海洋地质动态，（8）：17-19．

陈建文，肖国林，刘守全，等．2003b．中国海域油气资源勘查战略研究．海洋地质与第四纪地质，（4）：77-82．

陈亮，甘华军，祝春荣，等．2002．北部湾盆地涠西南凹陷沉降史研究．新疆石油学院学报，4：12-17．

陈长民，甘军，邓勇，等．2000．珠江口盆地东部石油地质及油气藏形成条件初探．中国海上油气（地质），14（2）：73-83．

陈长民，施和生，许仕策，等．2003．珠江口盆地（东部）第三系油气藏形成条件．北京：科学出版社．

崔涛，解习农，任建业，等．2008．莺歌海盆地异常裂后沉降的动力学机制．地球科学（中国地质大学学报），（3）：349-356．

崔永刚，樊涛，孙昶旭，等．2007．构造对三级层序的控制作用．地层学杂志，（2）：179-183．

邓运华．2006．渤海油区稠油成因探讨．中国海上油气，6：361-364，371．

邓运华．2012．裂谷盆地油气运移"中转站"模式的实践效果——以渤海油区第三系为例．石油学报，1：18-24．

邓运华．2013．中国近海两个油气带地质理论与勘探实践．北京：石油工业出版社．

邓运华，李建平．2008．浅层油气藏的形成机理：以渤海油区为例．北京：石油工业出版社．

邓运华，张功成，刘春成，等．2013．中国近海两个油气带地质理论与勘探实践．北京：石油工业出版社．

丁巍伟，庞彦明，胡安平．2005．莺 - 琼盆地天然气成藏条件及地球化学特征．石油勘探与开发，（4）：97-102．

丁卫星，王文军，马英俊．2003．北部湾盆地福山凹陷流沙港组含油气系统特征．海洋石油，2：1-6．

丁中一，杨小毛，马莉，等．1999．莺歌海盆地拉张性质的研究．地球物理学报，42（1）：53-61．

董贵能，李俊良．2010．北部湾盆地涠西南凹陷流一段非构造油气藏．石油勘探与开发，5：552-560．

杜同军．2013．琼东南盆地层序地层和深水区沉积充填特征．青岛：中国海洋大学博士学位论文．

冯晓杰，蔡东升，王春修，等．2003．东海陆架盆地中新生代构造演化特征．中国海上油气（地质），（1）：35-39．

高红芳，杜德莉，钟广见．2006．珠江口盆地沉降史定量模拟和分析．南海地质研究，（1）：11-20．

龚建明，李刚，杨传胜，等．2013．东海陆架盆地南部中生界分布特征与油气勘探前景．吉林大学学报（地球科学版），1：20-27．

龚再升．2004．中国近海含油气盆地新构造运动和油气成藏．石油与天然气地质，（2）：133-138．

龚再升．2005．中国近海新生代盆地至今仍然是油气成藏的活跃期．石油学报，26（6）：1-6．

龚再升，王国纯．1997．中国近海油气资源潜力新认识．中国海上油气（地质），（1）：1-12．

龚再升，王国纯．2001．渤海新构造运动控制晚期油气成藏．石油学报，2：1-7，119．

龚再升，李思田，等．1997．南海北部大陆边缘盆地分析与油气聚集．北京：科学出版社．

郭飞飞，王韶华，孙建峰，等．2009．北部湾盆地涠西南凹陷油气成藏条件分析．海洋地质与第四纪地质，3：93-98．

郭涛，辛仁臣，刘豪，等．2008．同沉积断裂构造对沉积相展布的控制——以黄河口凹陷沙三中亚段沉积相研究为例．沉积与特提斯地质，28（1）：14-19．

郝诒纯，陈平富，万晓樵，等．2000．南海北部莺歌海—琼东南盆地晚第三纪层序地层与海平面变化．现代地质，3：237-245．

何家雄，陈伟煌，钟启祥．1994．莺歌海盆地泥底辟特征及天然气勘探方向．石油勘探与开发，6：6-9，113．

何家雄，陈胜红，马文宏，等．2012．南海东北部珠江口盆地成生演化与油气运聚成藏规律．中国地质，39（1）：106-118．

何仕斌，李丽霞，李建红．2001．渤中拗陷及其邻区第三系沉积特征和油气勘探潜力分析．中国海上油气（地质），1：61-71．

何文祥，米立军，文志刚，等．2005．渤东凹陷烃源岩生烃潜力研究．天然气工业，（5）：2，14-17．

胡望水，吴婵，梁建设，等．2011．北部湾盆地构造迁移特征及对油气成藏的影响．石油与天然气地质，6：920-927．

胡文博．2012．东海陆架盆地南部中生界沉积体系研究．北京：中国地质大学（北京）硕士学位论文．

黄汲清，任纪舜．1980．中国大地构造及其演化．北京：科学出版社．

黄汲清，任纪舜，姜春发，等．1974．对中国大地构造若干特点的新认识．地质学报，1：36-52．

贾成业，夏斌，王核，2006．东海陆架盆地丽水凹陷构造演化及油气地质分析．天然气地球科学，（3）：397-401．

贾军涛，郑洪波．2010．东海的形成与构造演化．海洋地质动态，26（1）：1-5．

姜亮，李保华，钟石兰，等．2003．东海陆架盆地台北拗陷新地层单位——月桂峰组．地层学杂志，（3）：210-211，215．

姜涛．2005．莺歌海-琼东南盆地区中中新世以来低位扇体形成条件和成藏模式．武汉：中国地质大学博士学位论文．

姜涌泉．1990．东海基底性质及其油气地质意义．中国海上油气（地质），（5）：19-28．

焦养泉，李思田，解习农，等．1997．多幕裂陷作用的表现形式——以珠江口盆地西部及其外围地区为例．石油实验地质，19（3）：222-227．

雷超．2012．南海北部莺歌海-琼东南盆地新生代构造变形格局及其演化过程分析．武汉：中国地质大学博士学位论文．

雷超，任建业，裴健翔，等．2011．琼东南盆地深水区构造格局和幕式演化过程．中国地质大学学报（地球科学），（1）：151-162．

李春荣，张功成，梁建设，等．2012．北部湾盆地断裂构造特征及其对油气的控制作用．石油学报，2：195-203．

李国玉，吕鸣岗，赵俭成，等．2002．中国含油气盆地图集．北京：石油工业出版社．

李继亮．1996．中国东南大陆及相邻海域岩石圈结构、组成与演化．地球科学进展，11（2）：221-222．

李茂，李胜利，姜平，等．2013．北部湾盆地涠西南凹陷涠11区流一段扇三角洲沉积特征及控制因素．现代地质，（4）：915-924．

李美俊，王铁冠，卢鸿，等．2006．北部湾盆地福山凹陷 CO_2 气成因探讨．天然气工业，9：25-28，161-162．

李平鲁．1993．珠江口盆地新生代构造运动．中国海上油气（地质），7（6）：11-17．

李平鲁．1994．珠江口盆地构造特征与油气聚集．广东地质，9（4）：21-28．

李平鲁，梁慧娴．1994．珠江口盆地新生代岩浆活动与盆地演化、油气聚集的关系．广东地质，9（2）：23-36．

李前裕，郑洪波，钟广法，等．2005．南海晚渐新世滑塌沉积指示的地质构造事件．中国地质大学学报（地球科学），30（1）：20-24．

李胜利，于兴河，谢玉洪，等．2010．滨浅海泥流沟谷识别标志、类型及沉积模式——以莺歌海盆地东方1-1气田为例．沉积学报，（6）：33-37．

李向阳，张昌民，张尚锋，等．2012．珠江口盆地新近系层序发育影响因素分析．成都理工大学学报（自然科学版），39（3）：262-268．

李绪宣．2004．琼东南盆地构造动力学演化及油气成藏研究．广州：中国科学院研究生院广州地球化学研究所博士学位论文．

李绪宣，朱光辉．2005．琼东南盆地断裂系统及其油气输导特征．中国海上油气，1：1-7．

李绪宣，刘宝明，赵俊青．2007．琼东南盆地古近纪层序结构、充填样式及生烃潜力．中国海上油气，4：217-223，239．

李运振，邓运华，徐强，等. 2010. 板块运动对中国近海新生代盆地沉降及充填的控制作用. 现代地质，24（4）：719-726.

李增学，周静，吕大炜，等. 2013. 琼东南盆地崖城组煤系空间展布特征. 山东科技大学学报（自然科学版），32（2）：1-8.

梁修权，温宁. 1994. 雷东凹陷地震相特征及沉积发育史. 南海地质研究，6：97-111.

林畅松，刘景彦，蔡世祥，等. 2001. 莺一琼盆地大型下切谷和海底重力流体系的沉积构成和发育背景. 科学通报，46（1）：69-72.

林海涛，任建业，雷超，等. 2010. 琼东南盆地 2 号断层构造转换带及其对砂体分布的控制. 大地构造与成矿学，34（3）：308-316.

林会喜，鄢继华，袁文芳，等. 2005. 渤海湾盆地东营凹陷古近系沙河街组三段沉积相类型及平面分布特征. 石油实验地质，27（1）.

刘海龄，杨树康，刘昭蜀，等. 1991. 中、新生代华南陆缘离散地块的基本特征及演化过程. 热带海洋，10（3）：37-43.

刘和甫. 1986. 中国中新生代盆地地球动力学环境和构造样式. 美国石油地质学家协会会志，70（4）：377-399.

刘和甫. 1993. 沉积盆地地球动力学分类及构造样式分析. 地球科学，6：699-724，814.

刘和甫. 1996. 中国沉积盆地演化与旋回动力学环境. 地球科学，4：5，7-8，10-16.

刘金水，廖宗廷，贾健谊，等. 2003. 东海陆架盆地地质结构及构造演化. 上海地质，3：1-6.

刘丽华，许仕策，龚再升，等. 1997. 南海北部大陆边缘盆地分析与油气聚集，北京：科学出版社.

刘志峰，赵志刚，李建红. 2009. 北部湾盆地海中凹陷流三段沉积相研究及其意义. 海洋石油，3：14-18.

罗威，谢金有，刘新宇，等. 2013. 北部湾盆地海中凹陷古近纪古气候研究. 微体古生物学报，3：288-296.

吕福亮，吴时国，等. 2008. 琼东南盆地南部凹陷及邻区层序地层及油气成藏条件研究. 杭州：中国石油杭州地质研究院研究报告.

吕明，李明兴，林兴荣，等. 1998. 莺歌海盆地黄流组储层特征及储盖组合研究. 湛江：南海西部石油公司勘探开发科学研究院.

吕明. 2000. 琼东南盆地生烃凹陷的沉积体系和沉积相分析. 广州：中国海洋石油有限公司南海西部分公司内部报告.

马立祥，邓宏文，林会喜，等. 2009. 济阳坳陷三种典型滩坝相的空间分布模式. 地质科技情报，（2）：69-74.

米立军，王东东，李增学，等. 2010. 琼东南盆地崖城组高分辨率层序地层格架与煤层形成特征. 石油学报，31（4）：534-541.

庞小军. 2011. 海凹陷古近系中深层砂体分布规律研究. 青岛：中国石油大学（华东）硕士学位论文.

庞雄，陈长民，吴梦霜，等. 2006. 珠江深水扇系统沉积和周边重要地质事件. 地球科学进展，21（8）：793-799.

庞雄，陈长民，邵磊，等. 2007. 白云运动：南海北部渐新统一中新统重大地质事件及其意义. 地质论评，53（2）：145-151.

漆家福，张一伟，陆克政，等. 1995. 渤海湾盆地新生代构造演化. 石油大学学报（自然科学版），（S1）：1-6.

齐星星. 2012. 辽东湾地区辽中凹陷优质烃源岩研究. 武汉：长江大学硕士学位论文.

谯汉生. 1980. 南海第三纪海浸旋回及其含油性. 石油勘探与开发，6：8-11.

谯汉生，于兴河. 2004. 裂谷盆地石油地质. 北京：石油工业出版社.

秦国权. 2000. 珠江口盆地新生代地层问题讨论及综合柱状剖面图编制. 中国海上油气（地质），（1）：22-29.

秦国权. 2002. 珠江口盆地新生代晚期层序地层划分和海平面变化. 中国海上油气（地质），16（1）：1-11.

邱中建，龚再升. 1999. 中国油气勘探（第四卷）：近海油气区. 北京：石油工业出版社.

邵磊，庞雄，乔培军，等. 2008. 珠江口盆地的沉积充填与珠江的形成演变. 沉积学报，26（2）：179-185.

施荣富，付元华. 1992. 东海陆架盆地构造特征研究（内部资料）.

孙和风，周心怀，彭文绪，等. 2011. 渤海南部黄河口凹陷晚期成藏特征及富集模式. 石油勘探与开发，38（3）：15-16.

孙家振，李兰斌，杨士恭，等. 1995. 转换—伸展盆地——莺歌海的演化. 地球科学，3：243-249.

孙向阳，任建业. 2003. 莺歌海盆地形成与演化的动力学机制. 海洋地质与第四纪地质，4：45-50.

孙珍，钟志洪，周蒂，等. 2003. 红河断裂带的新生代变形机制及莺歌海盆地的实验证据. 热带海洋学报，（2）：1-9.

孙珍，周蒂，钟志洪，等. 2005. 莺 - 琼盆地基底控制断裂样式的模拟探讨. 热带海洋学报，2：70-78.

陶瑞明. 1994. 从西太平洋板块构造探讨东海陆架盆地形成机制和类型划分. 中国海上油气（地质），8（1）：14-20.

佟殿君，任建业，雷超，等. 2009. 琼东南盆地深水区岩石圈伸展模式及其对裂后期沉降的控制. 中国地质大学学报（地球科学），34（6）：963-974.

万天丰，朱鸿. 2002. 中国大陆及邻区中生代—新生代大地构造与环境变迁. 现代地质，16（2）：107-120.

王国纯. 1987. 东海陆架盆地的形成与演化. 石油学报，8（4）：17-25.

王国纯. 2003. 东海陆架盆地油气勘探焦点问题探讨. 中国海上油气（地质），17（1）：29-32.

王家豪，刘丽华，陈胜红，等. 2011. 珠江口盆地恩平凹陷珠琼运动二幕的构造 - 沉积响应及区域构造意义. 石油学报，
（4）：588-595.

王家林，张新兵，吴健生，等. 2002. 珠江口盆地基底结构的综合地球物理研究. 沉积学报，21（2）：13-22.

王良书，李成，刘福田，等. 2000a. 中国东、西部两类盆地岩石圈热 - 流变学结构. 中国科学（D辑：地球科学），
（S1）：116-121.

王良书，钟志洪，李成，等. 2000b. 琼东南盆地结构和构造动力学研究. 北京：中国海洋石油有限公司南海西部分公司.

魏魁生，等. 1999. 琼东南盆地中央凹陷带第三系层序地层学研究. 北京：中国海洋石油勘探开发研究中心内部报告.

吴培康. 1998. 南海北部多幕裂陷作用与含油气系统. 石油学报，19（3）：11-15.

吴长林. 1984. 南海运动与南海诸盆地的发育. 海洋通报，3（2）：47-53.

武法东，陆永潮，李思田，等. 1998a. 东海陆架盆地第三系层序地层格架与海平面变化. 地球科学，1：15-22.

武法东，李思田，陆永潮，等. 1998b. 东海陆架盆地第三纪海平面变化. 地质科学，2：88-95.

席敏红，余学兵，黄建军. 2007. 涠西南凹陷（西部）古近系层序地层及沉积特征研究. 海洋石油，3：1-12，21.

夏庆龙. 2016. 渤海油田近10年地质认识创新与油气勘探发现. 中国海上油气，28（3）：1-9.

夏庆龙，周心怀. 2012. 渤海海域油气藏形成分布与资源潜力. 北京：石油工业出版社.

夏庆龙，徐长贵. 2016. 渤海海域复杂断裂带地质认识创新与油气重大发现. 石油学报，37（S1）：22-33.

夏庆龙，田立新，周心怀，等. 2012a. 渤海海域构造形成演化与变形机制. 北京：石油工业出版社.

夏庆龙，周心怀，李建平，等. 2012b. 渤海海域古近系层序沉积演化及储层分布规律. 北京：石油工业出版社.

解习农，李思田，葛立刚，等. 1996. 琼东南盆地崖南凹陷海湾扇三角洲体系沉积构成及演化模式. 沉积学报，（3）：
66-73.

谢金有，祝幼华，李绪深，等. 2012. 南海北部大陆架莺琼盆地新生代海平面变化. 海相油气地质，14（1）：49-58.

谢锦龙，余和中，唐良民，等. 2010. 南海新生代沉积基底性质和盆地类型. 海相油气地质，4：35-47.

谢玉洪. 2009. 构造活动型盆地层序地层分析及天然气成藏模式——以莺歌海盆地为例. 北京：地质出版社.

徐建永. 2010. 海上低勘探程度区快速评价——以雷东凹陷为例. 石油天然气学报，3：51-54，407.

徐建永，张功成，梁建设，等. 2011. 北部湾盆地古近纪幕式断陷活动规律及其与油气的关系. 中国海上油气，6：362-
368.

徐长贵. 2006. 渤海古近系坡折带成因类型及其对沉积体系的控制作用. 中国海上油气，6：365-371.

许红. 1997. 中国海陆之变迁. 海洋地质动态，（7）：4-7.

许薇龄，乐俊英. 1988. 东海的构造运动及演化. 海洋地质与第四纪地质，1：9-21.

薛峰. 2010. 丽水—椒江凹陷下第三系断裂系统动力机制研究. 海洋地质动态，4：8-12.

闫义，夏斌，林舸，等. 2005. 南海北缘新生代盆地沉积与构造演化及地球动力学背景. 海洋地质与第四纪地质，25（2）：
53-61.

杨海长，赵志刚，李建红，等. 2009. 乌石凹陷油气地质特征与潜在勘探领域分析. 中国海上油气，4：227-231.

杨香华，李安春. 2003. 东海大陆边缘基底性质与沉积盆地. 中国海上油气（地质），（1）：27-30，58.

姚伯初，万玲，刘振湖. 2004. 南海海域新生代沉积盆地构造演化的动力学特征及其油气资源. 中国地质大学学报（地球
科学），29（5）：543-549.

姚伯初. 1996. 南海海盆新生代的演化史. 海洋地质与第四纪地质，16（2）：1-13.

姚永坚，夏斌，冯志强，等. 2005. 南黄海古生代以来构造演化. 石油实验地质，27（2）：124-128.

于俊吉，罗群，张多军，等. 2004. 北部湾盆地海南福山凹陷断裂特征及其对油气成藏的控制作用. 石油实验地质，3：
241-248.

于鹏，王家林，钟慧智，等. 1999. 琼东南盆地基底结构综合地球物理研究. 中国海上油气（地质），（6）：55-62.

于兴河. 2008. 碎屑岩系油气储层沉积学（第二版）. 北京：石油工业出版社.

于兴河，姜辉，李胜利，等. 2007. 中国东部中、新生代陆相断陷盆地沉积充填模式及其控制因素——以济阳拗陷东营凹

陷为例. 岩性油气藏, 1: 39-45.

于兴河, 李胜利, 李顺利. 2013. 三角洲沉积的结构—成因分类与编图方法. 沉积学报, 31（5）: 782-797.

于兴河, 梁金强, 方竞男, 等. 2012. 珠江口盆地深水区晚中新世以来构造沉降与似海底反射（BSR）分布的相互关系. 古地理学报, 14（6）: 787-800.

于兴河, 李胜利, 乔亚蓉, 等. 2016. 南海北部新生代海陆变迁与不同盆地的沉积充填响应. 古地理学报, （3）: 349-366.

余宏忠. 2009. 黄河口凹陷新近系层序地层及构造对沉积充填的控制作用. 北京: 中国地质大学（北京）博士学位论文.

袁玉松, 丁玫瑰. 2008. 南海北部深水区盆地特征及其动力学背景. 海洋科学, 32（12）: 102-110.

翟光明, 王善书. 1992. 中国石油地质志卷16 沿海大陆架及毗邻海域油气区. 北京: 石油工业出版社.

张成. 2006. 渤中地区典型构造油气运移输导通道及其成藏模式. 武汉: 中国地质大学博士学位论文.

张国良, 陈国童, 李颖. 2001. 渤海沙南地区孔店组的分布及生烃潜力探讨. 中国海上油气（地质）, 6: 7-12.

张建培, 张绍亮. 2009. 东海陆架盆地大中型油气田形成条件类比研究（内部资料）.

张建培, 张田, 唐贤君. 2014. 东海陆架盆地类型及其形成的动力学环境. 地质学报, （11）: 2033-2043.

张敏强, 黄保家, 吕明, 等. 2000. 琼东南盆地结构与生烃凹陷的比较性评价. 湛江: 中海石油（中国）有限公司湛江分公司内部研究报告.

张敏强, 徐发, 张建培, 等. 2011. 西湖凹陷裂陷期构造样式及其对沉积充填的控制作用. 海洋地质与第四纪地质, 5: 67-72.

张启明, 张泉兴. 1987. 一个独特的含油气盆地——莺歌海盆地. 中国海上油气（地质）, 1（1）: 12-21.

张启明, 苏厚熙. 1989. 北部湾盆地石油地质. 海洋地质与第四纪地质, 3: 73-82.

张启明, 刘福宁, 杨计海. 1996. 莺歌海盆地超压体系与油气聚集. 中国海上油气（地质）, 2: 1-11.

张志杰, 于兴河, 侯国伟, 等. 2004. 张性边缘海的成因演化特征及沉积充填模式: 以珠江口盆地为例. 现代地质, 18（3）: 284-289.

张智武, 刘志峰, 张功成, 等. 2013. 北部湾盆地裂陷期构造及演化特征. 石油天然气学报, 1: 6-10, 172.

赵峰梅, 李三忠, 戴黎明, 等. 2010. 东海陆架盆地伸展率和压缩率及构造跃迁. 地质科学, 4: 1111-1124.

赵艳秋. 2003. 东海陆架盆地长江凹陷生油岩研究. 海洋石油, （S1）: 40-44.

赵志刚, 王鹏, 祁鹏, 等. 2016. 东海盆地形成的区域地质背景与构造演化特征. 地球科学, （3）: 546-554.

赵中贤, 周蒂, 廖杰. 2009. 珠江口盆地第三纪古地理及沉积演化. 热带海洋学报, 28（6）: 52-60.

郑求根, 周祖翼, 蔡立国, 等. 2005. 东海陆架盆地中新生代构造背景及演化. 石油与天然气地质, 26（2）: 197-201.

钟建强. 1994. 珠江口盆地的构造特征与盆地演化. 海洋湖沼通报, （1）: 1-8.

钟志洪, 王良书, 夏斌, 等. 2004. 莺歌海盆地成因及其大地构造意义. 地质学报, （3）: 302-309.

周志武, 赵金海, 殷培龄. 1990. 东海陆架盆地构造特征及含油气性 // 朱夏, 徐旺. 中国中新生代沉积盆地. 北京: 石油工业出版社.

朱锐, 张昌民, 杜家元, 等. 2015. 珠江口盆地新近纪海平面升降过程及其对砂体的控制. 高校地质学报, 21（4）: 685-693.

朱伟林. 2002. 中国近海含油气盆地古湖泊研究. 上海: 同济大学博士学位论文.

朱伟林. 2009. 中国近海新生代含油气盆地古湖泊学与烃源条件. 北京: 地质出版社.

朱伟林, 江文荣. 1998. 北部湾盆地涠西南凹陷断裂与油气藏. 石油学报, 3: 4, 18-22.

朱伟林, 李建平, 周心怀, 等. 2008. 海新近系浅水三角洲沉积体系与大型油气田勘探. 沉积学报, 26（4）: 575-582.

朱伟林, 米立军, 龚再升. 2009. 渤海海域油气成藏与勘探. 北京: 科学出版社.

朱伟林, 米立军, 张厚和, 等. 2010. 中国海域含油气盆地图集. 北京: 石油工业出版社.

朱伟林, 吴景富, 张功成, 等. 2015. 中国近海新生代盆地构造差异性演化及油气勘探方向. 地学前缘, （1）: 88-101.

朱筱敏, 董艳蕾, 杨俊生, 等. 2008. 辽东湾地区古近系层序地层格架与沉积体系分布. 中国科学: 地球科学, （S1）: 1-10.

祝建军, 王琪. 2012. 东海陆架盆地南部新生代地质结构与构造演化特征研究天然气地质学, 23（2）: 222-229.

Boillot G. 1981. Geology of the continental margins. Earth Science Reviews, 18(1): 93.

Dickinson W R. 1974. Plate Tectonices and Sedimentaion. Sociey of Economice Palomolegists and Mineralogists, Special Publication 22.

Dickinson W R. 1976. Plate Tectonic Evolution of Sedimentary Basins. AAPG Continuing Education Course Notes, Series 1.

Einsele G. 1993. Marine depositional events controlled by sediment supply and sea-level changes. Geologische Rundschau, 82 (2):173-184.

Einsele, Gerhard. 2000. Sedimentary Basins: Evolution, Facies, and Sediment Budget. Berlin: Springer Science & Business Media.

Galloway W E. 1989. Genetic stratigraphic sequences in basin analysis I : Architecture and genesis of flooding-surface bounded depositional units. AAPG Bulletin, 73(2): 125-142.

Gilder S A, Gill J, Coe R S, et al. 1996. Isotopic and paleomagnetic constraints on the Mesozoic tectonic evolution of south China. Journal of Geophysical Research: Solid Earth, 101(B7): 16137-16154.

Haq B U, Hardebol J, Vail P R. 1988. Mesozoic and Cenozoic Chronostratigraphy and Eustatic Cycles//Sea-Level Changes: An Integrated Approach. Society of Economic Paleontologist and Special Publication USA, (42): 71-108.

Huang C Y, Xia K Y, Yuan P B, et al. 2011. Structural evolution from Paleogene extension to Latent Miocene-Recent arc-continent collision offshore Taiwan: Comparison with on land geology. Asian Earth Science, 19(5): 619-639.

Klein G, deV, Hsui A T. 1987. Origin of cratonic basins. Geology, 15(12): 1094-1098.

Klein G. 1987. Geodynamic basin classification. AAPG Bulletin (United States), 71:5.

Okada H, Sakai T. 1993. Nature and development of Late Mesozoic sedimentary basins in southwest Japan. Paleogeography, Palaeoclimatology, Palaeoecology, 105: 3-16.

Peters D. 1985. Recognition of two distinctive diagenesis facies trends as aid to hydrocarbon exploration in deeply buried urassic-Sackover carbonates of southern Alabaa and southern issis-sippi. AAPG Bulletin, 69(2): 295-296.

Royden L, Patacca E, Scandone P. 1987. Segmentation and configuration of subducted lithosphere in Italy: An important control on thrust-belt and foredeep-basin evolution. Geology, 15(8): 714-717.

Ru K, Pigott J D. 1986. Episodic rifting and subsidence in the South China Sea. AAPG Bulletin, 1986, 70(9): 1136-1155.

Shao L, Li X H, Wei G J, et al. 2011. Provenance of a prominent sediment drift on the northern slope of the South China Sea. Science in China (Series: Earth Sciences), 10: 919-925.

Sun S C, Hsu Y Y. 1991. Overview of the Cenozoic geology and tectonic development of offshore and onshore Taiwan. Taicrust Workshop Proceedings: 5-47.

Sun Z, Zhou D, Zhong Z, et al. 2003. Experimental evidence for the dynamics of the formation of the Yinggehai basin, NW South China Sea. Tectonophysics, 372(1): 41-58.

Teng L S. 1992. Geotectonic evolution of Tertiary continental margin basins of Taiwan. Petroleum Geology of Taiwan, 27: 1-19.

Weeks L G. 1952. Factors of sedimentary basin development that control oil occurrence. AAPG Bulletin, 36(11): 2071-2124.

Wheeler P, White N. 2002. Measuring dynamic topography: An analysis of Southeast Asia. Tectonics, 21(5): 4-1-4-36.

Xie X, Müller R D, Li S, et al. 2006. Origin of anomalous subsidence along the Northern South China Sea margin and its relationship to dynamic topography. Marine and Petroleum Geology, 23(7): 745-765.

Yu H S, Chow J. 1997. Cenozoic basins in northern Taiwan and tectonic implications for the development of the eastern Asian continental margin. Paleogeography, Palaeoclimatology, Palaeoecology, 131: 133-144.

Zhu M Z. 2007. Offshore Red River Fault and Slope Sediments in Northern South China Sea: Implications for Paleoceanography and Uplift of the Tibet Plateau. Palo Alto: Doctoral Disertation of Stanford University.